热喷涂科学与技术

孙家枢　郝荣亮　钟志勇　李益明　谭兴海　著

北 京

冶金工业出版社

2013

内 容 简 介

本书介绍了热喷涂技术的发展历程，论述了热喷涂科学技术基础，并分章节讨论了电弧喷涂、火焰喷涂、等离子喷涂、热喷涂材料、热喷涂功能材料、固态粒子喷涂（冷喷涂），讨论了其原理、组成、结构、性能、设备、工艺技术、应用与发展。

希望本书对从事热喷涂相关领域工业生产、涂层设计、材料设计、工艺设计、科学研究、教学培训科研人员以及大专院校的教师、学生、研究生有所裨益。

图书在版编目（CIP）数据

热喷涂科学与技术/孙家枢等著 . —北京：冶金工业出版社，2013.10
ISBN 978-7-5024-6366-3

Ⅰ. ①热…　Ⅱ. ①孙…　Ⅲ. ①热喷涂—教材
Ⅳ. ①TG174.442

中国版本图书馆 CIP 数据核字（2013）第 245764 号

出 版 人　谭学余
地　　　址　北京北河沿大街嵩祝院北巷 39 号，邮编 100009
电　　　话　(010)64027926　电子信箱　yjcbs@cnmip.com.cn
责任编辑　姜晓辉　美术编辑　彭子赫　版式设计　孙跃红
责任校对　李　娜　责任印制　牛晓波
ISBN 978-7-5024-6366-3
冶金工业出版社出版发行；各地新华书店经销；三河市双峰印刷装订有限公司印刷
2013 年 10 月第 1 版，2013 年 10 月第 1 次印刷
148mm×210mm；13.125 印张；389 千字；407 页
48.00 元

冶金工业出版社投稿电话：(010)64027932　投稿信箱：tougao@cnmip.com.cn
冶金工业出版社发行部　电话：(010)64044283　传真：(010)64027893
冶金书店　地址：北京东四西大街 46 号(100010)　电话：(010)65289081(兼传真)
（本书如有印装质量问题，本社发行部负责退换）

目　　录

1 热喷涂技术概述

热喷涂，按国家标准 GB/T 18719—2002（符合国际标准 ISO 14917：1999 Thermal spraying — Terminology, classification, Projection thermique — Terminologie, classification）对这一术语的定义是："在喷涂枪内或外将喷涂材料加热到塑性或熔化状态，然后喷射于经预处理的基体表面上，基体保持未熔状态，形成涂层的方法"。

1.1 热喷涂技术的发展

早在一个世纪前的 1909 年，瑞士 Zurish 附近 Hongg 的青年发明家 Max Ulrich Schoop 实验了输送两根金属丝产生电弧，实现锌金属喷涂，装置见图 1-1。1911 年 1 月 26 日，Max Ulrich Schoop 注册了有关改进金属涂层的方法的专利（United Kingdom Patent 5762）。1911 年 9 月 23 日，Max Ulrich Schoop 又申请了有关在表面沉积金属和金属化合物的改进工艺的专利，1912 年 9 月 23 日获得批准（United Kingdom Patent 21, 066 A. D. 1911）。该专利涉及以高压高速气流喷射固态金属和金属氧化物粒子在无孔的表面（表面没有黏结剂）形成涂层的方法。一系列论著认为这是涉及热喷涂技术早期的几项专利。

图 1-1 Max Ulrich Schoop 的第一台实验电操作金属喷涂装置（1914 年）[3]

1913 年，《The Ironmonger》相继刊发了"用 Schoop 喷涂工艺镀锌"和"Schoop 喷涂工艺"两篇文章。

1913 年，瑞士的 I. E. Morf 申请了有关可熔融物质沉积涂层工艺与应用的专利（U. K. Patent No. 25123 A. D. , 1913）。专利涉及一种喷涂枪（见图 1 - 2），氢气和氧气通过各自管路以一定的比例输送到喷嘴部位燃烧形成高温火焰，将通过滚轮输送的可熔融物质（包括金属、玻璃等）线材或棒材端头熔化、雾化，喷射到基体表面形成涂层的工艺方法。这是线材火焰喷涂的早期发明与应用。

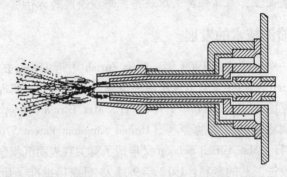

图 1 - 2 I. E. Morf 发明的火焰喷涂装置示意图

1914 年 6 月 8 日，德国（Kingdom of Prussia）工程师 Georg Stolle 申请了有关制作金属涂层的设备的专利，1918 年 4 月获批准（U. S. Patent 1 262 134）。涉及熔融金属被注入到仓喷射形成涂层的装置和一种以两碳极间形成的电弧熔化送进的金属棒或丝雾化喷射沉积形成涂层。

1914 年 11 月 4 日，I. E. Morf 注册了有关改进应用涂层工艺或可熔物质沉积工艺的专利（UK 25132）。R. K. Morcom 的论文"Metal Spraying"发表在 J. Inst. of Metals 21[2]（1914）116～124。此后的 1915～1920 年，火焰喷涂逐步得到工业应用。

1915 年 3 月 30 日，Max Ulrich Schoop 申请的有关喷涂熔融金属和其他可熔材料的装置的专利获得批准。

1922 年 1 月 13 日，Max Ulrich Schoop 又申请了有关制作玻璃、石英、金属涂层的装置的专利，1927 年 2 月批准（U. S. Patent 1 617

166）。该专利涉及氢气和氧气火焰喷涂上述材料粉末的装置（包括枪炬、供气、压力送粉系统等）。

1921 年，以电弧加热金属至熔化、压缩空气喷吹金属液滴沉积到基体形成涂层的电弧喷涂设备实现商业化生产。在随后的 20 世纪 20～40 年代的热喷涂技术，主要是氧－乙炔火焰喷涂和电弧喷涂，作为金属结构的耐腐蚀防护涂层制作和机械零件修复的工艺技术应用于各工业领域。其间，热喷涂材料和热喷涂设备也都得到了相应的发展。这可以被认为是热喷涂技术发展的第一阶段。

在这一阶段，毕业于美国加州理工的 Rea Axline 于 1933 年在美国的新泽西州创建了只有 5 名雇员（其中包括来自加州理工的 George Lufkin 和 Herb Ingham）的 Metallizing Engineering Company，应用并发展了 Schoop 的工艺，以线材喷涂设备从事机械零部件的防腐蚀和简单的喷涂修复。后改名为 METCO INCORPORATED。1938 年开发了有较高喷涂率的 Type－E Gun 线材喷涂枪，可喷涂线径为 3.2mm 的线材。还研发了 Metcoloy® 1 和 Metcoloy® 2 两种不锈钢喷涂线材。后来，METCO 公司成为在热喷涂领域有重要影响的企业。

到了 20 世纪 50 年代，随着科学技术、特别是航空航天技术的发展，对耐热材料及其涂层的需求急速增长，促进了热喷涂技术的发展。1952 年，美国的 R M. Poorman，H B. Sargent，H. Lamprey 提出爆炸喷涂（D－Gun），并申请专利。当时，申报专利的名称是"利用爆炸波喷涂和其他目的的方法和装置"，于 1955 年 8 月取得美国专利。当时，该项专利属于美国联合碳化物公司（当时的名称是 Union Carbide and Carbon Corporation）。在此基础上，美国联合碳化物公司的 Linde Division—涂层服务开发出 D－Gun™ 喷枪与涂层，用 D－Gun™ 喷涂系统制备的碳化物金属陶瓷涂层成功地应用于航空工业和核工业。后该项技术归属于 Praxair 表面技术公司（Praxair S. T. Inc.）。应当指出的是，苏联的科学家也开发了多种爆炸喷涂设备与相应的工艺技术与涂层。

最初提出等离子喷涂的要追溯到 1939 年，Reinecke 介绍了将粉末送入等离子弧中加热并被等离子弧束流携带加速喷射到基体表面形成涂层的工艺。1957 年 1 月，G. M. Giannini，A. C. Ducati 等人的"等离子束的设备与方法"的专利被接受（US 2922869）；1958 年 11 月，M. L. Thorpe 的"等离子焰流发生器"的专利被接受（US 2960594）。等离子喷涂的出现，促进了陶瓷涂层和一系列功能涂层的发展。到了20 世纪 70 年代开发了真空仓中的等离子喷涂（VPS, Muechlberger, 1973），以及低压仓中的等离子喷涂（LPPS），使一系列高性能功能涂层的喷涂成为可能。从 20 世纪 60 年代等离子喷涂即在航空航天工业得到应用，并成为制作航空发动机热障涂层的主要工艺。

进入 20 世纪 80 年代，在美国又开发了高速氧－燃料喷涂（HVOF Spray）。1982 年，美国 SKS 公司的 James A Browning 研制了第一台 HVOF 系统，随后 Deloro Stellite 公司将其商品化，并定名为 Jet Kote®。这种燃料和氧气在枪炬燃烧仓内燃烧，燃烧气流经 Laval 喷嘴喷出的喷涂枪，燃气射流速度可达 2000m/s，携带的喷涂粒子速度也可达 600m/s 以上，甚至 1000m/s，使热喷涂涂层的结合强度、硬度、致密性和耐磨性都得到改善。特别是用于喷涂 WC/Co 金属陶瓷涂层，与等离子喷涂层相比，具有更高的致密度、硬度、结合强度和耐磨性，得到广泛的认可。各国研究机构和厂商纷纷对超音速火焰喷涂技术进行研究和开发，到 20 世纪 80 年代末 90 年代初，先后有多种高速火焰喷涂系统研制成功，如 Top－Gun、Diamond－Jet、JP－5000、HP JP－8000，CDS、GTV HVCW W1000 Gun（用于线材的 HVOF 喷涂）等多种 HVOF 喷涂系统和 HVAF（High－Velocity Air Fuel）喷涂系统投入市场。如今，HVOF、HVAF 喷涂已广泛用于金属合金、金属陶瓷、陶瓷涂层的喷涂。近十年来更被用于纳米结构粉体的喷涂，制作高性能的纳米结构涂层。目前，HVOF、HVAF 喷涂在发达国家已占热喷涂技术市场近 40% 的份额。

20 世纪 80 年代中期，苏联的理论与应用力学研究所的 P. Alkchimov, A. N. Papyrin, V. P. Dosarev 等发明了冷喷涂，后来在美国注册了专利（US Patent 5302414）。他们在冷喷涂的理论与实践上开展了大量的研究工作，包括：喷射流的二维气体动力学模型、气体与粒子的热和动量的传递、粒子的冲击和变形理论、涂层显微组织的形成等，且已有诸多应用。随着苏联的解体，一些学者来到国外，这一技术在一些国家得到发展。目前，已有应用效果良好的设备与工艺技术在工业生产中得到应用。

20 世纪 50 年代到 80 ~ 90 年代初期，是热喷涂技术大发展的年代，各种喷涂技术相继出现并日臻完善，涂层材料也有了很大的拓展，是热喷涂技术发展的第二阶段。图 1 - 3 给出从 1960 ~ 1994 年热喷涂技术领域美国每年公布的专利数，看到进入 20 世纪 80 年代后，热喷涂技术领域公布专利数量逐年增加的趋势。

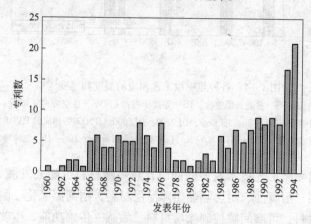

图 1 - 3 美国从 1960 ~ 1994 年热喷涂技术
领域每年公布专利数量[7]

20 世纪 90 年代至 21 世纪，高新技术的发展、环境与资源、可持续发展的要求，进一步促进了热喷涂技术的设备、材料、工艺、过程监测与控制水平的提高和基础研究的深入，热喷涂工艺的可靠性大大提高。2004 年，热喷涂的全球市场已达 48 亿欧元（P. Fauchars et al., Surface coat. Tech. 2006, 201: 1908 ~ 1921）。在中国，2005 年热喷涂产值达 21 亿元人民币（2002 年为 12 亿元），占国民经济 GDP 总值的 0.0056%[5]。

在热喷涂工艺技术的发展进程中，减少喷涂过程中喷涂材料粒子的烧蚀与氧化、提高涂层与基体的结合强度，提高沉积效率，一直是热喷涂技术发展追求的目标。热喷涂工艺技术发展的总体趋势是，从较高的温度向较低的温度、较高的速度方向发展。图 1 - 4 给出了各种热喷涂工艺相应的温度和速度。

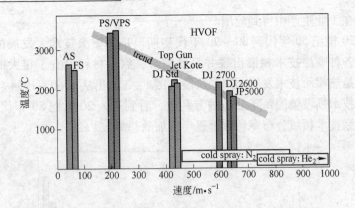

图 1-4 各种热喷涂工艺相应的温度和速度[10]

AS—电弧喷涂；FS—普通火焰喷涂；PS—等离子喷涂；VPS—真空等离子喷涂；HVOF—高速氧燃料喷涂；Top Gun，Jet Kote，DJ 2700，DJ 2600，JP5000—相应的 HVOF 喷涂系统代号或牌号；cold spray：N_2—N_2 气冷喷涂；cold spray：He_2—He_2 气冷喷涂

在热喷涂工艺技术发展的同时，热喷涂材料也随之发展。目前，已有耐磨、耐腐蚀、耐热隔热热障涂层材料，耐高温氧化、耐燃气腐蚀涂层材料，可磨间隙控制涂层材料，敏感-传感功能、生物医学功能、燃料电池用功能，导电、绝缘、介电功能涂层材料等各种具有特定性能与功能的金属、合金、金属陶瓷、无机非金属喷涂材料；具有耐磨减摩特性、耐蚀防护以及特定性能功能聚合物涂层材料；复合涂层材料；具有特定性能功能的纳米结构涂层材料（详见本书第6章、第7章）。

目前，热喷涂技术已成为诸多工业和高新技术领域在各种工件表面制作厚度在 $50\mu m$ 到几毫米以至十几毫米、具有各种性能与功能涂层的重要工艺手段，并且已成为航空航天、医学、新能源、电力电子等高新技术领域以及石油化工、能源动力、冶金、机械制造、制作特殊性能与功能涂层以及零件修复、表面强化的不可或缺的重要工艺手段。

Robert Gansert，Ph. D. 在 ADVANCED MATERIALS & PROCESSES 3FEBRUARY 2012 撰文对热喷涂技术给出了长期预测，由于中国不断扩大的市场以及其他新兴经济体的低成本航空公司在世界范围的扩展，从 2011 年起的未来 20 年，将有超过 33500 架新飞机交付运营，价值超过 4 万亿美元。高燃料成本迫使航空公司加快更换旧飞机。需要更高效的发动机，波音 787 和 777 等高效率的远程飞机，是市场增长最快的部分。为提高喷气发动机燃料燃烧效率，节省燃料、减少碳排放，发动机将工作在更高的温度，要求有更好的热障涂层，以满足新型发动机设计的需求。目前，热喷涂厂商正与飞机发动机厂商协作开发新型可工作在更高温度的热障涂层。航空航天工业的发展，将对热喷涂技术提出更高的要求和提供更大的市场，也将进一步促进热喷涂科学与技术水平的提高。

中国经济的持续高速发展为热喷涂技术提供了广阔的市场和较高的技术需求，可以预料随着我国科学技术水平的提高，科技人员不断成长，通过扎实工作将为热喷涂科学与技术的发展作出重要贡献。

1.2　热喷涂材料工艺技术分类

根据国际标准 ISO 14917：1999（Thermal spraying – Terminology, classification），按喷涂材料类型分类有：线材喷涂、棒材喷涂、药芯丝喷涂、粉末喷涂以及熔融料喷涂；按工作方式分类有：手工喷涂、机械喷涂、自动化喷涂；按能源分类有：

（1）熔融槽喷涂。喷涂材料先在熔融槽中被熔化，然后通过漏斗送入高压气流中，被高压气流喷射雾化、加速、喷射到工件表面形成涂层。目前很少应用。

（2）火焰喷涂。按喷涂材料形态不同有：线材火焰喷涂、粉末火焰喷涂。

按火焰燃烧情况不同，有普通火焰喷涂、高速火焰喷涂（HVOF）、爆炸喷涂。

（3）电弧喷涂。

（4）等离子喷涂。按环境气氛、等离子介质、喷涂材料类型的不同有：大气下的等离子喷涂；仓内等离子喷涂包括可控气氛等离子喷涂、低压仓内等离子喷涂、真空等离子喷涂；水稳等离子喷涂；液料等离子喷涂等。

（5）激光喷涂。将欲喷涂的粉末材料通过喷嘴送到激光束中，激光束将粉末熔化，喷射气流携带被激光加热的粉末在基体表面沉积形成涂层。目前，这种喷涂技术应用较少。

本书将分章节论述 电弧喷涂、火焰喷涂（包括普通火焰喷涂、高速火焰喷涂和爆炸喷涂）、等离子喷涂。

此外，还有 ISO 14917：1999 没有列入的气动力喷涂（冷喷涂或冷气动力喷涂，cold gas dynamic spray，CGDS）、动力喷涂（kinetic spray，KS）。

1.3 热喷涂科学技术的主要学术会议与刊物

热喷涂科学技术发展的特点是工艺技术先于科学基础研究。多是在某种热喷涂工艺技术出现、且在生产中得到应用后，再进行其科学原理与相关科学基础研究，反过来再促进工艺技术水平的提高和改进。正如法国学者 P. Fauchais 说的：由于热喷涂过程所包含的现象的复杂性，很长时期以来这一领域的科学研究落后于它的技术应用，以至过程中的很多现象至今还不十分清楚。由此，也制约了热喷涂层可靠性的提高和热喷涂技术在更为广泛领域的推广应用。近年来，随着现代测试技术的发展，航空航天、能源动力、石油化工、冶金、现代制造以及节约资源与能源可持续发展的需求，欧美、中国和日本等国家在各国政府基金项目、欧共体 BRITE/EURAM 计划项目和有关方面资助下开展了一系列研究工作，取得诸多成果，对热喷涂过程及涂层的形成有了较为深刻的了解。推动了热喷涂技术进步，提高了热喷涂技术的可靠性，扩大了应用领域。在这一发展进程中，一系列国际学术会议召开和科技期刊出版发行对热喷涂科学技术的发展起了重要的促进作用。

1987 年以来，召开的热喷涂国际会议有：

1st National Thermal Spray Conference（1987） 14～17 September, Orlando（FL），出版文献："Thermal Spray：Advances in Coatings Technology"，主编 D. L. Houck，出版 . ASM International，Materials Park，OH，USA，1988，426＋pages. ISBN：0－87170－320－3. SAN：204－7586. 发表 59 篇论文，730 人参会。

2nd National Thermal Spray Conference（1988） 24～28 October,

Cincinnati（OH），出版文献："Thermal Spray Technology — New Ideas and Processes"，主编 D. L. Houck，出版 . ASM International，Materials Park，OH，USA，1989，469 + pages. ISBN：0 – 87170 – 335 – 1. SAN：204 – 7586. 发表 61 篇论文，1300 人参会。

3rd National Thermal Spray Conference（1990）20 ~ 25 May，Long Beach（CA），出版文献："Thermal Spray Research and Applications"，主编 T. F. Bernecki，出版 . ASM International，Materials Park，OH，USA，1991，792 + pages. ISBN：0 – 87170 – 392 – 0. SAN：204 – 7586. 发表 110 篇论文，1600 人参会。

4th National Thermal Spray Conference（1991）4 ~ 10 May，Pittsburgh（PA），出版文献： "Thermal Spray Coatings：Properties，Processes and Applications"，主编 T. F. Bernecki，，出版 . ASM International，Materials Park，OH，USA，1991，556 + pages. ISBN：0 – 87170 – 437 – 4. SAN：204 – 7586. 发表 79 篇论文，1300 人参会。

13th International Thermal Spray Conference（1992）（**5th National Thermal Spray Conference — 1992**）28 May ~ 5 June，Orlando（FL），出版文献："Thermal Spray：International Advances in Coatings Technology"，主编 C. C. Berndt，出版 . ASM International，Materials Park，OH，USA，1992，1044 + pages. ISBN：0 – 87170 – 443 – 9. SAN：204 – 7586. 发表 161 篇论文，1600 人参会。

6th National Thermal Spray Conference（1993）7 ~ 11 June，Anaheim（CA），出版文献："Thermal Spray：Research，Design and Applications"，主编 Ed. C. C. Berndt and T. F. Bernecki，出版 Pub. ASM International，Materials Park，OH，USA，1993，691 + pages. ISBN：0 – 87170 – 470 – 6. SAN：204 – 7586. 发表 105 篇论文，1250 人参会。

7th National Thermal Spray Conference（1994）20 ~ 24 June，Boston（MA），出版文献 Reference："Thermal Spray Industrial Applications"，主编 C. C. Berndt and S. Sampath，出版 . ASM International，Materials Park，OH，USA，1994，800 + pages. ISBN：0 – 87170 – 509 – 5. SAN：204 – 7586. 发表 126 篇论文，1500 人参会。

8th National Thermal Spray Conference（1995）11 ~ 15 September, Houston（TX），出版文献（论文集）："Thermal Spray Science & Technology,"主编 C. C. Berndt and S. Sampath，出版.ASM International, Materials Park，OH，USA，1995，774 + pages. ISBN：0 – 87170 – 541 – 9. SAN：204 – 7586. 发表 126 篇论文，1200 人参会。

9th National Thermal Spray Conference（1996） 7 ~ 11 October, Cincinnati（OH），出版文献（论文集）："Thermal Spray：Practical Solutions for Engineering Problems," Ed. C. C. Berndt, Pub. ASM International, Materials Park, OH, USA, 1996, 992 + pages. ISBN：0 – 87170 – 583 – 4，SAN：204 – 7586. 发表 131 篇论文，1350 人参会。

10th National Thermal Spray Conference（1997） 14 ~ 18 September, Indianapolis（IN）。出版论文集 "Thermal Spray：A United Forum for Scientific and Technological Advances"，主编 C. C. Berndt，出版. ASM International, Materials Park, OH, USA, 1997, 1020 + pages. ISBN：0 – 87170 – 618 – 0 ，SAN：204 – 7586. 发表 137 篇论文，950 人参会。

15th International Thermal Spray Conference（1998） 25 ~ 29 May, Nice, France ，出版论文集 "Thermal Spray：Meeting the Challenges of the 21st Century," Ed. C. Coddet, Pub. ASM International, Materials Park, OH, USA, 1998, 1693 + pages. ISBN：0 – 87170 – 659 – 8 SAN：204 – 7586，发表 272 篇论文。

2nd United Thermal Spray Conference（1999） 17 ~ 19 March, Dusseldorf, Germany ，出版论文集 "Tagungsband Conference Proceedings"，主编 E. Lugscheider, P. A. Kammer, 出版. DVS Deutscher Verband für Schweißen, Germany, 1999, 879 + pages. ISBN 3 – 87155 – 653 – X. 发表 170 篇论文。

1st International Thermal Spray Conference（2000） 8 ~ 11 May, Montréal, Québec, Canada（The first ITSC sponsored by the ASM – Thermal Spray Society, The DVS – German Welding Society, and the IIW – International Institute of Welding）出版文献 "Thermal Spray：Surface Engineering via Applied Research"，主编 C. C. Berndt，出版.ASM International, Materials Park, OH, USA, 2000, 1383 + pages. ISBN 0 –

87170 - 680 - 6. SAN 204 - 7586. 发表 199 篇论文，1068 人参会。

International Thermal Spray Conference（2001） 28 ~ 30 May, Singapor：出版文献 "Thermal Spray 2001：New Surfaces For A New Millennium"，主编 C. C. Berndt, K. A. Khor, E. Lugscheider，出版．ASM International, Materials Park, OH, USA, 2001, 1361 + pages. 发表论文 185 篇。

International Thermal Spray Conference（2002） 4 ~ 6 March, Essen, Germany 出版文献："Tagungsband Conference Proceedings"，主编 E. Lugscheider，出版．DVS, Deutscher Verband für Schweiβen, Germany, 2002, 1051 + pages. ISBN 3 - 87155 - 783 - 8. 发表论文 202 篇。

International Thermal Spray Conference（2003） 5 ~ 8 May, Orlando, Florida 出版论文集："Thermal Spray 2003：Advancing the Science and Applying the Technology"，主编 B. R. Marple, C. Moreau，出版．ASM International, Materials Park, OH, USA, 2003, 1708 + pages. ISBN 0 - 87170 - 785 - 3. 发表论文 244 篇。

International Thermal Spray Conference（2004） 10 ~ 12 May, Osaka, Japan 出版论文集："Thermal Spray Solutions - Advances in Technology and Application,"Conference Abstracts（including manuscripts on CD - ROM）出版．DVS - Verlag GmbH, Aachener Str. 172, 40223 Duesseldorf, Germany, 2005, Conference Abstracts：66 pages, CD - Content：1521 pages. ISBN：3 - 87155 - 792 - 7. 发表论文 280 篇。

International Thermal Spray Conference（2005） 2 ~ 4 May, Basel, Switzerland 出版论文集："Thermal Spray Connects：Explore its Surfacing Potential！"，主编 E. Lugscheider, Pub. DVS - Verlag GmbH, 40223 Duesseldorf, Germany, 2005, 1574 + pages. ISBN 3 - 87155 - 793 - 5. 发表论文 328 篇。

International Thermal Spray Conference（2006） 15 ~ 18 May, Seattle, Washington1, U. S.；出版论文集："Building on 100 Years of Success：Proceedings of the 2006 International Thermal Spray Conference"，主编 B. R. Marple, M. M. Hyland, Y. C. Lau, R. S. Lima, and J. Voyer.，出版．ASM International, Materials Park, OH, USA, 2006,

CD – Rom. ISBN 0 – 87170 – 809 – 4. 发表论文 252 篇。

International Thermal Spray Conference（**2007**）14 ~ 16 May, Beijing, China；出版论文集："Thermal Spray 2007：Global Coating Solutions", 主编 B. R. Marple, M. M. Hyland, Y. – C. Lau, C. – J. Li, R. S. Lima, and G. Montavon, 出版. ASM International, Materials Park, OH, USA, 2007, CD – Rom. ISBN 0 – 87170 – 809 – 4. 发表论文 216 篇。

International Thermal Spray Conference（**2008**）, in Maastricht, The Netherlands, 2 ~ 4 June, 2008；出版论文集："Thermal Spray Crossing Borders", 主编 E. Lugscheider, 出版 Springer, 2009, ISBN：978 – 0 – 387 – 92776 – 3 , 发表论文 247 篇。

International Thermal Spray Conference（**2009**）, 4 ~ 7 May, 2009, Las Vegas, Nevada, U. S., 出版论文集：Thermal Spray 2009：Expanding Thermal Spray Performance to New Markets and Applications, 编委 B. R. Marple, M. M. Hyland, Y. – C. Lau, C. – J. Li, R. S. Lima, G. Montavon, 发表论文：208 篇, 出版：DVS – ASM, 2009, ISBN：978 – 1 – 61503 – 004 – 0.

International Thermal Spray Conference（**2010**）, 3 ~ 5 May, 2010, Singapore, 出版论文集：Global Solutions for Future Applications, 编委 B. R. Marple, A. Agarwal, M. M. Hyland, Y. – C. Lau, C. – J. Li, R. S. Lima, G. Montavon, 发表论文：162 篇, 出版. ASM International, Materials Park, OH, 2011.

International Thermal Spray Conference and Exposition（**2011**）27 September 2011 ~ 29 September 2011 Hamburg, Germany , 发表论文 259 篇。

International Thermal Spray Conference and Exposition（**2012**）21 ~ 24 May, 2012（Exposition：21 ~ 23 May, 2012）, Hilton Americas Houston, Houston, Texas, 会议主题：Air, Land, Water, and the Human Body：Thermal Spray Science and Applications。

还有区域性的国际会议，如：亚洲热喷涂会议（Asian Thermal Spray Conference），2012 年在日本召开了第 5 届会议；北美冷喷涂会议（North American Cold Spray Conference）。

这些国际热喷涂会议对于促进热喷涂科学与技术的进步起了重要的推动作用。

总部设在美国俄亥俄州的 ASM International 编辑出版了国际性学术期刊 Journal of Thermal Spray—Technology，刊发有关热喷涂技术基础与实践研究方面的论文。对促进热喷涂科学与技术进步起了重要作用。此外，J. Surface and Coatings Technology，J. Mater. Sci.，Journal of Applied Physics，Plasma Chem. Plasma Process.，Pure & Appl. Chem. J. Phys. Appl，Key Engineering Materials，Materials Science and Engineering A，Materials Science and Technology，Thin Solid Films，Mater. Trans. 等学术刊物也经常刊发有关热喷涂科学与技术方面的论文。

参考文献

[1] 全国金属与非金属覆盖层标准化技术委员会. 国家标准 GB/T 18719—2002：热喷涂术语分类. 2002.

[2] International Standard Organization. ISO 14917：1999（E）：Thermal spraying – Terminology, classification [M].

[3] J. Thermal Spray Techn., 2001, 10（1）：37～39.

[4] J. Thermal Spray Techn., 2001, 10（2）：244～245.

[5] J. Thermal Spray Techn., 2001, 10（2）：246～248.

[6] J. Thermal Spray Techn., 2001, 10（3）：449～451.

[7] Herman H, Sampath S, McCune R. Thermal spray: current status and future trends. MRS Bull., 2000, 25（7）：17～25.

[8] Fauchais P, Vardelle A, Dussoubs B. Quo vadis thermal spraying. J. Therm. Spray Technol., 2001, 10（1）：44～66.

[9] Suryanarayan R. Plasma Spraying：Theory and Applications. Singapore：World Scientific. 1993.

[10] Pawlowski L. The Science and Engineering of Thermal Spray Coatings. New York：John Wiley & Sons Ltd. 2008.

[11] Li Chang – Jiu. The current state of thermal spray activities in China, the current status of thermal spraying in Asia. J. Thermal Spray Techn., 2008. 17（1）：5～13.

[12] International thermal spray & surface engineering. The Official Newsletter of the ASM Thermal Spray Society, 2012, 7（1）.

[13] International thermal spray & surface engineering. The Official Newsletter of the ASM Thermal Spray Society, 2012. 7 (2).

[14] Richard Knight, Christopher C. Berndt 2011 – 12 President of ASM International, Advanced Materials & Processes, 2012, 170 (1): 34 ~ 35.

[15] ASM News (February 2012), Advanced Materials & Processes, 2012, 170 (2): 45 ~ 50.

2 热喷涂科学技术基础

图 2-1 给出热喷涂机理研究中所关注测量的参数，这些参数将影响涂层的形成、影响沉积率，影响涂层的结构与性能以及涂层与基体的结合。

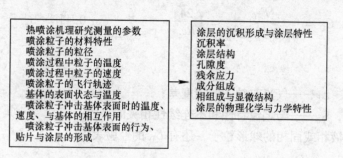

图 2-1 热喷涂时关注的喷涂粒子的性状及涂层的相关特性

本章将从热喷涂过程中喷涂粒子的加热、加速、在基体表面的沉积、涂层的形成、涂层结合机制等方面讨论热喷涂科学技术基础问题。

2.1 喷涂粒子在气流中的加速和加热[1~27]

2.1.1 喷涂粒子在气流中的加速

在流速为 v 的气流中粒子的运动方程可表达为：

$$m_p \frac{dv_p}{dt} = \frac{1}{2} C_D \pi \frac{d_p^2}{4} \rho \mid v - v_p \mid (v - v_p) + F_{ext} \qquad (2-1)$$

式中　m_p——粒子的质量，kg；

　　　v_p——粒子的速度，m/s；

　　　C_D——拖拽系数；

d_p——粒子的直径；

F_{ext}——外力，例如重力。

方程（2-1）即是喷涂粒子在气流中被气流携带加速的方程。其中，拖曳系数 C_D 与粒子的形貌、Reynolds 数 Re（$Re = \rho_g \mid v_g - v_p \mid d_p/\mu_g$），$\mu_g$ 是气体的动力学黏度，与粒子的表面粗糙度等一系列参数有关。ρ 是喷涂粒子的密度，ρ_g 是气体的密度。对于液相或固相的球形粒子，C_D 的经验表达式：

$$C_D = \frac{F_D}{A_f(0.5\rho\Delta v^2)} = \left(\frac{24}{Re_p} + \frac{6}{1 + \sqrt{Re_p}} + 0.4\right)f_F^{0.45}f_{nc}^{0.45}$$

$$(2-2)$$

式中　Δv——气流与粒子的速度差；

f_F，f_{nc}——与焰流特性和不连续性相关的参数。

对于液相或固相的球形粒子，还有 C_D 的经验表达式：

$$2 \leqslant Re < 21 \text{ 时，} C_D = (24/Re)(1 + 0.11Re^{0.81})$$

$$21 \leqslant Re < 500 \text{ 时，} C_D = (24/Re)(1 + 0.189Re^{0.62})$$

$$(2-3)$$

关于拖曳系数 C_D，还有诸多经验表达式，详见第 4 章有关内容[5]。

对于气体和粒子的两相流 Reynolds 数 Re，表达为：

$$Re = \rho_g \mid v_g - v_p \mid d_p/\mu_g \qquad (2-4)$$

式中　μ_g——气体的动力学黏度；

Re——在流体运动中惯性力对黏滞力比值的无量纲数，表征流体运动中黏性作用和惯性作用相对大小的无因次数。（Reynolds 数概念是 1851 年 George Gabriel Stokes 提出，1883 年被 Osborne Reynolds（1842~1912）命名推广使用）。

对于非球形粒子在高速气流中的加速，要考虑其表面积与等体积的球形的表面积之比，拖曳系数有经验表达式：

$$C_D = [24/(K_1Re)][1 + 0.1118(ReK_1K_2)^{0.6567}] +$$

$$0.4305K_2[1 + 3305(ReK_1K_2)^{-1}]^{-1} \qquad (2-5)$$

式中　K_1，K_2——与球形相关的因子。

　　S. Kamnis 等研究了非球形粉末粒子径向输入 HVOF 喷涂枪缩放形喷嘴扩张段进入喷嘴内的焰流中（高速大流量 1000L/min 的氢气流量 12.9g/s，煤油 3.51g/s）粒子被加热加速，模拟研究结果表明，与球形粉末粒子相比，非球形粉末粒子被加速达到的速度较高、温度较低；冲击到基体表面时要有更高的动能才能与基体表面形成较好的结合。

　　实际上拖拽系数不仅与 Reynolds 数有关，在气体的可压缩效应明显时，还与气流的速度 Mach 数有关。这与气流的密度的变化和产生激波相关。

2.1.2　喷涂粒子在气流中的加热

　　在热喷涂过程中，热气流或焰流与被携带的喷涂粒子间以两种方式进行热交换。

　　（1）对流。对流传递热量 Q_c 可以下式表达：

$$Q_c = Nu\lambda_g(T_g - T_{PS})/(\pi d_p) \qquad (2-6)$$

式中　Nu——Nusselt 数；

　T_g，T_{PS}——焰流和粒子的温度；

　　　λ_g——焰流的热导率；

　　　d_p——粒子的直径。

Nusselt 数与 Reynolds 数 Re 和 Prandti 数 Pr 有关，有 Ranz - Marshal 表达式（$Re \leqslant 2$）和经验表达式（$2 \leqslant Re \leqslant 500$）：

$$Nu = 2 + 0.6Re^{0.5}Pr^{0.33}(Re \leqslant 2)$$

$$Nu = 1.05Re^{0.5}Pr^{0.3}(2 \leqslant Re \leqslant 500) \qquad (2-7)$$

式中　Re——Reynolds 数，$Re = \rho_g d_p(v_g - v_p)/\eta_g$；

　v_g，v_p——焰流气体和粒子的速度；

　　　ρ_g——焰流的密度；

　　　η_g——焰流气体的动力学黏度；

Pr——Prandtl 数，$Pr = \eta_g (C_p)_g / \lambda_g$；

$(C_P)_g$——焰流气体的比热。

（2）辐射。辐射传递热量 Q_c：

$$Q_c = \sigma_B \varepsilon_p (T_g^4 - T_P^4 S) \tag{2-8}$$

式中 σ_B——Stefan – Boltzman 常数；

S——整定处理后的发射因子。

（3）喷涂粒子的加热方程、被加热熔化和熔化指数。喷涂粒子的加热方程可表达如下：

$$\frac{\partial H(T)}{\partial t} = \frac{1}{r^2} \frac{\partial}{\partial r} \left[r^2 k_P(T) \frac{\partial T}{\partial r} \right] \tag{2-9}$$

式中 $H(T)$——热焓，J/mol；

T——粒子的温度，K；

t——时间，s；

$k_P(T)$——粒子的热导率，W/ (m·K)，是随温度而变的；

r——粒子内某一点到表面的径向距离，m。

考虑热喷涂的持续态：

1）在焰流中粒子的表面温度一定，为 T_s。那么有 $T(0,t) = T_s$。

2）在粒子表面施加的热流 q_s（J/m²）：$-k_P(T) \left[\dfrac{\partial T}{\partial r} \right]_{r=0} = q_s$。

3）在粒子表面发生粒子与焰流的对流传热：$q_{r-0} = h(T_{plasma} - T_s)$；$T_{plasma}$ 是焰流（如等离子焰流）的温度（K）；T_s 是粒子表面的温度；q 是热流密度（J/m²）。

在如图 2 – 2 所示的喷射焰流中的粒子内，在表层的熔化液相与固相的间界面处，固相的进一步熔化与熔化潜热 L_m（J/kg）相关所需的热量与热传导的热流相平衡：

$$-4\pi r^2 \rho \frac{dr}{dt} L_m = \frac{T_{plasma} - T_m}{R_1 + R_2} \tag{2-10}$$

这里 $R_1 = \dfrac{1}{4\pi k} \left(\dfrac{1}{R - r_s} - \dfrac{1}{R} \right)$，$R_2 = \dfrac{1}{4\pi h R^2}$。

对方程（2-10）积分，得到为使喷涂粒子完全熔化所需要的时间 t_m：

$$t_\mathrm{m} = \frac{d_\mathrm{P}^2}{24}\left(1 + \frac{4}{Bi}\right)\frac{\rho L_\mathrm{m}}{k(T_\mathrm{Plasma} - T_\mathrm{m})} \qquad (2-11)$$

式中　Bi——无量纲 Biot 数，$Bi = hd_\mathrm{p}/k_\mathrm{f}$；

　　　k——热导率；

　　　d_p——粒子的直径。

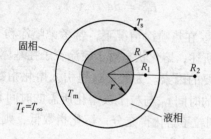

图 2-2　在热喷涂焰流中的喷涂粒子模型

固相—半径为 r 的粒子心部固相；液相—半径在 $r-R$ 的粒子外部温
度为 T_m 的液相；T_s—粒子表面的温度；T_f—焰流的温度

恒温熔化。若被喷涂的粒子被加热到熔点后，温度不再升高，粒子从焰流得到热量提供粒子熔化所需的熔化潜热，使粒子恒温熔化的热量 Q_PF：

$$Q_\mathrm{PF} = (\pi d_\mathrm{p}^3 L_\mathrm{m}\rho_\mathrm{p}/6)(\mathrm{d}X_\mathrm{P}/\mathrm{d}t) \qquad (2-12)$$

式中　L_m——熔化潜热，J/kg；

　　　ρ_p——粒子的密度，kg/m³；

　　　$\mathrm{d}X_\mathrm{P}$——粒子熔化的质量分数。

液态粒子的加热与蒸发的热量 Q_PL：

$$Q_\mathrm{PL} = h\pi d_\mathrm{p}^2(T_\mathrm{j} - T_\mathrm{PL}) + (\pi d_\mathrm{p}^3\Delta H_\mathrm{VP}\rho_\mathrm{PL}/6)(\mathrm{d}X_\mathrm{PLVP}/\mathrm{d}t)$$

$$(2-13)$$

式中　T_j——焰流的温度；

T_{PL}——液态粒子的温度；

h——热转移系数（heat – transfer coefficient），W/（$m^2 \cdot K$）；

ΔH_{VP}——蒸发潜热，J/kg；

ρ_{PL}——液态粒子的密度，kg/m^3；

X_{PLVP}——粒子蒸发的质量分数。

喷涂粒子从喷涂枪到基体间的飞行距离 Sd，粒子的速度 $v_p(t)$，飞行时间 t_{fly}，有：

$$t_{fly} = Sd/ v_p(t) \qquad (2-14)$$

熔化指数 MI。在热喷涂情况下，常考虑喷涂粉末粒子熔化的程度，如本书后面所述，熔化状态对于喷涂粒子在基体表面的摊敷形成涂层是一非常重要的因素。为此，这里引入熔化指数 MI，与喷涂粒子在焰流中飞行的时间 t_{fly} 与粒子被熔化所需的时间 t_m 之比相关。熔化指数 MI 高，则粒子熔化得充分；熔化指数低，则粒子熔化得不充分。熔化指数 MI 表达为：

$$MI = A \frac{t_{fly}}{t_m} = A \frac{24k(T_{plasma} - T_m)}{d_p^2 \rho L_m} \frac{t_{fly}}{\left(1 + \dfrac{4}{Bi}\right)} \qquad (2-15)$$

式中，$A = (T_{plasma} - T_m)/(T_s - T_m)$。

一系列研究指出对于给定喷涂材料和工艺，熔化指数 MI 的最佳化，对于得到高质量的涂层有重要意义。L. Li 等用等离子（F4 喷嘴）喷涂平均粒径为 $35 \mu m$ 的部分稳定氧化锆（YSZ）时的实验结果表明，熔化指数 MI 和喷涂沉积率随喷涂距离有同样的变化趋势，且都是在喷涂距离为 80mm 时有最高值。对于给定热喷涂材料与参数，公式（2-15）中粒子被熔化所需的时间 t_m 一定，A 一定，熔化指数 MI 与式喷涂粒子在焰流中飞行的时间 t_{fly} 相关，t_{fly} 又与喷涂粒子从喷涂枪到基体间的飞行距离 Sd 相关（式（2-14））。这样可将 MI 对 Sd 求导，并考虑相应最佳化条件：$\dfrac{dMI}{dSd} = 0$，基于这样的考虑，L. Li 等给出相应的最佳喷涂距离 Sd_{opt}：

$$Sd_{\text{opt}} = \frac{\rho C_{\text{p}} v_{\text{p}} d_{\text{p}} (T_{\text{s}} - T_{\text{m}})}{6 L_{\text{m}} (T_{\text{s}} - T_{\text{g}})} \tag{2-16}$$

式中　T_{g}——环境温度。

注意到该式中并没有给出焰流的速度和温度，仅给出与其相关的粒子的速度和其表面温度。

2.2　涂层的形成[9~31]

2.2.1　液滴垂直冲击固体表面连接贴片沉积的形成

以一定速度的液滴冲击固体表面，可能发生三种现象：回弹、沉积、溅射，或是部分回弹部分沉积、部分溅射部分沉积。至于发生哪一种现象，或是以哪一种现象为主，已有的研究指出与 Sommerfeld 参数 K_{S} 相关：

$$K_{\text{S}} = We^{1/2} Re^{1/4} \tag{2-17}$$

式中，We 和 Re 分别为 Weber 数 和 Reynolds 数（$We = \rho_{\text{p}} v_{\text{p}}^2 d_{\text{p}} / \sigma_{\text{p}}$，$Re = v_{\text{p}} d_{\text{p}} \rho_{\text{p}} / \mu$）。

K_{S} 小于 3 发生回弹；在 3~58 之间发生沉积；大于 58 发生溅射。上式至少对于水和酒精是对的。液滴垂直冲击固体表面发生哪种现象与滴的密度 ρ_{p}、速度 v_{p}、直径 d_{p}、表面张力 σ_{p} 以及黏度 μ 等因素有关。

综合已有的研究表明：小的粒子（d_{p} 约等于 0.1~1.0μm）在速度为 1~100m/s 冲击基体表面时，受 van der Waals 力和静电力的作用可能在表面堆积。较大的粒子（d_{p} 约等于 5~150μm），以较低的速度（v_{p} 约等于 5~300m/s）冲击基体表面，可能产生回弹或导致基体表面的变形与冲蚀；以较高的速度（v_{p} 约等于 300~1200m/s）冲击基体表面，可与基体表面形成结合；更高的速度（v_{p} 约等于 1000~3000m/s）冲击基体表面，较硬的粒子可能会导致冲击粒子穿入表面；较软的粒子特别是半熔化或熔化的粒子会产生较多的溅射（飞溅），导致低的沉积率。

作为参考，表 2-1 给出几种热喷涂工艺条件下熔滴的 Re 数和 We 数。

表 2 – 1　几种热喷涂工艺条件下熔滴的 Re 数和 We 数

参　数	常规等离子喷涂	高速氧 – 燃料喷涂	线材电弧喷涂
$D/\mu m$	50 ~ 70	20 ~ 50	50
$V/m \cdot s^{-1}$	300 ~ 500	500 ~ 1000	100 ~ 200
Re	$2.3 \times 10^4 \sim 5.5 \times 10^4$	$1.6 \times 10^4 \sim 7.8 \times 10^4$	$0.8 \times 10^4 \sim 1.6 \times 10^4$
We	$2.0 \times 10^4 \sim 7.7 \times 10^4$	$2.2 \times 10^4 \sim 22 \times 10^4$	$0.2 \times 10^4 \sim 0.9 \times 10^4$

喷射粒子冲击基体表面的可压缩效应：关于热喷涂时喷射粒子冲击到基体表面初始阶段的情况。R. C. Dykhuizen 等研究指出，热喷涂时一球形滴冲击基体表面的最大冲击压力大于水锤压力（$\rho_p c_L v_p$，c_L 是在液体中的声速，ρ_p 是滴的密度，v_p 是滴的冲击速度）。在冲击瞬时，滴的速度突然改变，液体被向滴内扩展的击波压缩。这种可压缩性以冲击 Mach 数（$Ma = v_p/c_L$）表征。Armster 给出例子：对于液体金属滴 ρ_p 约为 8000kg/m³，液体中的声速 c_L 约为 3000m/s，滴的冲击速度 v_p 约为 300m/s，$Ma = 0.1$，冲击锤压力（impact hammer pressure）约为 7×10^9Pa。这个压力在时间 t_{cont} 约为 $d_p v_p/(4c_L^2)$ 后释放。对于直径 40μm 的滴，t_{cont} 约为 3×10^{-10}s。在这一时间，接触半径 $r_{cont} = d_p v_p/(2c_L) = d_p Ma/2$，$r_{cont} = 2\mu m$。

2.2.2　喷涂时的贴片形成过程的时间尺度

法国学者 Fauchais 的研究小组给出等离子喷涂时的贴片形成——从冲击液滴摊平到凝固（splat formation（flattening + solidification））时间约为 10μs，通过基体的冷却速度达到 $10^6 \sim 10^8$K/s。

2.2.3　贴片形貌

热喷涂粒子冲击基体表面形成贴片的形貌随粒子的温度、速度（动能）、基体的温度的不同而改变。一般规律是随粒子能量（速度和温度）的升高，在温度较低（如 100℃ 上下）的基体倾向于形成中间一"核"向外有很多向外辐射"分叉"的贴片形貌。而粒子的能量（速度和温度）较高，在温度较高（如 200℃ 以上）的基体表面倾向于形成少分叉的盘形贴片,见图 2-3。

 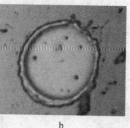

a   b

图 2-3 热喷涂时液滴冲击基体表面形成的溅射形成
指形分叉形贴片(a)和盘形贴片(b)形貌照片

2.2.4 基体温度对喷涂粒子在基体表面连接贴片和贴片间的结合(涂层致密度)的影响

在热喷涂时基体温度对喷涂粒子在基体表面形成连接的盘形贴片有一定的影响。有研究给出在等离子喷涂氧化铝和氧化锆时观察到在基体温度低于100℃时,喷涂微滴在基体表面上的贴片主要是呈无规则指形的溅射状;在150℃以上时,贴片主要呈盘形。似乎存在一"临界温度",高于这一温度贴片主要是"盘形",低于这一温度贴片呈溅射状(不规则的指形、多孔的放射形等)。图 2-4 给出在 304 不锈钢基体上氩气等离子喷涂 Ni(粒度在 10~44μm)时,随基体温度的升高得到盘形贴片的比例(百分数)以及涂层结合强度的变化趋势。看到当基体温度高于 500K 时,盘形贴片的分数显著升高,涂层结合强度升高(应当指出在氩气等离子喷涂情况下由于氩气对基体和涂层有一定的保护作用,基体温度可适当高些。在氧-燃料火焰喷涂时,要考虑焰流对基体和涂层的氧化作用)。

热喷涂涂层的导热性在一定程度上反映了涂层的致密度。如,等离子喷涂 Mo 涂层由于存在层状结构和孔隙,其导热性大约只为烧结 Mo 的 10%~30%。喷涂规范的增强,喷涂粒子的速度和温度提高,涂层的孔隙度下降,导热性提高。如等离子喷涂 Mo,基体温度在 115℃时,电流从 700A(相应粒子平均温度为 2980℃,粒子平均速度 153m/s)提高到 860A(相应粒子平均温度为 3120℃,粒子平均速

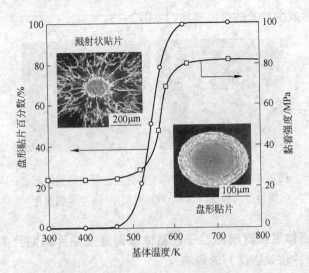

图 2 - 4   基体温度对氩气等离子喷涂 Ni 粉时喷涂粒子盘形贴片比例
（百分数）和涂层黏着强度的影响（Fauchais P.）[9]
○—涂层结合强度；□—喷涂粒子盘形贴片比例

度 183m/s）时，涂层的热导率从 13.0W/(m·K) 提高到 16.6W/(m
·K)。在电流同样为 700A，基体温度从 115℃ 提高到 325℃，涂层的
热导率从 13.0W/(m·K) 提高到 46.3W/(m·K)。尽管基体温度升
高将导致涂层氧化增加，但涂层的层片间的结合较好，对导热性的提
高有更显著的作用。高的基体温度使在孔隙中残留的空气减少，有利
于喷涂液滴的流布，使滴 - 片间有更好的接触。对于 Mo 涂层，较高
的基体预热温度使熔滴贴片表面氧化层增厚。

J. Fazilleau 等用液料（TZ - 8Y 悬浮液）等离子喷涂的实验结果
表明不锈钢基体温度 670K 时得到盘形贴片，实验给出预热温度 473K
似乎是一临界点，高于这一温度有利于沉积液滴的漫流，有利于基体
与氧化锆滴间的黏着。温度过高，由于表面的氧化，或给漫流带来不
利的影响。

2.2.5 粉末粒径对热喷涂时喷射粒子贴片形貌的影响

随粉末粒径增大喷射粒子贴片形貌从溅射的星形为主，逐渐过渡

为以盘形为主。M. F. Morks 等研究给出等离子喷涂铸铁粉时（电流
500A，电压 38V，Ar－H$_2$），在粉末粒径为 35μm 时，溅射的星形贴
片占 85%；55μm 时溅射的星形贴片和盘形贴片各占 50%；70μm 溅
射的星形贴片占 10%，盘形贴片占 90%。

2.2.6 贴片摊敷程度的标识

把沉积摊敷在基体表面的贴片近似看成是一圆盘，以圆盘贴片直
径 D 与原始喷射滴的直径 d_p 之比 $D/d_p = f$ 表示摊敷程度（flattening
degree），f 通常在 2~6 之间。摊敷程度与冲击滴的黏度、内聚力、动
能、表面能、热传导以及表征凝固速率的 Peclet 数（Pe）等因素有
关。Fauchais 等将其归纳为与 Reynolds 数有关的函数：

$$f = CRe^a \qquad (2-18)$$

式中，系数 C 在 0.8~1.2941 之间，对于有扩展的指形分叉贴片（类
似于图 2-3 中的 a）的平均直径 $C = 0.8$，对应于圆盘贴片 $C = 1.2941$。
指数 a 的数值为 0.2，0.167 或 0.125。由 Reynolds 数的定义，定性看
到随喷射滴的速度提高、黏度下降，摊敷程度升高。从定量考虑，则
又与喷射粒子速度 v_p 和黏度 μ 的 v_p^a 和 μ^{-a} 有关系。式（2-18）关系
未考虑表面张力的因素。若考虑喷射粒子冲击前后表面积的变化，
其动能有一部分转化为表面能，即应考虑表面张力的影响，还应引
入 Weber 数 We（引入 We^{-1}）。但也有研究指出在较高速度冲击沉
积时（如超声速等离子喷涂、HVOF 喷涂时），其影响可以忽略。

从贴片摊敷程度计算贴片厚度 htp

$$htp = 1.33(d_p/2)(D/d_p)^{-2} = 1.33(d_p/2)f^{-2} \qquad (2-19)$$

2.2.7 考虑熔化液滴的可压缩性

Dykhuizen 和 Armster 等认为应考虑液滴的可压缩性（compressi-
bility）。液滴冲击基体表面的瞬时，有较大的冲击压力，甚至高于水
锤压力。Armster 等指出在这一瞬时，冲击波向滴内扩散，对滴压缩，
滴的可压缩性与冲击的 Mach 数（v_p/c）有关。Armster 等给出例子：
一密度约 8000kg/m^3 的滴（在滴内的声速为 3000m/s）以 300m/s 的
速度冲击基体表面，冲击锤压力（impact hammer pressure）已达 7×

10^9Pa。对于这样的滴，直径为 20μm，冲击时间是 3×10^{-10}s，接触区的直径为 2μm，贴片摊平时间约为 10^{-6}s。这些数据与实验观测接近。因此，在讨论热喷涂熔化的液态粒子冲击基体表面、并在表面沉积的问题时应考虑液滴冲击表面的"水锤效应"及其对摊平－贴片形貌的影响。

2.2.8　贴片液滴的冷却凝固

喷射到基体表面的熔化或半熔化的喷涂粒子，在基体表面沉积形成贴片主要通过向下层导热而冷却。

贴片的热焓包括熔化潜热 L_m（J/kg）和液滴过热（C_P）ΔT：

$$H_{tp} = L_m + (C_P)\Delta T \qquad (2-20)$$

喷涂粒子贴片冷却模型。贴片和基体的温度 T 作为时间的函数，以圆柱坐标，可表达如下式：

$$\rho c \frac{\partial T}{\partial t} = k\left(\frac{\partial^2 T}{\partial r^2} + \frac{1}{r}\frac{\partial T}{\partial r} + \frac{1}{r^2}\frac{\partial^2 T}{\partial \theta^2} + \frac{\partial^2 T}{\partial z^2}\right) - \partial L_m \frac{\partial f_L}{\partial t} \qquad (2-21)$$

式中，ρ、c、k、L_m 和 f_L 分别是密度、热容、热导、熔化潜热和液相的比例分数。

沉积在基体表面的熔化或半熔化粒子在基体表面贴片，是通过向基体方向的传热、降温、凝固的，故可考虑一维情况。贴片的凝固时间 t_s 与贴片的厚度 htp 的平方成正比：

$$t_s = (htp)^2 \rho c (4\, k\beta^2)^{-1} \qquad (2-22)$$

式中，β 是与贴片滴与基体的温度差（$\Delta T = T_p - T_s$）、热容、熔化潜热有关的因子。模型计算与实验检测结果给出，对于大多数基体预热温度在 150℃上下，喷涂材料的熔点在 1500K 以上，喷涂粒子的粒径在 $10 \sim 40$μm 的情况，熔化的喷涂粒子在基体上沉积贴片的凝固时间约为 $0.1 \sim 1.0$μs。对于熔化的滴的贴片是在大过冷度下的极高的冷却速度下凝固，对形成的涂层的显微组织结构和性能有着重要影响。

2.2.9　喷涂粒子的淬火应力

等离子喷涂时用的粉末粒径多在 $5 \sim 100$μm 范围，喷涂冲击基体表面（通常温度在 600K 以下）时粒子大多是在熔化态，速度为 100m/s，

在 $1 \sim 10 \mu s$ 的时间范围即完成在基体表面的贴敷 – 凝固 – 冷却（淬火），在每个贴片内有很细的显微组织的同时还有较高的不均匀的淬火应力，且是涂层残余应力的主要原因。喷涂粒子的淬火应力与其材料和基体的温度有关：（1）喷涂较软的面心立方晶格的 Ni 和 Al 时淬火应力不超过 100MPa，且随基体温度升高而下降；（2）喷涂有高的高温强度的合金时淬火应力较高（甚至超过 300MPa），且随基体温度升高而升高，到基体温度达到一定温度后再升高温度，淬火应力才随基体温度的升高而下降。这是由于在基体温度不很高时，随基体温度升高，喷涂熔滴与基体表面间有更好的接触，加快了热传导，淬火应力提高；（3）对于陶瓷涂层，淬火应力通常较小（不超过 50MPa），这是由于贴片中有大量的微裂纹释放了应力。

2.3 热喷涂涂层与基体的结合机制

涂层与基体的结合往往是涂层系统中的薄弱环节，是热喷涂工作者多年来着重研究的课题。通过工艺材料研究提高了热喷涂涂层与基体的结合，扩大热喷涂技术的应用领域。

热喷涂涂层与基体表面间的结合有以下主要机制：

（1）机械结合，机械相互勾连；

（2）扩散结合或冶金结合；

（3）黏附，物理化学结合机制，形成化合物，以及 Van der Wauls 力等。

以下因素影响涂层与基体表面间的结合和涂层的建立：

基体表面清洁度、表面积、表面拓扑形貌（topography）和轮廓（分形）；温度与热能；时间（反应速度与冷却速度等）；速度（动能）；物理与化学特性；物理化学相互作用。

清洁和经喷砂毛化对基体表面准备是很重要的。这样的处理将得到有化学和物理活性的表面，同样也增大实际接触表面积，粗糙的表面有利于形成机械勾连。

单个喷涂粒子冲击表面时的冷却速度可达 10^6K/s，这样高的冷却速度限制了热相互作用，即限制了与温度和时间关系密切的扩散结合。提高喷涂粒子的热能和动能对促进冶金结合是有利的（这里面包括喷涂粒子的温度、速度、热焓、质量、密度和热容等。）。这里顺便提一下，钼和其他难熔金属有高的熔点，这类金属在喷涂时，其喷涂粒子温度较高，从而提高喷涂粒子与基体的相互作用温度，延长相互作用时间，有利于得到冶金结合。而且钼的氧化物将挥发，而不影响冶金结合。喷涂材料在喷涂时能发生放热反应的（如铝与镍，铝与氧）也有利于提高喷涂粒子与基体表面的相互作用。冶金或扩散结合通常仅发生在很小的尺度范围，其尺度在 0.5~1μm，最大也不会超过 25μm。

粒度对涂层与基体的结合强度有一定影响。C-J,Li 等用 HVOF，在同样的喷涂参数情况下在软钢基体上喷涂 NiCr20B4Si4 粉末时的试验结果给出，粉末粒径在 45~74μm 时涂层与基体的平均结合强度约为 40MPa，喷涂粉末粒径在 75~104μm 时涂层与基体的结合强度为 67MPa。喷涂 Ni-Cr50 合金粉时也有类似的结果（相应的结合强度分别为 37MPa 和 57MPa）。认为使用较粗的粉末喷涂时，粉末未完全熔化，半熔化的较大颗粒的粒子冲击基体时有较高的能量，比完全熔化的液滴冲击基体表面得到更加致密的涂层，与基体表面有较好的结合。

有关热喷涂涂层与基体表面间的结合在以后有关热喷涂工艺和喷涂材料各章中，针对不同材料工艺均有论述。

2.4 热喷涂气体动力学基础

2.4.1 局域声速

在处理热喷涂过程机理有关气体动力学问题时常遇到描述喷射气流（包括燃气流、等离子气流、焰流等）速度的问题，这种描述常与声速作相对比较，如：喷射气流达到声速、超声速或是亚声速气流。这样就先要明确声速。

声速是微弱扰动波在介质中传播的速度。按气体动力学，在弹性媒质中扰动的传播速度 a 即是声速。这里所指的弹性媒质可以是固体、液体、气体或等离子体（物质的 4 种状态）。按气体动力学，在气体介质中弱扰动波的传播速度，即声速 a 的公式为：

$$a = (dP/d\rho)^{1/2} \tag{2-23}$$

式中 P——气体的压强;

ρ——气体的密度。

上式的物理意义:气体中的声速与单位密度的改变所需的压力改变相关。单位密度的改变所需的压力改变越小,气体容易压缩,声速越低。

扰动波在介质中传播引起的温度变化很小,压力和密度的关系可用等熵或绝热方程表达:

$$PV^\gamma = P/\rho^\gamma = C \tag{2-24}$$

式中 γ——理想气体等熵指数,$\gamma = C_P/C_v$;

C_v——定容比热;

C_P——定压比热;

V——气体比体积;

C——常数。

对于双原子气体(包括空气)等熵指数 $\gamma = 1.4$,单原子气体 $\gamma = 1.66$,多原子气体(包括热蒸汽)$\gamma = 1.33$,干蒸汽 $\gamma = 1.135$。由上式 $P = C\rho^\gamma$,$dP = C\gamma\rho^{\gamma-1}d\rho$

$$dP/d\rho = C\gamma\rho^{\gamma-1} = (P/\rho^\gamma)\gamma\rho^{\gamma-1} = \gamma(P/\rho) \tag{2-25}$$

由理想气体方程:$PV = P/\rho = RT$,R 是气体常数,$R = k_b N_A$,k_b 是 Boltzmann 常数(1.380622×10^{-23} J/K),N_A 是 Avogadro 数(6.023×10^{23}/molar)。这样就有声速的两个表达式:

$$a = (dP/d\rho)^{1/2} = [\gamma(P/\rho)]^{1/2} \tag{2-26}$$

$$a = (\gamma RT)^{1/2} \tag{2-27}$$

由上两式看到,声速与气体介质特性(参数 γ)、气体介质的压强、密度和温度有关。对于特定区域位置的气流的声速称之为"局域声速"或"当地声速"。当地声速随气体的压强、温度的升高而升高。

2.4.2 绝热等熵过程

在处理热喷涂过程的气体动力学问题时,为简化计算,建模方便,常将燃气流考虑为绝热等熵(即过程等熵,$P/\rho^\gamma =$ 常数)态来处理。

对于轴对称可压缩气体流束,考虑一元运动,绝热气流(对于在热喷涂枪管里的气体动力学问题常可这样考虑)。其基本方程如下:

连续性方程:
$$\rho_1 u_1 A_1 = \rho_2 u_2 A_2 \tag{2-28}$$

式中　ρ——气体的密度;

　　　u——气流的流速;

　　　A——流体的截面积;

下标 1,2——垂直于轴向的截面的位置。

绝热流体的能量守恒方程:

单位质量流体的能量:
$$E = u^2/2 + P/\rho + gz + C_v T \tag{2-29}$$

式中　P——流体的压力;

　　　gz——位能项;

　　　C_v——定容比热;

　　　T——绝对温度。

考虑理想气体状态方程,并代入气体常数 $R = C_P - C_v$,C_P 为定压比热,则有:
$$C_v T = C_v P (C_P - C_v)^{-1} \rho^{-1} \tag{2-30}$$

对于理想气体等熵指数 $\gamma = C_P/C_v$,不计位能变化($z_1 = z_2$),绝热流体的能量守恒方程:
$$u_1^2/2 + \gamma P_1 (\gamma - 1)^{-1} \rho_1^{-1} = u_2^2/2 + \gamma P_2 (\gamma - 1)^{-1} \rho_2^{-1} \tag{2-31}$$

2.4.3　滞止态

在气体动力学中将管流内的某一截面流体的速度为零,过程绝热、过程等熵(P/ρ^γ = 常数),将这样的状态称作滞止态(stagnation)。在处理热喷涂过程的气体动力学问题时,为简化计算,建模方便,也常通过考虑滞止态来处理。

对于滞止态(stagnation,以下标 s 表示滞止态)声速(a_s)有:
$$a_s = (dP_s/d\rho_s)^{1/2} = (\gamma P_s/\rho_s)^{1/2} \tag{2-32}$$

2.4.4 压力波的传播及 Mach 数

考虑坐标系随气体一起运动，压强扰动以声速 a 相对于气流传播，气流速度为 u，压强扰动与气流同向的传播速度为 $a+u$，逆向的传播速度为 $a-u$，在 u 大于 a 的情况，压强扰动不可能逆向传播。气流速度小于声速，压强扰动以球面波的形式向各向传播；气流速度大于声速，所有的球面波都限于点源 A 的后面的锥面内（见图 2-5），这个锥面被称为 Mach 锥。经时间 t，扰动点源 A 移动到位置 ut，扰动点源 A 的扰动扩展为半径为 at 的球面，这样可求得锥角 α：

$$\sin\alpha = at/ut = a/u = 1/M \qquad (2-33)$$

定义 $M = u/a$ 为 Mach 数，锥角 α 为 Mach 角。

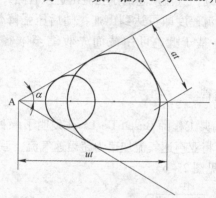

图 2-5 压力波的传播

对于可压缩无黏性流动，流束可用 Bernoulli 方程（不计重力）：

$$F + u^2/2 = F_0 \qquad (2-34)$$

式中压强函数 $F(p) = \int (dp/\rho)$，对于等熵过程，密度变化：$\rho = \rho_0 (p/p_0)^{1/\gamma}$，有压强函数：

$$F(p) = \gamma(\gamma-1)^{-1} p_0 \rho_0^{-1} (p/p_0)^{(\gamma-1)/\gamma} \qquad (2-35)$$

式中，p_0 是 $u_0 = 0$ 时的容器中的压强，可相应于气体从气罐中流出时气罐中的压强（对于有燃烧室（仓）的喷涂枪，与出口处喉径或管径相比，仓的体积大得多的情况，处理从仓内喷出的气流时，可考虑为这种情况），由上式，有：

$$u = [2(F_0 - F)]^{1/2}$$

$$= \{2[\gamma(\gamma - 1)^{-1}]p_0\rho_0^{-1}[1 - (p/p_0)^{(\gamma - 1)/\gamma}]\}^{1/2} \quad (2 - 36)$$

由上式看到，容器中的压强升高，气流速度增大。对于高速氧燃气火焰喷涂和气动力喷涂，提高仓压（相应于容器中的压强 p_0），将提高气流速度。由上式还看到，随（p/p_0）的减小到某一值时从孔口流出的气流将达到声速。将 $u = a = [\gamma(P/\rho)]^{1/2}$ 代入上式，经整理，可得对于理想气体在

$$p/p_0 = [2 (\gamma + 1)^{-1}]^{\gamma(\gamma - 1)} \quad (2 - 37)$$

时孔口处的流动具有声速。对于空气这一比值约为 0.53。

由上述还看到，气流从仓的小孔流出进入管路，在出口处压强比达到临界值，气流速度即可达到声速，随后压强降低（可用截面加大）速度增高。基于此，可用截面先收缩至喉径再扩张的 Laval 喷管。

2.4.5　Laval 喷管

1889 年，瑞典工程师 Gustaf De Laval 发明了一种缩-放型喷管，通过这种喷管可将亚声速气流加速为超声速气流，后来这种喷管被称为 Laval 喷管。见图 2-6。

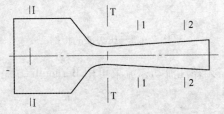

图 2-6　Laval 喷管剖面示意图

对于 Laval 喷管（其典型示意图见图 2-6），入口处截面 1-1 在容器中，各参数为滞止态参数，且有 $u_s = 0$。对于 Laval 喷管喉部 T-T 截面处，能量守恒方程有：

$$\gamma P_s(\gamma - 1)^{-1}/\rho_s = u_t^2/2 + \gamma P_t(\gamma - 1)^{-1}/\rho_t \quad (2 - 38)$$

将式（2-26）和式（2-32）代入式（2-38）：

$$a_s^2(\gamma - 1)^{-1} = u_t^2/2 + a_t^2(\gamma - 1)^{-1} \qquad (2-39)$$

a_s 即为流动介质在 T – T 截面处的声速。T – T 截面处的实际速度 $u_t = M_t a_t$。M 为 Mach 数。式（2 – 39）可改写为：

$$a_s^2/a_t^2 = [M_t^2(\gamma - 1)/2] + 1 \qquad (2-40)$$

在喉部 T – T 截面处流体的速度为当地声速 a_t，$M_t = 1$。在出口处的速度为 $u_E = M_E a_E$。考虑质量连续性，则有：

$$\rho_t u_t A_t = \rho_E M_E a_E A_E \qquad (2-41)$$

式中　A_t——缩 – 放型 Laval 喷管喉部截面积；

　　　A_E——出口处截面积。

由上式：

$$A_t/A_E = \rho_E M_E a_E/(\rho_t u_t) \qquad (2-42)$$

在（2 – 42）中代入绝热流动下，当地声速和密度与滞止态声速和密度的关系，得到：

$$A_t/A_E = M_E[(\gamma + 1)/2]^{(\gamma+1)/2(\gamma-1)}[1 + M_E^2(\gamma - 1)/2]^{-(\gamma+1)/2(\gamma-1)}$$

$$(2-43)$$

式（2 – 43）给出了对于缩 – 放型 Laval 喷管喉部截面积 A_t 与出口处截面积 A_E 之比与理想气体等熵指数 γ 和出口处气流的 Mach 数间的关系。对于热喷涂有多种喷涂枪都使用了 Laval 喷管，式（2 – 43）是喷管内孔轮廓尺寸设计的依据。在喷管出口处气流的静态压力 P_E 与滞止态气体的压力 P_S 间有以下关系：

$$P_E/P_S = [1 + M_E^2(\gamma - 1)/2]^{-\gamma/(\gamma-1)} \qquad (2-44)$$

对于双原子气体（包括空气）等熵指数 $\gamma = 1.4$，单原子气体 $\gamma = 1.66$，多原子气体（包括热蒸汽）$\kappa = 1.33$，干蒸汽 $\kappa = 1.135$。流动参数、当地声速、Mach 数间的关系：

基于上述给出的当地声速的表达式：$a = [\gamma(P/\rho)]^{1/2}$ 和 $a = (\gamma RT)^{1/2}$ 以及 $P = C\rho^\gamma$，并引入滞止态气体参数 P_S、T_S、ρ_S，可导出各点的流动参数与 Mach 数间的关系：

（1）$a/a_S = (T/T_S)^{1/2}$，由式（2 – 40）：

$$T/T_S = [1 + M^2(\gamma - 1)/2]^{-1} \qquad (2-45)$$

（2）$a/a_S = (\rho/\rho_S)^{(\gamma-1)/2}$，有：

$$\rho/\rho_S = [1 + M^2(\gamma - 1)/2]^{-1/(\gamma-1)} \tag{2-46}$$

(3) $P/P_S = (\rho/\rho_S)^\gamma$，有：

$$P/P_S = [1 + M^2(\gamma - 1)/2]^{-\gamma/(\gamma-1)} \tag{2-47}$$

相应对于管内绝热等熵流动任意两点 1 点和 2 点的流动参数间有以下关系：

$$T_2/T_1 = [1 + M_1^2(\gamma - 1)/2][1 + M_2^2(\gamma - 1)/2]^{-1} \tag{2-48}$$

$$P_2/P_1 = \{[1 + M_1^2(\gamma - 1)/2][1 + M_2^2(\gamma - 1)/2]^{-1}\}^{\gamma/(\gamma-1)}$$
$$\tag{2-49}$$

$$\rho_2/\rho_1 = \{[1 + M_1^2(\gamma - 1)/2][1 + M_2^2(\gamma - 1)/2]^{-1}\}^{1/(\gamma-1)}$$
$$\tag{2-50}$$

在讨论热喷涂机理，枪管内气流特性时，常用到式（2-45）、式（2-46）、式（2-47）和式（2-48）、式（2-49）、式（2-50）两组方程。由连续方程和式（2-50）可给出管截面积与速度特性的关系方程：

$$\frac{A_2}{A_1} = \frac{M_1}{M_2}\left\{\frac{1 - [(\gamma - 1)/2]M_2^2}{1 - [(\gamma - 1)/2]M_1^2}\right\}^{[(\gamma+1)/2(\gamma-1)]} \tag{2-51}$$

$$\frac{T_2}{T_1} = \frac{1 + [(\gamma - 1)/2]M_1^2}{1 + [(\gamma - 1)/2]M_2^2} \tag{2-52}$$

$$\frac{P_2}{P_1} = \left\{\frac{1 + [(\gamma - 1)/2]M_1^2}{1 + [(\gamma - 1)/2]M_2^2}\right\}^{\gamma/(\gamma-1)} \tag{2-53}$$

$$\frac{\rho_2}{\rho_1} = \left\{\frac{1 + [(\gamma - 1)/2]M_1^2}{1 + [(\gamma - 1)/2]M_2^2}\right\}^{1/(\gamma-1)} \tag{2-54}$$

从 Laval 喷管喷出的超声速气体射流中会出现激波和膨胀波的周期型结构。

从 Laval 喷管喷出的超声速气体射流的截面由于惯性而膨胀，直到射流边界（自由边界）。膨胀波在自由边界上反射为压缩波，继续向前传播，到达射流的另一边界又反射为膨胀波，压缩波与膨胀波二者相交形成菱形区域（见图 2-7），因其形貌类似钻石，故常被称为"马赫钻"。这一过程周期性地重复出现，看到喷嘴外一系列等间距的"马赫钻"（见图 2-7）。对于从圆孔喷出的气流，因波的锥形相交而更为复杂，但其周期性节点特征不变（见图 2-7）。对于二维流动，波长 λ 为：

$$\lambda = 2d\cot\alpha = 2d[(u/a)^2 - 1]^{1/2} \qquad (2-55)$$

式中，d 为射流的平均直径；α 是 Mach 锥角；u 是气流速度；a 是声速。

这一现象还造成在距喷管出口一定距离内超声速气流轴向速度出现波动。随喷射距离的增长，与环境气氛的相互作用也增大，射流的能量逐渐损耗，气流轴向速度降低，"马赫钻"形貌消失。

在使用有 Laval 喷管热喷涂（如用 HVOF 枪炬喷涂）时，从喷管喷出的焰流有明显的周期性"马赫钻"形貌，而送粉后即看不到这种周期性"马赫钻"形貌。有关用这类枪炬喷涂时超声速气流轴向速度的波动对喷涂距离的选择的影响、对涂层性能质量的影响还有待进一步深入研究。见图 2-7。

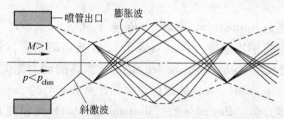

图 2-7 从 Laval 喷管喷出的超声速气体射流中会出现激波和膨胀波的
周期型结构及压缩波与膨胀波二者相交形成菱形区域

2.4.6 与热喷涂相关的流体力学数[1~4]

Biot 数（Biot number） $Bi = hd_p/\lambda_p$

h 传热系数（heat transfer coefficient），d_p 喷涂粒子的直径（particle diameter），λ_p 喷涂粒子的热导率（thermal conductivity of partic）；

Damköhler 数（Damköhler number） $Da = t_t/T_c$

t_t 湍流时间尺度（turbulent timescale），T_c 化学时间尺度（chemical timescale）；

Knudsen 数（Knudsen number） $Kn = Ma\,(\pi\gamma/2)^{1/2}/Re$

Ma（Mach）数，Re（Reynolds）数，γ 等熵指数（比热比，$\gamma = C_p/$

C_v），C_v 为定容比热，C_P 为定压比热（specific heat capacity（isobar））；

Lewis 数（Lewis number）　　$Le = \lambda / (Dc_p\rho)$

λ 热导率（thermal conductivity），D 扩散系数（diffusion coefficient），c_p 等压比热容（specific heat capacity（isobar）），ρ 流体的密度（flow density）；

Mach 数（Mach number）　　$Ma = v_f/u$（Eq 2），常写作 M。

v_f 流体的速度（velocity of the fluid），u 相对声速（relative sound velocity）；

Nusselt 数（Nusselt number）　　$Nu = f(Re; Pr; \text{geometry})$

Re（Reynolds）数，Pr（Prandtl）数；

Prandtl 数（Prandtl number）　　$Pr = c_p\mu/\lambda$

c_p 等压比热容（specific heat capacity（isobar）），μ 流体的动力黏性系数（dynamic viscosity of the fluid），λ 热导率（thermal conductivity）；

Reynolds 数（Reynolds number）　　$Re = v_s\rho L/\mu = v_s L/\nu$

v_s 流体的平均速度（fluid velocity），ρ 流体的密度（fluid density），L 特征长度（characteristic length），μ 流体的动力黏度（dynamic viscosity of the fluid），ν 流体的运动学黏性系数 $\nu = \mu/\rho$；

在流体力学中 Reynolds 数（Reynolds number）是惯性力（inertial forces）（$v_s\rho$）与黏性力（viscous forces）（μ/L）的比值。它是 1883 年由 Osborne Reynolds（1842 ~ 1912）提出的。

Sherwood 数（Sherwood number）　　$Sh = kL/D$

k 传质系数（mass transfer coefficient），L 特征度量（characteristic dimension），D 扩散系数（diffusion coefficient）；

Weber 数（Weber number）　　$We = \rho v_{rel}d/\sigma$

ρ 流体的密度（flow density），v_{rel} 流体 – 滴（熔融喷涂粒子）的相对速度（relative velocity fluid – droplet），d 滴的直径（droplet diameter），σ 滴的表面张力（surface tension of the droplet）。

参考文献

[1] Davis R J. Handbook of Thermal Spray Technology [M]. Materials Park, OH：ASM Interna-

tional. 2004.

[2] Planche M P, Bolot R, Coddet C. In – flight characteristics of plasma sprayed alumina particles: measurements, modeling, and comparison [J]. J. Therm. Spray Technol, 2003, 12 (1): 101 ~ 111.

[3] Vattulainen J, Ha "ma " la " inen E, Hernberg R, et al. Novel method for in – flight particle temperature and velocity measurements in plasma spraying using a single CCD camera [J]. J. Therm. Spray Technol. , 2001, 10 (1): 94 ~ 104.

[4] Pawlowski L. The Science and Engineering of Thermal Spray Coatings [M]. New York: Wiley. 1995.

[5] 孙家枢. 金属的磨损 [M]. 北京: 冶金工业出版社, 1992: 462 ~ 464.

[6] Dongmo E, Gadow R. Andreas killinger, and martin wenzelburger, modeling of combustion as well as heat, mass, and momentum transfer during thermal spraying by HVOF and HVSFS [J]. Journal of Thermal Spray Technology, 2009, (6): 462 ~ 466.

[7] Fauchais P, Vardelle M. Sensors in Spray Processes [J]. Journal of Thermal Spray Technology, 2010, 19 (4): 668 ~ 694.

[8] Vardelle A, Moreau C, Fauchais P. The dynamics of deposit formation in thermal – spray processes [J]. MRS Bulletin, 2000, July: 32 ~ 37.

[9] Fauchais P, Fukumoto M, Vardelle A, et al. Knowledge Concerning splat formation: an invited review [J]. Journal of Thermal Spray Technology, 2004, 13 (3): 337 ~ 360.

[10] Armster S Q, DelplanqueJ P, Rein M, et al. Thermo – fluid mechanisms controlling droplet based materials processes [J]. Int. Mater. Rev. , 2002, 7 (6): 265 ~ 301.

[11] Vardelle M, Vardelle A, Leger A C, et al. Influence of the particle parameters at impact on splat formation and solidification in plasma spraying processes [J]. J. Therm. Spray Technol. , 1995, 4 (1): 50 ~ 58.

[12] Maitre A, Denoirjean A, Fauchais P, et al. Plasma – jet coating of preoxidized XC38 steel: influence of the nature of the oxide layer [J]. Phys. Chem. , 2002, 4: 3887 ~ 3893.

[13] Dhiman R, Chandr S. Coating Formation by impact of molten metal droplets with uniform size and velocity [M] // Moreau C, Marple B. Proc. ITSC' 2003: Thermal Spray 2003: Advancing the Science & Applying the Technology. Materials Park, Ohio, USA: ASM International. 2003: 847 ~ 855.

[14] Fazilleau J, Delbos C, Violier M, et al. Influence of substrate temperature on formation of micrometric splats obtained by plasma spraying liquid suspension [M] // Moreau C, Marple B. Proc. ITSC' 2003, Thermal Spray 2003: Advancing the Science & Applying the Technology. Materials Park, Ohio, USA: ASM International. 2003: 889 ~ 893.

[15] Morks M F, Shoeib M A, Tsunekawa Y. Effect of particle size and spray distance on the features of plasma sprayed cast iron [M] // Moreau C, Marple B. Proc. ITSC' 2003: Thermal Spray 2003: Advancing the Science & Applying the Technology. Materials Park, Ohio,

USA: ASM International. 2003: 1081～1086.

[16] Dykhuizen R C. Review of impact and solidification of molten thermal spray dropletsc. J. Therm. Spray Technol. , 1994, 3 (4): 351～361.

[17] 张远君. 流体力学大全 [M]. 北京: 北京航空航天大学出版社. 1991.

[18] Oertel H. 普朗特流体力学基础 [M]. 朱自强，等译. 北京: 科学出版社. 2008.

[19] Kanta A F, Planche M P, Montavon G et al. Modeling of the In－Flight Particles haracteristics Using Neural Networks and Analytical Model [M] // Marple B R, Hyland M M, Lau Y－C, et al. ITSC' 2007, Thermal Spray 2007: Global Coating Solutions. Materials Park, Ohio, USA: ASM International. 2007: 174～179.

[20] Guessasma S, Montavon G, Coddet C. Modeling of the APS plasma spray process using artificial neural networks: basis, requirements and an example [J]. Comput. Mater. Sci. , 2004, 29 (3): 315～333.

[21] Fauchais P, Fukumoto M, Vardelle A, et al. Experimental and theoretical study of the impact of alumina droplet on cold and hot substrates [J]. Plasma Chem. Plasma Process. , 2003, 3: 291～309 .

[22] Wilden J, Frank H, Bergmann J P. Process and micro－structure simulation in thermal spraying [J]. Surf. Coat. Technol. , 2006, 201: 1962～1968.

[23] Kamnis S, Gu S, Zeoli N. Mathematical modelling of inconel 718 particles in HVOF thermal spraying [J]. Surf. Coat. Technol. , 2008, 202: 2715～2724.

[24] An L, Gao Y, Zhang T, Effect of powder injection location on ceramic coatings properties when using plasma spray [J]. J. Therm. Spray Technol. , 2007, 16 (5－6): 967～973.

[25] Vardelle M, VardelleA, Fauchais P, et al. Controlling particle injection in plasma spraying [J]. J. Therm. Spray Technol. , 2001, 10 (2): 267～284.

[26] Dhiman R, Chandr S. Coating formation by impact of molten metal droplets with uniform size and velocity [M] // Moreau C, Marple B. Proc. ITSC' 2003, Thermal Spray 2003: Advancing the Science & Applying the Technology. Materials Park, Ohio, USA: ASM International. 2003: 847～855.

[27] Fincke J R, Swank W D, Bewley, et al. Control of particle temperature, velocity, and trajectory in the thermal spray process Gevelber M, Wroblewski D. Thermal Spray 2003: Advancing the Science & Applying the Technology. Materials Park, Ohio, USA: ASM International. 2003: 1093～1099.

[28] Fauchais P, Leger A C, Vardelle M, et al. Formation of plasma－sprayed oxide coatings Sohn H Y, Evans J W, Apelian D. Proc. of the Julian Szekely Memorial Symp. on Materials Processing. Warrendale, P A: TMS. 1997: 571～592.

[29] Morks M F, Shoeib M A. Effect of particle size and spray distance on the features of plasma sprayed cast iron Moreau C, Marple B. ITSC' 2003, Thermal Spray 2003: Advancing the Science & Applying the Technology. Materials Park, Ohio, USA: ASM International. 2003.

1081 ~1091.

[30] Li C J, Wang Y Y. Effect of particle state on adhesive [J]. J. Thermal Spray Tech. 2002, 11 (4): 523 ~529.

[31] Hurevich V. , Gusarov A. , Smurov I. , Simulation of coating profile under plasma spraying conditions, Proc. ITSC' 2002, International Thermal Spray Conference, Essen, March 4 ~6 2002, ed. Lugscheider E. , DVS, Deutscher Verband für Schweißen, Germany, 2002, ISBN 3 – 87155 –783 – 8. (CD): 318 ~323, (CD_ b062).

3 电弧喷涂

3.1 概述

基于国际标准 ISO14917：1999（E）和我国标准 GB/T 18719—2002，电弧喷涂可定义为：外电源使以一定速度送进的彼此绝缘、分别接到电源的两极并成一定角度的金属丝的端头间产生电弧，电弧加热使金属丝端部熔化，用一定压力和流速的气体（多为压缩空气）射流喷吹熔化的金属，使其雾化成微小熔滴并被加速喷射到工件表面形成涂层的工艺谓之电弧喷涂。其原理见图 3 - 1。应当指出这一定义应限定为熔化极双丝电弧喷涂。还有，以不熔化极间的电弧作为热源加热并熔化线材或棒材，熔化的材料被高压高速气流雾化成微小熔滴、并加速微小熔滴喷射到工件表面形成涂层的不熔化极电弧喷涂。广义的电弧喷涂定义应为以电弧作为热源加热并熔化材料，熔化的材料被高速气流雾化成微小熔滴，并加速熔滴，喷射到工件表面形成涂层的工艺为电弧喷涂。目前，广泛应用的是前者。本章将主要讨论熔化极双丝电弧喷涂（arc wire spraying）的原理、设备与工艺。

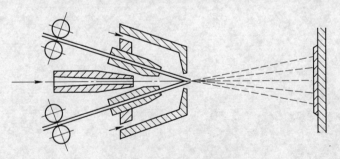

图 3 - 1 金属线材电弧喷涂原理示意图

电弧喷涂是开发最早的热喷涂技术之一。有关电弧喷涂的早期发展在本书的第 1 章已有叙述。

自金属线材电弧喷涂出现，随其设备、工艺、材料不断发展改进，在各领域得到广泛的应用，并取得良好的效果。

20 世纪 20 年代，法国巴黎附近的圣·吉尼运河船闸采用电弧喷涂喷锌防护（32 年后进行检查，喷涂涂层完好），开创了在水工结构应用电弧喷涂的先河。后来在法国的一系列河流的船闸、水电站的水闸均采用喷锌防护。

在美国，也有诸多钢结构大桥喷涂锌、铝及其合金涂层外加封闭涂层予以防护。1936 年，美国在 Kaw 河上的 Kaw River Bridge 大桥钢结构上电弧喷涂 250μm 厚的锌涂层，1975 年检查涂层完好。1938 年，美国的 Ridge Avenue Bridge 大桥钢结构采用电弧喷涂锌涂层，50 年后的 1988 年检查涂层完好。美国格兰维奇市一座天然气化工厂的净化装置，钢结构上喷涂 130μm 厚的铝涂层，30 年后仍然保持完好。美国联邦公路管理局在 1999 年出版的报告 （FHWA/IN/JTRP - 98/21《美国钢桥保护政策》）确认喷涂锌、铝及其合金涂层外加封闭涂层的复合涂层可长久有效保护桥梁钢结构。

1939 年，英国北威尔士麦奈（Menai）海峡公路桥悬挂链及部分钢结构件喷锌防护，经受海风大气环境的腐蚀作用，50 年后的 1989 年检查，钢结构得到良好的保护。1960 年以后英国的一系列钢结构大桥采用电弧喷涂锌涂层，并以磷化底漆、云母氧化铁漆进行封闭处理。据统计，在英国已有几百万平方米钢桥表面采用喷涂锌、铝及其合金涂层予以防护。

在我国，电弧喷涂也有较长的应用历史，著名的有：1952 年淮南电厂的 264 座输电塔，其上半部分采用喷锌防护，涂层至今仍完好。江苏三河 63 孔钢制水闸门，1966 年采用喷锌涂层防护，1994 年检查涂层完好。华东电管局上海南桥 50 万伏输送电工程，14000m² 钢管采用电弧喷涂锌，涂层厚度 140μm，防护期可达 30 年以上。上海航标仪器厂制造的航标浮桶，采用喷铝防护情况良好，喷铝防护比油漆防护能提高耐腐蚀期 10 倍以上，喷铝层防海水腐蚀最大期限能超过 25 年。

电弧喷涂经历了近百年的发展，至今仍是一种能源利用率高（可达 57%，火焰线材喷涂为 13%，等离子喷涂为 12%）、低价（电费仅相当于火焰线材喷涂氧气、乙炔费用的 1/10 ~ 1/20）、生产效率高（喷涂电流每 100A 每小时可喷锌 10～12kg，喷青铜 6～7kg，喷钢丝 4.5～5kg，喷 Ni20Cr 丝 5kg，喷铝丝 2.5～3kg，喷钼丝 3kg）、操作使用方便、应用面广的热喷涂工艺。

电弧喷涂按电弧与喷涂材料的加热方式分主要有：熔化极双丝电弧喷涂和不熔化极单丝（或棒材）电弧喷涂。本章将主要讨论前者。

3.2 电弧喷涂技术基础

这里主要讨论工业上广泛应用的双丝电弧喷涂。双丝线材电弧喷涂过程有以下几个环节：

（1）热源-电弧：由送丝系统送入电弧喷涂枪、经两极导丝-导电嘴的两根金属丝间产生持续的电弧；

（2）作为电弧两极的金属丝端部被电弧加热、熔化；

（3）一定压力和流量的气体射流将电弧两极的金属丝端部熔化的金属雾化、并从电弧喷涂枪喷射出去，两极金属丝被持续送进，保持稳定电弧；

（4）雾化的金属熔滴被气体射流携带、加速（且可能再次破碎、二次雾化、携带、加速）；

（5）喷射到经过预处理的工件表面形成涂层。

其中，（1）和（2）决定于电弧喷涂电源（电源外特性与电弧动特性的合理匹配，保证其自调整功能）、送丝系统、喷涂枪的结构、电参数、金属丝材料与尺寸、送丝速度的合理选择与匹配。（3）、（4）则与雾化气的选择及其参数、喷嘴结构、几何形状尺寸相关，（5）是上述的综合结果。

3.2.1 电弧

电弧是在气体中两极间的自持放电现象，是发热、发光的气体电离、导电现象。Sir Humphrey Davy 于 1808 年报道了电弧放电现象。

3.2.1.1 两极间电弧的特性

（1）两极间电弧的结构与特性。双丝电弧喷涂的热源是在电源供电下两丝极间形成的电弧。

两极间电弧由阴极区、弧柱区、阳极区组成。相应各区的压降为

U_k、U_c、U_a，电弧的压降为 $U = U_k + U_c + U_a$。

电弧长度方向上单位长度上的压降即电场强度的分布是不均匀的，如图 3-2 所示。

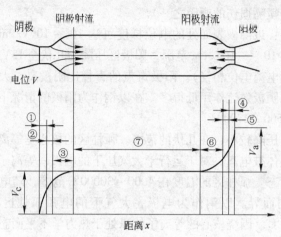

图 3-2　直流电弧的结构及各区的电压降
①—阴极鞘层；②—阴极区；③—阴极流区；④—阳极鞘层；⑤—阳极区；⑥—阳极流区；
⑦—弧柱区；V_a—阳极区压降；V_c—阴极区压降

阴极区：近阴极表面处的电位梯度可达 $10^5 \sim 10^6\,V/cm$，阴极区压降为 10V 左右（与所用气体的电离电位相当）。阴极以高的电流密度发射电子。对于低强度电弧，电流来自在阴极表面上移动的弥散阴极斑点的非自持热电子发射，阴极斑点的电流密度在 $500 \sim 1000\,A/cm^2$；对于有场发射的高强度热电弧，有多个弥散阴极斑点在阴极表面移动，斑点的电流密度可达 $10^6 \sim 10^8\,A/cm^2$。仔细观测可看到阴极表面有很多场致发射小斑点在阴极表面"飞舞"。在紧挨阴极表面有一阴极鞘层，其尺度与电子德拜长度相当：$1 \sim 10\mu m$。阴极的温度随气体、电极材料、电流密度的不同而异。对于大气电弧，阴极的温度在 $2200 \sim 3300\,K$。在以钢作为阴极的情况（如钢丝电弧喷涂）阴极的温度可达 $2400 \sim 2600\,℃$。高温、高热使电极端部熔化。

在阴极区外还有一延轴向延伸的阴极射流区，区内形成高速热气流的阴极射流，夹带阴极外部气体以每秒几百米的速度沿轴向喷射。

阴极射流影响电弧喷涂时阴极熔滴的脱离与雾化,是后面讲述的双丝电弧喷涂时阴极与阳极端部熔滴脱离、破碎与雾化特征不同的原因之一。阴极射流还可能冲向阳极,导致阳极的冲蚀磨损(这是等离子喷涂枪阳极喷嘴损伤的原因之一)。

阳极区:近阳极表面处的电位梯度可达 $10^3 \sim 10^5 \mathrm{V/cm}$,阳极鞘层的尺度在 $10^{-3} \sim 10^{-4} \mathrm{cm}$ 范围,阳极区压降为几伏至13V左右(与所用气体的电离电位相当)。阳极斑点的直径比阴极斑点大得多,阳极射流也比阴极射流作用低得多。在以钢作为阳极的情况下,阳极的温度可达 $2500 \sim 2700 \, ℃$。

弧柱区压降较小,在几伏的范围。弧柱区的核心是等离子体,这里大部分气体被电离,对于运行于大气压下的电弧,等离子核心处于热力学平衡态。弧柱区的温度在 $4000 \sim 30000 \, ℃$ 范围,随电极和介质气氛的不同而异。以钢作为电极、大气下的电弧弧柱区的温度在 $4000 \sim 7000 \, ℃$。围绕核心的等离子体晕处于热力学不平衡态,是发光气体区,等离子体的化学过程在这一区域发生。

(2)作用于电弧弧柱等离子体上的体积力。流经半径为 a 的圆柱电弧弧柱的电流 I:

$$I = 2\pi \int_0^a rJ(r)\,\mathrm{d}r \qquad (3-1)$$

$J(r)$ 为沿电弧径向 r 分布的电流密度。考虑电流密度沿径向 r 均布,为 J_{rz}。流经弧柱的电流产生的角向磁感应强度 B:

$$B = 1/2(\mu_0 J_{rz} r) \qquad (r \leqslant a) \qquad (3-2)$$

μ_0 为自由空间磁导率($4\pi 10^{-7}\,\mathrm{H/m}$)。

作用于电弧弧柱等离子体上的电磁体积力 $\boldsymbol{F}$:

$$\boldsymbol{F} = \boldsymbol{J} \times \boldsymbol{B} \qquad (3-3)$$

该体积力沿径向指向弧柱心部,力图将弧柱压缩到较小的直径。

$$F_r = -1/2(\mu_0 J_{rz}^2 r) \qquad (3-4)$$

对于达到稳态平衡半径为 a 的圆柱电弧弧柱,式3-4给出的体积力与电弧等离子体动力压强相平衡(为简化讨论,考虑动力压强和电流密度均沿径向 r 均布),对于 $r \leqslant a$,径向动力压强 $p_r(r)$ 为:

$$p_r(r) = 1/4[\mu_0 J_{rz}^2 (a^2 - r^2)] \qquad (3-5)$$

有轴向动力压强 p_z：

$$p_z = 1/4(\mu_0 J_{rz}^2 a^2) \tag{3-6}$$

将电弧电流 I 与电流密度 J 的关系 $I = \pi a^2 J_{rz}$，$J_{rz} = I/\pi a^2$ 代入上式，得到：

$$p_z = 1/4(\mu_0 I^2/\pi^2 a^2) \quad (\text{N/m}^2) \tag{3-7}$$

对于半径 a 为 5mm，电流为 200A 的圆柱电弧等离子体轴向动力压强仅为 50.9N/m²（远低于 1 个大气压）。

实际上径向体积力小于电弧等离子体动力压强，电弧周围介质的压强等因素也对电弧弧柱的尺寸稳定起一定的作用。在给定电流密度下达到一平衡弧柱半径。在大气下电弧导电截面将选择使弧柱区有最小的电场强度（即最小的单位长度上电压降）的截面（最小电压原理）。

（3）电极射流。讨论了圆柱电弧等离子体轴向动力压强之后，就可以进一步分析前面提到的电极射流了。

电弧在靠近电极处缩小到较小的直径 b，由式（3-7），在电极处的轴向动力压强 p_{zp} 可表达为：

$$p_{zp} = 1/4(\mu_0 I^2/\pi^2 b^2) \tag{3-8}$$

电极处与弧柱区的压差 Δp_z

$$\Delta p_z = 1/4(\mu_0 I^2/\pi^2)(1/b^2 - 1/a^2) \tag{3-9}$$

对于 b 远小于 a 的情况，则可近似有：$\Delta p_z = 1/4$ $(\mu_0 I^2/\pi^2 b^2)$。电极处这一轴向压强梯度的存在驱使蒸汽和气流从电极向弧柱喷射，还可抽运周围气流一起喷射。如前所述，阴极斑点较阳极斑点小得多，阴极处的轴向压强梯度更大，射流作用更强。因之在电弧喷涂时，阴极处与阳极处熔滴从电极脱离的情况也不相同，这将在本书后面的章节作进一步讨论。

3.2.1.2　电弧的静特性

电弧稳定燃烧时，其两极间的电压与电流间的关系为电弧的静特性。图 3-3 给出典型的电弧静特性曲线。电弧静特性曲线可分为三段：在小电流的 A 段相应为下降静特性，在中等电流的 B 段为平静特性，在高电流密度时的 C 段为上升静特性。电弧喷涂的静特性是在 B—C 段。对应于工作在电弧静特性不同区段的电弧，为保证电弧的稳定工作对电弧电源提出不同的要求。

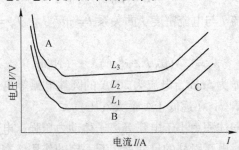

图 3-3 电弧的静特性曲线（相应于不同弧长 L, $L_1 < L_2 < L_3$）

早在 1902 年，Hertha Ayrton 即给出大气下燃烧的电弧在小电流时电弧电压 V_a 与电流 I 和电弧弧长 L 间的关系式：

$$V_a = C_1 + C_2 L + (C_3 + C_4 L)/I \qquad (3-10)$$

式中 C_1, C_2, C_3, C_4——实验常数。

电弧电压 V_a 与电流 I 间有双曲线关系，且随电弧弧长的增长，电压升高。

1923 年，Nottingham 给出以下关系：

$$V_a = A + B/I^n \qquad (3-11)$$

指数 n 是阳极材料蒸发温度 T_v 的函数：

$$n = 2.62 \times 10^{-4} T_v \qquad (3-12)$$

对于碳电极 $n = 1.0$，与式（3-10）相符。

在较高电弧电流时的"热"电弧，进入电弧电压 – 电流关系的平特性区段，在这一段随电流增大，电弧电压几乎不变。进一步增大电流将进入电弧电压 – 电流关系的上升特性区段。在这一段随电流增大，电弧电压升高，R. C. Eberhart 和 R. A. Seban（J. Heat and MassTransfer 1966）以一阴极和一平板阳极间的电弧进行实验，且给出电弧电压 – 电流关系如下：

$$V = 17.1 I^{0.25} L^{0.30} \quad (V) \qquad (3-13)$$

式中，I 的单位为 A，L 的单位为 m。从式（3-13）看到电压随电流增大而升高的斜率仅为 0.25，电流从 I_o 增大到 $2I_o$，电压仅增高 1.1892V_o。即电弧电压随电流增大而升高得很缓慢。Eberhart 和 Seban 的实验给出在电弧长度在 0.5~3.15cm、电流在 200~2300A，电弧功率在 4~97 kW 的范围，电弧电压 - 电流关系的关系符合式（3-13）关系。他们的实验还给出了对实验的电弧，60% 的功率送到阳极，25% 的功率产生辐射。

表 3-1 给出常用气体的电离电位，除 He 气外，几种常用气体的电离电位相差不大。因此，其工作电压变化不大。工作电压不能低于气体的电离电压。实际工业焊接电弧工作气体的选择，常从对电极，或熔化金属的防氧化保护作用，或氧化还原反应以及经济等角度考虑。目前，电弧喷涂则多用空气，偶尔有用氮气的，而等离子喷涂考虑到对电极和喷嘴以及粉末的保护多用氩气。

表 3-1 一些气体的电离电压

气 体	电离电压/V	气 体	电离电压/V	气 体	电离电压/V
Ar	15.760	N	14.534	CO_2	13.77
H	13.598	N_2	15.58	NO	9.50
H_2	15.430	O	13.618	NO_2	11.00
He	24.588	O_2	12.07	OH	13.80
F	14.478	CO	14.10	H_2O	12.59

3.2.2 电弧喷涂时金属丝极端部熔滴的脱离与雾化喷射 - 双丝电弧喷涂模型

早在 20 世纪 60 年代，H. D. Steffens 曾研究了电弧电极端部熔滴的形成及其结构（British Welding Journal, 1966 13（10）：597~605），后来又有诸多工作研究电弧喷涂现象。特别应提出的是，从 20 世纪 90 年代中期，J. Heberlein 领导的研究小组使用激光频闪探测高速摄影观测分析技术，对电弧喷涂过程中电极端部熔滴的形成、分离、雾化与喷射行为进行了一系列研究工作。这些实验研究工作为双丝电弧喷涂模型的建立提供了基础，为改进电弧喷涂枪设计提供了依据。

为建立双丝电弧喷涂模型，提出以下假设：过程是持续态现象，局部热力学平衡。

为便于讨论，我们将双丝电弧喷涂分成 3 个区：（1）高压雾化气射流喷嘴及其出口区；（2）枪的头部；（3）射流区。3 个区不同的物理过程。电弧现象主要在枪的头部；湍流、熔滴的破碎雾化与传输主要在射流区。

3.2.2.1 高压气射流喷嘴及其出口区气流动力学模型

喷嘴是轴对称的，以圆柱 $r - x$ 坐标系描述气体射流喷嘴内孔几何尺寸，通常可以下式表达：

收 – 缩型喷嘴：
$$r(x) = A + (B - x)^c \qquad (3-14)$$

缩 – 放型喷嘴：

收缩段：
$$r(x) = A + B(C - x)^c \qquad (3-15)$$

扩放段：
$$r(x) = D + E(x - F)^f \qquad (3-16)$$

式中　　　　　　　　x——轴向尺寸，m；

$r(x)$——相应于 x 处的径向尺寸，m；

A，B，C，c，D，E，F，f——相应的常数。

射流喷嘴入口处气体压力、流量相同，流经不同几何形状结构的喷嘴，出口处压力速度不同。如，J. Heberlein 的研究小组计算了以方程 $r(x) = 0.002 + 2.4(0.025 - x)^2$ 描述其孔形的收缩型喷嘴，以方程 $r(x) = 0.0023 + 12(0.01 - x)^2$ 描述的缩 – 放型喷嘴孔形的收缩段，以方程 $r(x) = 0.0023 + 0.01(x - 0.01)^2$ 描述其扩放段的缩 – 放型喷嘴（这里 r 是径向尺寸，x 是轴向尺寸，单位是 m）的喷嘴出口处的气流压力。给出喷嘴入口处气流压力为 500kPa、温度 300K 时，喷嘴出口处的气流压力计算结果：对于收缩型喷嘴，出口处的气流压力为 250kPa；对于缩 – 放型喷嘴，出口处的气流压力为 150kPa。缩 – 放型喷嘴气体膨胀，出口处气流压力与周围气压差较小，气流速度较高（1.5 马赫）。收缩型喷嘴出口处气流速度为 1 马赫。

为得到马赫数大于 1，设计 Laval 喷嘴时，喷嘴内孔几何尺寸，喉部孔径尺寸和出口处孔径尺寸之比要参照式（2 – 51）。

用收缩型喷嘴在入口气压为 480kPa 的情况下，可观察到激波花样（Schlieren image of diamond shocks）。Kelkar 和 Heberlein 计算给出气流从喷嘴喷出后的压力分布呈膨胀 – 收缩等压轮廓线，且递减舒张周期分布。他们给出在距出口处约 2.5cm 有一轴向宽度尺寸约 0.6cm、径向最大约在 0.2cm 的压力为 200kPa 的轮廓线，而在轴向约 2.8cm 处近心部的压力为 52kPa 以下；到轴向约 3.3cm 处径向 0.2cm 最大压力为 100kPa 的沿轴向呈气体压力渐降的"鼓形"分布轮廓线，图 3-4 给出压力分布示意图。由上述看到对于给定几何形状与尺寸的雾化气喷嘴和雾化气压力与流量在从喷嘴喷出后有其相应的压力分布，当双丝电弧在合适的位置才能达到对熔化的金属有最好的雾化喷射效果。了解和掌握喷嘴几何形状尺寸及其流体动力对高性能电弧喷涂枪的设计有重要意义。

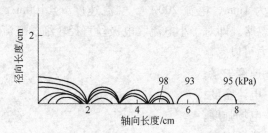

图 3-4 气流喷嘴出口区压力分布示意图[5]

3.2.2.2 双丝电弧模型

电弧喷涂时，在金属丝电极两端间的电弧，由于从喷嘴喷射出的横向气流的作用而成中凹外突形。为建立其模型提出以下几点简化假设：

(1) 电弧等离子是局部热力学平衡的（LTE）；

(2) 忽略非持续态和湍流；

(3) 假设等离子是光学透明的，可用光学透明辐射计算单位体积的辐射损失；

(4) 压力变化不明显，对电弧等离子可用在 100kPa 下的热力学平衡和传输特性。

这样有以下控制方程：

质量连续方程： $\qquad \nabla \cdot (\rho u) = 0 \qquad$ (3-17)

动量方程： $\qquad \rho u \nabla u = -\nabla p - \nabla \tau + j \times B \qquad$ (3-18)

能量方程：

$$\nabla \cdot (\rho u h) = \nabla \cdot [(p k_h / C_p) \nabla h] + j \cdot E + 5/2(k_b / C_p e) j \cdot \nabla h - S_R$$

$$(3-19)$$

电流方程：$\qquad\qquad\qquad\qquad\nabla \cdot (\sigma \nabla \varPhi) = 0$　　　　　　(3-20)

欧姆定律：$\qquad\qquad\qquad\qquad j = \sigma E$　　　　　　　(3-21)

式中，算符 $\nabla = \dfrac{\partial}{\partial x} + \dfrac{\partial}{\partial y} + \dfrac{\partial}{\partial z}$；$\nabla u = \mathrm{grad}\, u = \boldsymbol{i} \dfrac{\partial u}{\partial x} + \boldsymbol{j} \dfrac{\partial u}{\partial y} + \boldsymbol{k} \dfrac{\partial u}{\partial z}$；

$$\nabla \cdot u = \frac{\partial u_x}{\partial x} + \frac{\partial u_y}{\partial y} + \frac{\partial u_z}{\partial z} = \mathrm{div}\, u。$$

这里有一电磁力，但其与惯性力相比：$(\mu_0/4\pi)\,\pi j^2 d^2/\rho u^2$，对于电极直径为 1mm，电流 200A，气流速度 $u = 100\mathrm{m/s}$，其值约为 0.05，可以忽略。即对于小电流、电极丝直径较细、气流速度较高的情况，电磁力可以忽略。

式中　u——速度矢量；

$\qquad j$——电流密度；

$\qquad E$——电场强度；

$\qquad B$——磁通密度；

$\qquad h$——热焓；

$\qquad C_\mathrm{p}$——定压下的比热；

$\qquad e$——单元电荷（1.6×10^{-19} Coulombs）；

$\qquad k_\mathrm{b}$——Boltzmann 常数；

$\qquad k_\mathrm{h}$——热传导性；

$\qquad S_\mathrm{R}$——单位体积的辐射；

$\qquad \sigma$——电导；

$\qquad \varPhi$——电位，V；

ρ，p，τ 的物理意义同前。

上列方程可通过设定边界条件，用 SIBPLER Algorithm 计算机编程求解。M. Kelkar 和 J. V. K. Heberlein[5] 给出对于电极直径为 1mm，电流 200A，氮气作为射流气气流速度 $\mu = 100\mathrm{m/s}$，阴阳极间距为 2mm 的上述情况，在弧柱区中间沿气流方向向外凸出的 8mm 处温度 2000℃，10mm 处 6000℃，15～25mm 处有弧柱区的最高温度 7000℃，再向外温度有所下降，到向外喷出距电极 50 mm 处温度还在 5000℃。J. V. K. Heberlein 的研究小组[10,11] 还给出横流电弧的速度，在弧柱区中间沿气流方向向外凸出的 1mm 处速度为 150m/s，8mm 处 300m/s，

12~40mm 处有最高速度 400m/s，再向外速度有所下降，到向外喷出距电极 50mm 处还有 350m/s。由于电极射流的作用，在电极区速度还要高。在阴极区速度最高可达 700m/s（在阴极沿气流方向向前 10mm 处）；在阳极区沿气流方向向前 10mm 有最高速度 650m/s。

3.2.2.3 电弧等离子束流

横向喷射气流将电弧从枪炬喷出成为等离子束流，这里要在上列 5 个方程外再考虑湍流动力学方程和能量耗散方程，以及在束流中可能的化学反应（如：离子再复合放热）的影响。

湍流动力学方程

$$\nabla \cdot (\rho u k) = \nabla \cdot [(\mu_{tut}/\sigma_k)\nabla k] + G - \rho\varepsilon \qquad (3-22)$$

能量耗散方程

$$\nabla \cdot (\rho u \varepsilon) = \nabla \cdot [(\mu_{tot}/\sigma_\varepsilon)\nabla\varepsilon] + C_1 G\varepsilon/k - C_2\varepsilon^2/k$$

$$(3-23)$$

式中　k——湍流能量；

　　　ε——耗散；

μ_{tut}，μ_{tot}——湍流黏度系数和总黏度系数。

式（3-22）和式（3-23）为流体力学中描述湍流的 $k-\varepsilon$ 型方程（参见张远君主编的《流体力学大全》（北京航空航天大学出版社，1991 年）的有关章节）。

两式中右边第一项为扩散项，第三项是耗散项，G 是生成项：

$$G = 2\mu_{tot}[(\partial u_r/\partial r)^2 + (u_r/r)^2 + (\partial u_z/\partial z)^2 + 1/2(\partial u_z/\partial r + \partial u_r/\partial z)^2]$$

$$(3-24)$$

Pun 和 Spalding 给出经验值：$C_1 = 1.43$（也有给出 $C_1 = 1.44$），$C_2 = 1.92$，$\sigma_k = 1.0$，$\sigma_\varepsilon = 1.3$。

Heberlein 等按上述参数（氮气作喷射气，气流喷嘴出口处速度 100 m/s）计算给出，考虑化学反应时，沿轴线距枪炬 10mm 处等离子束流的温度为 9000K，25mm 处为 7000K，100mm 处为 4000K；而不考虑化学反应时，相应位置的温度分别为 9000K、6000K、2000K。两者等离子束流的速度相近，在沿轴线距枪炬 15mm 处为 450m/s，25mm 处为 350m/s，50mm 处为 200m/s，100mm 处为 70m/s。

上面给出的电弧喷涂等离子束流温度与速度分布对于选择电弧喷

涂参数有一定的参考意义。同时注意到，考虑化学反应时，等离子束流的温度在距喷枪出口相当长的距离范围内的温度比不考虑化学反应时的高，有一段可高出 2000K。这将对喷出枪炬的雾化金属滴的再加热有一定的影响。

3.2.2.4 金属熔滴从电极端部的分离、破碎、雾化

已有的研究指出，电弧阴、阳极行为的不同（如前述，其中包括阴极斑点的收缩、阳极斑点的漂移、电极射流不同等），导致两极金属丝端部的温度、熔化以及熔化金属的特性、结构的不同，进而气体射流对两极金属丝端部熔化金属雾化的情况也不相同。而为了从对喷涂过程的控制达到实现对涂层质量控制的目的，首先要对电弧两极金属丝端部液滴的雾化有切实的了解。

目前，有关液体束流或"片""条带"被高速气流雾化破碎物理机制尚未完全建立。但液体的特性（黏度、表面张力、密度等）、雾化气的特性（密度等）以及雾化气与液体间的速度差是影响这一过程的重要因素已为大家所共识。一种简化的经典图像是气动力促进液体表面的扰动，导致细的"丝"（ligaments）的形成，进而破碎成细小的滴（N. Dombrowski，W. R. Johne，Chem. Eng. Sci.，1963，18：203～214）。

对于高压高速气流对熔融金属液体束流的破碎雾化成微细雾滴的作用，有诸多经验公式，其中常用的有 H. Lubanska 给出的雾滴粒径 a 与束流直径 D 间经验关系公式：

$$a/D = K\left[\left(1 + v_{lm}/v_g\right)\left(\nu_{lm}/\nu_g We_{g-lm}\right)\right]^{0.5} \quad (3-25)$$

式中 K——常数；

v_{lm}，v_g——液态金属和气流的速度；

ν_{lm}，ν_g——液态金属和气流的运动学黏性系数；

We_{g-lm}——Weber 数，$We_{g-lm} = D\rho_{lm}v_{g-lm}^2/\sigma$；

v_{g-lm}——气流速度与液态金属速度差。

对于电弧喷涂的情况不同于高压高速气流对熔融金属液体束流的破碎雾化作用，其电极端部熔滴的雾化情况要复杂得多。

（1）作用在即将从金属丝电极端部脱离的熔滴上的力。作用在即将从金属丝电极端部脱离的熔滴上的力，见图 3-5。图中

①为电磁压缩力 F_E：$F_E = \boldsymbol{j} \times \boldsymbol{B}$，在熔滴直径 a 小于金属丝直径 d 时，使熔滴从金属丝电极端部脱离的分量可写成：

$$F_E = (\mu_0/4\pi)(a/d)^4 I^2 \qquad (3-26)$$

②为喷射气流气动力拖拽力 F_d：

$$F_d = 0.5 C_d \rho_g v_r^2 A_{drop} \cos\theta \qquad (3-27)$$

式中　C_d——气动力对液滴的拖拽系数；

　　　ρ_g——气体的密度；

　　　v_r——气流与熔滴间的速度差；

　　A_{drop}——熔滴的截面积；

　　　θ——金属丝与喷涂枪轴线间的夹角。

③是重力 F_W：

$$F_W = (4/3)\pi a^3 \rho g \qquad (3-28)$$

式中，ρ 是熔滴的密度；g 是重力加速度。

④表面张力 F_σ：

$$F_\sigma = \pi a \sigma \qquad (3-29)$$

一些文献给出以作用在金属丝电极端部即将脱离的熔滴上的①、②、③三个力与表面张力 F_σ④相平衡，可求得熔滴从电极分离时的临界尺寸 a。

本书作者在这里指出，还必须考虑电极射流对熔滴脱离的作用，图 3-5 中的⑤为电极射流作用力（作者另有专论）。

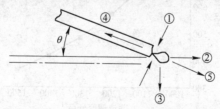

图 3-5　电弧喷涂时作用在金属丝电极端部即将脱离的熔滴上的力

①—电磁压缩力；②—喷射气流气动力拖拽力；③—重力；④—表面张力；⑤—电极射流作用力

从上述电极端部即将脱离的熔滴受力分析看到，随电流、喷射气体流速的加大，熔滴受到的从电极端部脱离的力增大，熔滴在电极端部停留的时间缩短，熔滴被喷射的频率提高。图 3-6 给出电弧喷涂时随喷射气体流速增大雾化滴粒径减小的变化趋势。已有的研究[1,2,7]测得电弧喷涂时，熔滴从电极端部被喷射出去的频率在500～2500Hz 的范围，且在阴、阳极上熔滴被喷射的频率与喷涂规范参数的关系变化趋势有所不同。从图 3 - 6 注意到阴极的雾化滴粒径大约仅为阳极滴的一半。这对于用不同材质的两种丝进行电弧喷涂时，不同材质丝的极性选择有重要参考意义。

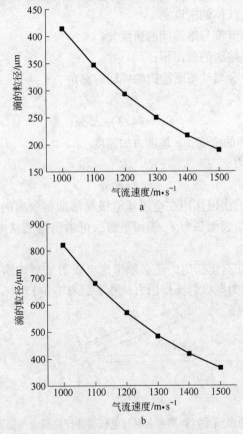

图 3 - 6 　电极处气流速度对阴极（a）和阳极（b）滴粒径的影响[5]

（2）熔滴从电极端部的脱离雾化。高速摄影观测表明，熔滴从阳极端部被气体射流喷射出去的情况更为复杂。阳极端部的熔融金属明显的先被拉长变形成条状（又被称为束流，如图 3 - 7 所示[7]）。

"条"的长度 L_s 与"条"的直径 d_s，与 Weber 数 We_s，Reynolds 数 Re_s 相关，且有以下关系：

$$L_s = 1.23d_s^{0.5}We_s^{-0.5}Re_s^{0.6} \qquad (3-30)$$

式中 We_s——Weber 数，$We_s = d_s\rho_g v_r^2/\sigma$；

         Re_s——Reynolds 数，$Re_s = d_s U_{wire}\rho/\mu$。

结合式（3-30）不难看出，随气流与熔滴间的速度差 v_r 的提高，条的长度缩短。电参数影响金属丝端部熔滴的温度、密度 ρ，影响其黏度 μ 和表面张力 σ，进而影响熔融金属在电极端部存在的时间和条的长度。

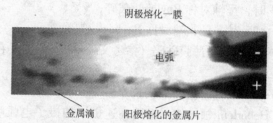

图 3-7   电弧喷涂熔滴从电极端部被喷射出去时的高速摄影照片[7]

（PB-400 电弧喷涂枪，喷涂钢丝（0.12% C，1.75% Mn，0.1% Cu），
电弧电流 I = 300A，电压 V = 36V，雾化气压力 P = 69kPa）

（3）电弧喷涂参数对电极端部熔化金属破碎雾化形式的影响：[6]

1）阳极。阳极端部熔融金属被气流变形成条状长度 L_s 随电流 I 的增大而增长，雾化气压力 P 的增大而缩短。基本上有 $L_s \propto P^{-a}I^b$ 关系（$a>0$，$b>0$）。电弧电压 V 的影响为，小电流（如 100A）时，电压 V 升高 L_s 增长；大电流（如 300A）时，电压 V 升高 L_s 缩短；熔融金属"条"破碎时间间隔随电流和雾化气压力的增大而缩短，雾化气压力小时破碎时间间隔随电流增大下降的快，即雾化速率提高。电弧电流较大时，随雾化气压力增大，条状长度下降的较为缓慢。

2）阴极。阴极端部的熔融金属条状长度 L_s 随电弧电流增大而增长，随电弧电压的升高而缩短（仅高的雾化气压力 207kPa 时，电压升高 L_s 略有增长），随雾化气压力的升高 L_s 增长（仅在低的电压和小电流时，雾化气压力升高，L_s 缩短）。注意到在高的雾化气压力时，L_s 随电弧电流增大而增长尤为显著。这与随电流增大熔融金属的温度升高，表面张力和黏度下降，在高速雾化气流作用下更易被变形拉长，而熔融金属在电极端部停留时间（即熔融金属"条"破碎时间间隔）并没有明显变化。

注意到阴极端部熔滴被拉长的较阳极小得多，熔融金属在电极端部停留时间（即熔融金属"条"破碎时间间隔）也较阳极短。

在液体束流与雾化气流方向同轴的情况下，液体束流被雾化气流的破碎雾化随气动力 Weber 数 We（$We = d_s\rho_g v_r^2/\sigma$，$v_r$ 为气 - 液速度差，ρ_g 为气的密度，d_s 为液的直径，σ 为液的表面张力）和液体 Reynolds 数 Re 的不同可有四种形式[17~19]：

$We < 15$ 时，呈轴对称 Rayleigh 破碎；

$15 < We < 25$ 时，呈非轴对称 Rayleigh 破碎；

$25 < We < 70$ 时，呈薄膜破碎（参考文献 [19] 给出是在 We 达 300 时）；

$100 < We < 500$ 时，呈纤维状破碎。

J. V. R. Heberlein 领导的小组用高速摄影拍摄了电弧喷涂时电极丝端部熔化金属的几种破碎雾化形式（见图 3-8）[6]，观测了电弧喷涂参数对电极端部熔化金属破碎雾化形式的影响。

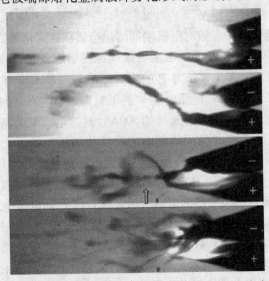

图 3-8 高速摄影拍摄了电弧喷涂时电极丝端部熔化金属的几种破碎雾化形式[6]

在电弧电压为30V、电流为300A时，随喷射雾化气压力的增高，非轴对称破碎的比例增大，轴对称破碎的比例减小、薄膜破碎比例很小变化不大；电流为100A时，非轴对称破碎的比例减小，轴对称破碎的比例变化不大；随喷射雾化气压力的增高，薄膜破碎比例增大。

在电弧电压为36V、电流为100A和300A时，随喷射雾化气压力的增高，非轴对称破碎的比例增大，轴对称破碎的比例减小、薄膜破碎比例增大。

由上述并结合前面给出的阳极条长度与 We 和 Re 的关系（式3 - 31）看到，电弧喷涂参数（电弧电压、电流和雾化气压力、流量、流速等）影响着电弧喷涂时电极端部熔滴的形成、熔滴的温度、表面张力、黏度、气流与滴的速度差，继而影响气动力 Weber 数 We 和液体 Reynolds 数 Re，影响电极端部熔滴的分离、雾化、喷射金属滴的大小，进而将影响涂层性状。

注意到阴极端部熔滴被拉长的较阳极小得多，熔融金属在电极端部停留时间（即熔融金属"条"破碎时间间隔）也较阳极短。

电弧喷涂时，在金属丝电极端部熔滴被拉长的性状熔滴随后在电弧焰流中被高速气流进一步破碎雾化以致对涂层有重要的影响，这方面的研究为规范参数的选择提供参考依据。特别是在不同金属线材分别作为阴阳极，合理选择极性时尤为重要。

电弧喷涂过程中电极端部熔滴性状的变化，在电弧电压动态变化上有所反映（见图3 - 9）。

（4）熔融金属雾滴在高速气流中被加速。

从电弧喷涂枪喷出的雾化的金属熔滴在喷射的高速气流中被加速，所受的拖拽力和被加速，可用方程（2 - 1）描述。

随从喷枪喷出距离渐远，气流速度下降，熔滴速度提高，两者速度差（$v_g - v_p$）减小。到距喷枪出口一定距离时，气流对飞行的熔滴已无加速作用。这时熔滴飞行速度达到给定条件下的最高速度。图3 - 10 给出一电弧喷涂时雾化气流速度和喷涂熔滴飞行速度随到喷枪出口距离的变化曲线。看到喷涂熔滴在距喷枪出口 60～70mm 处达到最高（170～200m/s），随距离增大速度逐渐下降，适合的喷涂距离大致在 80～160mm。

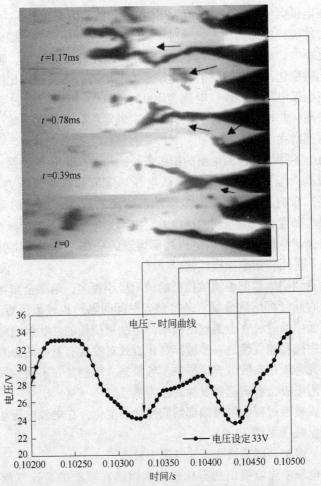

图 3 - 9　电弧喷涂过程中电极端部熔滴性状的变化对应的电弧电压动态变化[9]

　　在喷涂过程中大的粒子惯性大，被加速的慢。相应有速度的粒径分布：细小的粒子速度高，粗大的粒子速度低。

　　(5) 二次雾化。

　　已有很多研究观察到在电弧喷涂时距喷枪出口一定的距离范围内发生一次雾化的熔滴被喷射气流再次破碎雾化，称作二次雾化。如前所述，喷射雾化气压强在 300kPa 以上时一次雾化为 150～400μm 的熔滴，部分被喷射气流再次破碎雾化成粒径在 5～180μm 的熔滴。其

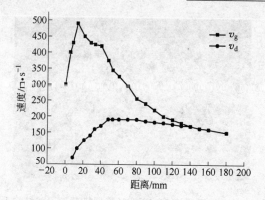

图 3 - 10 电弧喷涂时距喷枪出口远去，雾化气流速度 v_g 与喷涂粒子速度 v_d 的变化

破碎过程大致是，在高压气流作用下熔滴变形呈杯突状或片状，进而破碎。大的熔滴受力大，冷却慢，被二次破碎的几率大。合理的设计雾化气路径和雾化气帽可促进二次雾化，改善熔滴粒径分布，提高喷涂粒子的速度，对得到致密的涂层有重要意义。

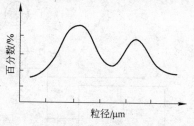

电弧喷涂时雾化喷射熔滴粒子粒径的统计分布有双峰特征（见图 3 - 11），其中包括一次雾化的熔滴粒子和二次雾化的熔滴

图 3 - 11　双丝线材电弧喷涂时喷射雾化金属熔滴粒子的粒径分布示意图

粒子，已有的测试结果给出在喷嘴处气压为 300kPa 时粒径分布在 5 ~ 180μm 范围。两个峰分别在 70μm 和 130μm 附近。

（6）涂层的形成。

经一次和二次破碎、雾化的熔滴及部分半凝固粒子被喷射雾化气流携带加速，形成携带有大量细小金属熔滴的束流，喷向经处理的基体表面，沉积，得到涂层。图 3 - 12 给出电弧喷涂 1Cr13 钢丝涂层横截面典型层状结构形貌。

3.3　电弧喷涂设备

电弧喷涂设备是喷涂过程稳定进行、得到高质量喷涂层的保证。

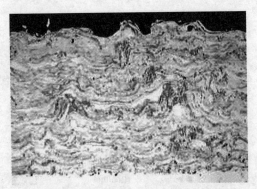

图 3 – 12 电弧喷涂 1Cr13 钢丝涂层横截面层状结构形貌

电弧喷涂设备由电源系统,送丝系统,电弧喷涂枪,供气系统,控制系统等组成(见图 3 – 13)。

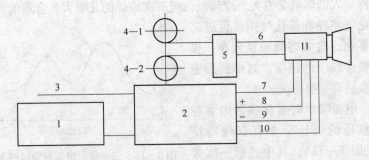

图 3 – 13 电弧喷涂设备系统示意图

1—雾化气源及其净化系统;2—电源及控制系统;3—网络电源输入;4—1,4—2—金属丝盘;
5—送丝机构;6—送丝套管;7—雾化气管路;8—正极电缆线;9—负极电缆线;
10—控制线;11—电弧喷涂枪

3.3.1 电弧喷涂电源系统

电源为电弧喷涂提供能源,又是电弧稳定燃烧的保证。有以下要求:

(1)空载电压。从表 3 – 1 常用气体的电离电压看到,电弧喷涂电源的空载电压不能低于气体电离电压,常用电源电压在 18 ~ 40V 之间,也有高于 40V 的;

（2）直流电源。直流电弧更稳定；

（3）电源外特性。电源的外（电压－电流）特性曲线接近平的缓降特性，通常下降率为（1~5）V/100A 以保证电弧稳定燃烧。

电弧喷涂时电弧工作在电弧静（电压－电流）特性线的 B－C 段（见图3－3），即电弧电压－电流特性曲线的上升段。设电弧稳定燃烧时的弧长为 L_0 有相应的电弧特性线 L_0 与选定空载电压 V_{10} 时的电源外特性曲线 V_1 相交于 a 点（见图3－14）。当由于某种原因，电弧长度缩短 ΔL 时电弧的电压－电流特性线变为（$L_0-\Delta L$）线，与电源外特性曲线 V_1 相交于 b 点，这时的电流大于 a 点，电流大金属电极丝熔化加快，使电弧增长，回到 L_0，回到平衡点 a。若电弧长度增长 ΔL 时这时电弧特性曲线为（$L_0+\Delta L$）线，与 V_1 线交于 c 点，电流减小，熔化减慢，电弧长缩短，回到 a 点，实现弧长自调整。电弧喷涂时的电源有缓降的输出电压/电流外特性（通常在 5.0V/200A 以内），意味着弧长的少许变化将导致电流很大的变化，改变电极焊丝的熔化速度，使电弧恢复到原来稳定的弧长，有利于保证过程的稳定性。同时，要求电源有好的动特性，保证有足够的电流变化速率，以使其能迅速实现自调整。另外，有研究[1,2] 给出，在其他参数相同的情况下，电源外特性电压/电流下降为 2.0V/200A 的喷涂涂层比外特性电压/电流下降为 0.10V/200A 的层片细密得多，且涂层有高的致密度。这也为电源外特性和动特性的设计提供参考。

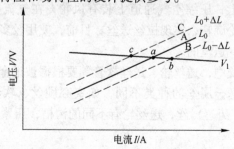

图3－14 电源外特性与电弧自调整
（图中 A、B、C 三条线相应于不同弧长：
L_0，$L_0-\Delta L$，$L_0+\Delta L$ 情况下的电弧电压－电压特性曲线。a、b、c
为电源外特性线 V_1 与 A、B、C 三条线的交点）

当喷涂电压确定后，电流与送丝速度成比例变化，有很多设备只要调节送丝速度就可相应的改变喷涂电流，调节喷涂速率。

在电弧喷涂过程中，随着连续送丝，电弧熔化丝的端头，气流喷吹端头熔化的金属，电弧电压和电流是在一定范围内波动的。好比是在一恒定的电压上叠加一周期性脉冲电压。脉冲的宽度约在 0.5～20ms，波动的频率约在 10～1200Hz。因此，有好的动特性的电弧喷涂电源对提高电弧喷涂性能质量有一定意义[1,2]。

目前，还有可编程控制电源。

3.3.2　送丝系统

送丝系统保证将两根相互绝缘的金属丝稳定地经喷枪导电嘴送到电弧区，有推丝式和拉丝式两种，其组成如下：

（1）送丝机构：包括直流伺服电机（无级调速）、减速机、送丝轮、压紧机构；

（2）送丝软管；

（3）丝盘。

推丝式送丝系统由单独的送丝机构将丝盘上的金属丝经送丝软管送至喷涂枪上的导电嘴；拉丝式送丝系统的送丝机构（微电机驱动系统和送丝轮等）装在喷涂枪上，靠送丝机构将金属丝从丝盘－送丝软管拉至喷枪导电嘴实现稳定送丝。拉丝式喷枪送丝也有用风轮驱动的。在喷枪上，压缩空气通道上装有风轮，在气流推动下风轮转动，带动送丝轮旋转，实现拉丝送丝。目前，使用较多的是用微电机驱动实现拉丝－送丝的。

在送丝系统中，送丝轮、送丝软管等要根据被送金属丝的线径来配置。且随输送金属丝的种类不同，如实心硬丝、软丝（如有色金属丝）、管状（药芯）丝，送丝轮有不同的沟槽，压紧机构压紧力也不同。

送丝软管孔径要合适。孔径过大金属丝在管内会出现波浪，送丝阻力增大；软管孔径过小，摩擦阻力增大。软管不宜过长，通常小于3m。软管套管组成也有一定的刚性。

应当指出的是：在电弧喷涂过程中，阴、阳极的温度、加热、熔化状态并不一样，雾化粒子的粗细也不相同。Steffen 等曾提出用不等速送丝以平衡这种不对称性[3]。

3.3.3 电弧喷涂枪

电弧喷涂枪分手持式和机载式两种，但其结构、原理基本相同。图 3 – 15 给出电弧喷涂枪头部结构示意图。图 3 – 16 给出 Flame – Spray 公司 1964 年生产的拉丝式电弧喷涂枪照片。从这张照片可以清楚地看到枪的基本结构，至今仍有很多电弧喷涂枪的结构与其基本相同。

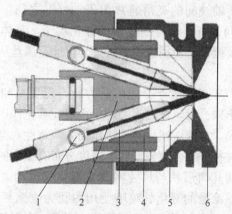

图 3 – 15　电弧喷涂枪头部结构示意图
1—输送线材导管；2—雾化气喷嘴及绝缘体；3—导电嘴；4—设置在喷枪头内的
导电嘴定位支架；5—雾化气帽（陶瓷）；6—遮弧罩

电弧喷涂枪由枪体、导电嘴、雾化气喷嘴、雾化气帽（2 次空气帽）、压缩空气管，遮弧罩等组成。电弧喷涂枪的结构要保证作为电极的两金属丝材经导电嘴以一定的角度输送到电弧的位置，并维持准电弧稳定燃烧，金属丝端头熔化，雾化喷射，实现喷涂。其中，导电嘴、喷嘴、雾化气帽（2 次空气帽）是关键部件。

（1）导电嘴。由铜或铜合金制成，对金属丝起导电、导向作用，其孔径和长度影响送丝阻力、导电稳定性和导向。孔径过大，稳定性和导向作用不好；孔径过小，送丝阻力大。导电嘴是磨损件，应定期

图 3 - 16 1964 年, Flame - Spray 公司生产的电弧喷涂枪照片

更换。两导电嘴轴线间的夹角通常在 20°~60°之间。也有指出夹角在 45°~60°之间，有利于得到较细的雾化粒子。具体操作时，导电嘴的安装根据喷枪设计使用说明书进行，保证金属丝从导电嘴里伸出一定长度。

（2）雾化气喷嘴。置于导电嘴后方，一定压力和流速的雾化气通过喷嘴喷射出来，对丝极端部的熔化金属起雾化作用。早期的喷嘴内孔多为圆柱形。如前所述，雾化气流动力学特性对电弧喷涂时液滴的破碎雾化、粒径分布、束流形状、速度分布有很大的影响。

改变喷嘴的几何形状与尺寸将改变雾化气流动力学特性。近年来，很多电弧喷涂枪的雾化气喷嘴使用内孔为收缩-扩张型的"超声速"喷嘴（又被称之为 Laval 喷嘴，有关 Laval 型喷嘴在本书第 2 章已作详述）。用 Laval 型喷嘴喷出超声雾化气流，对焊丝端部电弧熔化的金属有更好的雾化作用。有研究指出[14]，用 Laval 喷嘴喷出气流速度较平稳，而用圆柱形喷嘴喷出气流的速度在一定范围内是波动的。见图 3 - 17。

用内孔轮廓为缩放形的 Laval 喷嘴与内孔轮廓为圆柱形的喷嘴相比有以下优点：1）在 Laval 喷嘴出口外雾化气流几乎没有紊流；2）Laval 喷嘴的雾化气流速度高，喷涂粒子速度高（用一种有叠加脉冲的电源，喷涂 Co 基药芯焊丝，电流 94A，电压 15V + 脉冲 25V，在距喷枪喷嘴出口 50mm、100mm、150mm 处，用 Laval 喷嘴喷涂粒子的速度相应分别约为：115m/s、125m/s、120m/s，用内孔轮廓圆柱形喷嘴相应分别约为：95m/s、105m/s、107m/s）[14]；3）涂层致密，

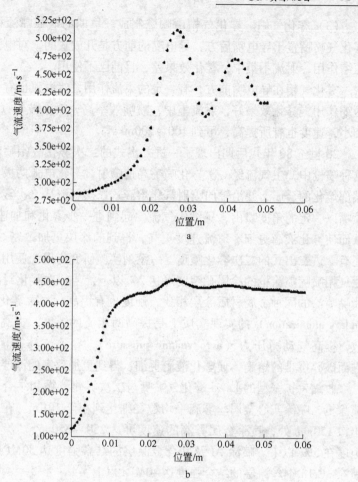

图 3 - 17 电弧喷涂时用普通圆柱形喷嘴（a）和 Laval 喷嘴
（b）喷出气流速度沿气流方向轴向速度分布[14]

涂层孔隙度低于 3%；4）涂层氧化物含量也较低；5）涂层表面粗糙
度低，用 Laval 喷嘴喷涂 Cu，得到较光滑的表面，涂层表面粗糙度为
15 ~ 12μm，且涂层较致密，涂层孔隙度低于 3%，氧化物含量也较
低；而用内孔轮廓圆柱形喷嘴的涂层表面粗糙度为 40 ~ 50μm[14]。
用 Laval 型雾化气喷嘴电弧喷涂时，雾化液滴均匀细小，喷涂涂层表
面光滑，涂层孔隙度低。

（3）雾化气帽。雾化气帽由陶瓷制成。早期的电弧喷涂枪只有雾化气喷嘴置于导电嘴后方，导电嘴的前方是开放式的，对电弧没有压缩作用，射流不集中，雾化效果差，目前已不使用。

雾化气帽在导电嘴前方，有一定的束流作用，对电弧也有一定的压缩作用，雾化效果好，射流集中，喷嘴效率高，喷涂粒子（液滴）细小，速度也有所提高，可到 $100 \sim 200\text{m/s}$。

20 世纪 80 年代后期出现了一进二出式的二次雾化气帽喷嘴。在这种喷枪中，主气流经一次雾化喷嘴高速喷射，雾化电弧两极金属丝端部熔化的金属，并沿轴向喷射雾化熔滴；二次气流从二次雾化气帽喷嘴以一定的角度喷出，压缩主气流，起到进一步雾化和加速作用，从而使雾化液滴更细、射流速度更高，得到的涂层更加致密。目前，还有二进二出式的二次雾化喷嘴。一系列实验研究指出：使用二次雾化气帽喷嘴喷涂枪的涂层孔隙度可达 2% 以下，与一次雾化封闭式的喷嘴喷涂的同种金属材质涂层相比，硬度也有提高。二次雾化（secondary atomization）的实现实质上是提高两相流的速度，提高 Weber 数，提高气动力压力（aerodynamic pressure），导致流体表面变形，进而破碎携带的熔滴，使雾化液滴更细，得到更加致密的涂层。

收缩 - 扩张型的 Laval 雾化气喷嘴与二次雾化气帽相结合的电弧喷涂枪，喷涂实心金属丝雾滴平均粒径细化到小于 $10\mu\text{m}$，在距喷枪出口 150mm 处，喷涂金属雾滴的速度可达 $250 \sim 350\text{m/s}$。涂层的孔隙度在 5% 以下。喷涂 Al 及其合金涂层的结合强度达 30MPa 以上；喷涂 3Cr13 钢丝涂层的结合强度达 40MPa 以上。

3.3.4　供气系统

用压缩空气为气源实现喷涂的供气系统由空气净化器（包括空气滤清器冷干机等）、气阀及其控制器、压力表、气体流量计，气管路组成。对于一台普通电弧喷涂设备的供气系统，其供气量应不小于 $4\text{m}^3/\text{min}$，到喷涂设备的压力应不低于 700kPa。一次雾化普通喷涂枪的耗气量随喷涂金属线材种类和线径的不同大约在 $0.8 \sim 3.2\text{m}^3/\text{min}$，二次雾化高速电弧喷涂枪耗气量大约在 $1.2 \sim 3.6\text{m}^3/\text{min}$。

3.4 工艺参数的调整及其对涂层质量的影响

在喷涂金属丝和喷涂设备选定后，主要参数有电弧电压，工作电流和/或送丝速度，雾化气体种类、压力、流量。

3.4.1 电压–电流–送丝速度

由前面所讲，电源外特性线和电弧电压–电流特性曲线的交点即为选定的工作点。

（1）电弧电压–送丝速度。电弧电压实际上反映了两丝极熔化端头间的距离。两丝端头间距过近、电弧电压过低、丝材熔化热量不足，这往往是送丝速度过快使电源的外特性的自调整作用不能满足实现较满意的电弧电压–电流工作规范造成的。这时，首先应调整送丝速度，适当降低送丝速度，实现电源电弧电压–电流–弧长的自调整作用。不适当的过快的送丝会使丝熔化不足，造成有缺陷的涂层。甚至有丝伸出喷嘴，有时造成两丝短路，损伤设备。

不同材质的丝材维持正常喷涂过程的最低电压不同（见表3-2）。材料的熔点低，如锌，要选择较低的电弧电压。但铝材例外，铝的熔点比钢低得多，但电弧电压与钢相近（见表3-2）。这是因为电弧喷涂铝及其合金时，丝材表面形成的氧化膜的熔点高、导电率低。因此，要选高的电弧电压。

适当的丝材电极两端距离，即适当的弧长，适当的电弧电压，喷涂过程稳定，喷涂粒子（液滴）细小均匀，束流集中，喷涂效果好。

在适当的电弧电压范围内，提高电压可提高喷射粒子的温度。如：用 Metco VISU ARC™350 系统喷涂 Cr13 钢丝时在电流 200A、雾化气（空气）压力为 0.3MPa 时，电弧电压从 28V 提高到 36V，喷射粒子的温度从 2120℃ 提高到 2170℃[21]。喷射熔滴粒子冲击基体贴片的片状化程度提高[34]。

在电流和雾化气压力流量不变情况下，提高电弧电压，喷射粒子的速度略有下降[34]。涂层表面粗糙度升高[34]。

电弧喷涂电压较低时，涂层表面较亮[2]。适当的降低电压有利于得到较细的雾化熔滴粒子。在较低的电压下喷涂沉积效率较高，若

在其上叠加 - 脉冲电压（脉宽：0.5~20ms，脉冲电压：20V）有利于提高电弧的稳定性[2]。

电弧电压过高，弧长较长，丝两端距离大，熔滴粗，雾化效果差，烟尘增加，元素烧损大，涂层焦黄，涂层质量差。

表3-2 几种金属丝对应于不同电弧电流的空载电压选择

金属丝	工作电压/V	空载电压/V			
		100A	200A	300A	400A
钢丝	24~26	27	29	31	32
不锈钢丝	26~28	29	31	33	34
铜丝	26~28	29	31	33	34
青铜丝	28~30	31	33	34	36
锌丝	18~19	20	21	22	23

（2）电弧电流 - 送丝速度。电弧电流大，电弧热量大，熔化金属丝量大熔化的快，为保持电弧弧长和电弧稳定燃烧要求加快送丝速度。

对于有些电弧喷涂设备，工作电流与送丝速度是随动调整的（如 Sulzer Metco VISU ARC™350 系统），根据金属丝直径，调整电流即可。这时提高电流，雾化喷射粒子的喷射速度略有下降。如：雾化气（空气）压力为 0.3MPa，电弧电流为 100A 时喷射粒子速度约为 108m/s；电流为 200A 时粒子速度约为 100m/s；电流为 300A 时粒子速度约为 92m/s。这是因为对于这类设备，提高电流其送丝速度也相应提高，熔化金属丝的量增大的结果。为保证喷射雾滴粒子的速度，在提高电弧电流的同时应适当提高雾化气流量。在电弧稳定燃烧情况下，通常电流略偏高似乎是有利的（不易出现未熔丝段或是大溶滴的喷射）。

加大电流有利于提高喷涂效率、减小气孔率、减小氧化物含量，同时这也使工件受热增加。因此，对于小工件不宜。电流太低电弧燃烧不稳定。

可编程控制电源能更好地保证电压 - 电流 - 送丝速度的匹配。

3.4.2 雾化喷射气的种类

用 IP – PSV（包括 CCD 照相等组成的高温双色图像测试系统）检测 TAFA Model8830 双丝电弧喷涂枪喷涂 0.8% C 钢丝时雾化气种类对喷涂粒子速度和温度的影响的研究结果表明[29]，在同样参数（电流 200A，电压 32V，气体流量 50cfm = 1.41m³/min）情况下，用空气作为雾化气，粒子温度高（约 2870K），用氮气温度低（2700K）。分析认为是由于用空气作为雾化气时，发生铁的氧化，是放热反应，导致喷涂粒子温度升高。用氩气喷涂粒子温度比氮气喷涂时粒子温度高，与氩气电弧比氮气电弧温度高相关。用空气作为雾化气时，粒子速度高（104m/s），用氮气时速度最低（102m/s）。

还有研究指出：在用氮气作为雾化气喷涂 NiCrAlY（药芯焊丝）涂层与用空气作为雾化气的涂层相比（用 TAFA ArcJet9000 电弧喷涂设备），涂层有较低的粗糙度（达到与用 TAFA PlasJet HPPS 喷涂的涂层性能相近，结合强度都高于 40MPa）[24]。

3.4.3 雾化喷射气的压力与流量

图 3 – 18 给出对于一种电弧喷涂枪氮气质量流量（M）和体积流量（V）与压力的关系。雾化气压力越高，流量越大，雾化喷涂液滴越细，速度越高，涂层越致密。如，用 Metco VISU ARC™350 系统喷

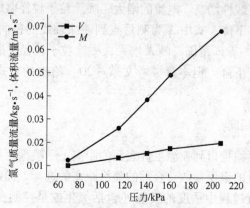

图 3 – 18　氮气质量流量（M）和体积流量（V）与压力的
关系（PB400 线材电弧喷枪）

涂 Cr13 钢丝时在电流 200A、电压 32V 的情况下，雾化气压力从 0.3MPa 提高到 0.4MPa，雾化喷射粒子速度从 100m/s，提高到 122m/s[21]。雾化气压力流量也影响电弧的动特性。雾化气压力流量加大，电弧电压和电流波动变窄，波动的频率提高。适当提高雾化气压力可降低涂层的粗糙度[24]。压力 – 流量过高时，气流对粒子有冷却作用，使粒子在涂层表面的黏附作用减小，涂层结合强度下降，且电弧的稳定性也下降。喷涂气压偏低，涂层颗粒粗，雾化喷射角加大，束流不集中，喷射粒子速度低，涂层粗糙、孔隙多、结合强度差。

M. P. Planche 等用 TAFA – 9000^{TM} 电弧喷涂系统喷涂直径 1.6mm 的 0.8% C 钢丝，用 DPV – 2000 检测系统检测电流 I（A）和雾化气流量 Q（m^3/h）对在距喷枪 200mm 处的喷涂粒子直径 d_p（micron）和粒子飞行速度 v_p（m/s）的影响。实验结果给出喷涂粒子直径 d_p（micron）和粒子飞行速度 v_p（m/s）与电流 I（A）和雾化气流量 Q（m^3/h）的实验关系式：

$$d_p = 2.457 \times 10^6 I^{0.0439} X^{0.2707} Q^{-2.3226} \qquad (3-31)$$

$$v_p = 1.467 \times I^{-0.1234} X^{-0.0274} Q^{1.0437} \qquad (3-32)$$

从上式看到雾化气流量 Q 对喷涂粒子的粒径 d_p 有很大的影响，随雾化气流量提高喷涂粒子粒径大大减小；粒子飞行速度随雾化气流量提高大致呈线性增高。电流的增大，喷涂粒子粒径略增大；粒子飞行速度则略有下降。式中 X 为测量点到喷涂轴线的径向距离（cm）。在所检测的 0~2cm 范围，随 X 增大，喷涂粒子粒径有所增大；粒子飞行速度略有下降。但本章参考文献［20］给出的上式没考虑沿喷涂轴线的情况。

3.4.4　喷涂距离

从电弧喷涂枪口到喷涂工件表面的距离——喷涂距离，也是影响涂层性能质量的重要参数。合理的喷涂距离的选择，确保喷射金属雾滴粒子在飞行过程中适度的反应（包括氧化或是控制少发生氧化），在冲击工件表面时有适当的温度（以及热熔、黏度、表面张力）、速度（动能），保证在工件基体表面上好的漫流与贴片，以保证得到与基体有良好结合的、具有满意性能质量的涂层。

喷涂雾滴粒子的温度也随距电弧喷涂枪出口距离的增长而有所下降。在以压缩空气作为雾化气的情况下，喷涂铁基合金时在距喷涂枪出口 160～200mm 处喷涂雾滴粒子的温度与出口处相比，约下降 200℃。在喷涂铝及铝合金时，理论上预计喷涂雾滴粒子的温度下降较多（出口处雾滴粒子的温度为 2100℃，计算给出距出口 180mm 处温度为 800℃），但实测温度为 1920℃。分析认为是 Al 氧化发热的结果。

电弧喷涂时，为保证喷射金属雾滴粒子在冲击工件表面时有适当的温度和足够高的速度，保证喷射雾滴在工件基体表面上有好的漫流与贴片，以及喷涂操作方便、有好的可见性，又避免对工件过度的加热，通常选择喷涂距离在 120～180mm 之间。在这一距离范围，对涂层结合强度影响不大，喷涂距离太近或太远都可能使结合强度下降或过度氧化。

在喷涂圆柱件时距离过大，同样喷射角情况下，呈现下部着粉面积大，会有被冷却的粉沉积表面，影响涂层质量。

3.4.5 喷涂材料对喷涂雾化熔滴粒子温度与速度的影响

不同成分的材料因其物理化学特性的不同，在电弧喷涂时其被雾化的粒径、加热加速、粒子的温度和速度不同，进而影响涂层的质量和性能，也是喷涂时应特别注意的。已有研究给出几种常用材料电弧喷涂时喷涂粒子的温度和速度（见表 3-3）。可以看到，在同样的喷涂规范参数情况下，不同材料喷涂粒子的温度和速度不同：

（1）熔点最高的钼（熔点 2613℃）的喷涂粒子的温度和速度最高，观测到电弧喷涂钼时喷射焰流中粒子数较少，且颗粒较大；

（2）0.8％C 钢实心丝与相同成分的药芯丝相比，电弧喷涂实心丝时喷涂粒子的温度和速度高；

（3）含硼的焊丝喷涂粒子的温度和速度较高；

（4）NiAl 丝喷涂粒子的温度和速度明显高于 Ni 丝喷涂粒子的温度和速度；

（5）Ni（熔点为 1455℃，密度为 8.90g/m³）丝喷涂粒子的温度和速度明显低于有相近密度和较低熔点的 Cu（熔点为 1085℃，密度为 8.96g/m³）丝喷涂粒子的温度和速度。

表 3 – 3　不同材料电弧喷涂时喷涂粒子的温度和速度

项　　目	Ni	不锈钢	0.8%C钢	0.8%C钢	Cu	0.8%C钢（含B）	NiAl	Mo
粒子平均温度/K	2640	2550	2660	2700	2880	2980	3050	3120
粒子平均速度/m·s⁻¹	90	95	96	102	97	110	115	121

注：1. 用 TAFA Model8830 双丝电弧喷涂枪；

　　2. 注有（C）者为药芯焊丝，其余均为实心丝；

　　3. 电弧喷涂参数：电流为 200A，电压为 32V，雾化气流量为 1.41m³/min，距离为 160mm。

对电弧喷涂的深入研究指出，在给定喷涂参数情况下，喷涂粒子的粒径在一定范围，不同材料喷涂粒子的粒径分布不同，不同粒径的喷涂粒子其温度也不同。法国学者 Pianche M. P. 等，用 TAFA9000 电弧喷涂设备喷涂 TAFA38T 钢丝和 TAFA05T 铜丝（喷涂参数为电压 30V，电流为 150A，压缩空气流量为 100m³/h）时，通过试验测试给出喷涂粒子的温度与喷涂粒子的粒径的以下经验关系式：

对于钢：$T(d) = -3.5 \times 10^{-4} d^3 + 0.14 d^2 - 17.5 d + 3212$ (K)

对于铜：$T(d) = -4.5 \times 10^{-4} d^3 + 0.17 d^2 - 16.7 d + 2666$ (K)

式中喷涂粒子的粒径（d）的单位为 μm。在给定的喷涂参数下，钢丝喷涂时，50μm 以细的喷涂粒子的温度较高，且随喷涂粒子粒径的增大，喷涂粒子的温度下降，在 70～100μm 范围喷涂粒子的温度较低（在 2270℃ 上下），当喷涂粒子的粒径大于 100μm 时，其温度随粒径增大而略有升高。喷涂铜时，喷涂粒子粒径在 50～100μm 范围，其温度变化不大（在 1900℃ 上下）；粒径大于 100μm 的喷涂粒子的温度随粒径增大其温度升高，在粒径达到 180μm 时，有最高温度（2200℃）。

3.4.6 基体温度的影响

基体温度对电弧喷涂时喷射金属熔滴在基体上贴片的形成有很大影响。有研究[10]对在不锈钢基体上电弧喷涂铝的观测结果指出：在其他喷涂参数相同时，基体温度低（如25℃），喷射金属熔滴在基体上贴片主要是溅射，得到的涂层有较高的孔隙度；在喷射雾化气流压力较低，喷射金属熔滴粒子速度较低，在涂层与基体间界面有较多的孔洞，提高基体温度（对于喷射金属熔滴粒子速度 $v_d = (143 \pm 36)$ m/s，基体温度提高到 $T_s = 150℃$；$v_d = (109 \pm 28)$ m/s，基体温度提高到 $T_s = 300℃$），喷射金属熔滴在基体上贴片主要呈圆盘形，得到的涂层有较低的孔隙度。适当的预热对得到致密的涂层是有益的。过高的预热温度导致基体表面的氧化将降低涂层的结合强度。

3.5 电弧喷涂技术与设备的新发展

3.5.1 高速电弧喷涂

目前，常说的"超声速电弧喷涂"大多是雾化气从雾化气喷管（嘴）喷出的速度高于室温环境下空气中的声速（如：2倍声速）。这是一类使用缩放型 Laval 管作为雾化气喷管，在较高的雾化气输入压力（通常不低于 600kPa）下，从喷管喷出的雾化气的流速达到 1.5～2.5 倍的声速（Mach 数达到 1.5～2.5），以这样高速的气流雾化喷射电弧熔滴，喷射雾滴粒子可达到较高的飞行速度，但未必达到或超过声速。因此，称之为高速电弧喷涂为好。为达到较好的效果，如前所述，电弧双丝交点到雾化气喷嘴出口的距离、雾化气帽的孔形与孔径、二次雾化气的压力流速流量与流向的设定，以及电弧电参数的选择也很重要。

在相同的喷涂距离，高速电弧喷涂时喷射粒子飞行时间短、氧化少。如空气电弧喷涂 Ni18Cr6Al2Mn 丝，距离 150mm，普通喷嘴涂层含氧量 3.41×10^{-6}；高速喷嘴涂层含氧量 1.50×10^{-6}[36]。

3.5.2 大功率电弧喷涂设备

电弧喷涂在水工船闸，电力、造纸、化工等工业锅炉的受热管件

（水冷壁管、过热器管、再热器管、省煤器管等），建筑、桥梁等大型钢结构表面防护的成功应用，要求进一步提高喷涂效率，以满足大面积喷涂的需求，促进了大功率电弧喷涂设备的发展。

普通的电弧喷涂设备的长时工作的最大电流通常不高于400A，长时工作的电流高于500A的电弧喷涂设备被称为大功率电弧喷涂设备。目前，提供大功率电弧喷涂设备的厂商主要有 Metallisation 公司、Praxair TAFA 公司、OSU 公司等。最大工作电流可达2000A。表3-4给出了几种大功率电弧喷涂设备型号及其参数。

表3-4 几种大功率电弧喷涂设备型号及其参数

公司	Metallisation 公司			Praxair TAFA 公司	Sulzer - Metco 公司	OSU 公司
型号	Arcspray 700	Arcspray 528		8860	5R	LD/SR2
送丝方式	推丝	拉丝		推丝	拉丝	拉丝
丝径/mm	3.0	2.5	3.17	3.5	3.5	
雾化方式	封闭式，1进2出，二次雾化	封闭式，1进2出，二次雾化		封闭式，1进2出，二次雾化	封闭式，1进2出，二次雾化	开放式，二次雾化
最大喷涂电流/A	700	300	1000	600	500	2000
空载电压/V					铝:30~32; 锌:22~24	32
喷射束流形状、幅宽/mm	扇形	扇形、54~200		集束/扇形		
喷铝最大速度/kg·h^{-1}	21 2.86（m^2/（kg·100μm））	8.5	27.3		11	60
喷锌最大速度/kg·h^{-1}	78 0.82（m^2/（kg·100μm））	36	103.3		45	200
操作	手工/机载	手工	机载	手工/机载	机载	机载

Sulzer Metco 公司的 Strong ARC[TM] 1200/1500/2000 大功率电弧喷涂设备的额定电流分别为 1200A、1500A、2000A。LD/SE2 / LD/SK1 型喷涂枪有密闭型或开放型喷嘴。雾化空气耗量为 40～130m³/h。电动送丝，丝直径 1.6～3.48mm。喷涂效率可达：喷锌丝为 120～200kg/h，铝丝为 36～60kg/h，钢丝为 60～100kg/h。

3.5.3 水下电弧喷涂

使用特有的电弧喷涂设备，保证电弧在水下引燃并稳定工作，高压雾化气和高温电弧加热产生的水蒸气将电弧区的水排开，从而保证电弧喷涂的进行。随水深不同，水的压力和冷却作用不同，对电弧的压缩作用不同。为保证稳定工作，特殊功能特性的电源是保证电弧喷涂稳定工作的关键。

3.5.4 不熔化极电弧喷涂

利用两不熔化极间产生的高温电弧作为热源，加热送入电弧的棒材或线材，使其熔化，用高压雾化气雾化喷射熔融材料雾滴，在基体上沉积，形成涂层，实现热喷涂。其工艺原理在热喷涂技术发展的早期（1914 年 Georg Stolle 的专利）即已提出。但后来的发展使其更加完善、实用，适用于很多特殊需要的场合，如不导电的材料的电弧喷涂。

3.5.5 内孔电弧喷涂

内孔喷枪的改进。法国 University of Technology of Belfort – Montbeliard 的 R. Bolot 等与 Belchamp Technical Center 合作，基于 J. P. Dunkerley，T. A. Friedrich，G. Irons（US Patent No. 5，908，670.）发明，改进有回转雾化喷射气流的内孔喷枪，使雾化熔滴粒径分布较窄，雾化熔滴喷射速度提高 20m/s，进而提高了涂层的结合强度[25]。

此外，德国 Technical University of Ilmenau 与 Sulzer Metco 合作开发的在喷枪上设置有增强粒子输送装置的双丝电弧喷涂系统，可用于喷涂粒子增强涂层。如可制作钢粒子增强 Zn 基涂层、刚玉粒子增强

Al 基涂层等[26]。

电弧 – HVOF 组合喷涂枪[33]：这种喷涂枪是用电弧将 2 根或 4 根线材熔化，以高速燃烧的氧 – 燃气燃烧束流将熔化的材料雾化 – 喷射，在基体上沉积形成涂层。用这种组合枪进行了制备 WC – Cr_3C_2 – Ni 与 Ni – Al 合金以及 B4C 与 AlSi 合金的梯度功能涂层。

3.6   电弧喷涂技术的应用

3.6.1   防腐涂层

电弧喷涂防腐涂层材料的选择环境介质。对于在大气腐蚀环境中，一般原则是，pH = 7 ~ 12 的偏碱性环境用喷涂 Zn 及 Zn 基合金涂层；pH = 4 ~ 7 的偏酸性环境用喷涂 Al 及 Al 基合金涂层；，pH = 6 ~ 8 的中性环境用喷涂 Zn – Al 合金涂层较为合适。考虑到电弧喷涂金属涂层的多孔性（孔隙度多在 3% ~ 5%），且多用电弧喷涂金属涂层 + 封闭涂料 + 面漆的复合涂层已实现电化学保护和密封处理相结合。

对于海洋大气、工业城市大气以及用酸雨环境中的桥梁等大型钢结构喷涂 Al 及 Al 基合金涂层 + 耐候性面漆较为合适。

空气质量较好的干燥地区环境的钢结构，如电视塔、输电塔等，电弧喷涂 Zn 及 Zn – Al 合金涂层。

内陆河流、淡水浸泡环境中的钢结构，如：河道水工闸门、蜗壳、导流管、水箱等，用电弧喷涂 ZnAl15 涂层 + 封闭涂料效果较好。

海水浸泡环境中的钢结构，如：防潮闸、钢桩等，用电弧喷涂 Al 及 Al 合金（如 AlMg5）、ZnAl15 涂层 + 抗冲蚀封闭涂料 + 抗冲蚀面层涂料效果较好。必要时用电弧喷涂 17 – 4HP 不锈钢涂层 + 抗冲蚀封闭涂料 + 抗冲蚀面层涂料。

酸、碱、盐等化学介质腐蚀环境中的钢结构，根据腐蚀介质情况，选择耐相应的酸、碱、盐的 Pb、不锈钢（316L（00Cr17Ni14Mo2）、0Cr18Ni9，0Cr17Ni4Cu4Nb 等）、Ni – Cu 合金、Al 及 Al 合金等。

在高温氧化、热腐蚀环境中的钢结构，根据腐蚀介质的成分、温度等情况，选择相应的耐热、耐高温氧化、耐热腐蚀的铁基合金

（如 0Cr25Ni20、1Cr16Ni35、0Cr19Ni13Mo3、FeCrAl、Cr_3C_2 – FeNi 药芯焊丝，温度在 600℃ 以下也可用 1Cr13、2Cr13、3Cr13、7Cr13 等），镍基合金（NiCrAlY，NiAl、NiCr20、NiCr45Ti4（TAFA 公司的 45CT）、NiCr20Al6、NiFe20Al14Cr3 等）。其中的合金涂层还有较好的抗冲蚀磨损性能，如 Cr_3C_2 – FeNi、3Cr13、7Cr13、NiCr45Ti4 等。电弧喷涂 Al 涂层的钢铁制件，经 900～1000℃保温处理，发生 Al 向钢铁基体的扩散，形成 Fe – Al 化合物渗 Al 层，高温氧化环境下工作，形成致密的 Al_2O_3 氧化膜或尖晶石类复合氧化膜，对基体有良好的保护作用。这类涂层在冶金、石化、热电等工业领域得到广泛应用。

3.6.2 耐磨涂层

对于常温下抗滑动摩擦磨损工件，如各种轴类、滑块、导轨等的磨损或超差表面，可用中碳钢、高碳钢、轴承钢、3Cr13、7Cr13 等钢丝或药芯焊丝电弧喷涂进行修复。在有润滑的工作条件下，喷涂层的孔隙有利于储润滑介质，在改善耐磨性的同时还提高了润滑效果。对于既受磨损又受腐蚀的制件，如柱塞、造纸烘缸、气缸、阀门等，视其磨损与腐蚀情况用高铬钢丝或 FeCrB – 药芯丝。

对于高温下抗滑动摩擦磨损工件，可用 FeCrAl、NiAl、NiCrAl、FeCrB、1Cr25Ni20Si2 等合金丝或药芯丝涂层。

对于减摩滑动支撑面，如滑动轴承、轴瓦、滑块等，可用锡青铜、铝青铜、磷青铜等涂层。同样，在有润滑的工作条件下，喷涂层的孔隙有利于储润滑介质，提高润滑效果。

3.6.3 防滑涂层

舰船甲板防滑，在钢质甲板表面喷涂铝或铝合金 – Al_2O_3 粒子涂层，既达到防腐又达到防滑的目的。

3.6.4 其他功能涂层

如在非导体表面电弧喷涂金属涂层实现表面金属化，达到表面导电或电磁屏蔽的效果。在介电材料表面喷涂 Ag、Cu 等金属制作电容器等。

****

小结： 电弧喷涂是一种经历了近百年发展的热喷涂技术。作为一种能源利用率高、运行成本低（电费仅相当于火焰线材喷涂氧气、乙炔费用的 1/10～1/20），生产效率高（喷涂电流每 100A 每小时可喷锌 10～12kg、喷青铜 6～7kg、喷钢丝 4.5～5kg、喷 Ni20Cr 丝 5kg、喷铝丝 2.5～3kg，喷钼丝 3kg）、操作使用方便的热喷涂工艺，在能源、水利水工、交通运输、冶金、石化、机械制造、印刷、建筑等领域得到广泛的应用。

但仍有一系列问题有待深入研究：

（1）电弧物理，特别是熔化极电弧物理与化学过程；

（2）雾化气种类及雾化气喷嘴几何与流体力学，其与电弧交汇点的相对位置，及其对电弧性状、熔滴从电极端部的脱离、雾化与喷射的影响；

（3）电极（丝材）材料对电弧过程、熔滴的形成、脱离、雾化与喷射的影响；

（4）雾化气帽的几何形状、尺寸、位置对雾化熔滴的二次雾化、加速的影响等。

随着现代科学技术进步，对电弧喷涂物理化学过程的深入了解，对电弧喷涂过程的精密监控，与材料科学技术进步相结合，定将进一步提高电弧喷涂涂层的性能、质量和可靠性，拓宽电弧喷涂技术的应用领域。

参考文献

[1] Wilden J, Bergmann J P, Jahn S. Arc spraying with dynamic current generators [M/CD] // Lugscheider E. Proc. ITSC' 2004, Thermal Spray Solutions – Advances in Technology and Application. Aachener Str. 172, 40223 Duesseldorf, Germany：DVS – Verlag GmbH. 2005, 8～13.

[2] Wilden J, Bergmann J P, Jahn S. Influence of the voltage modulation frequency on voltage trace and wire arc coatings properties [M//CD] // Lugscheider E. Proc. ITSC' 2005. DVS – German Welding Society, ASM International – Thermal Spray Society. 40223 Duesseldorf, Germany：DVS – Verlag GmbH. 2005, 393～398.

[3] Steffen H D, Babiak Z. Recent development in arc spraying [J]. IEEE Transactions on plas-

ma physics, 1990, 18 (6): 974 ~979.

[4] Hussary N, Heberlein J. Atomization and particle – jet interactions in the wire – arc spraying process [J] . J. Thermal Spray Tech. , 2001, 10 (4): 604 ~610.

[5] Kelkar M, Heberlein J. Plasma Chemistry and Plasma Processing, 2002, 22 (1): 1 ~25.

[6] Hussary N A, Heberlein J V R. J. Thermal Spray Tech. , 2007, 16 (1): 140 ~152.

[7] Hussary N A, Heberlein J V R. Primary breakup of metal in the wire arc spray process [M/ CD] //Moreau C, Marple B. Proc. ITSC' 2003, Thermal Spray 2003: Advancing the Science & Applying the Technology. Materials Park, Ohio, USA: ASM International. 2003, 1023 ~ 1032.

[8] Pianche M P, Liao H, Coddet C. In flight particles analysis for the characterization of the arc spray process [M/CD] //Lugscheider E. Proc. ITSC ' 2005. DVS – German Welding Society, ASM International – Thermal Spray Society. 40223 Duesseldorf, Germany: DVS – Verlag GmbH. 2005, 646 ~651.

[9] Kelkar M, Heberlein J V R. J. Phys. D: Appl. Phys, 2000, 33: 2172 ~2182.

[10] Abedini A, Pourmousa A, Chandra S, et al. Proc. ITSC' 2004, International Thermal Spray Solutions – Advances in Technology and Application. Aachener Str. 172, 40223 Duesseldorf, Germany: DVS – Verlag GmbH. 2005.

[11] Watanabe T, Wang X, Heberlein J V R, et al. Thermal Spray practical solutions for engineering problems, Berndt C C. Materials Park, Ohio, USA: ASM International, 1996, 577 ~583.

[12] Wang X, Heberlein J V R, Ptender E, et al. J. Thermal Spray, 1999, 8 (4): 565 ~ 575.

[13] Hussary N A, Heberlein J V R. Moreau C, Marple B. Proc. ITSC' 2003, Thermal Spray 2003: Advancing the Science & Applying the Technology. Materials Park, Ohio, USA: ASM International, 2003, 1023 ~1032.

[14] Wilden J, Schwenk A, Bergmann J P, et al. Supersonic nozzles for the wire arc spraying [M/CD] // Lugscheider E. Proc. ITSC' 2005. Thermal Spray Connects: Explore its Surfacing Potential. 40223 Duesseldorf, Germany: DVS – Verlag GmbH. 2005, 1068 ~1073.

[15] Lawley A. Preparation of metal powders. Annual Review of Materials Science, 1978, 8: 49 ~71.

[16] Dusa K M. Spraytime magazine: ITSA historical collection growing. ASM Thermal Spray and International Thermal Spray Societies, 2001, 8 (8) .

[17] Lin S P, Reitz R D. Drop and spray Formation from a liquid jet. Annu. Rev. Fluid Mech. , 1998, 30: 85 ~105.

[18] Mansour A, Chigier N. Disintegration of liquid sheets. Phys. Fluids A, 1990, 2 (5): 706 ~719.

[19] Lasheras J C, HophingerE J. Liquid jet instability and atomization in a coaxial gas

stream. Annu. Rev. Fluid Mech. , 2000, 32: 273 ~308.

[20] Planche M P, Lakat A, Liao H, Moreau C, et al. Marple B. Proc. ITSC' 2003, Thermal Spray 2003: Advancing the Science & Applying the Technology. Materials Park, Ohio, USA: ASM International, 2003, 1175 ~1182.

[21] Wilden J, Bergmann J P, Jahn S, Marple B R, Hyland M M, Lau Y C, et al. Proc. ITSC' 2007, Global Coating Solutions. Materials Park, Ohio, USA: ASM International. 2007, 319 ~ 323.

[22] Takemoto M, Longa Y, Ueno G. J. Corrosion Control, 1994, 10 (3): 351 ~357.

[23] Zeng Z, Sakoda N, Tajiri T. J. Thermal Spray Tech. , 2006, 15 (3): 431 ~437.

[24] Sacriste D, Goubot N, Dhers J, et al. J. Thermal Spray Tech. , 2001, 10 (2): 352 ~358.

[25] Bolot R, Liao H, Mateus C, et al. Proc. ITSC' 2007.

[26] Wilden J, Bergmann J P, Jahn S, et al. Proc. ITSC' 2007.

[27] Hale D L, Swank D W, Haggard D J. Jn flight particle measurements of twin wire electric arc sprayed aluminium. J. Thermal Spray Tech. , 1998, 7 (1): 58 ~63.

[28] Guillen D, Willams B G. Lugscheider E. Proc. ITSC' 2005. International Thermal Spray Conference – Thermal Spray Connects: Explore: ts Snfacing Potential. 40223 Duesseldorf, Germany: DVS – Verlag GmbH. 2005, 1150 ~1154.

[29] Mohanty P S, Allor R, Lechowicz P. Particle Temperature and velocity characterization in spray tooling process by thermal imaging technique [M/CD] . Moreau C, Marple B. Proc. ITSC' 2003, Thermal Spray 2003: Advancing the Science & Applying the Technology. Materials Park, Ohio, USA: ASM International. 2003, 1183 ~1190.

[30] Kim J H, Seong B G, Ahn J H, et al. Marple B R, Hyland M M, Lau Y C, et al. Proc. ITSC' 2007, Global Coating Solutions. Materials Park, Ohio, USA: ASM International. 2007.

[31] Sacriste D, Goubot N, Dhers J, et al. J. Thermal Spray Tech. , 2001, 10 (2): 352 ~358.

[32] Gedzevicius I, Bolot R, Liao H, et al. Moreau C, Marple B. Proc. ITSC' 2003, Thermal Spray 2003: Advancing the Science & Applying the Technology. Materials Park, Ohio, USA: ASM International. 2003, 977 ~980.

[33] Kosikowski D, Batalov M, Mohanty P S. Lugscheider E. Proc. ITSC' 2005. DVS – German Welding Society, ASM International – Thermal Spray Society. 40223 Duesseldorf, Germany: DVS – Verlag GmbH. 2005, 444 ~449.

[34] Wilden J, Bergmann J P, Jahn S, et al. J. Thermal Spray Tech. , 2007. 16 (5 ~ 6): 759 ~767.

[35] Pourmousa A, Mostaghimi J, Abedini A, et al. J. Thermal Spray Tech. , 2005, 14 (4): 502 ~510.

[36] Varis T, Rajamaki E. Lugscheider E. Proc. ITSC' 2002, Tagungsband Conference Proceedings. Deutscher Verband für Schweiβen, Germany: DVS - Verlag GmbH. 2002, 550～552.

[37] Wilden J, Bergmann J P, Jahn S, et al. Marple B R, Hyland M M, Lau Y C, et al. Proc. ITSC' 2007.

4 火 焰 喷 涂

参考国际标准 ISO 14917：1999 Thermal spraying Terminology，classification，相应的我国标准 GB/T 18719—2002 有关火焰喷涂（Flame spraying）的定义，本书略作修改定义如下：喷涂材料在氧－燃料火焰中被加热、雾化、加速，以雾化状喷向经预处理的基体表面的喷涂方法定义为火焰喷涂。初始喷涂材料可呈粉末状、棒状、柔性复合丝状或线状。可以只利用氧－燃料火焰射流加热熔化喷涂材料并使其雾化，也可同时使用附加的雾化气体（例如压缩空气），将被加热熔化的材料雾化、加速喷向基体。

基于上述，本章将先讨论燃料－燃烧－火焰特性，进而讨论按燃烧方式不同区分的常规火焰喷涂、高速火焰喷涂、爆炸喷涂等几种火焰喷涂方法原理、设备与工艺。

4.1 火焰喷涂使用的燃料与燃烧

火焰喷涂使用的燃料主要是碳氢化合物燃料。

碳氢化合物燃料（$C_x H_y$）在氧气中和在空气中燃烧的化学通式：
在氧气中：

$$C_x H_y + (x + y/4) O_2 = x CO_2 + (y/2) H_2O + \Delta H_c^{\ominus} \qquad (4-1)$$

文字表达：　　　燃料 + 氧气 === 二氧化碳 + 水 + 热量　　　　　(4-2)

在空气中：

$$C_x H_y + (x + y/4) O_2 + 3.76(x + y/4) N_2 =$$

$$x CO_2 + (y/2) H_2O + 3.76(x + y/4) N_2 + \Delta H_c^{\ominus} \qquad (4-3)$$

文字表达：　　　燃料 + 空气 = 二氧化碳 + 水 + 氮气 + 热量　　　(4-4)

燃烧当量。定义实际燃料与氧之比（F/O）与符合化学计量燃烧时的燃料与氧之比（F/O）$_{st}$ 为燃烧当量，记作 Ψ。$\Psi = (F/O)/(F/O)_{st}$。富燃料燃烧时 Ψ 大于 1，欠燃料燃烧时 Ψ 小于 1。

对于碳氢燃料（$C_n H_m$）在空气中燃烧，可有通式：

$$\varPsi C_n H_m + (n + 0.25m)\left[O_2 + (78/21)N_2 + (1/21)Ar\right] = \sum \xi_i (Pr)_i \tag{4-5}$$

式中　ξ_i——在燃烧产物（Pr）中第 i 种化合物的分数。

燃料燃烧释放的热量以燃烧热来度量。燃烧热（$\Delta H_c^{\ominus}$）：1mol 的物质在氧气中完全燃烧释放的热量，常用单位为 J/mol。工业上常用单位质量的燃料在氧气中完全燃烧释放的热量，单位为 MJ/kg。

对于碳氢化合物燃料，燃烧产物中有水，燃烧过程中水的蒸发消耗部分热量。

在高温燃烧情况下，还会有燃烧产物的热分解、解离，也消耗一些热量。表 4-1 给出热喷涂可能用到的燃气和燃油在氧气中完全燃烧释放的热量及其在空气和氧气中燃烧绝热火焰温度（adiabatic flame temperature）。绝热火焰温度指的是，在一定的初始温度和压力下，给定燃料和氧化剂，在等压绝热条件下进行化学反应，燃烧系统（属于封闭系统）所达到的终态温度。

燃烧过程中释放的热，即燃烧热焓 h^o 与燃烧绝热火焰温度 T^o 和燃气的等压比热 c_p 间有下式关系：

$$h^o = c_p T^o \tag{4-6}$$

式（4-6）考虑的是没有动能的温度。实际热喷涂要考虑能量的转换。有：

$$h^o = c_p T_1 + 0.5mv^2 \tag{4-7}$$

式中　T_1——燃气的温度，可以用于加热喷涂粒子的焰流的温度；

　　　　v——燃气的速度，可以携带加速喷涂粒子的燃气的速度。

　　　　m——燃气的分子质量流。

由上式看到气体的相对分子质量大、密度高，燃气的动能大，对喷涂粒子加速有利。

火焰喷涂常用的燃气、燃油有：乙炔、丙烷、氢气和煤油，用到的还有：丙烯〔propylene（C_3H_6）〕、乙烯〔ethylene（C_2H_4）〕、甲基乙炔〔MAPP gas Methylacetylene（C_3H_4）〕、天然气等。见表 4-1。

煤油是 $C_{10}H_{22}$ 至 $C_{16}H_{34}$ 的碳氢化合物的混合物，无色透明液体。密度为 0.78~0.81g/cm³，闪点为 37~65℃，自燃温度为 220℃。

表 4 – 1　热喷涂可能用到的燃气和燃油在氧气中完全燃烧释放的热量及空气和
氧气中绝热燃烧火焰温度

燃料	气体常数 /J·(kg·K)$^{-1}$	HHV /MJ·kg^{-1}	HHV BTU/lb	HHV /kJ·mol^{-1}	LHV /MJ·kg^{-1}	在空气中 T_{ad}/℃	在氧气中 T_{ad}/℃
氢气	4125 518	141.80	61000	286	121.00	2210	3200
甲烷		55.50	23900	889	50.00	1950	2780
乙烷	276	51.90	22400	1560	47.80	2115	2810
丙烷	188.55	50.35	21700	2220	46.35	1980	2526
丁烷	188	49.50	20900	2877	45.75	1970	2718
乙炔	319	49.90	21500	1300	48.24	2500	3100
乙烯	296				47.195	2300	2900
汽油		47.30	20400		44.40		
煤油		46.00	19900	7513			
煤油		46.20			43.00		
柴油		44.80	19300				

注：气体常数 R = 8.3143J/(mol·K)。表中以 J·(kg·K)$^{-1}$ 为单位，是考虑到用质量
流量时计算方便。在氧气中燃烧时符合化学计量比。天然气在空气中燃烧的火焰
温度 1970℃；甲基乙炔（MAPP gas Methylacetylene（C_3H_4））在空气中燃烧的火
焰温度 2010℃，在氧气中燃烧的火焰温度 2927℃。

这里仅以 12 碳的 $C_{12}H_{26}$ 为代表给出煤油的燃烧反应近似表达式：

$$C_{12}H_{26}(l) + \frac{37}{2}O_2(g) \longrightarrow 12\ CO_2(g) + 13\ H_2O(g)$$

$$\Delta H^\ominus = -7513kJ/moL \qquad (4-8)$$

高纯度煤油的分子式可写为：$C_xH_{1.935x}$，x 为 10~15。以 $x = 12$，
考虑在氧气中完全燃烧（即符合化学计量比燃烧），其反应如下：

$$C_{12}H_{23.2} + 17.8O_2 \longrightarrow 12\ CO_2(g) + 11.6\ H_2O(g) \qquad (4-9)$$

目前，HVOF 喷涂用的煤油主要是航空煤油。航空煤油是喷气
发动机（如：Jet A，Jet A – 1，Jet B，JP – 4，JP – 5，JP – 7 等）
的主要燃料，也是一些液氧火箭的燃料。这种煤油在燃烧性能、蒸
发性、燃烧热值、安定性、低温性、无腐蚀性、洁净性（成分及微

粒物等）、起电性等方面都有较高的要求。按 JP5000HVOF 喷涂枪的要求，应符合 ASTM - 3699 有关 K1 煤油标准要求，按这一标准，煤油中的含硫量必须低于 0.04%（质量分数），以保证热喷涂操作的安全性、可靠性以及喷涂设备的使用寿命和涂层的质量。

煤油 + 空气 燃烧火焰温度为 1700℃。用 HVOF 喷涂时 C_x $H_{1.935x}$（$x = 10 \sim 16$）混合物的煤油在喷枪燃烧室压力约 1MPa，火焰温度在 2700℃ 以上。

实际燃烧有一随温度变化的反应速率的问题，以丙烷（C_3H_8）燃烧为例：

$$C_3H_8 + 5O_2 \xrightarrow{k} 3CO_2 + 4H_2O + 2260kJ \qquad (4-10)$$

$$\frac{d[CO_2 + H_2O]}{dt} = -k \cdot [C_3H_8]^1 [O_2]^5 \qquad (4-11)$$

燃烧过程速率系数 k 与温度的关系符合 Arrhenius 方程：

$$k = A\, T^b \exp(-E_a/RT) \qquad (4-12)$$

式中　A——指数前因子，对于丙烷的氧化 $A = 12 \times 10^{12}$；

T——局域温度；

b——指数（对于丙烷的氧化 $b = 0$）；

E_a——活化能；

R——气体常数，$R = 8.314\ \mathrm{J/(mol \cdot K)}$。

应当引起注意的是，在高温火焰中燃料的燃烧是不完全的，即碳氢化合物燃料燃烧产物不完全是 H_2O 和 CO_2。碳氢化合物 1000 ~ 3000℃ 的火焰的燃烧反应可写成下式：

$$aC_xH_y + bO_2 = cH_2O + dCO + eCO_2 + fO_2 + gO + hOH$$

$$(4-13)$$

即，符合化学计量比的燃料/氧比例情况下，燃烧产物中除有 CO_2 和 H_2O 外，还有 CO、OH、O 和 O_2 等。

在实际操作中，火焰的温度可通过选择燃料、调整燃料/氧气比、调整燃烧仓的压力（仓压）的方法来调整。图 4-1 给出几种燃气绝热燃烧火焰温度随氧/燃料比的变化。在接近化学计量比时有最高的火焰温度。

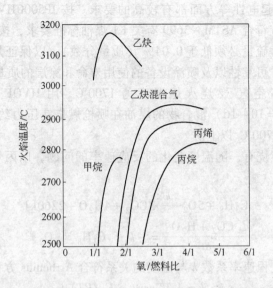

图 4 - 1 乙炔、丙烯、甲烷和丙烷火焰温度随氧/燃料比的变化

4.2 常规燃气 - 氧气火焰喷涂

本书将使用碳氢燃气 - 氧气（也有用空气的）在喷涂枪喷嘴外燃烧的火焰喷涂称之为常规火焰喷涂。常规火焰喷涂按燃气与氧气（或空气）的混合方式主要有射吸式和等压式（其喷嘴结构示意见图4 - 2）。射吸式常以氧气（或压缩空气）作为射流气，将燃气吸入混合

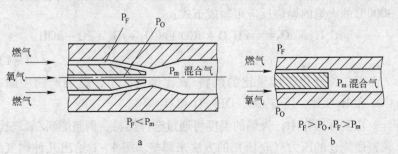

图 4 - 2 常规火焰喷涂燃气与氧气的混合射吸式（a）和
等压式（b）喷嘴结构示意图

室，再经喷嘴喷出，燃烧，形成火焰。等压式：燃气与氧气（或空气）均以一定压力、速度、流量进入混合室，进气管可平行可成一角度，靠两气流形成湍流混合。喷嘴有环形和梅花形（见图4-3），以保证在喷嘴外火焰沿圆周均布。

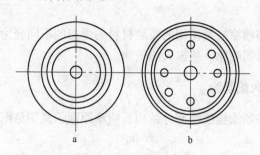

图4-3　常规火焰喷涂喷嘴燃气与氧气混合气流出口结构形式示意图
a—环形；b—梅花形

常规火焰喷涂喷火焰在喷嘴外燃烧，观察火焰形貌可看到火焰由焰心、内焰、外焰组成。调节燃气与氧气的流量比例，火焰形貌发生变化，分为三种火焰：

（1）中性焰（neutral flame）。内焰区基本没有自由氧、自由碳。焰心呈均匀短小圆柱形，在其外面前端微微可见白色内焰，在外焰挺直向前，颜色由淡蓝渐变为橙色。氧-乙炔中性焰的温度在3100~3260℃。

（2）碳化焰（carburizing flame）。内焰有游离的自由碳，有一定的还原作用，有时又被称为还原焰。助燃气比例较低所致。焰心较长呈蓝白色；内焰边界清晰，呈淡蓝色；外焰较软较长，呈橙黄色，加大燃气比例伴有黑烟。氧-乙炔碳化焰的温度在2980~3100℃。

（3）氧化焰（oxidizing flame）。内焰有自由氧。助燃气比例较高所致。焰心短而尖的青白亮小圆锥形；看不到内焰；外焰呈紫色，挺直、较短，伴有嘶嘶的声响。氧-乙炔氧化焰的温度在3300~3480℃。

喷涂时，在大多数情况下使用中性焰。仅在预防喷涂材料氧化时用微碳化焰，但要注意增碳倾向，且碳化焰温度较低，焰流速度较低，都将影响涂层质量。在喷涂熔点较高的氧化物陶瓷时，为提高火焰温度，增强对喷涂材料的加热，用微氧化焰（火焰温度可达3250℃），焰流速度也较高，有利于提高涂层质量。喷涂时要先调好燃气与助燃气比例，调好所需火焰后再送给喷涂材料（送粉或送丝）。

常规火焰喷涂按其使用的喷涂材料的形态的不同分为：线材火焰喷涂、棒材火焰喷涂、粉末火焰喷涂。

4.2.1 线材火焰喷涂

线材火焰喷涂枪喷嘴部分结构和喷涂原理示意图见图4-4。

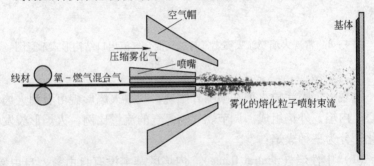

图4-4 线材火焰喷涂枪喷嘴部分结构和喷涂原理示意图

送进到喷涂枪喷嘴出口前端的金属线材端部，被火焰加热熔化，再被火焰气流和压缩空气流雾化-加速，熔化的金属雾滴在焰流中被继续加热一段，并有部分雾滴被二次雾化，雾化的细小金属熔滴被焰流-压缩空气流携带加速、喷射到工件基体表面沉积，形成涂层。

线材火焰喷涂枪可使用多种燃气，如：乙炔、丙烷、氢气、MAPP等。但目前大多使用乙炔。线材火焰喷涂枪乙炔与氧气混合燃烧火焰温度可达3100℃，焰流-压缩空气束流速度150~250m/s（与喷嘴结构、气流参数等因素有关）。熔化的金属雾滴在焰流中可被加速到100~130m/s。

线材火焰喷涂枪的结构：由枪体、氧气调节阀、燃气调节阀（对于机载枪氧气和燃气调节阀也有在控制柜上的）、喷嘴、气帽

（罩）、送丝机构和导丝管等组成。

喷涂线材的输送有推丝式和拉丝式。推丝式有电机带动送丝轮送丝，经导管送至喷涂枪。拉丝式送丝：送丝机构装在喷涂枪上，有电动送丝和气动送丝。气动送丝是以压缩空气作为动力，"吹"动气动涡轮或气动马达，拖动送丝轮实现送丝，结构简单，喷涂枪也较轻。图4-5给出 Sulzer Metco 的 14E Wire Combustion Spray Gun 线材火焰喷涂枪结构图。电动送丝是以电动机拖动送丝轮实现送丝，枪的结构较为复杂，也较重。但气动送丝受到喷涂所需压缩空气参数的限制，送丝速度的调整范围较小。为适应不同材料喷涂，风轮送丝分高、中速两种，喷涂材料的熔点在 750℃ 以下者选用高速喷枪，熔点在 750℃ 以上者选用中速枪。气动送丝适用于喷涂参数基本确定、参数调整范围较小的生产现场使用。电动送丝有推丝式和拉丝式两种。推丝式送丝电机-机械机构另置，通过送丝导管将丝送至喷涂枪。拉丝式电机和导轮置于喷涂枪上，枪体较重。电动送丝送丝速度可在较大范围调整。

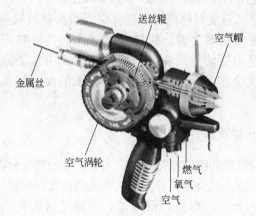

图4-5　Sulzer Metco 的 14E 型线材火焰喷涂枪

图4-6给出适于内孔喷涂的 Sulzer Metco 的 3XT 有加长枪管的线材火焰喷涂枪的照片。

高效线材火焰喷涂的喷涂效率喷涂不锈钢可达 9kg/h。喷涂低熔点的金属时有更高的效率。

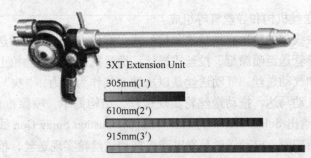

3XT Extension Unit

305mm(1')

610mm(2')

915mm(3')

图 4-6　Sulzer Metco 的 3XT 有加长枪管的线材火焰喷涂枪

4.2.2　棒材火焰喷涂

对于一些难于制成线材的金属合金、陶瓷材料以及粉芯管状材料可制成棒材进行喷涂（见本书有关热喷涂材料章节）。棒材火焰喷涂使用的喷涂枪与线材喷涂枪基本相同。为输送进给棒材，在喷涂枪上装有电动送给装置。从热喷涂时棒材的加热熔化和棒材制作的方便，目前工业上使用的棒材直径多在 4～8mm 之间。

棒材喷涂时与线材喷涂时一样，仅当喷涂材料被加热熔化后才能被雾化。因此原则上讲，线材或棒材火焰喷涂时应全是熔化的雾滴（除一些熔融的雾滴在喷射到基体的途中发生凝固）在基体表面溅射形成涂层。涂层的孔隙度较粉末喷涂时略低，涂层应力较高。

4.2.3　粉末火焰喷涂

粉末火焰喷涂的喷涂枪特点是进入喷涂枪的氧气分为两路：一路经氧气调节阀进入混合室，与从燃气通道经燃气阀的燃气混合，从喷嘴喷出经明火点燃，形成环形火焰；一路经送粉气阀进入射吸室（负压送粉），高速喷射的氧气在射吸室产生负压，将置于喷涂枪上的送粉斗中的粉末吸入射吸室，被氧气携带经喷嘴喷出，被周围的火焰加热加速，被焰流携带喷向工件表面沉积形成涂层。一些喷涂枪还有压缩空气通道，从喷嘴两侧的空气导管喷出，对火焰起压缩作用使焰流更集中。为适应不同熔点的金属合金粉末、陶瓷粉末、塑料粉末的喷涂，枪炬结构，特别是喷嘴结构与形状不同。

　　高效火焰喷涂设备多用专门外送粉装置，以载气将粉末送至喷涂枪（正压送粉）。外送粉装置有沸腾式、刮板式、凹槽转轮式等实现均匀送粉，然后由载气将粉末输送到喷涂枪，枪炬的方位不受限制（枪载送粉斗的喷涂枪，枪炬的方位要考虑粉末受重力作用）。其中，沸腾式送粉更适于喷涂枪在各种位置喷涂。

　　图4-7、图4-8给出了几种粉末火焰喷涂枪的照片图。

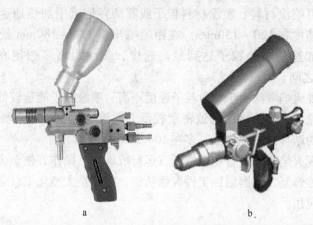

图4-7　喷枪上装有直接重力-射吸送粉容器的上海瑞法喷涂机械公司的
7H型粉末火焰喷涂（喷焊）枪（a）和Metco 5P—Ⅱ火焰喷涂枪（b）

图4-8　粉末由遥控正压送粉器-管路送粉的
Metco 5P-Ⅰ火焰喷涂枪

　　喷涂枪炬结构不同、送粉方式不同（射吸-负压式或正压式），喷涂材料不同，喷涂时氧气和燃气压力和流量等参数也各不相同。同一喷涂枪在喷涂不同材料时要考虑喷涂材料的物理化学特性，适当调整氧气和燃气的压力和流量。

　　低熔点金属合金（如：Zn、Zn-Al合金、巴氏合金等）和塑料喷涂时、为防止材料的氧化和过热分解或气化，喷嘴上在粉末流和焰流间喷射冷气流，以减少火焰对粉末的加热。喷涂距离也较远。喷涂热塑性塑料 $246 \sim 104 \mu m$ 时，喷涂距离约 $200 \sim 250 mm$，热固性塑料粉末粒度约 $147 \sim 80 \mu m$ 时，喷涂距离约 $140 \sim 200 mm$。

常规火焰喷涂火焰在喷嘴外燃烧，焰流速度在 $50 \sim 200 m/s$，随所用燃料不同火焰温度在 $2000 \sim 3200 ℃$，可喷涂熔点在 $2300 ℃$ 以下的可喷涂材料，喷涂材料粒子或雾滴在焰流中加热加速可达到的最高速度在 $120 \sim 150 m/s$。在距喷嘴出口 $120 \sim 180 mm$ 处焰流中被加热加速的喷涂粒子达到最高速度，喷涂距离多选定在 $150 \sim 200 mm$ 之间。

常规火焰喷涂由于喷射粒子速度不高，喷涂粒子能量较低，冲击基体时流变受限，涂层的致密度较低，孔隙度达 $10\% \sim 20\%$，涂层与基体的结合强度也较低，多在 $10 \sim 30 MPa$ 范围。

常规火焰喷涂设备初投资低、运行成本低、操作方便至今在机械零件超差修复，耐磨耐蚀工件表面防护，特别是大型化工设备表面喷塑等被应用。

4.2.4　自熔合金粉末火焰喷熔

自熔合金粉末火焰喷熔是利用自熔合金的特性，以火焰喷熔枪炬在工件表面熔覆合金层。熔覆过程中工件表面基本不熔化，利用自熔合金的特性：熔融的自熔合金对工件表面润湿、熔融合金中对氧有较强亲和力的硼和硅对熔融金属和工件表面脱氧、形成低熔点的 $B_2O_3 - SiO_2$ 渣系，进一步溶解工件表面的氧化物，改善熔融的自熔合金对工件表面的润湿与熔合，使熔覆的自熔合金与工件表面形成冶金结合的合金熔覆层。溶解有氧化物的低熔点 $B_2O_3 - SiO_2$ 渣，随熔覆合金的凝固从熔池中上浮，并将熔池中的氧化物及其他杂质带出，起到"自净"作用，得到无夹杂气孔的熔覆合金层。关于自熔合金在热喷涂材料一章已作详述。自熔合金粉末火焰喷熔至今仍是表面修复，表面耐磨耐蚀防护的重要材料工艺方法。按自熔合金火焰喷熔层的制作工艺，工业上分为一步法和两步法。

（1）一步法合金粉末火焰喷熔，又被称为火焰喷焊。用火焰喷焊枪在待喷焊工件表面喷涂一层（厚度约 0.1~0.2mm）自熔合金粉末，以保护工件在随后的加热过程中不被氧化。然后以火焰喷焊枪局部加热覆盖有涂层的待喷熔表面至自熔合金熔点（对镍基自熔合金大约在 900~1100℃），表面微熔，送粉，同时移近枪炬，加热喷送的粉末至熔化，形成熔池（看到有"镜面反光"）。这样边喷边熔，随喷焊枪的移动，喷熔合金凝固，在工件表面形成自熔合金熔覆层。

（2）二步法合金粉末火焰喷熔。这是一种先在工件表面喷涂自熔合金粉末涂层，再用将涂层重熔-凝固制得自熔合金熔凝涂层的一种先喷后熔的方法。喷涂涂层厚度要考虑到重熔时涂层的收缩和加工余量，涂层的厚度还受限于重熔方法。若用火焰加热重熔，要考虑到火焰的功率与工件大小、加热-散热情况，以保证喷涂层的熔透，保证涂层与基体实现冶金结合。为适用于二步法火焰重熔，诸多公司开发了多种重熔火焰喷枪，特别适用于较大型工件的二步法喷熔工艺，也可用于喷涂或喷焊时对工件的辅助加热。重熔枪功率大，火焰焰流速度低，多采用梅花型喷嘴。为适应不同工件的涂层重熔和工件加热的要求，喷嘴部分可做成异形的，如可扩大加热面积的喷嘴孔呈排形排列的、半圆形的等。

喷涂自熔合金的重熔也可以其他加热方法进行。如激光重熔、真空炉内加热重熔、感应加热重熔、氩弧加热重熔等。自熔合金二步法火焰喷熔（喷涂+重熔）在冶金工业（如钢厂热轧线上经受热磨损、抗氧化的托辊等）、石油钻采设备（如柱塞等）、各类轴、模具的耐磨耐蚀修复与防护等得到广泛应用。

为适用于自熔合金火焰喷熔 Castolin Eutectic Int. S. A. 公司推出了 CastoDyn SF Lance 喷熔枪（见图 4-9a）。同一种模式下工作，随喷熔的合金不同喷熔速率不同。图 4-9b 给出用这种喷熔枪喷熔的 WC-Ni 基自熔合金耐磨涂层的金相照片，看到喷熔合金有很好的致密度，Ni 基自熔合金对 WC 颗粒有较好的包溶。经火焰喷熔，WC 颗粒还保持有多角形的颗粒形状。

这种 CastoDyn SF Lance 喷熔枪被推荐用于经受磨料磨损工件，如：钻杆、砂石螺旋给料器、搅拌器等的大面积耐磨熔覆。

100μm

a

b

图 4 – 9 Castolin Eutectic Int. S. A. 公司推出的 CastoDyn SF Lance
喷熔枪正在工件表面喷熔耐磨合金层（a）和喷熔的 WC – Ni 基自熔
合金耐磨涂层的金相照片（b）

4.3 高速氧 – 燃料火焰喷涂

　　高速氧 – 燃料火焰喷涂与常规火焰喷涂的主要区别在于：其燃料
和氧气在喷涂枪炬的燃烧仓（combustion chamber）内混合 – 燃烧，
高温燃烧气火焰携带喷涂粒子从枪管高速喷出，在基体上沉积形成涂
层。其喷射出的焰流速度可高达 1500m/s 以上，而被称为高速氧 –
燃料火焰喷涂（high – velocity oxygen fuel（HVOF）thermal spray）。
因喷射出的焰流速度超过声速，国内通常俗称为"超声速喷涂"。

　　高速氧 – 燃料火焰喷涂系统的喷枪是一种原理与火箭发动机相似
的内燃式喷枪。这种喷枪在喷涂过程以其特有的气体动力学效应使粉末粒子被加速到更高的速度（通常在 500m/s 以上，而以往的火焰喷涂粒子速度在 50 ~ 120m/s，等离子喷涂可达 300m/s），由于粉末粒子以高的速度，高的动能和相对较低的受热，HVOF 喷涂工艺可制得低孔隙度、高致密度、高结合强度、低的氧化、材料成分变化小的高性能涂层。

　　在超声速范围内，气体射流冲击波有一定的波形，它取决于气体的压力和密度。对 HVOF 喷枪是 N 形冲击波。在 HVOF 喷枪内产生的高压燃烧气火焰束流从枪的喷嘴（枪管）高速喷出（速度在 1350m/s 以上），在出口边缘产生 N - 形波，由于膨胀和在边界层反射压缩，显现明亮的超声速气体束流所特有的前尖后盾的菱形（钻石形状）块呈周期分布（见图 4 - 10a），文献上常被称之为冲击钻（shock diamond，有时被称之为马赫锥），成为 HVOF 喷枪焰流的一种标志（见图 4 - 10b）。HVOF Diamond Jet Gun 喷枪或即由此得名。应注意的是其温度、压力、速度也是周期分布的。通过某种气体的声速 a 与气体的温度和比热相关，随气体的不同，比热不同，声速也不

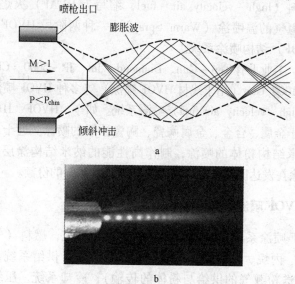

图 4 - 10　从喷管喷出的气流冲击钻形成示意图（a）以及
从 HVOF 喷涂枪喷射出的焰流形貌（b）

同（见本书热喷涂物理化学基础一章），即当论及燃气速度 v 为 n 个 Mach 数时，即 $v = na$。这里 a 为这种气体在当下的温度、比热、压力下的声速。

高速氧-燃料火焰喷涂（HVOF）技术始发于 20 世纪 80 年代。1982 年，美国 SKS 公司的 James A Browning 研制了第一台 HVOF 系统，随后 Deloro Stellite 公司将其商品化，并定名为 Jet Kote® 。这种燃料和氧气在枪炬燃烧仓内燃烧，燃烧火焰气束流经 Laval 喷嘴喷出的喷涂枪，焰流射流速度可达 2000m/s，喷涂粒子速度也可达 600m/s 以上，甚至 1000m/s，使热喷涂涂层的结合强度、硬度、致密性和耐磨性都得到改善。特别是用于喷涂 WC/Co 金属陶瓷涂层，与等离子喷涂层相比，具有更高的致密度、硬度、结合强度和耐磨性，得到广泛的认可。各国研究机构和厂商纷纷对超声速火焰喷涂技术进行研究和开发，到 20 世纪 80 年代末 90 年代初，先后有多种喷涂系统研制成功，热喷涂时为减少焰流对喷涂粒子的加热，减少喷涂粒子的热损伤，降低 HVOF 喷涂焰流的温度，可用空气取代氧气，而又有高速空气-燃料（high-velocity air-fuel，缩写为 HVAF）火焰热喷涂，以及混加氮气的温喷涂（Warm Spray），一种两阶段 HVOF（Two-Stage HVOF）结构喷涂系统。

目前，工业上有 Top-Gun、Diamond-Jet、JP-5000、CDS、GTV HVCW W1000 Gun（用于线材 HVOF 喷涂）等多种 HVOF 喷涂系统和 HVAF（High-velocity air fuel）喷涂系统。如今，HVOF、HVAF 喷涂已广泛用于金属、合金、金属陶瓷、陶瓷涂层的喷涂。近十年来，更被用于纳米结构粉体的喷涂，制作高性能的纳米结构涂层。HVOF、HVAF 喷涂在发达国家已占热喷涂技术市场近 40% 的份额。

4.3.1　HVOF 喷涂设备系统

HVOF 喷涂系统由喷涂枪炬，氧气供给系统，燃料（气态如氢气、乙炔、丙烷、丙烯等；或液态，如煤油等）供给系统，送粉系统（包括送粉载气的供给与粉体的传输），冷却系统，压缩空气系统，监测、控制与安全保护系统（配备有系统所必须的安全装置，如逆火防止阀、安全诊断系统、冷却水温度及流量的安全监控等）

等部分组成。

其中，氧气、燃料、压缩空气供给与输送系统均应符合相关技术、安全标准，满足 HVOF 喷涂对其纯净度、压力、流量等的要求。冷却系统要有足够的制冷容量，满足冷却介质对枪炬及相关设备的冷却要求，符合相关技术标准。

送粉器：粉末 HVOF 喷涂使用较细的粉末（其粒径通常在 $45\mu m$ 以下），多用载气送粉，包括沸腾式送粉系统或是刮板式、盘式粉量调控（通过送粉转盘几何尺寸和转数调控）－气流调控载气送粉等。

喷涂枪炬是 HVOF 喷涂系统的核心部分，下面将作重点论述。

4.3.2 HVOF 喷涂枪炬

HVOF 喷涂枪炬是 HVOF 喷涂系统中最关键的部件，在很大程度上决定喷涂系统及涂层的质量与性能。

HVOF 喷涂枪炬结构组成主要有以下几种。

（1）Jet Kote 型，HVOF 喷涂枪炬。见图 4 - 11。

图 4 - 11 给出了 20 世纪 80 年代末期，Jet Kote 喷涂枪的结构示意图（其结构与最初设计的相似，仅内部略有改进）。燃料和氧气在燃烧仓内混合、燃烧，高热、高速的燃烧气体通过 4 个（成 90°分割）较小的燃烧仓、再经导管汇聚于体积稍大的燃烧仓，燃烧气体在这里膨胀。喷涂粉末被载气携带，经通过心轴线的送粉管被送进燃烧室，被燃烧气体加热加速，燃气携带粉末粒子一起经缩颈进入直的枪管，在枪管内喷涂粉末被继续加热、加速，携带粉末的焰流从枪管高速喷出，熔化或半熔化的粉末在基体上沉积，形成涂层。

目前，商品供应的有 Jet Kote® Ⅱ Nova 系列（包括 Jet Kote® Ⅱ Nova - A，Jet Kote® Ⅱ Nova - D，Jet Kote® Ⅲ等）HVOF 喷涂系统：喷涂速率 9kg/h，沉积效率可达 70%，相应生产率可达 0.47mm/（$m^2 \cdot h$）。这类喷枪可使用多种燃气，送粉用氮气，Jet Kote® Ⅱ Nova - D 和 Jet Kote® Ⅲ气体流量用质量流量计。其中，Jet Kote® Ⅲ型系统实现闭环控制。司太立公司生产供应 Jet Kote® 系列喷涂系统产品与技术。使用的喷涂枪炬为 JK® 3000 型喷涂枪，配有不同孔径和长度的喷嘴，以满足不同材料涂层喷涂的需要。

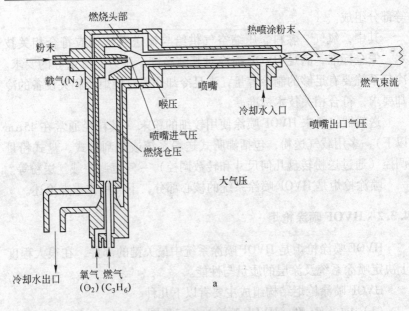

图 4 – 11　Jet Kote 喷涂枪的结构示意图（a）和喷枪照片（b）

（2）CDS HVOF 喷涂枪炬。见图 4 – 12。

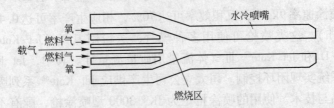

图 4 – 12　Sulzer Plasma Technik's CDS HVOF 喷涂枪结构示意图

图 4-12 给出 Sulzer Plasma Technik 研发的 CDS Gun HVOF 喷涂枪结构示意图。这种枪炬的特点是，燃料气和氧气通过围绕轴线的环缝被输送进入作为喷嘴的一部分的小燃烧仓内，喷涂粉末也被载气携带输送进入小燃烧仓内，燃料气在这里燃烧，并加热喷涂粉末，随即通过喷嘴，在较长的喷嘴管中继续加热加速喷涂粒子，然后携带有喷涂粒子焰流从喷嘴喷出，在基体沉积形成涂层。

（3）Diamond Jet Gun 喷涂枪（见图 4-13）。图 4-13 给出的是 Metco-Perkin Elmer 研制 Diamond Jet Gun 喷涂枪结构示意图。这种枪炬与上述几种不同，它没有对焰流起加速作用的枪管。丙烯、丙烷、氢气或天然气都可以作为燃气。燃烧气体（氧气与燃气）混合后在枪炬的有喉颈缩放形喷嘴的燃烧仓燃烧，点燃的气体形成一个环形火焰，焰流从喷嘴喷射出来，并显示出多个激波钻（shock diamond），表明焰流有明显的超音速气流特征。喷涂粉末由载气（多用氮气）经送粉管，从枪炬轴心沿轴线送到焰流中，被加热加速。这种枪炬的另一特点是有两路压缩空气：其一围绕送粉管路（对送粉管有冷却作用）以环形状喷出与燃烧气体混合；另一路在燃烧气之外，以环形状包围燃气，对空气帽喷嘴有冷却保护作用，对火焰有聚束作用。火焰有白色锥形焰心，在氧－燃气平衡情况下火焰最高温度 2780℃。

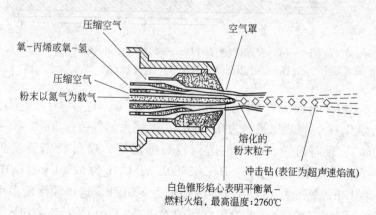

图 4-13 Metco-Perkin Elmer 研制 Diamond Jet Gun 喷涂枪结构示意图

（4）Diamond Jet 组合型枪炬。在 Diamond Jet Gun 基础上加装缩放形喷管的 Diamond Jet Hybrid Gun（Diamond Jet 组合型枪炬），见图 4-14。这种枪炬的缩放形喷管（常被称为空气帽 air cap）外有水冷套。枪炬可配有不同尺寸的喷管，以满足喷涂不同涂层的需要。目前，有多种商品牌号的 HVOF 喷涂枪属于这种类型。其中，主要有空冷 Diamond Jet® 喷涂枪（Air-cooled Diamond Jet® Gun, Air Cooled Hipojet-2700 Gun）和水冷 Diamond Jet® 喷涂枪（Water-cooled Diamond Jet® Gun, 高性能 Water Cooled （Hybrid） Hipojet-2700 Gun, 以及印度 Metallzing Equipment Co. PVT. Ltd 公司产品）。

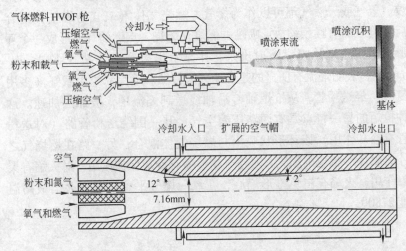

图 4-14 有水冷枪管的 Diamond Jet Hybrid Gun
（Diamond Jet 组合型枪炬）结构示意图

水冷 Diamond Jet® 喷涂枪可使用多种燃气：H_2、CH_4、C_2H_4、C_3H_6、C_3H_8，燃烧压强约为 0.55MPa，燃烧火焰气流速度：1800~2100m/s，轴向送粉，粉末被送到较高的温区，喷射粉末速度为450~600m/s。燃气用量为：H_2：43800L/h；C_3H_6 为 5280L/h；C_3H_8 为 5280L/h；氧气为 18420L/h。冷却水为 600L/h。这种喷涂枪多用于喷涂厚度小于 0.5mm 的涂层（可喷涂 WC-Co，碳化铬-NiCr 等金属陶瓷、碳化钨-Ni-基合金，包括自熔合金）、Co-基合金、Ni-

基合金（包括 CoNiCrAlY、NiCoCrAlY）、Fe - 基合金以及 Cu 基合金（铝青铜）等。涂层的孔隙度在 2% 以下（有时可达 0.5%），在经良好处理的基体表面，涂层的结合强度可达 84MPa。喷涂 WC - 12% Co涂层的硬度 1100 ~ 1300HV。这类 HVOF 喷涂枪是目前使用较多的一种。

（5）Miller HV - 2000 HVOF 喷涂枪（见图 4 - 15）。

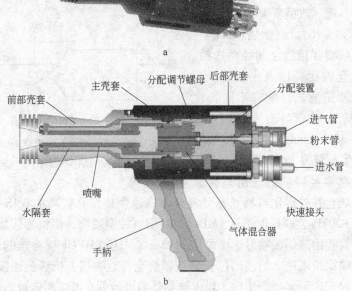

图 4 - 15 Miller Thermal HV - 2000 HVOF Spray Gun（a）
及其结构截面示意图（b）

Miller HV - 2000 HVOF 喷涂枪有一气体混合室，燃气和氧气在这里混合，在燃烧室燃烧，沿轴心线的送粉管将喷涂粉末送入燃烧室，被加热加速，随后进入直筒形喷嘴继续被加热加速，喷出后在基体上沉积形成涂层。这种喷涂枪可手持和机载，操作方便。目前，Thermach Inc 公司生产制作 HV - 2000 HVOF 喷涂枪的各种配件和总成。

我国 Hangong Wang 等开发了 HVO/AF 喷涂系统（High Velocity

Oxygen/Air Fuel Spray system），以煤油为燃料，空气和氧气助燃。在 HVOF 态工作：火焰的速度和温度分别为 2250m/s 和 2660℃；在 HVAF 态工作：火焰的速度和温度分别为 1400m/s 和 1350℃。HVO/AF 喷涂工作在 HVOF 和 HVAF 工作参数之间。氧气和空气流量配比可在较宽范围调节，火焰速度温度可在较宽范围调控，喷涂金属陶瓷取得较好的效果。

（6）Praxair 公司的液体燃料 JP5000HVOF、JP8000HVOF 系统喷涂枪。这是一种使用液体燃料（煤油）的高速氧－燃料喷涂枪，由燃烧仓－缩－放型喷嘴和枪管组成（见图 4－16）。在燃烧仓－缩－放型喷嘴和枪管之间径向送粉。燃烧仓内置高压点火装置，仓压监测传感器，配有不同长度的枪管，枪管外有水冷套。标配为 152.4mm（6 英寸）枪管（还有 8 英寸枪管可供选用）。液体燃料经特殊的送给系统送

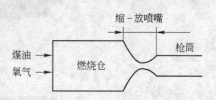

图 4－16　与 JP5000HVOF 和 JP8000HVOF 喷涂系统配套的喷涂枪的结构示意图

入燃烧仓并被雾化与氧气充分混合，高速燃烧，有较高的仓压（通常在 820kPa，高压时可达 1MPa），经缩－放型喷嘴，焰流膨胀加速，从枪管喷出的焰流喷射速度可达 2195m/s。这种 HVOF 喷涂枪的送粉管将喷涂粉末送入焰流的位置是在燃烧仓外、喷嘴与枪管的连接处。与将粉末送到燃烧仓相比，粉末被加热温度较低，减少粉末被高温加热导致的氧化与蒸发，提高喷涂材料的成分稳定性。粉末的加热加速主要在枪管内完成，从枪管内喷出时粉末已被加速到较高速度，减少了喷涂粉末在大气中暴露的时间，有利于得到低杂质高致密度与基体有较好结合的涂层。目前，JP5000HVOF 和 JP8000HVOF 喷涂系统及其喷涂枪在冶金工业、造纸工业等领域得到广泛的应用。

JP5000HVOF 和 JP8000HVOF 喷涂系统要求使用 No.1－K 煤油或是相当质量的煤油。

（7）Woka Jet－400 超声速火焰喷枪。

Sulzer Metco 公司开发的 Woka Jet™－400 喷枪（等同于 JP5000/

8000 型喷枪）采用煤油作为燃料。图 4-17 给出枪的结构示意图。
工作时煤油和氧气被注入喷枪后部并通过混合器将其雾化，然后在喷枪的燃烧室内被氢气引燃的火焰所点燃，焰流通过缩-放型喷嘴而急剧加速。粉末被输送到喷嘴与枪管相接处的两个径向注粉嘴，送入焰流，在枪管内被加热加速，被高速焰流携带从枪管高速喷射出来，在基体表面沉积形成涂层。被喷涂的粉末主要在枪管内加热加速，减少了在空气中暴露的时间，有利于得到低杂质、高致密度、与基体有较好结合的涂层。WokaJet™ -400 喷枪的燃烧压强为 0.55~0.83MPa，焰流速度为 2000~2200m/s，喷涂粉末粒子速度为 475~700m/s。WokaJet™ -400 喷枪的燃料用量为煤油 28L/h；氧气为 61400L/h；冷却水为 2375L/h。其效果见图 4-18。

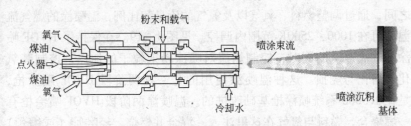

图 4-17 WokaJet™ -400 喷涂枪的结构示意图

图 4-18 WokaJet™ -400 喷涂枪喷涂的 WC-Co
涂层横截面形貌（放大 500 倍）

Sulzer Metco 公司在 WokaJet™ -400HVOF 喷涂枪的基础上又开发了 WokaStar™ -600 液体燃料 HVOF 喷涂枪。这种喷涂枪有更高的燃烧压强（提高 15%~20%），从而使焰流有更高的喷射速度，可得到有更高致密度和结合强度的涂层。

在 JP5000 型基础上开发的相近的 HVOF 喷涂设备还有德国 GTV 公司（GTV Verschleiss – Schutz GmbH）的 HVOFMF – G – K 型 HVOF 喷涂设备，其喷涂枪为 HVOF – K2（GTV HVOF K2 BURNER）型。

4.3.3 温喷涂（两阶段 HVOF）枪炬（Warm Spray（Two – Stage HVOF））

如前述，用 HVAF（高速空气 – 燃料）喷涂替代 HVOF 可使焰流温度降低 1000K，但 HVOF 和 HVAF 焰流的可调温度范围都较窄（300K）。为适应更多材料的喷涂开发了温喷涂（两阶段 HVOF）工艺（Warm Spray（Two – Stage HVOF）Process）。

温喷涂的气体束流温度介于 HVOF 和冷喷涂（最高温度 1000K）之间，通过调整燃料、氧气以及氮气的流量和比例，温喷涂的燃气流温度可在 1000 ~ 2500K 范围内调控。见图 4 – 19。在保持了 HVOF 喷涂的气流速度的同时，控制焰流对喷涂粉末粒子的加热，控制其氧化、熔化与烧损。这种温喷涂使用的是一种两阶段 HVOF 喷涂枪，是在 JP5000 系统喷涂枪基础改进的。温喷涂两阶段 HVOF 喷涂枪有一燃烧仓，燃料与氧气在这里注入 – 混合并燃烧，经喉管（或缩颈）进入第二仓，在那里继续燃烧，同时有氮气进入。第二仓被称为混合仓。氮气的进入使燃气温度下降。H. Katanoda 等[16] 的实验研究指出，在氮气质量流混合比从 0.27 增加到 1.7 时，粉末注入处的气体

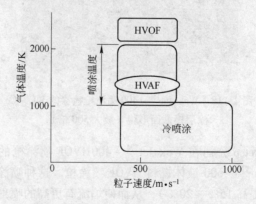

图 4 – 19　温喷涂的气体束流温度介于 HVOF 和冷喷涂之间

温度从1800K降低到1250K，在枪管出口处的温度在1500K上下。喷涂Al粉粒子的温度为900K上下（距出口300mm处）。这一结果表明适量的氮气混入有效的减低了燃气的温度，减少了对粉末粒子的加热。在温喷涂时参数的选择应保证被喷涂材料粉末仅被加热软化，未被加热熔化。对于金属材料，在温度高的熔化状态其氧化速率比固态要快得多。对喷涂涂层含氧量或对氧化有严格的要求时，为防氧化，用温喷涂更为有利。

温喷涂有较宽的工作参数调节范围。随煤油和氧的流量的减少、氮气流量的增加，焰流的温度下降。按喷涂材料的不同，可在较宽的范围选择参数。温喷涂工艺使HVOF有更广阔的应用领域，如：可用于聚合物的喷涂（喷涂PEEK）[18]；氧化敏感的金属钛的喷涂（金属钛的喷涂主要使用LPPS（低压等离子喷涂）或是冷喷涂，前者受限与工件尺寸，后者效率较低），用温喷涂喷涂粒子被加热到1500~1600K的温度、加速到速度达800m/s，可得致密、极低氧化的涂层，且有高的喷涂沉积效率。喷涂过渡金属氧化物涂层，如具有光-电功能的锐钛矿（anatase）相的TiO_2和赤铁矿（hematite）相的Fe_2O_3的TiO_2-Fe_2O_3复合涂层，可得所要求的相组成。用温喷涂工艺喷涂WC-Co涂层时，因喷涂温度较低，WC粒子熔化较少、氧化少，涂层组织中有较多的WC相，有较高的耐磨性。

商业温喷涂Thermico CJS HVOF喷涂枪、2000年4月，EU-funded GROWTH项目（欧洲基金成长项目）"NANO-HVOF"支持下为汽车工业用HVOF喷涂超细CrC-NiCr涂层取代电镀硬铬（EU Regulation 2000/53/EC要求替代6价铬电镀），开展了HVOF喷涂超细金属陶瓷粉涂层的研究。德国的Thermico GmbH & Co研发了可输送粒径在10μm以细的粉末的送粉系统Thermico CPF2-Twin送粉器。研发了Thermico CJS HVOF喷涂枪。Thermico CJS HVOF喷涂枪的燃烧仓仓压有0.5~1.2MPa和1~2.5MPa两档，有4种规格的喷嘴（K1、K2、K4.2、K5.2），以煤油和氢气或甲烷为燃料，煤油从轴心进入燃烧室，氢气或甲烷在其周边送入燃烧仓，对煤油还起雾化作用；氧气从两道环缝进入燃烧仓靠近中心的除起燃烧作用外，对煤油也有雾化作用，燃烧室分成两段，燃烧主要在前一段进行，在后一段继续；粉末在枪管与第二燃烧仓的连接处径向送入，进入焰流，这样的设计是考虑到这里燃烧已经完成，以减少粉末的氧化和过热。这种枪炬氧气的流量为 30~60m³/h，氢气或甲烷的流量为 4~50m³/h，煤油的流量为 4~20L/h；送粉载气氮气流量 0.5~3.5m³/h；放口型加速喷嘴的长度分别为 100mm、140mm 和 200mm；枪以水冷却。

4.3.4　线材 HVOF 喷涂

R. A. Neiser 等研究分析了金属线材在 HVOF 焰流中的熔化与雾化，给出了 HVOF 喷涂金属线材的可行性（1995，1998）。Metallizing Equipment Company，Jodhpur（India）研发了 HVCW 线材喷涂系统（high velocity combustion wire spray process，HVCW），该系统可用氧–丙烷或氧–LPG 火焰，在印度缺少丙烷，而用 LPG（主要由 ISO–丁烷 30.2%（体积分数），丙烷 28.4%（体积分数），N–丁烷 40.5%（体积分数）组成）。以该系统用 HIJET™–9600. 喷涂枪，喷涂 Mo 涂层有高的耐磨性和低的摩擦系数（与等离子喷涂 Mo–NiCrBSi 涂层相比）。S. C. Modi & Eklavya Calla 等的研究指出关键是要控制 Mo 的氧化，适量的氧化物有利于改善涂层的耐磨性、降低摩擦系数（Metallizing Equipment Company 公司文献 S. C. Modi & Eklavya Calla，A Study of High Velocity Combustion Wire Molybdenum Coatings）。

4.3.5　内孔 HVOF 喷涂枪

德国的 Thermico GmbH & Co. KG 公司研发了多种型号的 HVOF 内孔喷涂枪，喷涂距离最小 70mm。GTV 公司也推出了 GLC 内孔 HVOF 喷涂枪。

4.3.6　HVOF 喷涂过程机制

在 HVOF 喷涂工艺过程中发生以下主要热流体动力–物理化学过程：

（1）燃料在 HVOF 喷涂枪燃烧仓内燃烧化学能转变为热能；

（2）燃气通过喷嘴膨胀，一部分热能转变为动能（本书将燃料燃烧的产物称之为燃气；气体燃料称之为燃料气）；

（3）喷涂粒子与燃气间的物理-化学相互作用；

（4）燃气对喷涂粒子加热加速，燃气的部分能量传递给喷涂粒子；

（5）从喷嘴喷出的焰流的性状在很大程度上取决于喷嘴的结构、形状以及喷嘴出口处喷出焰流与大气的压差；

（6）随喷涂距离，环境介质的扰动，携带喷涂粒子的焰流的温度、速度和组成发生变化，喷涂粒子与焰流间继续发生物理-化学相互作用，喷涂粒子的温度、速度变化；

（7）喷涂粒子在基体表面沉积，喷涂粒子的动能和热能转变为黏性变形功、表面能，与基体相互作用形成涂层。

在 HVOF 热喷涂过程中的关键是燃料的燃烧及燃烧气体与粒子的相互作用。考虑到粒子与气体的质量流速率之比较低（通常为 4%~5%）[15]，粒子的存在对气流的热力学和流体动力学影响较小，为简化分析，先处理气体动力学问题，而粒子的飞行行为可用粒子的动量方程和传热方程导出。在 HVOF 热喷涂中的气流基本上是一种可压缩、可反应的、有湍流特征且有亚声速/声速/超声速转变的气流。由于燃烧室及枪管中燃气的复杂反应，以及高温下气体分子的热解，对温度有很大的影响。按流体动力学的质量连续方程、动量连续方程、能量方程、湍流方程进行分析计算相当困难，且与实际结果相差甚远。有关 HVOF 的燃烧-燃气流体动力学可考虑属于湍流非预混火焰问题：考虑的是燃料一旦与氧化剂混合，立即以无限快的速度反应（化学平衡），可用雷诺和法夫俄平均纳维-斯托克方程处理（（Reynolds 和 Favre-averaged Navier-Stokes equations，Reynolds-average 是时间平均，Favre-averaged 是密度平均。参见 H. Jr Oertel 著，朱自强等译.《普朗特流体力学基础》. 科学出版社，2008；张远君校编.《流体力学大全》. 北京航空航天大学出版社，1991，161~194。）湍流非预混火焰在实际应用中非常重要，在喷气发动机、氢-氧火箭发动机等的工作过程中都存在，因其燃料与氧化剂仅在燃烧区域混合，从安全角度考虑，非预混火焰比预混火焰更好控制）。在过程模拟中，应考虑：氧气与燃料混合的时间比燃烧反应时间长，燃气在燃烧室中停留的时间比通过枪管的时间长。可假设燃烧反应主要发生在燃烧室内。仓压可测，知道工作状态下氧气和燃料的质量流量，基于准一维模型，可计算燃烧仓的成分、温度，计算喷管喉部的总的质量流。

4.3.6.1 燃料在燃烧仓 – 喷嘴收缩段内燃烧，仓压、燃烧气体密度与速度[22,23]

（1）枪内燃料气的燃烧反应。这里以使用气体燃料的 HVOF 喷涂枪为例。燃烧仓内实际燃料气与氧气之比（F/O）$_a$与符合化学计量燃烧反应的燃气与氧气之比（F/O）$_s$的比值 F =（F/O）$_a$/（F/O）$_s$<1 时，为贫燃料燃烧系统；

F =（F/O）$_a$/（F/O）$_s$>1 时，为富燃料燃烧系统。

碳氢燃料 C_nH_m 与空气反应有以下方程：

$$FC_nH_m + (n+m/4)\left[O_2 + (78/21)N_2 + (1/21)Ar\right] \longrightarrow \sum q_i(PR)_i$$

$$(4-14)$$

式中　q_i——燃烧产物（PR）$_i$的分子分数。

以最小 Gibbs 自由能考虑平衡燃烧：

$$\min G = \sum q_i u_i$$

式中　u_i——i 组元的化学势。

考虑内流场，入口与出口动量平衡：

$$(P + \rho v^2)_{inj} = (P + \rho v^2)_{ex} \qquad (4-15)$$

能量平衡（单位质量）：

$$0 = \sum q_i H_i T_{eq} + 1/2(V_{eq})^2 - (h_{in} + E_{in}) \qquad (4-16)$$

式中　H_i——i 组元的热焓；

T_{eq}——平衡温度；

h_{in}，E_{in}——空气帽入口处（相应温度为 T_{in}）的单位质量的燃烧物的
热焓和动能，$h_{in} = \sum c_i H_i(T_{in})$，$E_{in} = \sum 1/2(c_i M_i)v_i^2$。

平衡态气体流速 V_{eq} 与气体的质量流速率 m_{frg} 有下式关系：

$$\rho A_{in} V_{eq} = m_{frg} \qquad (4-17)$$

式中　ρ——气体的密度；

A_{in}——空气帽入口处的截面积。

这里的讨论是以使用气体燃料的 DJ 系列 HVOF 喷涂枪为例。DJ

系列喷涂枪的燃烧仓、喷嘴和枪管为一体, 见图 4－14。

对于丙烷－氧气按化学计量的燃烧有:

$$C_3H_8 + 5O_2 \longrightarrow 3CO_2 + 4H_2O + 2260kJ$$

对于高速悬浮液火焰喷涂 (high－velocity suspension flame spraying, HVSFS), 有蒸发的醇 (gaseous ethanol) 与 HVOF 枪管中剩余的氧的燃烧, 有:

$$C_2H_6O + 3O_2 \longrightarrow 2CO_2 + 3H_2O + 1760kJ$$

(2) 湍流模型: 湍流动能与湍流耗散方程及能量传递守恒方程。喷嘴内高的 Reynolds 数以及高的压力梯度, 其控制方程可用再正化 $\kappa-\varepsilon$ 湍流模型处理。

对于一维计算, 假设在仓入口处是瞬时平衡的, 沿喷嘴一"冻结"的流, 计入摩擦和水冷, 表征速度变化的 March 数的二阶导数和温度变化的一阶导数的数学模型可表达为:

$$\frac{dM^2}{M^2} = \frac{1 + [(\gamma-1)/2]M^2}{1-M^2} \times$$

$$\left(-2\frac{dA}{A} + \lambda\gamma M^2 \frac{dx}{D} + \frac{1+\gamma M^2}{1+[(\gamma-1)/2]M^2} \frac{dq}{c_pT} \right) \quad (4-18)$$

和

$$\frac{dT}{T} = \frac{(\gamma-1)M^2}{1-M^2} \left(\frac{dA}{A} - \lambda\frac{\gamma M^2}{2}\frac{dx}{D} + \frac{1-\gamma M^2}{(\gamma-1)M^2}\frac{dq}{c_pT} \right) \quad (4-19)$$

式中　A——垂直于射流方向的横截面积;

　　　D——喷嘴直径;

　　　γ——热容比;

　　　M——马赫数 ($v/M = a = (\gamma RT)^{1/2}$, a 是声速), 在管喉部的截面最小, $M=1$, $-(dq/dx)$ 是单位长度热迁移率。

忽略枪管内的摩擦和冷却 (认为这对于 Diamond Jet Hybrid 2700 (Sulzer Metco, Westbury, NY 和 Praxair－Tafa JP－5000 (Praxair Surface Technologies, Indianapolis, IN)) 是可行的)。

通过枪管的气体质量流量 m_g 可以下式表达:

$$m_g = v_t\rho_tA_t = (\gamma p_t\rho_t)^{1/2}A_t \quad (4-20)$$

式中　v_t——气流通过喉部的速度, $v_t = M_t a$;

M_t——气流通过喉部的 Mach 数；Laval 喷管喉部的 $M=1$；

a——声速，$a = (\gamma p_t/\rho_t)^{1/2}$。

（3）HVOF 喷涂枪燃烧仓内仓压的影响。HVOF 喷涂枪火焰在燃烧仓内燃烧，仓压的升高可提高火焰的温度。HVOF 喷涂枪的燃烧仓仓压通常在 150～1500kPa。仓压高于大气压（100kPa），绝热火焰温度 $T°$将升高。在 100kPa 气压（p_a）下绝热火焰温度 $T°$与在仓压 p_c 下的火焰温度 T_c 间有下式关系：

$$T°/T_c = (p_c/p_a)^{-[(\gamma-1)/\gamma]} \tag{4-21}$$

式中　γ——等压比热和等容比热之比，$\gamma = c_p/c_V$。

对应于仓压 200kPa，500kPa 和 1000kPa，相应温度提高 12%、30% 和 46%。实际喷涂时，由于气体的化学平衡，温度低于计算温度。从安全考虑仓压也不宜过高。例如，对于乙炔（C_2H_2），工作压力高于 150kPa 将自燃。其他气体，如丙烷、$C_{10}H_{20}$、液化石油气等可用较高的仓压。

在喷嘴喉部的气体的密度 ρ_{tg} 随燃烧压强的提高以及当量比的降低而升高。与燃烧压强的关系可表达为：

$$\rho_{tg} = \gamma P/a^2 \tag{4-22}$$

在喷嘴喉部的动量：

$$\rho_{tg} v_{tg}^2 = \rho_{tg} M^2 a^2 = \rho_{tg} M^2 (\gamma P/\rho_{tg}) = M^2 \gamma P \tag{4-23}$$

式中　γ——近似为常数；

M——取决于喷嘴的几何形状。

对于给定枪炬，喷嘴喉部的动量与压强呈线性关系，即随燃烧压强的提高，在喷嘴喉部的气流动量增高。

提高仓压对提高喷涂粒子速度是有效的。在 T. C. Hanson 等所实验的仓压范围（0.4～1.0MPa），随提高仓压，粒子速度从 400m/s 提高到 600m/s，提高了 34%。

（4）HVOF 喷涂枪燃烧仓内的温度和燃气的密度。HVOF 喷涂枪燃烧仓内的温度分布：M. Li，等给出 Diamond Jet 2700 喷涂枪燃烧仓内的模拟温度轮廓清楚看到压缩空气的作用：冷的空气沿着喷嘴的内壁将其与热的火焰隔开，以防喷嘴过热（Power G. D. 等对 HVOF 喷涂的早期研究就指出 DJ 型喷涂枪使用压缩空气的冷却作用）。

气体的密度对燃气与喷涂粒子间热量和速度的传递有重要影响。燃料气种类的选择至为重要。碳氢化合物燃气的密度比氢气燃气的密度高得多。氢气燃烧，排气平均分子量为 12 ~ 16g/mol；碳氢化合物燃烧平均分子量在 25 28g/mol。氢气和氧气燃烧产生最高的速度，但在 HVOF 技术领域却不用高压氢 HVOF 枪。使用煤油－氧燃烧，燃烧产物有较低的理论速度，但有比氢－氧燃气高得多的密度和动量通量，对喷涂粒子的加速更为有利。

燃烧仓内气体的速度：对于大多数 HVOF 喷涂枪，燃烧仓的横截面面积与喷嘴横截面面积相比，大约是后者的 10 ~ 25 倍。燃烧仓内气体的速度取决于燃烧仓的几何尺寸、气体的种类、燃烧的温度、气体的流量等，大多在 50 ~ 100m/s 范围，比喷嘴喉径出口处燃气的速度小得多（仅为其 1/10 都不到）。对于大多数 HVOF 喷涂枪，燃烧仓的长度比喷嘴－枪管的长度短得多，如 Miller HV－2000 和 Sulzer Metco DJ Hybrid 喷枪，燃烧仓长度在 15 ~ 25mm，而喷嘴长度为 60 ~ 150mm。燃烧仓内气体的速度对粒子的加速影响不大。以煤油为燃料的 Tafa Hobart JP－5000 和 OSY CJS 的燃烧仓较长，但喷涂粉末粒子是在燃烧仓后被送进燃气中的，燃烧仓内气体的速度对喷涂粒子的速度没有多大的影响。

（5） HVOF 喷涂枪燃烧仓内仓压和温度对喷嘴出口燃气的速度的影响。对于 HVOF 超声速火焰喷涂，在 HVOF 喷嘴出口平面处，燃烧气体的速度 v_g 可表达为下式：

$$v_g = \sqrt{\frac{2T_o R}{m} \times \frac{r}{r-1} \times \left[\left(\frac{P_o}{P_e} \right)^{(r-1)/(r-1)} \right]} \qquad (4-24)$$

式中　T_o——燃烧仓的温度；

$\quad\quad m$——燃气的平均相对分子量；

$\quad\quad P_o$——燃烧仓压；

$\quad\quad P_e$——出口处的气压；

$\quad\quad r$——燃烧气体的绝热系数，取 1.1 ~ 1.4；

$\quad\quad R$——气体常数。

由（4-24）式看到在喷嘴出口处燃气速度 v_g 与温度 T_o 的平方根成正比，与燃烧仓压 P_o 有非线性的正比关系，而气体的密度与温度成反比。这样，燃烧气体对粉末粒子的拖拽力与燃烧仓压也有非线性正比关系。

同时注意到，在燃气喷出枪管后形成"冲击波"，有速度、压力分布不均匀性（轴向和径向的）。因此，对粉末粒子的拖拽力作用在不同的区域也不相同，即束流粒子速度是不均匀的，同时随粉末粒子材料不同（密度不同）粒径不同，其被加速的速度也不同。如用丙烷气为燃料的 HVOF 喷枪，按化学计量燃烧时其火焰的绝热温度约为 3000℃。粉末粒子被加热和加速受气流超声速气体动力学效应作用，在"冲击钻"（shock diamond）处 WC – Co 粉末粒子粒径在 H – 45μm，速度最高可达 500m/s，而在其他区速度较低。在半径 5mm 的径向外圈速度可低到 330m/s；而喷涂 Al_2O_3（5μm）粉末时，最高速度可达 1380m/s。

4.3.6.2 HVOF 喷涂枪的喷嘴

对于大多数 HVOF 喷涂枪，都有缩放型喷嘴，出口处气流达到超声速，多在 1~2Ma（Mach number）。根据 HVOF 喷涂使用的燃料，产生的燃气的等压比热和等容比热之比（$\gamma = c_p/c_V$）多在 1.15~1.2，通过喷嘴喉径，燃气的热能部分转变为动能，燃气的速度提高，温度下降。超声速喷嘴内的燃气流温度将比燃烧仓内燃气温度降低。对于 Ma =1 温度降低 13%；对于 Ma =2 降低 45%（见图 4 –20）。

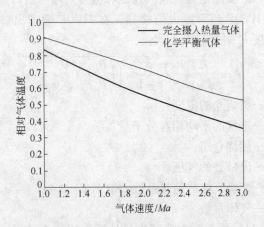

图 4 –20 在超声速喷嘴中气体的温度与燃烧仓内的温度比的
相对降低与气体速度（Ma 数）的关系

目前，工业上广泛使用的 HVOF 喷涂枪的喷嘴有两种结构形式：一种是以 DJ2700 系列为代表的缩－放型喷嘴与枪管为一体的（又常被称作空气帽（Air Cap），见图 4-14）；另一种是以 JP5000、Woka-Jet 为代表的缩－放型喷嘴与燃烧仓为一体的（见图 4-16、图 4-17）。很少有单独的喷嘴。

喷嘴喉部直径大多在 7~12mm 之间，用气体燃料的 HVOF 喷涂枪的喉部直径较小，用液体燃料的喉部直径较大。喉部的长度通常在 5~10mm 之间。

在喷嘴喉部的气体的密度 ρ_{tg} 随燃烧压强的提高以及当量比的降低而升高。与燃烧压强的关系可表达为：

$$\rho_{tg} = \gamma P / a^2 \qquad (4-25)$$

在喷嘴喉部的动量：

$$\rho_{tg} v_{tg}^2 = \rho_{tg} M^2 a^2 = \rho_{tg} M^2 (\gamma P / \rho_{tg}) = M^2 \gamma P \qquad (4-26)$$

式中，γ 近似为常数；M 取决于喷嘴的几何形状，对于给定枪炬，喷嘴喉部的动量与压强呈线性关系，即随燃烧压强的提高，在喷嘴喉部的气流动量增高。

对于高速氧燃料火焰喷涂（HVOF）燃料在燃烧仓内燃烧的情况，在等熵冻结流（isentropic frozen flow）假设情况下，通过喷嘴（包括喷嘴的整个收缩段－喉部－扩放段）的气流的特性可以方程式（2-51）~式（2-54）表达。

当地声速 $a = [\gamma(P/\rho)]^{1/2} = (\gamma RT)^{1/2}$。式中各符号的注脚 1、2 表示相应于喷嘴内的位置 1 和 2。对于在喷嘴的喉部 $M=1$，气流的速度 $V_t = a = [\gamma(P/\rho)]^{1/2}$，气体的质量流速率 m_{frg}、在喷嘴喉部的气体的密度 ρ_{tg}、在喷嘴喉部的动量 $\rho_{tg} v_{tg}^2$ 可以下一组式计算：

$$m_{frg} = \rho_t A_t V_t = A_t (\rho_t \gamma P_t)^{1/2}$$

$$\rho_{tg} = \gamma P / a^2$$

$$\rho_{tg} v_{tg}^2 = \rho_{tg} M^2 a^2 = \rho_{tg} M^2 (\gamma P / \rho_{tg}) = M^2 \gamma P \qquad (4-27)$$

式中 γ——近似为常数。

Mach 数 M 取决于喷嘴的几何形状，对于给定枪炬，喷嘴喉部的动量与压强呈线性关系，即随燃烧压强的提高，在喷嘴喉部的气流动量增高。

以一给定的燃烧压强计算喉部的质量流与进入枪炬的质量流有偏差。因此，要以某种方法调整以使两质量流速率相符合。

上面的一组等熵关系式在喷嘴内没有激波的情况下是正确的。这在符合以下不等式时可得到满足：

$$\frac{P_b}{P_e} < \frac{2\gamma}{\gamma+1}M_e^2 - \frac{\gamma-1}{\gamma+1} \qquad (4-28)$$

式中 P_b——背压（back - pressure）；

P_e——喷嘴出口处的压强。

考虑上式右边，在出口处气流速度 $M_e = 2$，燃气为多原子气体 $\gamma = 1.33$，上式右边约等于 4.425。即当背压 P_b 小于 4.5 倍喷嘴出口处的压强 P_e 时，喷嘴内就没有激波。对于多数工业高速氧燃料火焰喷涂满足这一条件。对于有更高的背压（燃烧仓压强）的喷嘴气流特性尚需进行更深入的研究。必须指出，为了得到超声速的高动能燃气流，滞止压强（stagnation pressure）必须高于 2 倍大气压。提高燃气的压力，可提高其动能。

若要进一步提高 HVOF 燃气的速度，燃烧仓压要从 200MPa 提高到 400 ~ 1500kPa，且要用缩 - 放型 Laval 型喷嘴。实例有 Sulzer Metco DJ - Hybrid 2600，OSY CJS 和 Hobart Tafa JP - 5000 HVOF/HP 喷涂枪等。

4.3.6.3 枪管长度对喷涂粒子速度的影响

与喷嘴相接的是枪管（或被称为喷管）。有些喷涂枪的喷嘴与枪管是一体的，如 DJ - 2700 等，枪管是缩放型喷嘴放端的延伸。有关枪管长度、孔径对燃气流以及喷涂粒子行为的影响，还有待深入研究。但已有的工作指出加长枪管长度，加长了喷涂粒子在枪管内的加速时间，可提高喷涂粒子的温度和速度。对于 JP - 5000 喷涂枪，在燃料、氧气、送粉率不变（相应为：煤油：38L/min，氧气 961L/min，75g/min）的情况下，加长枪筒的长度（从 10cm 枪筒，换为 20cm 枪筒），喷涂粒子（WC - 10Co - 4Cr 团聚粉，粉末粒径 15 ~ 45μm、平均粒径 34μm）的速度提高（从 621m/s 提高到 661m/s），粒子的温度升高（从 1742℃ 提高到 1850℃），由于喷涂粒子有较高的温度和速度沉积率也有所提高（从 31% 提高到 40%）；涂层的孔隙度略有下降（从 3.1% 降到 2.7%）；由于粒子受热温度升高，脱碳略有增加，涂层硬度下降（从 1213HV 降到 1114HV）；但磨粒磨损耐磨性变化不大。然而加长枪管，对焰流与枪管的热交换和附壁效应的影响还有待深入研究。

另一个重要问题是枪炬的水冷。燃烧仓水冷，导致燃烧热能被冷却水带走，使焰流温度和速度下降。对于 Miller Thermal HV-2000 和 Jet-Kote 喷涂枪大约有 25%~40% 的燃烧热被带走。过多的燃烧热被带走的结果是在涂层的显微组织中观察到未变形的未熔粉末粒子，涂层的孔隙度上升、结合强度下降。枪炬设计时必需考虑到尽可能避免燃烧仓有过大的表面积。使用气流和水冷却相结合将减少燃烧热损失。这方面的例子有 Sulzer Metco DJ-Hybrid 和 OSY CJS HVOF 喷涂枪。沿燃烧仓和喷嘴壁流动的气流将减少冷却水带走的热量。

4.3.6.4 进入大气中焰流的特性

超声速燃气流从 HVOF 枪喷嘴喷出进入大气，在近枪炬出口处。燃气从 HVOF 喷涂枪喷出后在距出口较近的距离范围内束流温度升高。有研究指出，燃气束流在 HVOF 喷涂枪枪炬出口外第一个 Mach 锥（距枪炬出口 5~7mm）处的温度（Dolatabadi A. 等给出在 5mm 处，M. Li 等给出 Diamond Jet hybrid 喷涂枪在大约 7mm 处）高于枪炬出口处的温度。M. Li 等给出出口处燃气流温度为 1800K，在第一个 Mach 锥处 2500K。这一结果表明在喷嘴外的燃气热场对喷涂粉末粒子的加热仍有重要作用。诸多研究给出在喷枪出口处燃气流的 Reynolds 数在 3×10^4 上下，具体数值取决于燃气流的速度和直径。喷出的燃气流是完全湍流的。

Tawfik H H. 等研究给出在喷嘴出口外一段距离以内燃气流的温度和速度几乎不变。这段距离被称之为潜在核长度（potential core length，L_{pc}），其长短取决于出口的气压、背压（back-pressure），也取决于出口处的 Mach 数。潜在核长度 L_{pc} 与喷管直径 D 和出口处的 Mach 数 M_e，有以下经验关系：

$$L_{pc}/D = 3.5 + 1.0M_e^2 \qquad (4-29)$$

对于枪炬喷管直径 $D = 12mm$，出口处的 Mach 数 $M_e = 2$ 的情况，

$L_{pc} = 90mm$。这一尺寸与使用 Diamond Jet Hybrid HVOF 喷涂枪喷涂时观测到的焰流中第 4~5 个 Mach 锥到枪炬出口处的距离相近，远高于 Dolatabadi A. 等和 M. Li 等给出的燃气束流温度和速度有所升高的距离。

4.3.7 按燃料分类 HVOF 喷涂枪的结构特点、送粉位置及其参数与效率的比较

目前，工业上使用的 HVOF 喷涂枪主要有使用气体燃料的 Diamond Jet 系列（DJ2600，DJ2700 等）和使用液体燃料的 JP5000、Wokajet 系列。图 4-21 给出这两系列枪的结构示意图。

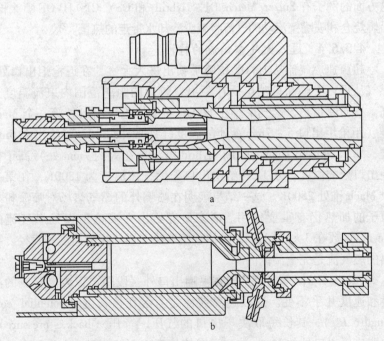

图 4-21 Diamond Jet 系列（a）和 JP5000、Wokajet 系列
（b）HVOF 喷涂枪的结构示意图

使用气体燃料的 Diamond Jet 系列喷涂枪有一与喷嘴-枪管构成一体的短的燃烧仓（见图 4-21a），燃烧仓被压缩空气冷却，喷涂粉

末通过送粉管沿轴线送入燃烧仓，其设计保证在喷嘴的收缩出口处气流的速度为 Mach 1。水冷缩-放喷嘴的出口处的气流速度取决于出口孔径截面积和喉径截面积之比，大于 Mach 1。这种枪用空气冷却和水冷相结合，有较高的热效率。压缩空气从周隙进入与喷嘴一体的燃烧仓，对仓壁有减少被加热的作用，且减少氧的用量，降低火焰的温度，减少对进入燃烧仓的粉末的加热。

从图 4-21 下图看到，JP5000、Woka Jet 系列 HVOF 喷涂枪的燃烧仓有缩/放喷嘴出口，外接喷管，喷涂粉末从接口处径向送入枪管进入焰流。与 Diamond Jet 系列喷涂枪的短的燃烧仓不同，使用液体燃料的 JP5000、Woka Jet 系列 HVOF 喷涂枪有长的燃烧仓（约 100mm）以使喷射进入燃烧仓的燃料液滴很好的雾化并与氧气较均匀的混合以利于燃烧。

表 4-2 给出常用气体燃料 HVOF 与液体燃料 HVOF 喷涂的参数比较。

表 4-2 常用气体燃料 HVOF 与液体燃料 HVOF 喷涂参数比较

燃 料	气体（包括 H_2，CH_4，C_2H_4，C_3H_6，C_3H_8）	液体（煤油）
燃烧压/MPa	0.50~0.60	0.55~0.85
燃气速度/m·s^{-1}	1700~2100	2100~2200
喷涂粒子速度/m·s^{-1}	450~600	475~700
送粉	轴向，送至燃烧室	径向，送至喉径后
送粉压力	较高	较低
喷涂速率	较高	很高
沉积效率/%	较高（60~70）	较高（60~70）
喷涂碳化物涂层的特征：致密度/%	很均匀致密（孔隙度 0.5~1.5）	均匀致密（孔隙度 0.5~2.0）
涂层最大厚度/mm	可达6.3	可达12.5
WC-12% Co 涂层硬度 HV$_{300}$	1100~1350	1050~1350
与基体结合强度/MPa	高于80	高于80
喷涂金属合金涂层特征：致密度	很高，无开口孔	很高，无开口孔

加拿大国家研究中心用 DPV-2000 测试诊断系统对用 JP5000

HVOF (Tafa Inc.) 和 DJ2600 HVOF (Sulzer Metco, Westbury, NY, USA) 喷涂系统喷涂过程中喷涂粒子的温度和速度进行了测量。给出用 JP5000 和 DJ2600 喷涂 WC – WB – Co 粉末时，距喷枪管口不同距离喷涂粒子的速度和温度的测试结果表明：在距喷涂枪出口 200～400mm 的距离范围内，JP5000 HVOF 喷涂粉末粒子的速度在 600～800m/s 的范围；在 200～250mm 的距离范围，喷涂粒子的速度为 700～800m/s；而用 DJ2600 HVOF 喷涂粒子的速度相应分别为 350～600m/s 和 450～600m/s。看到使用液体燃料的 JP5000 HVOF 喷涂枪喷涂粒子有较高的速度。

JP5000 喷涂时喷涂粒子的速度：随距喷枪管口距离的增加，喷涂粒子的速度先是升高，对应每一喷涂参数到某一距离 L_{Vmax} 时速度达到最高点 V_{max}。在加拿大国家研究中心实验的参数范围内，对于几组工艺参数达到最高速度的距离 L_{Vmax} 大致都在 200～250mm 范围，达到的最高速度为 800m/s。达到最高点后，随距喷枪管口距离的继续增加，喷涂粒子的速度下降。

DJ2600 喷涂时喷涂粒子的速度：随距喷枪管口距离的增加，喷涂粒子的速度先是升高，对于几组工艺参数达到最高速度的距离 L_{Vmax} 大致都在 150～200mm 范围，达到的最高速度为 600m/s。达到最高点后，随距喷枪管口距离的继续增加，喷涂粒子的速度下降。

上述实验研究还表明，对于不同类型的喷涂枪应注意最佳喷涂距离的选定。

4.3.8 HVOF 喷涂的应用

HVOF 喷涂以其高的焰流速度，高的喷涂粒子速度、高的动能，在大多数金属基体上喷涂，得到高致密度的涂层（孔隙度低于 2%）；因其喷涂粒子速度高、在基体表面沉积时高的动能在基体表面微区绝热流变以及微区机械合金化的效果，以至达到部分冶金结合，涂层与基体有高的结合强度（通常在 80MPa 以上）；且在涂层以及涂层与基体结合区产生压缩残余应力[34]。

University West 和 Volvo Aero Corporation 的研究人员用 Sulzer – Metco HVOF hybrid DJ – 2600 Gun（氢气为燃料），喷涂 Sulzer –

Metco Amdry Inconel 718 粉末涂层，用于修复航空部件。结果表明在涂层厚度 0.6mm 的范围内，沿涂层都有残余压应力，在涂层与基体的界面处的残余压应力高达 600MPa。涂层与基体的结合强度高于 80MPa（平均 82.55MPa），高的剪切强度（平均 96.76MPa）。

目前，HVOF 喷涂已广泛应用于各领域，以逐步取代常规火焰喷涂。

从喷涂材料看：HVOF 可喷涂金属合金、碳化物金属陶瓷、陶瓷以及一些功能材料。尤其被推荐用于碳化物金属陶瓷材料的喷涂。温喷涂（两阶段 HVOF）枪炬的开发应用使 HVOF 喷涂可用于喷涂铝合金等低熔点合金甚至用于聚合物的喷涂。

（1）HVOF 喷涂的典型应用。飞机发动机引擎风扇叶片、压缩机叶片、轴承－轴颈、转子动盘、静盘，转子链接和套筒等；

发电设备的蒸汽透平；水电叶轮，循环运转的戽斗（Pelton buckets），喷嘴和叶片，排风扇等；汽车拨叉；重载液压杆、活塞；造纸设备的辊，印刷辊；石油化工的泵类件，闸阀、球阀、阀座，排气管，给料螺杆；玻璃工业的模具件；冶金工业的导位辊、工艺辊、钢板热镀锌槽的沉没辊、稳定辊、拔丝盘等；纺织工业的导位、辊等；通用机械工业的轴、套、挤出器、凸轮随动件、泵件等。

美国 Copeland 公司用 HVOF 在球阀上喷涂碳化铬涂层取得良好效果。VTI、Mogas 等国际著名阀门公司都使用 Copeland 公司的 HVOF 喷涂球阀。

用 HVOF 喷涂某些难喷涂材料也取得进展。如 B. Rajasekaran 等用 DJ2600（Sulzer Metco）喷涂枪（氢气为燃料）喷涂莱氏体冷作模具钢（X220CrVMo13－4：C2.25%、Mn0.3%、SiO.6%、Cr13.5%、Mo1.0%、V4.0%），随 O/H 流量比在 0.25～0.45 的范围流量比的提高，在 250mm 处喷涂粒子（粒径 25～45μm）的平均温度从 1900℃提高到 1950℃，平均速度从 730m/s 提高到 830m/s。随喷涂距离从 200mm 增大到 300mm，平均温度从 1900℃提高到 1940℃，平均速度从 700m/s 降到 600m/s。通过参数的调控可有效调节喷涂粒子的温度和速度，从而调控莱氏体冷作模具钢涂层的组织结构和性能。

上海宝钢集团宝钢机械厂已将 HVOF 喷涂耐磨、耐热、耐腐蚀、耐金属熔体腐蚀、耐炉气腐蚀、抗粘连等涂层用于冷轧生产线上的工艺辊、矫平辊、张紧辊、测张辊等，连续热镀锌生产线上的沉没辊、稳定辊等，以及导电辊、塔辊等，提高了产品质量、提高了生产效率、取得良好效果。

（2）HVOF 喷涂更适于制作纳米结构涂层。HVOF 喷涂时，粒子被加热的温度相对较低，喷涂纳米结构团聚粉，得到纳米结构涂层较为有利。得到的涂层有较高的韧性。有研究认为这与在涂层中存在有"纳米袋"（nanopockets），阻止裂纹扩展有关[40]。芬兰 VTT 技术研究中心的 E. Turunen 的研究指出用团聚烧结的纳米结构 Al_2O_3 – TiO_2 粉 HVOF 喷涂的涂层的耐磨性较熔融破碎粉的涂层高[38]。

The NanoSteel Company 开发了一系列适于 HVOV 喷涂的高耐磨、耐蚀、耐高温氧化的纳米结构铁基合金涂层材料，其中包括有 SHS 9172 HVOF（一种高铬、高钨、含铌、含钼等合金元素的铁基合金）粉末，涂层的硬度 1000 ~ 1100HV_{300}，耐高温氧化、耐硫化腐蚀、耐磨，用于高温锅炉管路的高温耐磨耐蚀保护。还有耐磨耐蚀在铝、铜合金、不锈钢上都有较高结合强度的 SHS 7170 HVOF（一种高铬、高钨的铁基合金）粉末，涂层的硬度 900 ~ 1100HV_{300}。推荐可用于叶片的表面作为耐冲蚀涂层。以及 SHS 7574 HVOF 铁基合金粉末等。

M. H. Enayati，用 Metalli zation Metjet Ⅱ HVOF 喷涂经研磨机械合金化制得的纳米晶 NiAl 合金粉末涂层，涂层有纳米纳米晶结构其硬度达 5.40 ~ 6.08GPa，高于其他工艺制得的涂层。

（3）HVOF 喷涂混合合金粉末也得到较好的结果。A. Maatta 等用 HVOF 喷涂 Cr_3C_2 – 25NiCr 与 NiCrBSi 合金粉混合粉末，尽管两种合金的熔点相差较大，XRD 分析难以分出 HVOF 喷涂涂层中的 NiCrBSi 相和 NiCr 相，表明用 HVOF 喷涂在一定范围内的混合合金粉制得的涂层，合金间有较好的熔合。

笔者在生产实践中用 HVOF 选定适宜的参数喷涂铁基合金粉末取得较好效果。已大量用于生产。

（4）HVOF 喷涂制作生物功能陶瓷涂层。HVOF 喷涂 TiO_2 – HA 涂层可提高涂层的生物相容性，提高涂层与基体的结合强度。

R. S. Lima 等用 DJ2700 – hybrid HVOF 喷涂系统（以丙烷为燃料）在 Ti – 6Al – 4V 基体上喷涂 n – TiO_2 – 10%（体积分数）HA 涂层（喷涂粒子的平均温度和速度为（1875 ± 162）℃和（651 ± 88）m/s），与等离子喷涂相比喷涂粒子被加热到相对较低的温度，较高的速度，有利于涂层保持喷涂粉末的成分与结构：n – TiO_2 – 保持纳米结构，以金红石相为主相，含有少量的锐钛矿相；羟基磷灰石（HA）几乎没有降解；喷涂粒子较高的速度有利于提高涂层与基体的结合强度和残余压应力。涂层与基体的结合强度达到 77MPA 最少是 APS 喷涂 HA 涂层的结合强度（通常 30MPa）的两倍。其中纳米结构、孔隙度和残余应力都起了一定作用。R. S. Lima 等的研究还指出，TiO_2 – 10%（体积分数）HA 涂层纳米结构改善生物相容性，纳米区改善黏附蛋白质的吸收。植入 7 周后，有 HVOF 喷涂 TiO 涂层的植入体与 bone 间的接触是没有涂层的 1.7 倍。

西班牙 Barcelona，大学的 J. Ferna'ndez 等用高结晶度羟基磷灰石（Highly crystalline hydroxyapatite HAp）粉末，以 DJH 2600 HVOF 喷涂系统，在 Ti – 6Al – 4V 基体上喷涂 HAp 涂层。结果表明，喷涂态涂层有 82% 的结晶度，非晶磷酸钙相（amorphous calcium phosphate ACP）的含量仅 18%（按 ISO 13779—2 标准在 HAp 涂层中结晶相的量不得低于 45%）。喷涂后 700℃ 热处理发生非晶—结晶转变，得到 100% 的结晶相组织。认为 HVOF 是一种可得到高结晶度 HAp 涂层的方法[43]。涂层试样经模拟体液浸泡喷涂态涂层的结合强度下降（浸泡 1 天结合强度即从 40MPa 降到 10MPa 上下，随后继续浸泡 7 天结合强度变化不大），而喷涂后经热处理的涂层结合强度浸泡后变化不大。

爱尔兰都柏林城市大学的 S. Hasan and J. Stokes 用 Sulzer METCO Diamond Jet（DJ）HVOF 喷涂设备喷涂 Plasma Biotal Captal 60 – 1 HA 粉末在选择合适的规范参数情况下可得纯度达到 99.88%、结晶度达到 92.53% 的 HA 涂层（使用的参数氧气流量为 45FMR，丙烷流量为 40FMR，空气流量为 35FMR，喷涂距离为 150mm，送粉率为 45g/min）。

（5）用 HVOF 喷涂制作结合打底层 – 用等离子喷涂陶瓷涂层制

作热障涂层系统。C. R. C. Lima，J. M. Guilemany 等实验研究[50]用 HVOF 在 UNS G41350 钢基体上以 DJ2700HVOF 喷涂热障涂层的 CoN-iCrAlY、NiCoCrAlTaY、NiCrAlY 以及 NICr 结合打底层，再以等离子喷涂 ZrO_2 – Y_2O_3 面层，结合强度测试结果表明涂层与基体有较好的结合，断裂发生在结合底层与陶瓷面层之间。

　　HVOF 喷涂是一种高效宽范围应用的热喷涂技术，无论是在聚合物塑料喷涂、低熔点合金喷涂、金属合金喷涂、金属陶瓷喷涂、陶瓷喷涂等结构涂层、纳米结构涂层和功能涂层领域都取得较好的应用效果。随其工艺技术与材料科学技术的发展将得到更广泛的应用。

4.4　爆炸喷涂[5]

　　爆炸喷涂是由美国的 RM. Poorman，H. B. Sargent，H. Lamprey 在 20 世纪 50 年代初提出的。他们于 1952 年 3 月 7 日申请美国专利，当时申报专利的名称是"利用爆炸波喷涂和其他目的的方法和装置"，于 1955 年 8 月取得美国专利（见图 4 – 22)[51]。当时，该项专利属于美国联合碳化物公司（当时的名称是 Union Carbide and Carbon Corporation)。在此基础上，联合碳化物公司的 Linde Division 涂层服务部（coating services）（Speedway Laboratories in Indianapolis）开发出 D – Gun^{TM} 喷枪与涂层。在 20 世纪用 D – Gun^{TM} 喷涂系统制备的碳化物金属陶瓷涂层成功地应用于航空工业和核工业。后该项技术归属于 Praxair Surface Tech. Inc（Praxair 表面技术公司）。

　　20 世纪 60 ~ 70 年代苏联学者，特别是苏联乌克兰材料科学研究所和巴顿电焊研究所的学者，也研究开发了爆炸喷涂设备与工艺。并且，在爆炸喷涂工艺原理，气体爆炸波的形成与传播，粒子的加热加速的热动力学问题，以及涂层的形成进行了一系列研究工作，其成果多发表于苏联 60 年代后期和 70 年代有关期刊文献上。

　　后来，乌克兰科学院和俄罗斯科学院新西伯利亚分院分别拥有此项技术，并先后在美国、英国、法国、德国、加拿大、瑞典、日本等国获得专利技术许可证。随着苏联解体，20 世纪 90 年代初俄罗斯和乌克兰开始出口第一代爆炸喷涂设备，至今包括德国、北欧诸国，波兰、印度等国有关爆炸喷涂技术、工艺、材料的研究多是使用乌克兰科学院材料科学研究所研制的爆炸喷涂系统，或是在其基础上开发的爆炸喷涂系统。

4.4.1 爆炸喷涂设备

（1）RM. Poorman 等的专利 US Patent 2 714 563（1955 年）爆炸波（detonation waves）喷涂设备。该设备是由供气系统、机电控制系统、装有阀门－配气混合室－燃烧室－火花塞－枪管－送粉管的爆炸波喷涂枪组成（见图 4－22）。以机电系统控制氧气、燃气和氮气阀门，按一定的频率（循环周期）开启氧气、燃气阀门或氮气阀门。当氧气和燃气阀门打开时，氧气和燃气按一定比例进入混合室，混合气进入燃烧室，燃烧室装有火花塞，通电，产生火花，引爆氧气－燃气混合气产生爆炸波，冲向枪管，携带从装在枪管上的送粉管送入的粉末，粉末在枪管中被爆炸波加速加热，喷出枪管在工件基体上形成涂层。

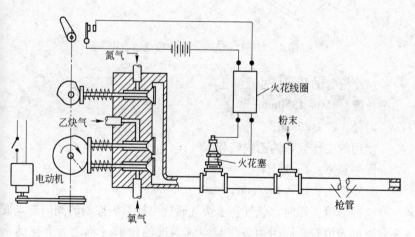

图 4－22 Poorman 专利爆炸喷涂系统示意图

（2）D－Gun™。D－Gun™爆炸喷涂系统是在 RM. Poorman 等的专利 US Patent 2 714 563 基础上发展起来的，Praxair S. T. Inc. 公司拥有这种喷涂系统和相关技术。

图 4－23 给出这种喷枪的示意图，这种喷枪的相关参数如下：

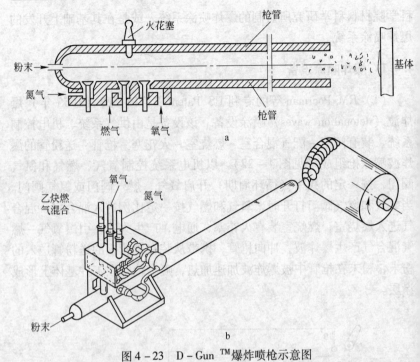

图 4-23 D-Gun™爆炸喷枪示意图

水冷枪管的几何尺寸：

长度：450～1350mm；

内径：21～25mm；

使用的工作气体为乙炔气和氧气；

爆燃频率：1～15Hz；

送粉率为：16～40g/min。

这种喷枪工作时，氧气和乙炔气通过由枪系统控制的阀门进入混合室再进入枪管，同时由氮气或空气送进的粉末（称之为雾化的粉末）也送入枪管。电火花点燃混合气，产生高压（爆炸前后压力比高达1:55）高速（2900m/s）高温（O_2:C_2H_2时最高达3500K）的爆炸轰击波，在枪管内加热加速粉末粒子，被加热加速的粒子喷出枪管在工件基体表面形成涂层。

D-Gum型喷枪可使用不同的燃料（燃气）按其早期的数据，用

C_2H_2/O_2时，爆炸波速为2921m/s，用H_2/O_2时，爆炸波速为2786m/s；用C_3H_8/O_2时，爆炸波速为2572m/s。

在大气下喷涂，喷涂距离为100mm时，每一次循环形成直径约25mm，厚度$3 \sim 10\mu m$的涂层。用$D - Gun^{TM}$喷涂时，粒子速度达750m/s。

后来Praxair Surface Technologies, Inc又开发了Super $D - Gun^{TM}$爆炸喷涂枪，喷枪枪管长度最长可达2000mm，改进的喷枪有更高的气体压力和气体体积。喷涂粉末粒子速度可达1000m/s。Super $D - Gum$可使用$0.9C_2H_2 + 0.88C_3H_6 + 2.23O_2$作为工作气体。

据称用Praxair Surface Technologies, Inc. 的Super $D - Gun^{TM}$工艺喷涂的涂层结合强度超过210MPa。涂层内的残余压缩应力高达340MPa（而通常的热喷涂涂层内有拉伸残余应力是导致涂层系统低的疲劳强度的重要原因）。

（3）Dniper - 3 型爆炸喷涂系统 (Institute of Materials science Problens. Ukraine)。乌克兰材料科学研究所的 Dniper - 3 型爆炸喷涂设备用步进缸替代了美国联合碳化物公司喷涂装置的多凸轮多阀门系统，控制氧气、燃气和粉末的输送。据称，这种喷枪随喷涂粉末不同，粒子离开枪口的速度可达 $800 \sim 1200$m/s，气体爆炸中心温度可达 $2400 \sim 3500$℃。印度粉末冶金与新材料国际研究中心[56,57]，使用 Dniper - 3 型用乙炔气，又可用液化石油气。给出其氧与燃气的流量比：$O_2/LPG = 4$；$O_2/C_2H_2 = 1.12$。送粉气和吹扫气为空气，流量为 4L/s。喷涂距离为 170mm，得到 WC - 12% Co 涂层的表面粗糙度为 $Ra = 3.8\mu m$，孔隙度 1.19%，都是较低的，增加喷涂距离可使粉末粒子受热时间延长有利于降低涂层表面粗糙度。

中科院金属所与沈阳黎明航空发动机公司合作使用 Dniper - 3 型喷涂 NrCrAlTaY 涂层的工艺参数为 O_2：3SL/min，C_2H_2：4SL/min，N_2：15L/min 送粉率20g/min，喷涂距离180mm，爆燃频率 $2 \sim 4$Hz。

到 2004 年，白俄罗斯的明斯克粉末冶金研究所、波兰 Silesian 科技大学与乌克兰材料科学研究所合作[62]使用 Dniper - 3 型爆炸喷涂设备，使用的燃料是乙炔，喷涂 FeAl 粉末（粒度 $20 \sim 45\mu m$）的规范参数为氧气流量 47.5L/min，乙炔流量 38L/min，空气流量 74L/

min，爆燃频率为每秒种 3 次，喷涂距离 300mm，值得注意的是喷涂距离较大。

（4）Perum P 型爆炸喷涂设备。这种设备是乌克兰科学院超硬材料研究所和乌克兰基辅 E. O. Paton 电焊研究所研发的。Perum P 喷枪的主要几何参数是：枪管长 600mm 或 1100mm，管内径 21mm，送粉器 2 个，爆燃频率 3.3Hz 或 6.6Hz，每次循环喷涂层厚 3~10um，工作气体为氧气和燃气：丙烷 - 丁烷，乙炔或是氢气，稀释气体是氮气或空气，送粉气是空气或氮气。

芬兰的 Tampere 科技大学材料科学研究所（1992）[54]，使用这种爆炸喷涂设备喷涂 Al_2O_3，$Al_2O_2 + TiO_2$，$Al_2O_3 + MgO$，Cr_2O_3 层，研究其性能，并与等离子喷涂涂层相比较。结果表明，爆炸喷涂涂层的硬度和耐磨性显著高于等离子喷涂涂层（如，Al_2O_3 涂层：DS 的为 $1020HV_{0.2}$，PS 的为 $780HV_{0.2}$；$Al_2O_3 + 13\% TiO_2$ 涂层：DS 的为 $1053HV_{0.2}$，PS 的为 $843HV_{0.2}$；磨粒磨损耐磨性相差 4 倍，如 PS Al_2O_3 涂层磨损 112，DS Al_2O_3 涂层磨损 32）。

（5）波兰华沙先进表面技术公司（SAT lmc）的气爆炸喷涂设备。德国汉诺威的材料科学研究所与波兰 Silesian 技术大学合作研究爆炸喷涂金属基复合材料涂层以及德国多特蒙德（Dortmund）大学材料工程研究所使用的都是波兰华沙先进表面技术公司（SAT lmc）的气爆炸喷涂设备（2004）。这种设备的枪管长 1m，内径 20mm，用氧气和丙烷作为工作气体。

这种喷涂设备喷涂 $FeAl/Al_2O_3$，$FeCrAl - FeAl/Cr_3C_2 - Al_2O_3$，$NiAl/Al_2O_3$ 时，用的喷涂参数为：C_3H_8 流量 30L/min，氧气 122L/min，送粉率 10g/min，喷涂距离 200mm，爆燃频率 4Hz。

（6）波兰的华沙科技大学的爆炸喷涂设备。波兰的华沙科技大学材料科学与工程系（Politechnika Warzawska）与华沙的一家精密机械研究所合作[63]研制了一种爆炸喷涂系统，这种系统枪管的端部有一容积为 $300cm^3$ 的爆炸仓，使用氧 - 乙炔，或是丙烷 - 丁烷，在氧 - 乙炔气进入爆炸仓内并混合，点燃，爆燃产生冲击波加热加速由氮气送进的粉末，形成气体——粉末束流，其速度最高可达 1200m/s。这种设备改进了供气调控 - 阀门系统。保证各次向仓内供气的体积差不超过 2%，以保证每次爆燃的重现性，爆燃频率在 2 ~ 10Hz 之间可调。用这种设备在经热处理硬度为 30HRC 的 AISI 1045 钢上喷涂氧化铝 – 氧化钛得到致密的涂层，甚至发生粉末穿透进入 1045 钢基体表面 5μm 深的情况。

（7）DSP – 1000 型计算机控制爆炸喷涂系统。这种计算机控制爆炸喷涂系统是 Demeton Technologies Inc 为完成美国海军 SBIR 项目的产物（2002 年）。DSP – 100 系统按气体动力学原理设计静态气体分配器，从而取消了传统爆炸喷涂设备中复杂的容易发生问题的机械 – 阀系统和缓冲气体，克服了爆炸频率的限制，使工作更可靠。该系统由喷枪总成，气/水控制单元，主控制单元三部分组成，可进行远程控制。喷枪总成外形尺寸：68in(L) × 15in(H) × 15in(W) 喷枪总成重量 56kg。枪管内径约为 1in（24mm）。

工作气体为：丙烷、丙烷 – 丁烷、甲烷、氢气。工作气体压力：燃气：207 ~ 276kPa，氧气：310 ~ 380kPa。工作气体耗量：燃气：15 ~ 50L/min，氧气：70 ~ 250L/min。燃爆频率：2 ~ 16 次/s 或更高。每次喷涂厚 5 ~ 20μm。可以喷涂金属、金属陶瓷、陶瓷等，几乎不受限制。

表 4 – 3 给出 DSP – 1000 喷涂不同涂层的性能。

DSP – 1000 喷涂因基体受热较少，甚至可在铝薄、锌薄上喷涂。

表 4 – 3　DSP – 1000 喷涂不同涂层的性能

项 目	不锈钢	自熔合金	WC – Co	Cr_3C_2 – NiCr	Al_2O_3 – TiO_2
孔隙度/%	0 ~ 0.5	0 ~ 1	0 ~ 1	0.2 ~ 1	0.5 ~ 4
显微硬度 HV0.3	335 ~ 400	220 ~ 260	1100 ~ 1400	900 ~ 1200	1050 ~ 1350

从表 4 – 3 看到 DSP – 1000 喷涂氧化物陶瓷涂层时孔隙度较高。

4.4.2　爆炸喷涂工艺原理

爆炸喷涂过程中，氧气与燃气以一定的配比进入混合室，混合气再进入一端封闭一端开口的枪管。这时，空气或氮气将一定量的粉末雾化送入枪管，以电火花点燃混合物。在枪管的闭口端点燃，且枪管足够长，爆炸波加速成为爆轰波。爆轰波产生过程：最初是产生爆燃，生成原未燃气体体积 5~15 倍的燃烧产物，由于体积急剧膨胀产生压力波，同时使未燃气体受热，速度提高，导致随后的更高的燃烧速度，更高的波速和温度。连续作用产生冲击波，又点燃前面的气体混合物，进而产生爆轰波。由冲击波、化学反应区和爆轰产物组成爆轰波，形成燃烧产物和被加热加速的喷涂粉末粒子束冲击基体表面形成涂层。（有文献给出爆炸波的速度在 1500~2500m/s 的量级，而爆燃产物的速度在 400~800m/s）。对于乙炔、氢气，从爆燃波到爆轰波需要的距离是 1m 左右，这即是所需要的爆炸喷涂枪管的长度，对于分子量较大的碳氢化合物与氧气或空气混合物要形成爆轰波 1m 的长度还不够。应注意的是用氮气或空气送粉，在一定程度上会稀释爆燃气体，对爆轰的形成，喷涂粒子的能量都有一定的影响，有关爆轰波的产生，爆燃－爆轰过渡的热物理动力学过程仍是目前研究的重点，也是优化爆炸喷枪尺寸结构的基础。

传统的爆炸喷枪每一次爆轰后都要向混合室和枪管内送入氮气，清除枪管内的燃烧产物，以防回火。而随着爆炸喷枪的结构和配气系统的改进，新型的爆炸喷涂系统已不需要这一"清扫工序"。

4.4.3 爆炸喷涂涂层性能

随着爆炸喷涂技术的发展，各国学者对爆炸喷涂涂层性能进行了一系列研究。

（1）碳化物金属陶瓷涂层。美国联合碳化物公司早期（1974年）的研究[52]给出用 D – Gun 爆炸喷涂和当时的新型等离子喷涂设备喷涂的 WC – Co 的性能比较，见表 4 – 4。

表 4 – 4 联合碳化物公司使用 D – Gun 和等离子喷涂 PS 涂层的性能

涂 层	显微硬度 HV0.3	拉伸结合强度/MPa	弹性模量 /MPa	密度 /g·cm⁻³	金相孔隙度（体积分数）/%
D – Gun WC – 9% Co	1300	>83	31 (214×10³)	14.2	0.5
D – Gun WC – 15% Co	1050	>83	31 (214×10³)	13.2	1.0
PS. WC – 12% Co	750	69	22 (152×10³)	12.5	2.0
D – Gun 99Al₂O₃	1100	69	14 (97×10³)	3.4	2.0
PS. 99 Al₂O₃	825	52	5.7 (39×10³)	2.0	3.0

从表4-4所列试验结果看到联合碳化物公司使用 D – Gun 爆炸喷涂系统喷涂的 WC – Co 涂层的孔隙度较低，显微硬度、弹性模量等各项机械性能显著高于等离子喷涂涂层，涂层与基体结合强度也较高。

印度国防冶金研究实验室和先进粉末冶金与新材料国际研究中心的学者 M. Ray，G. Sumdararayam 等近期研究用 Dniper – 3 型爆炸喷涂系统喷涂 WC – Co（包括 WC – 12% Co 和 WC – 17% Co）结构与性能，并与用 Miller Thermal SG – 100 等离子喷涂（喷枪号为3702）的涂层比较。涂层相组成分析表明用爆炸喷涂得到的主要是 WC 相，有少量的 W_6Co_6C 相，而在等离子喷涂 WC – 12% Co 时涂层中除 WC 相外还有相当数量的 WC 转变为 W_2C，表明等离子喷涂过程中发生明显的脱碳。SEM 显微组织分析表明，等离子喷涂涂层看到喷涂粉末熔化形成的涂层，而爆炸喷涂则熔化不足，有明显的凸镜状相沉积形成涂层。且有粒径在 $1 \sim 8\mu m$ 范围的 WC 粒子弥散分布在涂层中。用等离子喷涂（APS）和爆炸喷涂的几种涂层特性如表4-5。

表4-5 等离子喷涂和爆炸喷涂涂层性能比较

涂 层	表面粗糙度 $Ra/\mu m$	孔隙度 /%	涂层厚度 $/\mu m$	相组成	显微硬度
DS WC – 12Co	3.8	1.19	180	WC，CO，少量 W_2C	1199
APS WC – 12 Co	6.0	5.5	180	W_2C，Co_3W_3C CO_6W_6C，少量 WC	1070
DS Cr_3C_2 – 25NiCr	4.0	1.22	210	Cr_3C_2，NiCr	972
APS Cr_3C_2 – 25NiCr	8.8	3.10	220	Cr_7C_3，Cr_3C_2，NiCr	798
DS Al_2O_3	3.5	1.18	240	$\alpha Al_2O_3 + \gamma Al_2O_3$	1141
APS Al_2O_3	9.6	4.55	270	γAl_2O_3	693

涂 层	冲蚀磨损率 $/mg \cdot g^{-1}$	持续态冲蚀磨损率 $/cm^3 \cdot g^{-1}$	磨粒磨损 $/cm^3$	滑动磨损率 $/cm^3 \cdot km^{-1}$
DS WC – 12Co	0.7	0.5×10^4	0.0022	0.5×10^{-5}
APS WC – 12 Co	3.4	3.1×10^4	0.014	3.1×10^{-5}
DS Cr_3C_2 – NiCr	0.8	1.4×10^4	0.008	1.5×10^{-5}
APS Cr_3C_2 – NiCr	1.7	2.7×10^4	0.011	10.6×10^{-5}
DS Al_2O_3	0.4	1.2×10^4	0.0045	4.0×10^{-5}
APS Al_2O_3	1.6	4.8×10^4	0.0046	18.5×10^{-5}

从表4-5数据看到，爆炸喷涂（DS）与大气等离子喷涂（APS）相比，不论是喷涂金属陶瓷涂层还是喷涂陶瓷涂层都有较高的致密度（即低的孔隙度），高的显微硬度，低的冲蚀磨损，磨料磨损和滑动磨损率。这些性能的取得是与爆炸喷涂时粉末以更高的速度（通常应在700~800m/s，而等离子喷涂粉末粒子速度多在300~400m/s）冲击沉积基体表面，得到致密的涂层。且在爆炸喷涂过程中粉末被加热较少，相对温度较低，对碳化物金属陶瓷来说氧化脱碳较少。因此，涂层还保持与原粉末相近的相组成（如 WC-12%Co 涂层主要还是 WC 相，仅有少量 W_2C 相，说明氧化脱碳较少），而等离子喷涂涂层碳化物金属陶瓷涂层相组成与原粉末（主要是 WC 相+Co 相）相比有较大变化。涂层中主要是 W_2C，Co_3W_3C，Co_6W_6C 相，而 WC 较少，加之等离子喷涂涂层孔隙度高（达到5%以上）。同时，注意到爆炸喷涂涂层有低的表面粗糙度。

对于 Cr_3C_2-NiCr 涂层，从表4-5给出的实验数据看到 D-Gun 喷涂的涂层有低的孔隙度、高的机械性能、高的耐磨性。涂层相分析结果表明，用爆炸喷涂得到的涂层相组成与使用的粉末的相组成相同：为 Cr_3C_2 型铬的碳化物和 NiCr 基体。而用等离子喷涂的涂层的组织中除 Cr_3C_2 和 NiCr 基体外，出现了 Cr_7C_3 碳化物。

（2）陶瓷涂层。从表4-4、表4-5数据看到，联合碳化物公司的实验结果和印度学者的实验表明对于通常适于等离子喷涂的 Al_2O_3 陶瓷，在用爆炸喷涂时同样得到较好的结果，特别是有低的表面粗糙度。通常认为：在喷涂过程中粉末被加热到较高的温度、熔化、半熔化、软化在基体表面上沉积时，可得到较低的表面粗糙度。而他们的实验结果给出通常认为粉末被加热较少的爆炸喷涂也能得到较低的表面粗糙度，这应与在爆炸喷涂时粉末粒子以更高的速度（800~1000m/s）冲击表面，很高的动能转化为热能，或是这样高的冲击速度可能使硬脆的陶瓷粒子也会发生较大的塑性变形，而使涂层的孔隙度和表面粗糙度较低。爆炸喷涂涂层的各项机械性能以及在几种磨损条件下的耐磨性都优于等离子喷涂涂层。

芬兰学者（1992）[54]使用乌克兰的 Perun P 爆炸喷涂装置喷涂 Al_2O_3，$Al_2O_3+TiO_2$，Cr_2O_3 等陶瓷涂层与用 Plasma-Technik A3000s

4/2 设备（PT 公司等离子喷枪）喷涂的涂层相比较，表明不论是哪一种材质的涂层，爆炸喷涂的涂层都有较低的孔隙度，较高的显微硬度。如 Al_2O_3 涂层 PS（等离子喷涂）喷涂的为 780HV0.2，而 DS（爆炸喷涂）的为 $1020HV_{0.2}$；$Al_2O_3 + 13\% TiO_2$ 涂层，PS 的为 $843HV_{0.2}$，DS 的为 $1020HV_{0.2}$；$Al_2O_3 + 30\% MgO$ 涂层，PS 的为 $726HV_{0.2}$，DS 的为 $952HV_{0.2}$；Cr_2O_3 涂层，PS 的为 $1894HV_{0.2}$，DS 的为 $2082HV_{0.2}$；而且，DS 涂层都有高的耐磨性。

从上述实验结果可以看到：不论使用 $D - Gun^{TM}$ 喷枪、Dniper - 3 型喷枪还是 Perun P 爆炸喷涂装置，爆炸喷涂几种氧化物陶瓷涂层都有较好的性能，且高于通常喷涂陶瓷使用的等离子喷枪喷涂的同样材质涂层。

（3）硬质粒子增强铝化物基复合材料涂层。德国 Hannover 的材料科学研究所与波兰 Katowice 的 Silesian 科技大学合作（2003）[19]，研究德国 GTV 公司制造的 MFD - 100 型等离子喷枪和 D - Gun 喷涂硬质粒子强化 Fe - Al、Ni - Al 铝化物涂层性能，使用的 D - Gun 是波兰华沙表面先进技术公司（SAT）制造的气爆炸喷涂系统，其典型工作参数是：C_3H_8 气流量 30L/min，氧流量 122L/min，点燃频率 4 ~ 8Hz；送粉率 10g/min，喷涂距离 200mm。这种喷枪没有阀门，因此工作可靠，号称没有保养问题。喷涂 $FeAl$ 基/Al_2O_3、$FeCrAl - FeAl$/$Cr_3O_2 - Al_2O_3$、$NiAl/Al_2O_3$、$NiCrAl - FeAl/TiC - Al_2O_3$，等离子喷涂的涂层与基体黏结强度相应为（$17.7 \pm 3.6$）MPa、（$48.8 \pm 5.3$）MPa 大于 80MPa 和（$64.5 \pm 7.8$）MPa。用 SAT 的 D - Gun 喷涂的试样涂层与基体结合强度超过 80MPa。

（4）金属间化合物涂层。白俄罗斯粉末冶金研究所、波兰 Silesian 科技大学（2004）、乌克兰材料科学研究所合作[12]研究铁的铝化物 HVOF 和 D - Gun 喷涂涂层性能。用的 D - Gun 是乌克兰 IPM NAS 开发的 Dniper - 3 型爆炸喷涂喷枪。喷涂 FeAl 粉末的工作参数为氧气 47.5L/min、乙炔 38L/min、空气 74L/min，爆燃频率 3 次/秒；喷涂距离 300mm，得到 DS 涂层孔隙度为 0.7%，显微硬度 834HV，而用 HVOF Diamond Jet 2600 喷涂的涂层孔隙度为 1.0%，显微硬度 831HV，两者相近。在涂层相组成上，原粉末相组成为 FeAl 主相，

有少量 Fe_2Al_5、$FeAl_3$ 相。用 HVOF 喷涂的涂层相组成为 FeAl 为主要相，同时含有 $FeAl_2$、Fe_2Al_5、$FeAl_2O_4$、Fe_3O_4 等相，用 D – Gun 喷涂的涂层主相仍是 FeAl 相，有少量的 $FeAl_2$ 相和 $FeAl_2O_4$ 相。

从以上实验结果看到，在喷涂金属间化合物合金涂层时，用 HVOF 喷涂与用 D – Gun 喷涂涂层的组成与性能相差不大。

(5) 喷涂金属合金涂层。德国 Dortmund 大学材料工程研究所 (2004)，在铝合金上喷涂粒度在 ($-45+25$) μm 的 NiCrBi 粉末（硬度60HRC）用的是波兰 SAT 制造的 D – Gun，枪管长 1m，直径 20mm。用的氧气和丙烷分压相应分为：0.1MPa 和 0.008 ~ 0.014MPa。用三点弯曲法测定涂层与基体结合强度，结果表明用 D – Gun 喷涂的涂层（厚180μm）有较高的结合强度（直到弯曲47°，相应弯曲时间近48秒）前没有产生宏观裂纹，而等离子喷涂280μm 厚涂层在弯曲2秒多时涂层就破坏了。

中科院金属研究所、金属腐蚀与防护国家重点实验室、广州有色金属研究所、沈阳黎明航空发动机集团公司合作[64]、研究比较用低压等离子喷涂（LPPS）和爆炸喷涂（DS）方法，在镍基（含有 W、Cr、Mo、Ti、Ta）高温合金单晶试样（14mm × 12mm × 2.5mm）上喷涂 Ni20Cr10Al0.5Y 合金涂层，涂层厚度100μm，喷涂态下两种涂层均含有 γ – Ni、γ′ – Ni_3Al 和 β – NiAl 相。DS 涂层中还含有 Al_2O_3。说明与低压等离子喷涂相比，用 Dniper 型爆炸喷涂时发生粉末和涂层的氧化（LPPS 参数：功率为 500A/70V，主弧气为 Ar33L/min，二次气为 $H_2$15L/min，送粉气为 Ar：3L/min，送粉率为 15g/min，仓压为 60mmHg，喷涂距离为 260mm；爆炸喷涂：燃气为 $C_2H_2$45L/min，$O_2$35L/min，送粉气为 $N_2$15L/min，送粉率为 20g/min，燃爆频率为 2Hz，喷涂距离为 180mm）。由于涂层合金中的 Al 的氧化，消耗了 Al，涂层中的 β – NiAl 相转变为 γ′ – Ni_3Al 相，在 D – Gun 喷涂涂层中 β – NiAl 相相对较少。这种涂层在高温氧化过程中主要靠生成铝的氧化物膜，使涂层受到保护，而 DS 喷涂样品由于在喷涂过程中 Al 的氧化，消耗了 Al，使 DS 喷涂涂层的氧化增重明显地高于低压等离子喷涂涂层。这一研究说明，与低压等离子的喷涂相比，D – Gun 喷涂不可避免地发生材料的氧化，特别是涂层材料组分中有对氧亲和力较高的元素时，氧化更为明显，以致影响了涂层的成分、相组成和抗高温氧化性。

此外，爆炸喷涂在生物功能材料喷涂方面也取得较好的效果。

综上所述，用爆炸喷涂可以得到金属合金、金属间化合物、金属基复合材料、金属陶瓷等各种材质的优质涂层，其性能明显优于大气下等离子喷涂。略优于通常的 HVOF 喷涂。（未见到有关爆炸喷涂与 HP/HVOF 喷涂的比较）但在爆炸喷涂过程中不可避免地会发生材料的氧化，氧化的严重程度高于低压等离子喷涂。

4.4.4 爆炸喷涂的应用

随着爆炸喷涂和相应的材料技术的发展，目前爆炸喷涂已能成功地喷涂多种类型的材料，包括：金属、合金、玻璃、陶瓷、金属陶瓷以及复合材料、获得具有耐热、耐磨、耐蚀、耐高温氧化，抗热腐蚀，抗固体粒子冲蚀以及生物功能，特殊物理化学性能的涂层。且随着相关技术的解密，航空航天、能源动力、冶金、机械、汽车、石化等领域均有应用（应用的规模尚不清楚）。

爆炸喷涂的应用首先是在航空、航天和核技术领域解决了一系列耐热、耐冲蚀、抗热腐蚀的难题。随着航空工业的发展，涡轮发动机涡轮前温度已达 1900K，要在高温合金表面喷涂热障涂层，目前使用的主要是 MCrAlY 涂层为过渡层的 $ZrO_2 - 8Y_2O_3$ 陶瓷涂层。因为存在热喷涂层与基体结合强度不高的问题，曾试图放弃用热喷涂法制作这种热障涂层，但用爆炸喷涂的涂层比等离子喷涂的有更高的硬度和抗高温氧化性能。

在电厂锅炉热交换器上，煤粉喷枪喷口用爆炸喷涂 WC - Co、Cr_3C_2NiCr 涂层都大幅度的提高工件的寿命；在汽车行业高性能发动机活塞环、气门导杆等部位喷涂陶瓷涂层；在造纸业、纺织业耐磨、石化等行业要求耐腐蚀工件的表面也都有成功应用（在这些领域 HVOF 以及 HP/HVOF、等离子喷涂也都有广泛应用）。

在冶金工业的应用。值得我们关注的是爆炸喷涂在 Praxair 公司的表面技术部和日本 NSC 各工厂的应用。

Praxair surface Technologies 尽管没有发表有关爆炸喷涂的技术报

道和论文，但在其公司介绍（网上信息）中将 Super D – Gun^{TM} Coating Process D – Gun^{TM} Coating Process，列在首位且在其产品介绍中特别列出了以下各种冶金工业用辊：

(1) Cold Mill（冷轧）：

Bridle rolls 张紧辊、Mandrels 芯棒、Tensiometer rolls 测张辊；

(2) CGL Lines（连续镀锌生产线）：

Furnace rolls 炉辊、Pot rolls 沉没辊、Tower rolls 塔辊、Process rolls 工艺辊、ETL&EGL Comductor rolls TEL 和 EGL 导电辊；

(3) Finishing Lines（精整线）：

Bridle rolls 张紧辊、Flattensing rolls 矫平辊、Leveler rolls 整平辊。但是，没有说明哪些辊必须用爆炸喷涂、生产效率、可靠性，以及成本。

日本 NSC 的名古屋工厂（Nagoya Works）喷涂多种合金以及碳化物金属陶瓷，陶瓷和复合材料涂层用于炉辊和导辊取得较好的效果。工厂早期使用的有 SiO_2 – ZrO_2 陶瓷涂层和 MCrAlY 超合金涂层，随后开发了氧化物和硼化物陶瓷粒子增强 MCrAlY 金属陶瓷涂层，且实际上使用爆炸枪火焰喷涂工艺[65]，应用于炉辊取得更好的效果，据称在连续退火炉炉辊上应用使用寿命已长达 6 年以上。其中：SiO_2 – ZrO_2 陶瓷涂层厚度可达 1mm、结合强度 40MPa，有较好的抗积瘤特性；Cr_3C_2 – NiCr 复合粉涂层的结合强度可达 85MPa，在无氧情况下最高工作温度可达 850℃，在有氧情况下工作温度最高 750℃；MCrAlY – Al_2O_3 涂层结合强度可达 100MPa，可在更高的温度下工作，有一定的抗积瘤特性；改性的 MCrAlY – Al_2O_3 可在更高的温度下工作。有硼化物的涂层有最好的抗积瘤特性。爆炸喷涂在日本 NSC 名古屋工厂有十余年的应用历史。

小结：爆炸喷涂有以下主要优点：

(1) 粒子以更高的速度（750m/s 以上）冲击基体表面，动能将转化为热能，且高速冲击可能导致材料表面机械活化，促进一些物理化学过程，有利于形成冶金 – 机械结合因此涂层与基体有较高的结合强度（喷涂金属陶瓷类材料，结合强度常超过 80MPa）。

（2）低的孔隙度，爆炸喷涂涂层孔隙度通常低于1%，与HVOF喷涂同种材料有相近或更低的孔隙度。

（3）与其他喷涂相比，爆炸喷涂涂层有较高的硬度；且有较低的表面粗糙度。

（4）爆炸喷涂为脉冲工作，对工件的热作用时间短，不会对工件形成连续加热，工件升温通常低于100℃。

（5）爆炸喷涂可喷涂氧化物陶瓷，并得到致密度高于等离子喷涂的涂层，这在某些情况下是必要的；但在某些情况下，涂层有一定的孔隙度是必要的。因此，不能取代等离子喷涂。

爆炸喷涂的主要缺点是低的喷涂效率（通常送粉率在每分钟几十克），通常在大气下喷涂，喷涂距离为100mm时，每一次爆喷循环形成直径约25mm，厚度3~10μm的涂层。必须有高精度的机械系统以保证涂层的均匀连续。高的噪声，爆炸喷涂过程中仍不可避免地发生材料的氧化。

表4-6给出爆炸喷涂与几种热喷涂工艺特性的比较。

表4-6 爆炸喷涂与几种热喷涂工艺特性的比较

热喷涂工艺	热焰流温度/℃	粒子飞行速度/m·s^{-1}	沉积率/%	涂层氧增量/%	涂层孔隙度/%	涂层结合强度 MPa（以金属陶瓷为例）
爆炸喷涂	3000~3500	800~1000	40~70	0.2	0.1~1	80~100 以上
HVOF	2500~3500	500~800	45~75	0.2	1~5	80 以上
等离子喷涂	5500~1500	200~800	50~75	0.1~1	1~10	60
电弧喷涂	4000~6000	200~300	50~80	0.5~3	8~15	
火焰喷涂	2500~3500	30~180	40~70	4~6	10~30	
HP/HVOF	2500~3500	750 以上	50~75	0.2	0.1~2	80~100 以上

注：HP/HVOF有高的燃气速度2194m/s，而HVOF的燃气速度仅1460~1800m/s。

参考文献

[1] Fauchais P, Vardelle A, Dussoubs B. J. Therm. Spray Technol., 2001, 10 (1)：44~66.

[2] Browning C J. [C] Berndt C C. Thermal Spray：Practical Solutions for Engineering Problems. Materials Park, OH：ASM International. 1996, 387~390.

[3] Lackner M, Winter F, Agarwal A K. Handbook of Combustion, 5 volume set [M]. Wiley – VCH. 2010

[4] Baukal Jr. C E. John Zink – Combustion Handbook [M]. CRC. 2001.

[5] Turunen E. VTT Industrial Systems, Diagnostic Tools for HVOF Process Optimization [M]. Finland: VTT Publications. 2005.

[6] Browning J A, Matus R J, Richter H J. A new HVOF thermal spray concept, advances in thermal spray science & technology [C]. Berndt C C, Sampath S. Materials Park, OH: ASM International. 1995, 7 ~ 10.

[7] Browning J A. Viewing the future of high velocity Oxy – fuel (HVOF) & high velocity air fuel (HVAF) thermal spray [J]. Journal of thermal spray technology, 1999, 8 (3): 351 ~ 356.

[8] Legoux J – G, Arsenault B, Leblanc L, et al. Journal of Thermal Spray Technology, 2002, 11 (1): 86 ~ 94.

[9] Hackett C M, Settles G S. Proceedings of the 8th National Thermal Spray Conference Sept. 11 – 15 1995 Houston, Texas. 1995.

[10] Wang Hangong, Zha Bailin, Su Xunjia. Moreau C, Marple B. Proc. ITSC' 2003, Thermal Spray 2003: Advancing the Science & Applying the Technology. Materials Park, Ohio, USA : ASM International. 2003: 789 ~791.

[11] Zhao L, Maurer M, Fischer F, et al. Surface and Coating Technology, 2004, 186: 160 ~ 165.

[12] Watanabe M, Komatsu M, Kuroda S. WC – Co/Al multilayer coatings by warm spray deposition [J]. Journal of Thermal Spray Technology, 2012, 21 (3 ~4): 597 ~608.

[13] Goyal D K, Singh H, Kumar H, et al. Journal of Thermal Spray Technology , 21 (5): 838 ~851.

[14] Rusch W. Comparison of operating characteristics for gas and liquid fuel HVOF torches [C] // Marple B R, Hyland M M, Lau Y – C, et al. Proc. ITSC' 2007: Global Coating Solutions. Materials Park, Ohio, USA: ASM International. 2007, 572 ~ 576.

[15] Kurodal S, Kawakital J, Watanabe M, et al. Warm spraying—a novel coating process based on high – velocity impact of solid particles [J]. IOP PUBLISHING Sci. Technol. Adv. Mater., 2008, 9 (033002): 17.

[16] Katanoda H, Kiriaki T, Tachibanaki T, et al. Modeling and experimental validation of the warm spray (two – stage HVOF) process [J]. Journal of Thermal Spray Technology, Publ. online, Feb. 2009. http: //www. springer. com.

[17] Zhang G, Liao H, Yu H, et al. Surf. Coat. Technol., 2006, 200: 6690.

[18] Kawakita J, Watanabe M, Kuroda S, et al. Densification of Ti coatings by Bi – modal size distribution of feedstock powder during warm spraying [C] // Marple B R, Hyland M M, Lau Y – C, et al. Proc. ITSC' 2007: Thermal Spray 2007: Global Coating Solutions. Materials Park, Ohio, USA: ASM International. 2007, 45 ~49.

[19] Neiser R A, Brockmann J E, Hern T J O, et al. Wire melting & droplet atomization in a

HVOF Jet [C] //Berndt C C, Sampath S. Advances in Thermal Spray Science & Technology. Materials Park, OH; ASM International. 1995, 99 ~ 104.

[20] Neiser R A, Smith M F, Dykhuizen R C. Oxidation in wire HVOF sprayed steel [J]. Journal of Thermal Spray Technology, 1998, 7 (4): 537 ~ 545.

[21] Hackett C M, Settles G S, Miller J D. On the gas dynamics of HVOF thermal sprays [J]. J. of Thermal Spray Technology, 1994, 3 (3): 299 ~ 304.

[22] Li M, Shi D, Christofides P D. Diamond jet hybrid HVOF thermal spray: gas – phase and particle behavior modeling and feedback control design [J]. Ind. Eng. Chem. Res. , 2004, 43: 3632 ~ 3652.

[23] Hanson T C, Hackett C M, Settles G S. Independent control of HVOF particle velocity and temperature [J]. Journal of Thermal Spray Technology, 2002, 11 (1): 75 ~ 85.

[24] Li M, Christofides P D. Multi – scale modeling and analysis of HVOF thermal spray process [J]. Chemical Engineering Science, 2005, 60: 3649 ~ 3669.

[25] Li Mingheng, Christofides P D. Modeling and analysis of HVOF thermal spray process accounting for powder size distribution [J]. Chemical Engineering Science, 2003, 58: 849 ~ 857.

[26] Li Mingheng, Christofides P D. Computational study of particle in – flight behavior in the HVOF thermal spray process [J]. Chemical Engineering Science, 2006, 61: 6540 ~ 6552.

[27] Dolatabadi A, Mostaghimi J, Pershin V. Effect of a cylindrical shroud on particle conditions in high velocity oxy – fuel spray process [J]. Journal of Materials Processing Technology, 2003, 137: 214 ~ 224.

[28] Yang X, Eidelman S. Numerical analysis of a high – velocity oxygen – fuel thermal spray system [J]. Journal of Thermal Spray Technology, 1996, 5: 175 ~ 184.

[29] Cheng D, Xu Q, Trapaga G, et al. A numerical study of high – velocity oxygen fuel thermal spraying process. part I: Gas phase dynamics [J]. Metallurgical and Materials Transactions, 2001, A 32: 1609 ~ 1620.

[30] Tawfik H H, Zimmerman F. Mathematical modeling of the gas and powder flow in HVOF systems [J]. J. Therm. Spray Technol, 1997, 6: 345 ~ 352.

[31] Turunen E, Varis T, Hannulal S – P, et al. On the role of particle state and deposition procedure on mechanical, tribological and dielectric response of high velocity oxy – fuel sprayed alumina coatings [J]. Materials Science and Engineering 2005. Accepted for publication.

[32] Li Mingheng, Shi Dan, Christofides P D. Diamond Jet hybrid HVOF thermal spray: gas – phase and particle behavior modeling and feedback control design [J]. Ind. Eng. Chem. Res. , 2004, 43: 3632 ~ 3652.

[33] Natishan P M, Lawrence S H, Foster R L, et al. Surf. Coat. Technol. , 2000, 130: 218 ~ 226.

[34] Broszeit E, Friedrich C, Berg G. Surf. Coat. Technol. , 1999, 115: 9 ~ 14.

[35] Li Mingheng, Shi Dan, Christofides P D. Modeling and control of HVOF thermal spray pro-
cessing of WC – Co coatings [J]. Powder Technology , 2005, 156: 177 ~ 194.

[36] Shi Dan, Li Mingheng, Christofides P D. Diamond jet hybrid HVOF thermal spray: rule –
based modeling of coating microstructure [J]. Ind. Eng. Chem. Res. , 2004, 43:
3653 ~ 3665.

[37] Lyphout C, Nylén P, Wigren J. Characterization of adhesion strength and residual stresses of
HVOF sprayed inconel 718 for aerospace repair applications [C] Marple B R, Hyland M
M, Lau Y – C, et al. Proc. Proc. ITSC' 2007: Thermal Spray 2007: Global Coating Solu-
tions. Materials Park, Ohio, USA: ASM International. 2007. 588 ~ 593.

[38] Turunen E, Kanerva U, Varis T, et al. Nanostructured ceramic HVOF coatings for improved
protection [C]. Marple B R, Hyland M M, Lau Y – C, et al. Proc. ITSC' 2007: Thermal
Spray 2007: Global Coating Solutions. Materials Park, Ohio, USA: ASM International.
2007, 484 ~ 488.

[39] Turunen E, Varis T, Gustafsson T E, et al. Parameter optimization of HVOF sprayed nano-
structured alumina and alumina – nickel composite coatings [J]. Surf. Coat. Technol. ,
2006, 200 (16 – 17): 4987 ~ 4994.

[40] Lima R S, Marple B R. From APS to HVOF Spraying of conventional and nanostructured ti-
tania feedstock powders: a study on the enhancement of the mechanical properties [J].
Surf. Coat. Technol. , 2006, 200 (11): 3428 ~ 3437.

[41] Rajasekaran B, Mauer G, Vassen R, et al. Coating of high – alloyed, ledeburitic cold work
tool steel applied by HVOF spraying [J]. Journal of Thermal Spray Technology, 2010, 19
(3): 642 ~ 649.

[42] Lima R S, Marple B R. Thermal spray coatings engineered from nanostructured ceramic ag-
glomerated powders for structural, thermal barrier and biomedical applications [J]. Journal
of Thermal Spray Technology, 2007, 16 (1): 40 ~ 63.

[43] Ferna'ndez J, Gaona M, Guilemany J M. Effect of heat treatments on HVOF hydroxyapatite
coatings [J]. Journal of Thermal Spray Technolog, 2007, 16 (2): 220 ~ 228.

[44] Lima R S, Dimitrievska S, Bureau M N, et al. HVOF – sprayed nano TiO_2 – HA Coatings
exhibiting enhanced biocompatibility [J]. Journal of Thermal Spray Technology, 2010, 19
(1 – 2): 336 ~ 343.

[45] Webster T J, Ergun C, Doremus R H, et al. Specific proteins mediate enhanced osteoblast ad-
hesion on nanophase ceramics [J]. J. Biomed. Mater. Res. , 2000, 51 (3): 475 ~ 483.

[46] Enayati M H, Karimzadeh F, Tavoosi M, et al. Nanocrystalline NiAl coating prepared by
HVOF thermal spraying [J]. Journal of Thermal Spray Technology, Published online. 2010 –
10 – 30. http: //www. springer. com.

[47] Maatta A, Kanerva U, Vuoristo P. Structure and tribological characteristics of HVOF coatings
sprayed from powder blends of Cr_3C_2 – 25NiCr and NiCrBSi alloy [J]. Journal of Thermal

Spray Technology, Published online. 2010 – 10 – 30. http: //www. springer. com.

[48] Hasan S, Stokes J. Design of experiment analysis of the sulzer metco DJ high velocity oxy – fuel coating of hydroxyapatite for orthopedic applications [J]. Journal of Thermal Spray Technology, Published online. 2010 – 10 – 30. http: //www. springer. com.

[49] Lyphout C, Nyle'n P, Östergren L. Relationships between process parameters, microstructure, and adhesion strength of HVOF sprayed IN718 coatings [J]. Journal of Thermal Spray Technology, Published online. 2010 – 10 – 30. http: //www. springer. com.

[50] Lima C R C, Guilemany J M. Adhesion improvements of thermal barrier coatings with HVOF thermally sprayed bond coats [J]. Surface & Coatings Technology, 2007, 201: 4694 ~ 4701.

[51] Poorman R M, Sargent H B, Lamprey H. Method and Apparatus Utilizing Detonation Waves for Spraying and Other Purposes [P]. US Patent 2 714 563, August 2, 1955.

[52] Tucker R C. Structure property relationships in deposits produced by plasma spray and detonation gun techniques [J]. J. Vac. Sci. Technol. , 1974, 11 (4): 725 ~734.

[53] Irving B, Knight R, Smith R W. The HVOF process—the hottest topic in the thermal spray industry [J]. Welding Journal, 1993, July: 25 ~30.

[54] Vuoristo M R J, Nieml K J, Mantyla T A. On the properties of detonation gun sprayed and plasma sprayed ceramic coatings [C]. Berndt C C. Proceedings of the International Thermal Spray Conference & Exposition. Materials Park, OH, USA: ASM International. 1992. 171 ~175.

[55] Thorpe M L, Richter H J. A pragmatic analysis and comparison of the HVOF process [C] Berndt C C. Proceedings of the International Thermal Spray Conference & Exposition. Materials Park, OH, USA: ASM International. 1992, 137 ~147.

[56] Sundararajan G, Prasad K U M, Rao D S, et al. A comparative study of ttribological behavior of plasma and D – Gun sprayed coatings under different wear modes [J]. J. Materials Engineering and Performance, 1998, 7 (3): 343 ~351.

[57] Roy M, Rao C V S, Rao D S, et al. Abrasive wear behaviour of detonation sprayed WC – Co coatings on mild steel [J]. Surface Engineering, 1999, 15 (2): 129 ~136.

[58] Gavrilenko T P, Nikolaev Y A, Ulianitsky Y V, et al. Computational code for detonation spraying process [C]. Coddet C. Proceedings of the 15th International Thermal Spray Conference. Materials Park, OH, USA: ASM International. 1998. 1475 ~1483.

[59] Bach P W, Babiak Z, Rothardt T, et al. Properties of plasma and D – gun sprayed metal – matrix – composite (MMC) coatings based on ceramic hard particle reinforced Fe – , Ni – aluminide matrix [C]. Moreau C, Marple B. Proc. ITSC' 2003: Thermal Spray 2003: Advancing the Science & Applying the Technology. Materials Park, Ohio, USA: ASM International. 2003, 349 ~253.

[60] Kharlamov Y A, Ulshin V A, Kharlamov M Y. Computer complex modeling of coatings gase-

ous detonation spraying process [C]. Proc. ITSC' 2004 International Thermal Spray Conference (2004), Reference: Thermal Spray Solutions – Advances in Technology and Application. Materials Park, OH, USA: ASM International. 2004.

[61] Tilmann W, Vogli E, Rechlin R. Tribological behavior of D – gun and atmospheric plasma spraying coatings on light weight materials [C]. Proc. ITSC 2004', International Thermal Spray Conference (2004), Reference: Thermal Spray Solutions – Advances in Technology and Application. Materials Park, OH, USA: ASM International. 2004.

[62] Ilyuschenko A P, Talako T L, Belyaev A V, et al. HVOF and detonation spraying iron aluminides powders [C]. Proc. ITSC' 2004, International Thermal Spray Conference (2004), Reference: Thermal Spray Solutions – Advances in Technology and Application. Materials Park, OH, USA: ASM International. 2004.

[63] Sobiecki J R, Ewertowshi J, Babul T, et al. Properties of alumina coatings produced by gas detonation method [J]. Surface and Coatings Technology, 2004, 180 – 181: 556 ~ 560.

[64] Wang J, Zhang L, Sun B, et al. Study of the Cr_3C_2 – NiCr detonation spray coating [J]. Surface and Coatings Technology, 2000, 130: 69 ~ 73.

[65] Sawa M, Oohori J. Application of thermal spraying technology at steelworks [C]. Berndt C C, Sampath S. Proceedings of ITSC' 95. Materials Park, OH, USA: ASM International. 1995. 37 ~ 42.

[66] Dongmo E, Gadow R, Killinger A, et al. Modeling of combustion as well as heat, mass, and momentum transfer during thermal spraying by HVOF and HVSFS [J]. Journal of Thermal Spray Technology, Published online. 2009 – 6 – 3.

[67] Cannon J E, Alkam M, Butler P B. Efficiency of pulsed detonation thermal spraying [J]. Journal of Thermal Spray Technology, 2008, 17 (4): 456 ~ 464.

[68] Ульяницкий В Ю, Ненашев М В, Калашников В В, И. Д. Ибатуллин1, С. Ю. Ганигин, К. П. Якунин, П. В. Рогожин, А. А. Штерцер. Опыт исследования и применения технологии нанесения детонационных покрытий. Nзгестия Camapcкo20 navyh020 wenmpa Российской акад emuu uavk, 2010, 12 (2): 569 ~ 575.

[69] Singhl L, Chawla V, Grewal J S. A review on detonation gun sprayed coatings [J]. Journal of Minerals & Materials Characterization & Engineering, 2012, 11 (3): 243 ~ 265.

5 等离子喷涂

以等离子焰流作为热源和动力源，加热、加速材料粒子（包括粉体、液滴）进行热喷涂的工艺方法为等离子喷涂。在 2005 年的国际热喷涂会议上，P. Hanneforth 指出在世界范围 48 亿欧元的热喷涂市场中，等离子喷涂占 48%。其中，直流电弧等离子喷涂在等离子喷涂市场中占 90% 以上，感应等离子喷涂占不到 10%。

5.1 概述[1~10]

等离子喷涂涉及的是低温等离子体中的热等离子体，是近局域热力学平衡等离子体，是通过高强度直流电弧放电或高频感应耦合放电以及脉冲放电、交流电弧、激波放电、爆炸丝等方法产生的等离子体。其特点是放电气体压强较高（在 1 个大气压上下）、电场强度较低（在 10V/cm 上下）；电子温度在 1~10eV；离子温度低于电子温度，但相差不是很大，随电流密度不同在 0.4~3.0eV。在处理等离子束流模型时常将其考虑为局域热力学平衡态。[1K 相应于 8.617343（15）×10^{-5}eV，因子为 Boltzmann 常数对单元电荷（elementary charge）的比值，1eV = 11604K。]

热等离子工艺（Thermal plasma processes）应用于工业生产已有 50 多年的历史。其特点是高的能量密度（约 10^6~10^7J/m^3），高的热流密度（约 10^7~10^9W/m^2），高的淬火速率（10^6~10^8K/s），因此有高的工艺效率。

目前，等离子喷涂按等离子体产生的方式主要有直流电弧等离子喷涂和高频感应耦合等离子喷涂。

5.1.1 直流电弧等离子喷涂

直流电弧等离子喷涂见图 5-1，其所涉及的直流电弧等离子焰流（工业上又常称之为等离子弧），是电子、离子、中性粒子（原子和分子）的混合物，是一种高能量密度的工艺介质（能量密度在 10^6

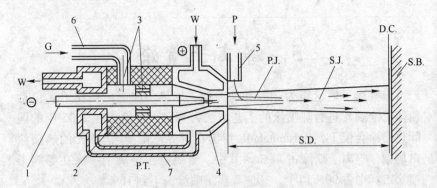

图 5 - 1 常规直流电弧等离子喷涂及枪炬结构示意图

1—阴极；2—绝缘套；3—主弧气流通道与配气环；4—阳极 - 喷嘴；5—喂料管（送粉或液料）；

6—主弧气进气道；7—冷却水管路与通道；G—离子气；W—冷却水；P—喷涂粉末；

P. J. —等离子焰流；S. J—喷射粒子流，S. D. —喷涂距离，S. B. —基体；

D. C —喷涂沉积层；$\oplus$— 接直流电源正极；$\ominus$— 接直流电源负极

$\sim 10^7 J/m^3$）。因其由带电粒子组成而有高的导电性（如，氢等离子在一个大气压下，温度 $10^5 K$，其导电性与室温下的铜相近）。所用的直流电弧等离子焰流发生器是一种直流电弧等离子枪炬。目前，直流电弧等离子枪炬的功率最高可达 6.0MW。对于功率低于 200kW 的多用热阴极枪炬，大功率的用冷阴极枪炬。石墨电极可用于低功率也可用于高功率。目前，功率高于 1.0MW 的转移弧等离子主要用于冶金工业和垃圾处理。

　　直流电弧等离子喷涂枪最初是由 Reineke 在 Gerdien 型等离子发生器（H. Gerdien, A. Lotz, Wissenschaftliche Veroffentlichungen Siemens Werken, 1922, 2, 489～496）基础上，在 1939 年提出的（转引自 R. W. Smith, R. Novak, Powder Metallurgy International 1991, 23 (3): 147）。20 世纪 50 年代后期，在美国的一些公司得到开发和应用（G. Giannim, A. Ducati, Plasma steam apparatus and methods, US Patent, 2922869; R. M. Gage, et al., Collimated electric arc power deposition process, US Patent 3016447）。20 世纪 60 ~ 70 年代，美国空间计划的实施，对热喷涂技术提出了更高的需求，促进了等离子喷涂技术的发展。高气流速度直流电弧等离子枪炬即是 Pratt and Whitney 公司在 20 世纪 70 年代早期开发的。从 1966 年到 1976 年，

差不多每年都有 5～10 项涉及热等离子技术的发明注册美国专利。到 80 年代后期，Browning 开发出高能、高速等离子枪炬 Plaz－jet。随后，为满足不同涂层性能质量工艺要求、改善等离子焰流特性和涂层性能质量，各国学者又开发了微束等离子喷涂，轴向送粉三阴极等离子喷枪等。1986～1996 年，是有关热等离子技术专利的高产时段。而对直流电弧等离子喷涂的理论研究直到 20 世纪 90 年代至 21 世纪初才日渐深入。

直流电弧等离子弧依据电弧阳极的位置可分为以下几种形式（见图 5－2）：

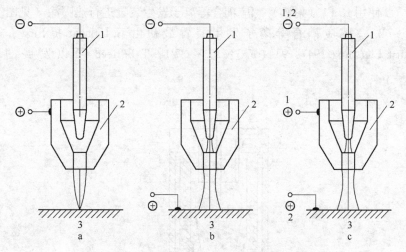

图 5－2　直流电弧等离子弧的几种形式示意图

a—非转移弧型；b—转移弧型；c—联合型

1—阴极；2—阳极；3—工件；⊕—接直流电源正极；⊖—接直流电源负极

（1）非转移弧型。等离子枪炬的阴极接电源的负极，阳极喷嘴接电源的正极，等离子喷涂多用这种形式（见图 5－2a）；

（2）转移弧型。等离子枪炬的阴极接电源的负极，工件接电源的正极（图 5－2b），在阴极和工件间建立等离子弧。粉末等离子喷焊（熔覆）、等离子切割等主要用这种形式；

（3）联合型。等离子枪炬的阴极接电源的负极，阳极喷嘴接电源 1 的正极，在阴极电极和喷嘴间的电弧为非转移弧，被称为维弧，其电源 1 被称为维弧电源;工件接电源 2 的正极,在枪炬阴极和工件间的等离子弧是转移弧(图 5-2c)。

转移弧是工作弧,转移弧阳极斑点有高的温度,高的能量密度,有利于堆焊材料的熔化。目前,粉末等离子堆焊多用这种形式。常被称为转移弧等离子堆焊,或等离子转移弧表面堆焊(PTA Surfacing 或 PTA Hardfacing)。等离子弧垃圾处理也多用这种类型。

5.1.2 射频感应耦合等离子喷涂(Inductively coupled R. F. Plasma Spray)

使用 R. F.(射频)感应耦合等离子发生装置进行热喷涂(见图 5-3)。感应耦合等离子发生装置最初由 G. I. Babat 提出(J. Inst. Elec. Eng. 1947, 94 (27): 27 ~ 37), T. B. Reed 予以发展的

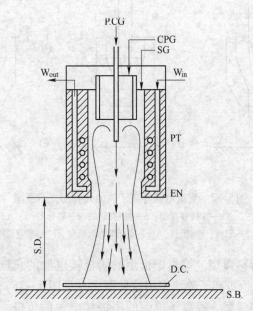

图 5-3 射频感应耦合等离子喷涂示意图

P. CG—喂料及载气;CPG—离子气;SG—保护气;W_{in}—进水;

W_{out}—出水;PT—感应器枪体;EN—等离子焰流出口;

S. D.—喷涂距离;S. B.—基体;D. C.—喷涂沉积层

（HighTemp. Sci.，1961，32（5）：821～824）。在 20 世纪 60～70 年代，美国和苏联将 MW 级的感应耦合等离子发生装置用于热屏蔽材料的性能试验，使用的气体有氩气和空气。后来，小功率（1～5kW）的感应耦合等离子发生装置用于材料分析（AMS 和 MS）。现在感应耦合等离子发生装置在材料加工领域有广泛的应用，且可用于有毒废弃物的降解。目前，功率可达 1MW。对于高功率工作有水冷金属壁的和陶瓷壁的。目前，工业上使用的射频感应耦合等离子喷涂枪多是在 1985 年前后加拿大学者 M. I. Boulos 的研究组的工作基础上开发的。

5.2 非转移弧直流等离子枪炬及等离子焰流的形成[11～30]

目前，热喷涂广泛使用的直流电弧等离子枪炬是在 Gerdien 型等离子发生器（H. Gerdien，A. Lotz，Wissenschaftliche Veroffentlichungen Siemens Werken，1922，2，489～496）基础上发展的非转移弧等离子枪炬。这种等离子枪炬（见图 5－1）由阴极、绝缘套、主弧气流通道与配气环、阳极－喷嘴、喂料管（送粉或液料）、主弧气进气道、冷却水管路与通道等主要部件组成。外接电源接等离子枪炬的阴极和阳极喷嘴，在阴极和阳极喷嘴（水冷阳极）间产生电弧。等离子焰流的工作气体又称主弧气，通过进气道－配气环以一定的流向、流量和流速进入电弧区，决定等离子弧的组成，并在有特定几何形状的枪体内腔和水冷喷嘴内对电弧起约束和压缩作用，使电弧焰流的电离度大大提高，达到等离子态，形成高温高速的等离子焰流。

主弧气流向流速与流量、喷嘴的几何形状和尺寸对电弧的压缩、对等离子焰流的温度和速度有重要的影响。一套热喷涂等离子喷枪往往配有多个不同几何形状和尺寸的喷嘴、电极和配气环（进气道），与相应的电参数、气流参数相配合，得到不同温度和速度（亚声速，超声速：Mach I 和 Mach II）的等离子焰流，满足不同涂层喷涂的需要。

热喷涂等离子枪炬的设计要满足形成高温高速喷射等离子焰流的基本物理要求。

5.2.1　等离子枪炬各组成部分及其功能

5.2.1.1　枪体

等离子枪炬各组件安装于枪体上，使其构成一整体，各组件间安装固定保持相对尺寸关系；且是等离子枪炬夹持安装部位。通常枪体用导热性好的铜合金制作，内有冷却水通道，外有绝缘套筒。

5.2.1.2　绝缘套

保证阴极与阳极喷嘴间以及其他要求绝缘部件间的绝缘。通常用耐热绝缘材料制作。有时也作为等离子枪炬夹持安装部位。

5.2.1.3　阴极

等离子喷涂枪的阴极是不熔化电极。

（1）阴极的功能。阴极给电弧提供电子。有几种方式可实现这一功能：

1）热电子发射。材料中的电子平均能量高于与晶格热平衡的电子被称为热电子。当阴极的温度足够高，使热电子的能量足以越过势垒，从阴极表面逸出即实现热电子发射。O. W. Richardson 给出实现电子发射的电子流密度 j 与为使一个电子从导体表面逸出所需要的最低能量（即逸出功）和温度的关系（热电子发射电流密度 j（A/cm^2）是阴极材料的逸出功函数 Φ_{ew} 和阴极表面温度 T 的函数，有 Richardson – Dushman 关系）：

$$j = AT^2 \exp\ (-e\Phi_{ew}/k_b T)$$

式中　A——Richardson 常数，$A = c_r A_0$，$A_0 = 4\pi mk^2 eh^{-3} = 1.20173 \times 10^6 A/(m^2 \cdot K^2)$；

c_r——材料修正系数，其典型值为 0.5（也有给出 A 为实验常数，对大多数材料其值为 $60A/(cm^2 \cdot K^2)$）；

k_b——Boltzman 常数，其值为 $1.380(24) \times 10^{-23} J/K$ 或 $8.617 \times 10^{-5} eV/K$；

h——Planck 常数，其值为 $6.626 \times 10^{-34} J \cdot s$，或 $4.135(10) \times 10^{-15} eV \cdot s$；

m，e——电子质量和电子电荷（参见本书电弧喷涂部分）。

2）场发射。阴极前端的电压（电场强度）足够高时，由Schottky效应使电子发射。外电场的作用是降低势垒，促进热电子发射。

3）通过阴极材料表面的材料蒸发和电离发射电子。等离子涂枪的阴极以热电子发射为主，兼有场发射，并存在阴极材料表面的材料蒸发和电离发射电子（虽极少，但却是造成阴极寿命降低、烧蚀以至导致喷涂材料污染的原因之一）。

阴极的烧损。当电弧电流密度较高，冷却不足时，会使阴极端部熔化，甚至导致阴极端部微小熔滴的喷射。电弧离子流对阴极有压力作用，在大电流时，离子流占较大比例，离子流的压力作用尤为显著。同时，电弧的压缩作用，对阴极也有电磁压力作用。两者与阴极前端的熔化金属的表面张力的动态平衡，保持阴极前端的形状。同时阴极表面受到离子流的冲蚀作用，也导致阴极材料的损失。

（2）阴极的形状与尺寸。工业上使用等离子喷涂枪的阴极的几何形状有3种：棒形、纽扣形和井形（见图5－4）。其中，棒状阴极最常用。阴极热电子发射要求有一高温驻点，驻点是静止的有利于驻点保持高温，保持足够数量的电子发射，维持电弧的持续工作。因此，等离子喷涂枪的阴极大多用可导电的高熔点材料（如钨、石墨等）设计成棒状。这样的设计也有利于离子气沿棒轴向流过。当电弧电流密度较高时，可能会使阴极端部熔化，或是在使用有氧化性气体时导致高温阴极严重氧化，这时要用纽扣形阴极。这种电极是将小直径的发射电子的材料镶嵌在水冷的铜套内。

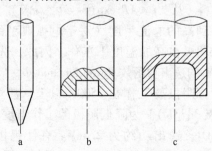

图5－4　阴极的几何形状
a—棒形；b—纽扣形；c—井形

对于常用的尖头棒状阴极，在阴极表面电流密度的分布 J_{cath}：

$$J_{cath} = J_{cath0} \exp\left[-(r/R_{cath})^n\right] \qquad (5-1)$$

式中，r 为到阴极轴线的距离，R_{cath} 的典型数值小于 1mm；对于工业使用的等离子喷涂枪，在电流 100 ~ 800A 的范围，J_{cath0} 在 10^8 A/m² 数量级；指数 n 在 1 ~ 4 之间，对于尖的锥形阴极，指数 $n = 1$，对于圆头的阴极 $n \sim 4$。

由上式可得到对于不同形状的阴极电流分布的差异。

J. Heberlein 等人对不同材料的阴极表面温度分布的研究指出，阴极的形状和尺寸对顶端的温度影响很小。有关电弧－阴极斑点的一维模型表明，对于 100A 或更高的电流，从阴极表面的电子发射对阴极斑点的冷却起主要作用。因此，认为电弧电流密度和阴极材料对斑点温度的影响要大于电极形状和尺寸的影响。然而，用较大直径的阴极将导致较大的温度梯度，使阴极斑点缩小。

在阴极斑点的周边电子温度较高，在这里发生电极材料较严重的烧蚀，这也进一步说明在阴极斑点的周边电场强度较高。

对于较高的电流密度，棒形阴极的端部将熔化，将有熔化阴极材料雾滴喷发，导致电弧工作不稳定，还将污染涂层。这时用纽扣形阴极较好。

目前，使用较多的是棒形和纽扣形阴极。小功率喷枪的棒形阴极直径在 3 ~ 6mm，40 ~ 80kW 的中等功率的喷枪棒形阴极直径视阴极结构和冷却情况在 4 ~ 8mm。微束等离子喷涂枪棒形阴极的直径小于 3mm。

（3）阴极材料。从：$j = AT^2 \exp(-e\Phi_{ew}/k_b T)$ 关系看到，对于选定的阴极为得到高的电流密度（对于电弧典型的电流密度大于 10^7 A/m²），要求阴极在高的温度下工作。因此，选择高熔点材料，如：钨和石墨。钨的逸出功函数（workfunction Φ_{ew}）为 4.5eV，为达到高的电流密度，阴极要工作在 3500K 以上，甚至 4000K 的高温（已高于钨的熔点 3673K）。为降低阴极的工作温度，要用逸出功低的材料，如：ThO_2，逸出功约为 2.5eV。有钍钨极（在钨中加入 1% ~ 2% 的 ThO_2）电子逸出功 3.5eV。La 系稀土元素及其氧化物有低的功函数（低于 3eV），且无放射性。近年来，多被选用以对钨掺杂制作热发射阴极。如铈钨阴极，电子逸出功 2.8eV。为达到同样的电弧电流密度，以逸出功低的材料制作的阴极可在较低的工作温度，从而提高阴极的使用寿命（M. Ushio，K. Tanaka. In Heat and Mass Transfer under Plasma Conditions（P. Fauchais，ed.），265～272，Begell House，NY（1995）.）。

在处理阴极区的相关问题时，常设阴极表面的最高温度是阴极材料的熔点（如对于钨极为 3400℃），并设定电子在阴极区有 0 温度梯度，即电子的温度为阴极材料的熔点温度。

5.2.1.4 阳极喷嘴

（1）阳极喷嘴的功能。对于非转移弧等离子喷涂枪阳极喷嘴的功能如下：1）电弧的阳极传导电弧电流，电子和一些离子在这里复合；作为阳极等离子束流是从接近电极的等离子鞘发出的。这里发生诸多特性的变化，如：电荷的堆积，热力学不平衡等。阳极鞘的厚度大约在几个德拜（Debye）长度尺度范围，因此阳极对等离子束流的影响仅局限在阳极表面；2）作为喷嘴对电弧起压缩作用；3）流体动力学效应使等离子焰流高速从喷嘴喷射出去。

（2）喷嘴的结构。为实现上述功能，喷嘴要有严格的几何形状和尺寸，又要有高的导电和导热性，为保证喷嘴阳极长时稳定工作又对电弧有良好的机械压缩和热压缩作用，因此要多用导热性好的纯铜或铜合金制作，其结构要保证有充分的水冷。内孔形状尺寸要保证对电弧的压缩作用和等离子束流从喷嘴出口的高速喷射。

通常的等离子喷嘴内孔有收缩形的入口接圆柱形喷管直至出口（见图 5-5a）。成套的等离子枪炬都配有不同规格尺寸的多个喷嘴以供用户依据喷涂材料和粉末粒度及涂层要求选。喷嘴的圆柱形喷管段的直径大多在 4～9mm 之间，长度在 5～25mm 之间。

在诸多商品化的等离子喷涂枪的配套部件中，都配有标注有不同马赫数的拉瓦尔（Laval）型喷嘴。

目前，使用的 Laval 型喷嘴其喉径多在 4～8mm 范围，喉部长度在 3～7mm，扩张段长度在 10～35mm。

在许多情况下，使用 Laval 型喷嘴可得到致密度较高的涂层。Laval 型喷嘴可减小电弧弧根的游动和电弧电压的波动。

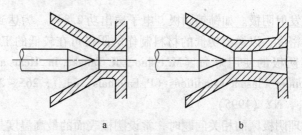

图 5-5　直流电弧等离子喷涂枪喷嘴内孔形状示意图

a—收缩形的入口接圆柱形喷管出口型；b—Laval 型喷嘴

喷嘴出口段的形状尺寸对等离子焰流温度和速度有一定的影响，比较三种喷嘴出口段类型见图 5-6。德国学者 R. H. Henne，J. Arnold，G. Schiller 和捷克学者 T. Kavka 研究测量了阳极喷嘴出口端的形状尺寸对距喷嘴出口 50mm 处等离子焰流温度和速度的影响，结果表明，用加长的钟形出口段和加长锥形扩张形出口段的喷嘴有利于减少外界大气卷入等离子焰流，从而用这种类型的喷嘴可在较大的焰流半径范围内有较高的温度和速度。使用这种加长的钟形出口段和加长锥形扩张形出口段的喷嘴，有利于喷涂粉末被更均匀的加热和加速。

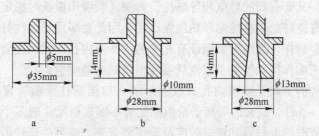

图 5-6　喷嘴出口段的三种类型示意图

a—圆柱形；b—加长的钟形出口段；c—加长锥形扩张形

（3）阳极喷嘴热传导。喷嘴处受热 q_a（参考 H. A. Dinulescu and E. Pfender，Analysis of the Anode Boundary Layer of High Intensity Arcs，J. Appl. Phys.，1980，51：3149～3157）：

$$q_a = j_e \Phi_{eaw} + (2.5k_b e^{-1} + D_T \sigma^{-1})j_e T_e + j_I(E_I - \Phi_{ew}) - k_a dT/dx - k_e dT/dx + q_r \qquad (5-2)$$

式中 $j_e\Phi_{eaw}$——电子在阳极复合传递给阳极的能量；

$\quad\quad\Phi_{eaw}$——阳极材料的电子功函数；

$\quad\quad D_T$——热扩散系数；

$\quad\quad\sigma$——电导率；

$J_I(E_I - \Phi_{ew})$——离子在阳极复合传递给阳极的能量；

$\quad\quad j_I$——离子电流密度；

$\quad\quad E_I$——电离能；

$\quad k_a, k_e$——重粒子和电子热传导率；

$\quad\quad q_r$——电弧对阳极的辐射加热。

其中，第 1 项和第 2 项中的 $2.5k_bj_eT_ee^{-1}$ 是主要的。这两项都与阳极电子电流密度 j_e 相关，引入阳极鞘（anode sheath，参见第 3 章电弧喷涂的有关章节，尺度很小，仅为几个德拜（Debye）长度）压降 U_{as}，则有电子传输给阳极的能量 q_{ae}：

$$q_{ae} = j_e(2.5k_bT_ee^{-1} + U_{as}) \tag{5-3}$$

基于上式，实验测得 q_{ae}、j_e 和 T_e，不难计算出阳极鞘压降 U_{as}。

阳极弧根若固定将导致阳极喷嘴壁局部热负荷增高。局部热负荷超过某一极限值时，将导致喷嘴变形和过度烧损。这一极限值 p_{cr} 取决于阳极喷嘴的材料和冷却状况。对一般情况 $p_{cr} = 20 \sim 30\text{kW/cm}^2$。

W. Zhang 和 S. Sampath 等研究给出传递给等离子枪炬壁的热量 q_{wall}：

$$q_{wall} = h_w(T - T_w) \tag{5-4}$$

式中，h_w 是传热系数，对于电弧等离子枪相应于管内高压湍流常取 $10^5\text{W/(m}^2 \cdot \text{K)}$；$T_w$ 为冷却水温。

（4）阳极弧根的游动与枪炬喷出的等离子焰流的扰动（湍流 Turbulence）。阳极弧根的游动的产生是由于：1）在喷嘴内电弧电流路径的局部弯曲（见图 5-7）导致电流自身产生的电磁力（或 Lorentz 力）和自诱导磁场间的不平衡；2）进入喷嘴的冷的（室温）气体，被电弧迅速加热（加热速率达 10^4K/mm），导致急速膨胀与加速以及温度与速度的不均匀性（沿枪炬横截面气流的速度变化可达 2 个数量级）；3）弧柱径向密度差（心部密度低，中间层密度居中，

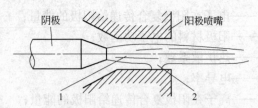

图 5 - 7   等离子喷涂枪阳极喷嘴内的电弧、阳极
弧根及电弧电流路径示意图
1—电弧；2—阳极弧根

外层介质密度高）导致的层流剪切作用；4）进入的气流与高温低密度的电弧气的相互作用；5）高的速度差导致剪切；上述相互作用导致电弧阳极弧根在阳极喷嘴内表面的游动，导致弧长的变化、电弧的不稳定和等离子束流的扰动。

由于电弧电压降几乎与弧长呈线性关系，阳极弧根的游动，反映为电弧压降的波动。

1）电压的波动频率。G. Mariaux 等的实验给出对一种等离子喷涂枪在离子气流量为 Ar 35L/min、H_2 10L/min，电流 550A 的情况下，电压的波动周期在 2.4×10^{-4} s 上下，波动频率在 4×10^3 Hz 上下。

常规等离子喷枪的阳极弧根在阳极喷嘴内壁游动，等离子焰流的稳定性不好，可能造成：

① 阳极弧根的轴向游动导致弧长变化、造成电弧电压的波动，在电流不变的情况下造成输入功率的变化；

② 阳极弧根的角位游动虽不影响功率，但造成等离子焰流的不均匀性，导致对粉末加热加速作用的不均匀性；

③ 阳极弧根游动带来的等离子束流的扰动，周围环境气体被搅入束流，影响喷涂粒子的加热和加速。在典型的直流电弧等离子喷涂情况下，喷涂粒子在等离子焰流中的时间约为 1×10^{-3} s，电弧电压的波动周期约为 $(0.5 \times 10^{-4}) \sim (1 \times 10^{-3})$ s。喷涂粒子在焰流中的时间约为 $(7.5 \times 10^{-4}) \sim (10 \times 10^{-4})$ s，约为波动周期的 3~4 倍。导致粒子的速度和温度的波动达 200m/s 和 500℃。G. Mariaux 等的实验测量结果给出喷涂粒径在 15~45μm 的氧化铝粒子到达基体上的速度在 30~304m/s 的范围，温度在 2170~3245℃ 范围。

2) 对喷嘴进行必要的改进以控制喷嘴流体动力学效应。基于高速高温等离子焰流从阳极喷嘴喷射出来，与环境大气的流体动力学交互作用（剪切、扰动、卷流等）导致焰流的更加不稳定和温度速度的快速衰减，对喷嘴进行必要的改进，以控制喷嘴流体动力学效应。

通过喷嘴结构的改进，可以进一步提高等离子喷涂涂层的性能质量仍是今后研究的重点之一。

3) 电参数对电弧电压波动有一定的影响。在主弧气、辅气流量变化不大的情况下，加大电流，电弧电压波动减小，等离子束湍流波动减小，对涂层质量有很大影响。J. F Bisson 等用 F4 – MB 等离子喷涂枪喷涂 Al_2O_3 粉，用 DPV – 2000 检测喷涂粒子温度与速度的实验结果表明：在主弧气、辅气流量变化不大的情况下，电流为 300A 时功率波动达 20kW（电压波动的峰 – 谷值之差达 70V）波动周期在 $(0.2 \sim 0.25) \times 10^{-3}$s；DPV – 2000 检测到喷涂粒子中的"冷粒子"的速度 160～200m/s，较热粒子的 280m/s 低得多（且低速粒子出现的周期与电压、功率波动周期一致），导致喷涂沉积效率较低（仅为48%），涂层孔隙度较高；电流为 700A 时功率波动 6kW（电压波动的峰 – 谷值之差 10V）波动周期在 $(0.08 \sim 0.10) \times 10^{-3}$s；DPV – 2000 检测到喷涂粒子的速度 305～320m/s，喷涂沉积效率较高（73%），涂层致密。

4) 离子气对电弧电压波动也有很大影响。在电弧电流基本相同的情况下，用 Ar – H_2（30%（体积分数））电压波动很大（达 $\Delta V/V = 1$），而用 Ar – He（50%（体积分数））作为离子气时电压波动较小（$\Delta V/V = 0.25$）。离子气的种类对阳极弧根形貌也有一定影响。潘文霞等实验研究指出，用纯氩气时，阳极弧根是扩散形的；加入氢气，用氩 – 氢混合气时弧根集聚型贴附（潘文霞等的实验是将等离子射流喷射于真空室中，真空腔压力范围为 $(0.05 \sim 3) \times 10^4$Pa 的范围）。

J. F. Coudert 等研究指出等离子枪炬电压变化（功率谱变化）与在电极处进入的冷气流有关。他们发现在枪的后部有一与冷气流相关的声源，尖峰频率在 3～8kHz，电压波动的幅值为电压均值的30%。指出枪的工作参数、枪的几何形状与尺寸、电极的安装、离子气的特性都将影响电压的波动[32, 33]。

5）磁场的影响。近期有研究指出在直流热等离子枪中的电弧本征不稳定性似乎受到电弧弧柱的抗磁性的拟制，施加横向磁场可制约阳极弧根的移动。施加横向磁场使电压波动减小28.6%，且电压信号高频分量的幅值也大为减小[31]。

控制由于阳极弧根的游动导致的电压波动和功率波动，以提高喷涂质量已成为近20年等离子喷涂喷枪研发的重点，并出现了不同结构的阳极喷嘴。其中，包括使用分段的阳极喷嘴，使阳极弧根被控制在喷嘴的下游，电弧被拉长，相应电弧电压升高，弧根游动较小，电压波动较小。直至21世纪初研发了被称之为固定弧长的等离子喷涂枪。

6）阳极喷嘴内孔的电极侵蚀。通常等离子枪炬工作30~60min后即出现阳极喷嘴内孔表面明显的点蚀。这种点蚀的出现与阳极驻点有关，又被称之为电极侵蚀。它是阳极弧根热与离子冲蚀作用的结果。J. F. Coudert 等研究给出上游电弧驻点较下游驻点的"寿命"长30%~40%[27]。

5.2.1.5 送粉管

将喷涂粉末送入等离子焰流，实现等离子焰流对粉末的加热加速。

（1）送粉管位置和孔径。等离子枪炬送粉管的位置可在喷嘴内（内送粉）也可在喷嘴外（外送粉）。

内送粉送粉管口通常在靠近喷嘴的出口处。内送粉喷嘴的内孔多为缩放型喷嘴。内送粉比外送粉更易将粉末送入焰流（见图5-8）

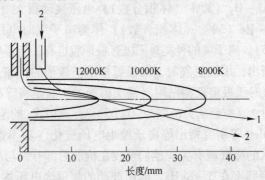

图5-8 不同送粉位置粉末进入等离子焰流后的轨迹示意图

1—内送粉；2—外送粉

内送粉喷嘴的设计及气流参数的选择，应使粉末进入等离子束流与其轴线相交时，粉末粒子轨迹线和等离子束流中轴线交角为 3.5。这时，可保证粒子被加热加速到最高的温度和速度[16]。内送粉冷的载气在喷嘴出口内进入喷嘴对等离子束流的扰动作用较外送粉载气对等离子束的影响大。

外送粉则是在喷嘴外紧靠近喷嘴出口处装送粉管（见图 5 - 1），通常距喷嘴出口端面距离不超过 10mm。

送粉管的孔径多在 1 ~ 2mm 之间。

应当指出，内送粉喷嘴常因粉末可能在喷嘴内的加热熔化等问题，会导致送粉孔的堵塞或其他故障，且内送粉喷嘴寿命也较低。因此，目前大多数常规喷涂枪用外送粉。

但用外送粉等离子喷枪大气下喷涂有时会发生粉末逆流，导致熔融粉末在喷嘴头部黏结，喷嘴壁的阻塞[29]。I. Choquet 等研究，在喷嘴外加一环形气嘴可使这种黏结得到改善，涂层质量也有所改善。

（2）送粉管倾角。送粉管倾角的选择总是力图使粉末进入等离子焰流的焰心，并在等离子束流中被加热加速较长的时间。M. Vardelle 等的试验研究结果表明，与焰流轴线垂直的送粉，在适当的送粉气流下更易将粉末送入焰流，并在焰流中时间较长。而与焰流轴线呈逆向 60°的送粉，较小送粉气流时粉末的轨迹与 90°送粉的轨迹相近，较大的送粉气更易使粉末穿过等离子焰流。但 M. Boulos 与 P. Fauchais，等的研究综述报告给出逆向 60°的送粉喷涂粉末的温度和速度较 90°送粉的高，认为是由于逆向 60°送粉的喷涂粉末在等离子焰流的高温区的时间较长的结果（见图 5 - 9）。为使粉末在焰流中有相近的加热加速时间，要用较小的送粉气流。

内送粉冷的载气在喷嘴出口内进入喷嘴对等离子束流的扰动作用较外送粉载气对等离子束的影响大，因此送粉管的倾角的选择更为重要。

（3）送粉管内的气流。随送粉气流量的提高，送粉气将从层流过渡为湍流。如对于直径为 1.75mm 的送粉管，氩气流量从 3L/min 提高到 8L/min，Reynolds 数（*Re*）从 3000 升到 8000，在 *Re* 大于

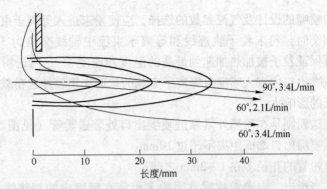

图 5 – 9　送粉管倾角对喷涂粉末轨迹的影响

2300 时层流向湍流过渡，在 Re 大于 4000 时全为湍流。因此，有理由认为在送粉管内的气流是湍流。

　　送粉气流量过大使粉末穿过焰流，在焰流中加热加速时间短，且喷涂粉末束流发散，影响喷涂质量（见图 5 – 10）。为使粉末在焰流中有相近的加热加速时间，要用较小的送粉气流。

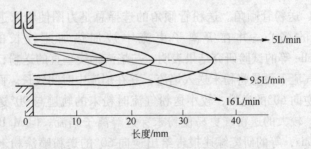

图 5 – 10　送粉气流量对喷涂粉末轨迹的影响

　　（4）送粉管的最小长度。为保证送粉达到预期速度送粉管直线段的最小长度与管径 R_{inj} 和气流的 Reynolds 数（Re）有关。对于湍流，为使被送粉末速度得到充分的加速，送粉管的最小长度 L_{in} 可由下式求得：

$$L_{in} = 8.8 Re^{1/6} R_{inj} \qquad (5-5)$$

　　对于 $3000 < Re < 8000$，送粉管的半径 $R_{inj} = 0.875mm$，L_{in} 在 29～34mm 范围。

　　（5）送粉管的分布。单个送粉管送粉喷涂粉末粒子轨迹常偏离中心在基体上沉积的涂层也偏离中心。用沿喷嘴出口圆周等分布几个（通常是3个或4个）时，喷涂粉末在基体上围绕中心沉积（见图5-11）。

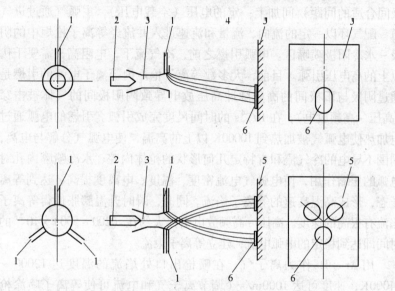

图5-11 送粉管分布对喷涂粉末轨迹和涂层沉积的影响

1—送粉管；2—阴极；3—阳极喷嘴；4—焰流喷射粒子流束；5—基体；6—沉积涂层

5.2.1.6 主弧气进气道-配气环

主弧气又被称之为工作气（working gas）、等离子形成气（plasma forming gas）或简称离子气。主弧气进气道-配气环的设置应尽可能使主弧气沿枪体内壁平行于枪体轴线的方向进入喷嘴，不出现紊流和流量波动。以防对电弧造成更大的扰动。目前，等离子喷涂使用的枪炬的阴极大多是棒形的，主弧气在棒状阴极周围沿轴线方向或是略有螺旋方向进入。但是，对于大功率（200kW）的喷枪，主弧气流量较大，在用有螺旋方向进气时，要考虑送粉管的方位的调整。

此外，等离子枪炬还有冷却水管及其进排水接头、电极接头、保护气气路及保护气罩、离子气和送粉管接头以及组装、装卡装置等部件构成。

5.2.2 等离子焰流的形成

外接电源在等离子枪炬中的阴极和水冷阳极喷嘴（阴极与水冷阳极间合适的间距）间加上一定的电压（空载电压），主弧气通过进气道 - 配气环以一定的流向、流量和流速进入并流经等离子枪炬中的阴极 - 水冷阳极喷嘴区。电弧引燃之前，冷气流下，电阻高，需要千伏以上的高电压引弧。目前，大多数等离子枪炬内等离子电弧的引燃是通过阴极与阳极间的高频脉冲高压放电导致阴阳极间的气体被击穿（高压 - 高频放电），在 $10^{-4}s$ 的时间尺度完成引弧。引燃的电弧通过电加热使电弧气被加热到 10000K 以上的高温，使电弧气分解与电离，周围不导电的冷气流和有特定几何形状的枪体内腔、水冷喷嘴内孔对电弧的压缩作用，使电弧气电流密度、温度、电离度提高，达到等离子态，形成高温高速的等离子焰流。同时，瞬时升温膨胀使得等离子焰流有很高的速度。高压 - 高频放电引弧大约在 $(200 \sim 500) \times 10^{-6}$ 的时间即达到稳定的电弧电流，建立等离子束流。

用 Ar - H$_2$ 作为离子气，在喷枪出口处焰流的温度达 12000 ~ 14000K，速度可达 1000m/s（调节离子气和电流可使等离子喷涂枪出口处的焰流速度提高至 2000m/s，等离子束的长度略有增长）。近似有 V_P^2 正比于等离子束的热焓的关系。主弧气流向流速与流量、喷嘴的几何形状和尺寸对电弧的压缩、对等离子焰流的温度和速度有重要的影响。主弧气流、喷嘴的几何形状和尺寸对电弧的压缩，对等离子焰流的温度和速度有重要的影响。

非转移弧等离子枪炬中电弧的压缩效应包括：

（1）机械压缩效应。燃烧在阴极和阳极喷嘴间的电弧受到水冷喷嘴内孔的约束，以一定的流向、流量和流速送入等离子枪具内腔的主弧气、贴近水冷紫铜喷嘴内壁的冷气流、水冷紫铜喷嘴的孔径限制了等离子弧柱的直径，对弧柱起压缩作用，即是机械压缩效应。孔径小、孔道长对电弧弧柱的压缩作用强，弧柱直径小，电离度高，温度高。

（2）热压缩效应。等离子喷枪的水冷紫铜喷嘴孔道内壁温度较低，流经内壁附近的气体被冷却，形成薄层冷气膜，电离度很低，导电性差。电流主要从温度高电离度高的中心区导通，进一步提高弧柱中心区的电离度，使弧柱直径缩小。即电弧受到冷却气流的压缩，称为热压缩效应。

（3）自磁压缩效应。电弧电流有一定的流向。弧柱相当于一束电流方向相同的平行导体，由于平行导体间电磁力的互相作用，使弧柱各部位都受到指向弧柱轴心线的压缩力作用，使弧柱直径进一步缩小。这种现象，称之为自磁压缩效应。

5.3 等离子焰流的特性[1~39]

5.3.1 等离子枪炬内等离子焰流的物理特性

（1）Saha 电离方程。

当气体的温度足够高时原子间的热碰撞将导致一些原子电离，原子外层轨道的电子将脱离原子形成电子气，与原子离子中性原子共同存在，成为物质的第四态——等离子体。Saha 方程是描述这种等离子体的电离程度与温度、密度以及原子的电离能间的关系的方程。

$$(n_{i+1}n_e)n_i^{-1} = 2\Lambda^{-3}g_{i+1}g_i^{-1}\exp[-(E_{i+1}-E_i)/(k_bT)]$$
$$(5-6)$$

式中 n_i——在电离 i – 状态的原子的密度；

g_i——i – 离子态的简并度（degeneracy）；

E_i——i – 电子从中性原子脱离产生—i – 能级离子所需的能量；

n_e——电子的密度；

k_b——Boltzmann 常数（Boltzmann constant）；

T——气体的温度；

Λ——电子的热 de Broglie 波长（thermal de Broglie wavelength）。

按定义，有：

$$\Lambda = h(2\pi m_e k_b T)^{-1/2} \qquad (5-7)$$

式中 h——Planck 常数；

m_e——电子的质量。

由式（5-6）看到，提高温度将提高电离度。

（2）等离子的动力学温度。等离子的动力学温度以其粒子（分子、原子、离子或电子）的平均动能来表征，即：

$$1/2(mv^2) = 3/2(k_bT) \qquad (5-8)$$

式中 m——粒子的质量；

　　　　v——有效速度；

　　　　k_b——Boltzmann 常数；

　　　　T——温度，K。看到其温度与速度的相对应。粒子速度分布
　　　　　　服从 Maxwell - Boltzmann 分布：

$$dn_v = nf(v)dv$$

$$f(v) = 4\pi^{-1/2}(2k_bT/m)^{3/2}v^2\exp(-mv^2/2k_bT) \qquad (5-9)$$

在等离子体中电子与重粒子的温度不同，（相应为 T_e 和 T_h），考虑两者碰撞间的能量交换与电子两次碰撞间的平均自由程 l_e 以及电场强度 E 间有下式关系：

$$(T_e - T_h)/T_e = 3\pi m(el_eE/1.5k_bT_e)^2(32m_e)^{-1} \quad (5-9-1)$$

电子两次碰撞间的平均自由程 l_e 与离子气压强成反比，则有 $(T_e - T_h)/T_e$ 与 $(E/P)^2$ 成正比的关系。(E/P) 是电子与重粒子的温度差的控制因素。

对于直流电弧等离子，提高电弧电流，在同一喷嘴和相同离子气流以及喷嘴冷却情况下，弧柱的电流密度应增大，意味着弧柱中导电粒子数增加。相应于电离度提高，弧柱（等离子焰流）的温度应有所提高。实验结果表明，在电流较小的情况下，等离子束流的温度略有升高；在电流密度较大的情况下（相对于喷嘴直径、即弧柱直径、等离子喷涂时电流密度较高，如对于喷嘴直径为 6mm，其电流多在 350A 以上，表现为：提高电流密度枪炬出口处等离子束的温度变化不大（用 Ar - H$_2$ 作为离子气，在 12000 ~ 14000K)），等离子束的长度略有增长，速度 V_P 提高较多（可达从 1000m/s 提高至 2000m/s）。近似有 V_P^2 正比于等离子束的热熔（P. Fauchais et al.）。因此，有关热喷涂用 DC - 电弧等离子焰流的热等离子基础研究以提高等离子焰流的热物理性能、稳定性及其效率仍是重要课题。

在直流电弧等离子枪炬内的等离子是热等离子的一例，其特征之一是高的电子密度（10^{21}m^{-3} 到 10^{24}m^{-3} 之间）、粒子（分子、原子、

离子、电子）间高的碰撞频率。高的碰撞频率导致可认为其是接近于局域热力学平衡（local thermodynamic equilibrium, LTE）。在其中，每种粒子的动能可用其温度表征。但在等离子边界，因其与器壁、周围气体（包括冷的工作气体）的相互作用不能考虑为 LTE。这种热等离子有较高的密度和压力，各粒子的平均自由程很小，可用流体力学模型来描述。

对于光学薄的等离子体，局域热力学平衡（local thermodynamic equilibrium, LTE）存在的必要条件是电子密度必须满足（H. R. Griem Phys. Rev. , 1963, 131, 1170）：

$$n_a(m^{-3}) \geqslant 9.2 \times 10^{23} \left(\frac{k_b T}{E_H}\right)^{1/2} \left(\frac{E_2 - E_1}{E_H}\right)^3 \quad (5-10)$$

严建华等的研究给出对于光疏的等离子体，考虑谱线自吸收，建立局域热力学平衡的临界电子密度在 $1 \times 10^{22} m^{-3}$。

（3）枪炬内电弧等离子焰流的热量分布及弧长。为简化处理，将枪炬喷嘴内的等离子焰流假设为一直径为 $2r_{pc}$ 的温度（T_{PC}）均匀的圆柱，水平弧长为 L_{arc}，在内壁呈圆柱形的阳极喷嘴内壁上有一直径为 $2r_{pc}$ 的阳极弧根斑点，垂直弧长为（$r_{noz} - r_{pc}$），r_{noz} 为喷嘴孔径半径，总弧长为 $L_{arc} + (r_{noz} - r_{pc})$（见图 5-7）。直径为 $2r_{pc}$ 等离子弧柱载流 I_{arc}，电流密度 $j = I/(\pi r_{pc}^2)$。水平方向电场强度为：

$$E_{PC} = I\left[\pi r_{pc}^2 \sigma(T_{PC})\right]^{-1} \quad (5-11)$$

这里等离子弧柱的电导 $\sigma(T_{PC})$ 是温度的函数。因假设等离子焰流圆柱的温度是均匀的，其电场强度 E_{PC} 也为常量。这里没考虑近阴极和阳极斑点处的压降变化。

为描述离子气的热力学特性，假设其是局部热力学平衡的，忽略近阴极和近阳极区的影响。枪炬的总功率为 W，消耗：向阴极和阳极斑点间的喷嘴壁传热 Q_{wall}；气流的热量 $Q_{gasflow}$，垂直弧柱的热量 Q_{vclum}，假设其全消耗于阳极斑点；这样，有：

$$W = Q_{wall} + Q_{gasflow} + Q_{vclum} \quad (5-12)$$

式中，$Q_{wall} + Q_{gasflow}$ 近似等于水平弧柱的电功率 W_h：

$$W_h = \pi r_{pc}^2 L_{arc} j E_{PC} \quad (5-13)$$

消耗于阳极斑点的热流等于垂直弧柱的热量 Q_{vclum}：

$$Q_{vclum} = (r_{noz} - r_{pc}) [L_{arc} + (r_{noz} - r_{pc})]^{-1} W \qquad (5-14)$$

由假设等离子焰流圆的柱的温度是均匀的，其电场强度 E_{PC} 也为常量，可求得枪炬内水平段弧长 L_{arc}：

$$L_{arc} = [\pi r_{pc}^2 \sigma(T_{PC}) W I_{arc}^{-2}] - (r_{noz} - r_{pc}) \qquad (5-15)$$

从简化模型得到的上列各式看到：随电导率的提高，枪炬内水平段弧长 L_{arc} 增长，气流的热量 $Q_{gasflow}$、向喷嘴壁传导的热量 Q_{wall} 增加。随枪内等离子柱的直径增大，水平段弧长 L_{arc} 增长。这意味着增强对电弧的压缩作用，水平段弧长 L_{arc} 缩短，对电弧起压缩作用的气流流量的波动将导致弧长的波动，进而引起电弧电参数和功率的波动。

有研究给出在喷嘴直径为 6mm、枪的功率为 26.8kW、电流为 500A、Ar – H$_2$ 等离子（Ar 气流量 59L/min、H$_2$ 流量 8L/min）对于不同的熵增状态，按以上分析原理计算，在强冷却下相应于喷嘴壁温度一定，为 350K（阳极斑点的温度为 10000K），枪内等离子束柱的直径为 4.06mm；在冷却作用不是很强的情况下，喷嘴壁温度是变化的（考虑冷却水的导热系数为 3×10^5 W/（m^2 · K），枪内等离子束柱的直径为 4.68mm（相应于喷嘴壁温度是变化的，冷却水的导热系数为 3×10^5 W/（m^2 · K）（K. Ramachandran 等）。这一结果说明，在强冷却下，使喷嘴壁温度保持在较低温度（350K），介质对等离子束的压缩作用较强，等离子弧柱较细。在压缩电弧的离子气中，有非单原子气体时，由于其解离和电离，以及导热性，对电弧的强的冷却压缩作用，相应有较小的等离子弧柱直径。加大气体流量也有加强冷却、使等离子弧柱直径减小的作用，从而提高等离子焰流的能量密度。等离子喷涂正是利用等离子焰流高的能量密度，高的速度和温度。因此要合理调整离子气流量，保证对电弧等离子束有较好的压缩作用提高等离子焰流的能量密度，又不使弧柱缩短或导致弧柱长度的振荡才有利于等离子喷涂。

在温度 T_p 时等离子焰流的热焓 E_p 可按下式计算：

$$E_p(T_p) = (Q_s - Q_w)/V_g \qquad (5-16)$$

式中　Q_s——电源供给等离子的功率，W；

Q_w——冷却水带走的热量（功率消耗），W；

V_g——等离子气体的流量，m^3/s，等离子气体的质量流量 $m_g = \rho_g V_g A$；

ρ_g——气体的密度，kg/m^3；

A——喷嘴的横截面积，m^3。

热喷涂用等离子枪炬的性能应以其焰流的热功率和速度来评价。

由于在等离子枪炬中存在弧柱径向密度差（心部密度低，中间层密度居中，外层介质密度高）导致的层流剪切作用，等离子束流存在着不稳定性。这种不稳定性影响喷涂粒子在等离子束流中的加热及其温度的均匀性，进而影响涂层性能的均一性。这也是近年来从事电弧等离子加工和电弧等离子喷涂学者研究的重要课题。

5.3.2 湍流等离子

在直流等离子枪炬内，以室温进入枪炬的工作气，与电弧相互作用，被快速加热（加热速度达 $10^4 K/mm$），这样的快速加热导致气体的快速膨胀，并因此而加速。在枪炬内沿横截面气流速度变化达 2 个数量级（从 $10 \sim 1000 m/s$）。在喷嘴内这样大的加速、剪切速度、温度梯度以及电磁力的作用使气流不稳定，并成为湍流。

对于管内流动，Reynolds 的实验发现层流 - 湍流的转捩总是发生在一临界 Reynolds 数 $Re_{critical}$，$Re_{critical}$ 达到 2300 时，管流中发生三维扰动不稳定性，出现剪切流中层流 - 湍流的转捩。而管的入口的几何形状，对层流剪切有一定影响，势必对层流 - 湍流的转捩也有一定的影响。如果入流更规则，临界 Reynolds 数将更大（参见 H. Oertel 等的著作。也有研究给出较低的 Reynolds 数时即出现湍流等离子。O. P. Solonenko 给出层流等离子 $Re = 580$，湍流等离子 $Re = 820$）。由此，考虑离子气进气口的形状与分布、沿阴极周围进入喷嘴处的管壁形状与尺寸以及进气的流量与流速，对入流的情况、进而对喷嘴内等离子束的稳定性、电弧稳定性、电弧弧根的移动、电弧电压的波动都有影响。然而，这方面的研究还不深入。这对枪炬设计、提高喷涂稳定性有重要意义。

（1）常规等离子喷涂过程中不稳定性的时间尺度（周期/频率）。弧根漂移：$(1 \times 10^{-5}) \sim (1 \times 10^{-4}) s/(10^3 \sim 10^4) Hz$；功率不稳定性：

$(1 \times 10^{-3}) \sim (5 \times 1 \times 10^{-2}) \, \text{s} / (50 \sim 10^{3}) \, \text{Hz}$；

离子气的不稳定性：$0.1 \sim 10 \text{s} / 0.1 \sim 10 \text{Hz}$；送粉的不稳定性：$1 \sim 100 \text{s} / 1 \sim 0.01 \text{Hz}$；

电极烧蚀与冲蚀：$5 \sim 60 \text{min}$。

喷涂粒子在等离子焰流中被加热加速的时间（即在等离子焰流中的时间）：$1 \times 10^{-4} \sim 1 \times 10^{-2} \text{s}$。在这样的时间长短范围内发生的波动有电弧弧根的漂移及其导致的功率不稳定性，导致喷涂粒子温度和速度的波动，影响涂层性能质量。

因此，自 20 世纪 80 年代以来，各国开展一系列工作旨在改善电弧等离子焰流的稳定性。

（2）等离子束的流体动力学表征。

在直流电弧等离子枪炬内的等离子是热等离子的一例，其特征之一是高的电子密度（10^{21}m^{-3} 到 10^{24}m^{-3} 之间）、粒子（分子、原子、离子、电子）间高的碰撞频率。可认为其是接近于局部热力学平衡（local thermodynamic equilibrium，LTE）的。在其中每种粒子的动能可用其温度表征。但在等离子边界，因其与器壁、周围气体（包括冷的工作气体）的相互作用不能考虑为 LTE。这种热等离子有较高的密度和压力，各粒子的平均自由程很小，可用流体模型来描述。基于上述为处理等离子焰流热传递和焰流形貌模型，通常把等离子焰流看作是局部热力学平衡（意味着等离子体是连续的统一体。有同样的温度）的连续牛顿（Newtonian）流体。在处理等离子束的流体动力学表征时考虑以下几点假设：

1）热等离子有较高的密度和压力，各粒子的平均自由程很小，可用流体模型来描述；2）考虑等离子束流是持续态的湍流；3）接近于局部热力学平衡的；4）考虑辐射逃逸因子为 1，即等离子焰流是光疏的。

有诸多学者基于上述假设模拟研究了非转移弧等离子枪炬内的流体动力学特性，然而因其不稳定性、非持续态特征，似乎更应用大涡流模拟（large eddy simulations，LES）进行探讨。

基于上述假设，热等离子的流体力学模型可以守恒形式的传输方程的通式来表达：

$$\underbrace{\frac{\partial \psi}{\partial t}}_{\text{accumulation}} + \underbrace{\nabla \cdot f_\psi}_{\text{net flux}} - \underbrace{S_\psi}_{\text{production}} = 0 \qquad (5-17)$$

式中 ψ ——考虑守恒的特性;

ι ——时间;

f_ψ —— ψ 的总流量(包括对流和扩散);

S_ψ —— ψ 的产出/损失速率。

考虑湍流动力学方程和能量耗散方程,以及在束流中可能的化学反应(如:离子再复合放热)的影响。上式第一项是累积(accumulation),第二项是净流量(net flux),第三项是产物(production)。

湍流动力学方程

$$\nabla \cdot (\rho u k) = \nabla \cdot [(\mu_{\text{tut}}/\sigma_k) \nabla k] + G - \rho \varepsilon \qquad (5-18)$$

能量耗散方程

$$\nabla \cdot (\rho u \varepsilon) = \nabla \cdot [(\mu_{\text{tot}}/\sigma_\varepsilon) \nabla \varepsilon] + C_1 G \varepsilon/k - C_2 \varepsilon^2/k \quad (5-19)$$

式(5-18)和(5-19)为流体力学中描述湍流的 k-ε 型方程(参见张远君主编的《流体力学大全》(北京航空航天大学出版社,1991 年)的有关章节)。式中,k 是湍流能量,ε 是耗散,μ_{tut} 和 μ_{tot} 分别是湍流黏度系数和总黏度系数,两式中右边第一项为扩散项,第三项是耗散项,G 是生成项:

$$G = 2\mu_{\text{tot}} [(\partial u_r/\partial r)^2 + (u_r/r)^2 + (\partial u_z/\partial z)^2 + 1/2(\partial u_z/\partial r + \partial u_r/\partial z)^2]$$
$$(5-20)$$

Pun 和 Spalding 给出经验值:$C_1 = 1.43$(也有给出 $C_1 = 1.44$),$C_2 = 1.92$,$\sigma_k = 1.0$,$\sigma_\varepsilon = 1.3$。

能量守恒方程:

$$\rho c_p \left(\nu_r \frac{\partial T}{\partial r} + \frac{\nu_\theta \partial T}{r \partial \theta} + \nu_z \frac{\partial T}{\partial z} \right)$$
$$= \frac{1}{r} \frac{\partial}{\partial r} \left[\Gamma_T r \left(\frac{\partial T}{\partial r} \right) \right] + \frac{1}{r^2} \frac{\partial}{\partial \theta} \left[\Gamma_T \frac{\partial T}{\partial \theta} \right] + \frac{\partial}{\partial z} \left[\Gamma_T \left(\frac{\partial T}{\partial z} \right) \right] - S_R + Q_{\text{cur}}$$
$$(5-21)$$

电位方程

$$\frac{1}{r} \frac{\partial}{\partial r} \left[r\sigma \left(\frac{\partial \Phi}{\partial r} \right) \right] + \frac{1}{r^2} \frac{\partial}{\partial \theta} \left[\sigma \frac{\partial \Phi}{\partial \theta} \right] + \frac{\partial}{\partial z} \left[\sigma \left(\frac{\partial \Phi}{\partial z} \right) \right] = 0 \quad (5-22)$$

式中　Γ——扩散系数；

　　σ——电导率；

　　Φ——电位；

　　S_R——单位等离子体的辐射能量损失；

　　Q_{cur}——热效应，$Q_{cur} = jE$。

电位 Φ 与电流密度矢量 j 间有下式关系

$$j = \sigma E = -\sigma \nabla \Phi \qquad (5-23)$$

式中的最后一项是作用在束流上的电磁力（Lorentz 力）F 表达为：

$$F = j \times B \qquad (5-24)$$

B 为自磁感应强度矢量，可用 Biot - Sawart 定律由电流密度分布计算。

电弧等离子的阳极弧根在阳极喷嘴内，距喷嘴出口还有一定距离。因此，在阳极喷嘴外等离子束流段，电流的作用可以忽略。进而在阳极喷嘴外等离子束流段的电位方程没有必要，在动量和能量守恒方程中与电流密度相关的源项为 0，即

F 在径向（r - 方向）F_r、切向（θ - 方向）F_θ 和轴向（z - 方向）的分量 F_z 为 0，：

$$F_r = F_\theta = F_z = 0, Q_{cur} = 0$$

高温高速湍流等离子体射流从喷嘴出口对周围静止冷气体有强烈的剪切作用，形成对周围气体的严重卷吸，使湍流状态迅速发展，等离子射流能量很快衰减，产生强烈的噪声。在等离子焰流特性研究基础上，为控制弧根跳动、控制流体动力效应、控制湍流、得到气流能量衰减慢和噪声小的层流等离子体射流，已经成为近十几年来的重要研究课题，并取得诸多成果（见本章 5.4 节及以后各节）。

5.3.3　直流电弧等离子喷涂所需使用的气体

等离子喷涂需要使用以下气体：

（1）等离子工作气。维持电弧稳定燃烧保证等离子焰流稳定工作的气体，也被简称等离子气或离子气。通常由主弧气和辅气组成。

（2）保护气。为阻挡环境气氛对喷涂区的影响、对喷涂区进行

保护，以减少喷涂材料和基体的氧化或其他污染，有时要用保护气。大多用惰性气体，如氩气或氮气。为达到某种目的，构成某种环境气氛也有用其他气体的。

（3）送粉气。将喷涂材料（粉末）输送到等离子焰流用的气体，多用氩气或氮气。

（4）吹扫气。为吹除喷涂工件表面飘落的或是喷射到工件表面但与基体未能很好结合、没形成涂层的粉体，有时要用吹扫气，常用空气或氮气。吹扫气对工件基体有一定冷却作用。如有研究在热喷涂同时用液氮冷却工件：Air Products 公司研发了一种低温喷嘴（cryogenic spray nozzle），安装在喷涂枪上，以 -178℃ 的氮气冷却喷涂工件，在热喷涂过程中使工件温度保持一定（在 ±10℃ 的范围，SPRAYTIME Second Quarter 2008）。

5.3.3.1 等离子工作气的选择

（1）主弧气大多数情况选用氩（Ar）气作为等离子工作气体 - 主弧气，其理由是：1）Ar 气是惰性气体，不与粉末或基体反应，且可在涂层表面形成保护气罩；2）氩气在工作过程中不会生成有害、有危险的化合物（氮气在电弧工作过程中有可能生成氮氧化物等有害气体和物质）；3）氩气的热容量较低，传递给基体的热量少，有利于基体的冷却。Ar 在温度近 4500K 时发生热电离，到 15000K 时完全电离为 Ar^+，15000K 开始发生二次电离，出现 Ar^{2+}，15000K 以上 Ar^+ 渐少，Ar^{2+} 增多。在大气压下，常规等离子喷涂枪（如 Sulzer Metco 的 F4 - MB 喷涂枪）功率 45 ~ 50kW，电弧工作电压 40V 上下时，氩气等离子焰心温度 15000K。以氩气作为等离子工作气体的不足之处是其热容量和热导性较低，对喷涂粒子的加热不利。为此，有时要加入第二种气体以改善对喷涂粒子的加热。加入的第二种气体被称之为辅气（也被称为二次气，Secondary gas）。

有时，也选用氮气作为主弧气。氮气在地球大气中的体积分数为 78.082%（质量分数为 75.3%），价格低廉。氮气是双原子分子气体，在 4300K 分解，分解能 5.08eV，其电离能与氩接近，电离峰值的温度在 15000K 上下，在 20000K 以上已充分电离。这时，在处理一般等离子问题时，氮原子数密度可被忽略。与氩气相比有较高的热容和导热性，以其作为等离子工作气体对电弧有较强的压缩作用，相同压强和电流情况下氮气等离子有较高的热焓。氮气等离子电弧工作电压较高（常规等离子喷涂枪情况下电弧工作电压 60V 上下），等离子温度比氩气等离子低（60kW 功率时，7000～9000K）。但以氮气作为主弧气时电极的烧蚀加剧，进而影响弧根的漂移和电弧的稳定性。在一些情况下，氮还可能与喷涂粒子发生反应，导致涂层组织成分变化。但有时则利用其在高温下的活性，在热喷涂过程中进行材料合成，制作氮化物合金或氮化物复合陶瓷涂层。

（2）辅气（二次气 secondary gas）。氢气和氦气常被用作辅气。氢和氦的导热性较氩高得多，在等离子喷涂时，在以氩气作为主弧气的离子气中加入氢气和/或氦气可加强等离子焰流与喷涂粒子间的热交换，有利于将喷涂粒子加热到较高的温度。氢气和氦气还可提高等离子焰流的热焓。

混合气的动力学黏度也比纯氩气高。有测试结果给出（Ar + 50% H_2）混合气在 10000K 时的动力学黏度比纯氩气约高 2.5×10^3 kg/ms。在热喷涂时高温焰流的热导性和黏度高，有利于对喷涂粒子的加热和加速。

氢气有还原作用可使一些氧化物还原，在喷涂非氧化物粉末时有很好的防氧化作用。但是，在喷涂氧化物材料时，要考虑其还原作用对涂层的组成与性能的影响。

Michel Vardelle 和 Pierre Fauchais 的研究给出对等离子弧气中辅气（Ar 为主弧气，H_2 为辅气）流量对喷涂 TaC（14～62μm）粉时粒子温度和速度影响的实验结果表明，等离子弧气中辅气 H_2 流量比例增大，等离子焰流的热焓增大，粒子温度和速度提高。如在电流 300A 情况下，H_2 流量比例为 0.5%、10% 和 20% 时，喷涂粒子的温度/速度相应为：3000K/60m/s、3600K/90m/s、3800K/105m/s 和 3900K/115m/s。过高的 H_2 流量比例，导致粒子温度过高，蒸发，质量损失。有研究指出，提高等离子气中氢气的比例，会促进喷涂粒子在等离子焰心中的 convictive 氧化。在等离子喷涂情况下，在以 Ar 为主弧气、H_2 为辅气时，H_2 流量比例的上限是 25%。

Boussagol A. 等研究用 DVP2000 系统测量不同电弧电流和等离子

弧气（不同 Ar/H$_2$ 比例）对 Metco F4 喷涂枪喷涂 NiAl 合金结合层用粉粒子（粒度为 45~90μm）的速度（v_p）和温度（T_p）的影响，并给出以下经验关系：

$$v_p = 143.14 + 16.75A + 15.75C + 7.25A \times C$$
$$T_p = 2898 - 174.75A + 76.25C + 65.75A \times C$$

式中　v_p，T_p——粒子的速度和温度；

　　　　A——Ar/H$_2$ 比例因子（随 Ar 比例增高而增高）；

　　　　C——电流因子（随电流增大而增高）。

注意到式中第 4 项，电弧电流和等离子弧气 Ar/H$_2$ 比例的协同作用。

氦气。氦气是惰性气体，也有很好的保护作用，但大气中量很少，价格较高。氦的电离能高，氦气等离子温度高（可达 20000~22000K），导热性高。在离子气中加入氦气有利于对喷涂粉末的加热，有利于高熔点、难熔材料的喷涂。以 Ar – He 混合气作为离子气时，等离子弧电压波动小。对于常规等离子喷涂枪，用 Ar – He（50%（体积分数））气等离子弧的电压波动 $\Delta V/V$ 仅为 0.25，而用 Ar – H$_2$（30%（体积分数））混合气 $\Delta V/V = 1$（即当等离子弧中值电压为 60V 时其波动达 ±30V）。

用三种离子气 Ar、Ar + H$_2$、Ar + H$_2$ + He 进行比较，He 的加入提高了气体的黏度可减少环境气体的进入，其等离子焰流的温度和速度最高。如，在功率 20kW、环境气压 40kPa 情况下，距喷嘴出口 60mm，距中心线 2mm 处的焰流温度、速度和氮气混入百分数见表 5 – 1；在距心线 10mm 处，Ar + H$_2$ + He 等离子焰流的温度和速度仍高于 Ar 和 Ar + H$_2$ 的。

表 5 – 1　不同离子气情况下等离子焰流的温度、速度和氮气混入百分数

离子气	温度/K	速度/m·s^{-1}	氮气混入百分数/%
Ar jet	3500	410	34
Ar + H$_2$ jet	3900	560	32
Ar + H$_2$ + He jet	4100	600	29

注：Sulzer Metco F4 喷嘴，功率为 20kW、环境气压为 40kPa，距喷嘴出口为 60mm，焰流中距心线 2mm 处。据 R. H. Henne 实验结果，Jet 意为焰流。

C. Zhang ，C. - J. Li，C. Coddet 等用 F4MB 枪（Sulzer Metco AG），电流为 600A、功率为 40kW、主弧气 Ar 流量为 35L/min、二次气 H_2 流量为 12L/min、喷涂 8YSZ 粉末（载气 Ar 流量 3.5L/min）比较加和不加 He 气的实验结果给出：He 气流量从 0 提高到 50L/min，喷涂粒子的最高速度从 174m/s 提高到 239m/s，可以看到，在离子气中加入 He 气后，对提高喷涂粒子飞行速度起很大的作用，且大大提高涂层的致密度。

5.3.3.2 等离子工作气体流量对等离子焰流特性的影响

主弧气流量能改变主弧气流量和配气环的形式，改变气流方向和流速，改变对电弧的压缩，改变等离子弧柱区的电离度、温度、电流密度、弧柱区的压降和能量密度。提高气体流量，增强压缩，电离度上升，温度上升，电流密度上升，能量上升。

主弧气流量影响等离子枪炬的热效率和比热熔。

在一定范围内提高主弧气流量，将提高粒子的速度，且粒子温度也有所提高。对于给定的喷枪和电流，但当主弧气流量超过一定值时，再提高主弧气流量，粒子的温度下降。

M. Ignatiev 等的研究给出，主弧气（Ar）流量从 30L/min 提高到 60L/min，粒子平均速度从（180.37 ±43.23）m/s，提高到（253.06 ±56.77）m/s。且主弧气流量为 60L/min 时，粒子的速度范围主要在 190～340m/s。主弧气流量为 30L/min 时，粒子的速度范围主要在 130～240m/s，可以看到提高主弧气流量对提高粒子的速度有较大的作用。注意到主弧气流量提高，粒子速度分布范围变宽。主弧气（Ar）流量从 30L/min 提高到 50L/min，粒子平均温度从 2034℃ 提高到 2085℃；进一步提高主弧气流量，粒子温度有所下降；主弧气流量为 60L/min 时，粒子平均温度为 2077℃。似乎存在一临界速度，高于这一速度，粒子在等离子焰流中的加热时间较短，粒子的平均温度将有所下降。M. Ignatiev 等给出，对 F4 – MB 等离子喷枪喷涂 $Al_2O_3 - TiO_2$ 粉时的临界速度在 240m/s。近期有研究[24]给出，用 Sulzer Metco iPro – 90 等离子喷枪（配 10MR – 106 电源）喷涂时，随 Ar 气流量的提高热效率略有提高，而比热熔略有下降，电流 700A，Ar 气流量从 35L/min 提高到 53L/min，热效率从 36.4% 提高到 42.0%，比热熔从

6328J/g 下降到 5338J/g。

5.3.3.3 等离子喷涂时喷涂粒子的氧化

在大气环境下，以惰性气体（Ar、He、部分 N_2 气，有时还加入部分具有还原特性的 H_2 气）作为离子气进行粉末等离子喷涂时，常发生喷涂粒子的氧化，导致涂层含氧量增高。是由于目前使用的常规等离子喷涂枪喷出的等离子焰束流有湍流特性，不可避免地将周围环境中的氧气卷入等离子焰流中，这是氧的主要来源。

在等离子焰流中的熔化和半熔化粒子（粒子的表层已熔化）既发生基于扩散机制的氧化，又有对流氧化。

在等离子对粒子的运动学黏度之比（kinematic viscosities ratio）和相对 Reynolds 数（Re）分别高于 55 和 20 时，在等离子焰流中的离子将发生对流氧化[25]。这时，在液态离子表面形成的氧化物、溶解于表面的氧可能进入到粒子的内部，形成孤立的氧化物颗粒。而内部的未氧化的"新鲜"的金属从熔融粒子的内部输运到粒子的表面，发生氧化。这种基于对流机制的氧化速率要比扩散机制氧化快得多。等离子喷涂参数，如：提高电弧电流、在离子气中增加氢气的量、减小喷涂粒子的粒径等，都将导致运动学黏度之比（kinematic viscosities ratio）和相对 Reynolds 数（Re）的升高，从而造成对流机制的氧化增强。

喷涂粒子在等离子束流柱中基于扩散的氧化，原则上受控于粒子大小（比表面积）、温度和速度（在高温焰流中的滞留时间）以及等离子束流中氧化与还原组元的摩尔分数。

A. A. Syed 等的研究指出[38]喷涂粒子中的氧化物球的表面积和氧的质量百分比含量与周围气氛中氧的分压（P_{O_2}），分别呈双曲线关系和线性关系。在周围气氛 P_{O_2} 不变的情况下，N_2 取代 Ar，喷涂粒子中的含氧量增加。

5.4 直流电弧等离子喷涂设备与工艺

常规直流电弧等离子喷涂设备系统由以下几部分组成：电源、控制系统、供气系统、送料（送粉或输送液料）系统、水冷系统、等离子喷涂枪炬等组成（见图 5 - 12）。为正常稳定的进行等离子喷涂施工，还有等离子枪炬夹持、进给、行走系统。

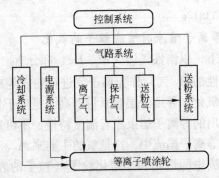

图 5 - 12　常规直流电弧等离子喷涂设备系统组成图

5.4.1　电源

目前，常规等离子喷涂设备多采用三相晶闸管（可控硅）整流、具有电压下降特性的恒流电源，保证等离子喷涂系统能够有效、稳定地运行。工作电压 30 ~ 85V，工作电流：0 ~ 1000A。电源功率有 60kW、80kW、100kW，高功率的有 250kW（如：与 PlazJet Ⅱ 配套）的。如 Praxair 公司的 PS1000 型 60kW、HPS - 1000 型 100kW（满载电流可达 1200A，满载电压 87V，可满足 SG100 等离子喷涂枪在 Mach - Ⅰ、Mach - Ⅱ 模式下工作）等离子喷涂电源，都是恒流电源。一系列新型等离子枪炬工作电压较高（如 200V 以上），其电源的工作电压也有相应的工作范围。

5.4.2　控制系统

大多数等离子喷涂设备使用可编程序控制器（programmable logic control，PLC）对等离子喷涂进行程序控制。

对过程参数的控制则有：枪的电压监控、电流监控、气流监控（包括孔径气流监控或质量流监控），以及新型净能量控制。

净能量控制。鉴于目前使用的大部分 DC 电弧等离子喷涂枪都有阳极弧根漂移、电极烧蚀、电弧电压波动（其波动频 10000 ~ 20000Hz），造成电弧等离子功率波动，导致对喷涂粒子加热加速不均匀，影响涂层性能质量稳定性的问题。因此，考虑净能量（Net Energy）控制。所谓净能量控制，就是以电弧电压、电流变化的信号,改变 DC 电源的输出,以保持等离子能量的恒定,进而对喷涂粉末加热加速功率保持恒定。Praxair TAFA 公司的 Model 7700 UPC 和 PlazJet Ⅱ systems 具有净能量控制软件(Net Energy control),实现等离子的高度稳定。该系统是通过对离子气流和 DC 电流的控制实现等离子能量的闭环控制。

Sulzer Metco 公司生产的几种等离子喷涂系统在国际上被广泛使用,作为等离子喷涂设备举例,这里做一简要介绍:

(1)**Sulzer Metco 9MC Semi – Automatic Plasma Spray System**;

(2)**Sulzer Metco UniCoat™ Automatic Plasma Spray System**;

(3)**Sulzer Metco MultiCoat® Advanced Plasma Spray System**。

5.4.3 等离子喷涂枪炬

表 5 – 2 给出目前常用的常规等离子喷涂枪炬型号、功能、特性。

表 5 – 2 目前国际上常用的等离子喷涂枪炬

型 号	类 型	特 点	功率/kW	备注(厂商)
F4 – MB	机载、外表面喷涂	有特殊喷嘴可用氩气或氮气 + 氢气作为离子气	55	Sulzer Metco,见图 5 – 13
F4 – HB	手持	有特殊喷嘴可用氩气或氮气 + 氢气作为离子气	55	Sulzer Metco
3MB	机载、外表面喷涂	方便、快捷已有 40 多年应用	40	Sulzer Metco
SM – F210	内孔喷涂枪、最小孔径 60mm,最大深度 600mm	模块化延伸	16	Sulzer Metco
9MBM	机载枪,外表面。可用氩气或氮气作为离子气	等离子焰流温度 16000℃,速度 3050m/s,喷涂粒子速度可达 610m/s	80	Sulzer Metco
9MBH/9MBHE	手持枪,外表面。可用氩气或氮气作为离子气	等离子焰流温度 16000℃,速度 3050m/s,喷涂粒子速度可达 610m/s	80	Sulzer Metco

型　号	类　型	特　点	功率/kW	备注（厂商）
SG－100	机载、外表面喷涂	内送粉、外送粉 多种模式工作，有 Mach Ⅰ、Mach Ⅱ，超音速喷嘴配套	80	Praxair
SG－200	机载、外表面喷涂	内送粉、外送粉涡流稳定	40	Praxair
Plaz Jet Ⅱ	机载、外表面喷涂	大功率高速等离子焰流（2400～2900m/s），高效喷涂	220	Praxair
2700 Plasma Spray Extension Gun	内孔喷涂枪，最小孔径 38mm，最大深度 610mm	可方便的与标准型 SG－100 枪互换使用完成内外表面喷涂	30	Praxair
2086 Plasma Spray Extension Gun	延伸内孔枪	45、60、直喷喷嘴，可用于底面、盲孔喷涂	40	Praxair
SM－F1	中内孔		40	Plasma Technik
SM－F2	小内孔		30	PT
Meclel	小内孔		40	Plasmadyne
Mini－Gun11	中内孔		40	Plasmadyne
NPG－100	机载、外表面喷涂		100	

注：上述等离子喷涂枪无特殊说明均以氩气作为离子气主气、氢气、氦气作为辅气。

其中，F4－MB 枪的喷嘴镶有钨内衬，喷嘴有长的寿命（是无钨内衬铜喷嘴的 5 倍），高的等离子焰流速度（达 3050m/s），喷涂粒子速度可达 610m/s。是目前国际上广泛使用的常规等离子喷涂枪。

此外，还有原 Plasma Technik 公司的 SM－F1、SM－F2 等，Plasmadyne 公司的 Meclel、Mini－Gun11 等，且有专业生产热喷涂枪炬及其零部件的公司。如，在美国北卡罗来纳州的 Wright's Machining

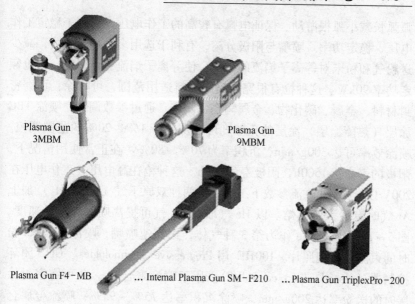

图 5-13 Sulzer Metco 公司的几种等离子喷涂枪

Co. Inc 生产 3M、3MBT-ID、9M、7M、10E、12E、11E、10MB、F4、SG100，以及 HVOF 的：JP5000、Jet Kote、HV2000 等各种热喷涂用枪炬及其零部件。

5.4.4 高热焓等离子喷涂系统

为提高等离子喷涂效率，改善等离子焰流稳定性，提高涂层性能质量，多家公司研发了高热焓等离子喷涂系统。其特点是大功率、高的电弧电压。

100HE 高热焓等离子喷涂系统（High Enthalpy Air Plasma System）。2001 年 Progressive Technologies 公司开发了高热焓空气等离子系统 100HE。100HE 枪用 3 种气体混合作为离子气，有 3 种送粉模式：轴向的、径向的和外送粉。这种喷涂枪有组合式气流分配环：阴极体前端伸出部分的侧面开有特定形线的沟槽，等离子枪炬中的绝缘体上陶瓷环组合构成气流分配环，能使工作气体按设定的方式流动。与常规等离子喷枪的阳极和喷嘴合为一体不同，100HE 枪的喷嘴和阳极是分立结构，且有管状电弧压缩器和 3 个钨环阳极，对与限定电弧弧长减小弧根游动、保证电弧有较高的工作电压，有利于稳定工作电压、稳定功率。喷嘴与阳极分离，有利于选用多种送粉方式，减少送粉气和粉末对等离子焰流的干扰，使等离子焰流更加稳定。喷枪额定功率 90kW。这种枪有很宽的喷涂材料适用范围，可喷涂：可磨密封材料、金属、碳化物、金属陶瓷、陶瓷。通过参数调整，喷涂 TBC 涂层（热障涂层）涂层的孔隙度可在从小于 1% ~ 20% 的范围调控。喷涂效率可达 300g/min，沉积率为 70% ~ 80%。在正常使用情况下，阳极的寿命达 1500h，阴极寿命 400h。这种枪在高电压（工作电压在 200V 以上）、低电流参数下工作，用两种双原子气（N_2 和 H_2）加上 Ar 气时有最大的热焓。以 He 气取代 H_2 气可提高喷涂粒子的速度。图 5 – 14 给出用 He 作为第 3 种气体，用高速喷嘴，喷涂 WC – Co 粉时的束流的形貌照片。100HE 用 Progressive Technologies' CITS 闭环控制器（closed – loop controller）。用于喷涂聚合物 – Al 可磨密封涂层时的送粉率达 200g/min，喷涂沉积率达 75% ~ 95%；喷涂金属合金、ZrO_2 等陶瓷涂层、碳化物金属陶瓷涂层时有低的孔隙度（3% 以下）。喷涂碳化物金属陶瓷涂层的结合强度和致密度与 HVOF 喷涂相当。喷涂金属合金也有较好的效果。如在低合金钢基体上喷涂 316 不锈钢时，涂层结合强度高于 55MPa，气孔率低于 1.5%，沉积效率高于 90%。

图 5 – 14　100HE 等离子枪的等离子焰流（用 He 作为第 3 种气体，用高速喷嘴，喷涂 WC – Co 粉时的束流）

近期，美国密西根大学机械工程系（Dept. of Mechanical Engineering , The University of Michigan – Dearborn）开发了 100HE 轴向

送料液料等离子喷涂。可制作纳米 TiO_2 涂层，且可通过调整参数控制锐钛矿相和金红石相的含量比例；还用液源制作了纳米 VO_5 涂层，两者在能量存储领域有应用前景。

此外，表 5-2 中的 Plaz Jet II 也是一种高热焓等离子喷涂系统及枪炬。这种枪炬阳极喷嘴的设计限制阳极弧根的游动，保证电弧有较长的弧长，高的工作电压（100V 以上，对于纯氩气作为等离子气有 25V/cm 弧长），高的离子气流量。

5.4.5 等离子喷涂工艺参数的选择

本章 5.2 节已讨论了等离子枪炬、喷嘴、离子气种类与流量、送粉管及送粉气流量等参数对等离子焰流特性、喷涂粒子的加热与加速以及涂层特性的影响，在制定等离子喷涂工艺时除必须要考虑这些因素外，还应考虑以下几点。

（1）喷涂材料的选择。这里只讨论粉末材料，用液料（溶液或悬浮液）作为喷涂料的选用另有章节论述。

材料的可喷涂性。大多数有一定的熔点和可熔化的粉末都可以用于等离子喷涂。对某些粉末要选用"稳定化"处理工艺（如，粉末表面电镀包覆）。

粉末粒度和粒度分布，从可喷涂性和经济性两方面选择粒度：

1）通常大于 150 目（粒径大于 100μm）的粉末不推荐用于等离子喷涂。

等离子喷涂时细粉温度高，粗粉温度低。A. Boussagol 等研究用 Metco F4 喷涂枪喷涂 NiAl 合金粉（粒度：20~90μm），用 DVP2000 系统测量不同粒径的粉末的温度。结果表明，20~45μm 的粉末的温度在 2500~3000℃ 范围，粒径大于 45μm 开始，随粉末粒径的增大其温度有所下降，粒径 90μm 的粉末其温度为 1500℃。

2）较粗的粉末制备较厚的涂层，有较低的残余应力，以及较高的结合强度。

3）较细的粉制备的涂层在喷涂态涂层有较光滑的表面、较细的显微组织，但有较高的残余应力，涂层厚度受限，结合强度较低。

4）选择适当的粗的或细的粉末与喷涂参数相结合都可得到致密

的涂层。

粉末粒度太宽，降低沉积效率，降低涂层质量，对枪的工作也有负面影响。通常设备系统都给出对喷涂粉末的要求。

(2) 枪炬的选择。通常一套等离子喷涂设备配有几把等离子喷涂枪。可根据喷涂的材料、粉末粒径、涂层要求，按设备说明书选择等离子枪炬和电极、喷嘴、配气环和送粉管。

(3) 电参数的选择。

1) 电流。提高电弧电流，在同一喷嘴和相同离子气流以及喷嘴冷却情况下，弧柱的电流密度应增大，弧柱（等离子焰流）的温度应有所提高，等离子焰流的热焓提高。实验结果表明，在电流较小的情况下，随电弧电流提高，等离子束流的温度略有升高；在电流密度较大的情况下，提高电流密度枪炬出口处等离子束的温度变化不大（用 $Ar-H_2$ 作为离子气，在 12000~14000K），等离子束的长度略有增长，焰速度 V_P 提高较多。近似有 V_P^2 正比于等离子束的热焓（P. Fauchais et. al.，）。随电流提高，喷涂粒子速度提高，熔化和半熔化粒子在基体表面沉积时有较大的变形有利于得到致密的涂层。作为参考表 5-3 给出 X. Jiang 等有关等离子喷涂参数对喷涂粒子温度和速度的影响，看到随电流提高（相应离子气流量也有适当的调整）喷涂粒子的平均速度有较大的提高，温度也有升高。喷涂施工时要根据喷涂的材料、涂层的要求选择电流的大小。一般规律是，喷涂材料熔点高、比热大的，要求涂层有较高的致密密度，在其他参数变化不大的情况下选用较大的电流。

表 5-3 等离子喷涂参数对喷涂粒子温度和速度的影响

电流 /A	等离子气流量/L·min⁻¹		载气流量 /L·min⁻¹	喷涂粒子平均速度/m·s⁻¹	喷涂粒子平均温度/℃
	Ar	He			
540	50	12	3.0	130	2780
700	50	18	2.0	153	2980
860	50	26	10	183	3120

注：1. 用 Miller SG-100 等离子喷涂枪喷涂 Mo 粉（粒径：0.005~0.020mm）。

2. X. Jiang, J. Matejicek, A. Kulkarni, H. Herman, S. Sampath, D. Gilmore, R. Neiser, Procss Maps for Plasma Spray Part Ⅱ, SAND 2000-0802C, 2000-Apr.

2）电压。常规等离子喷涂设备的电弧电压是在电流选定后由电源的外特性生成参数。通常是在较小电流时随电流升高，电弧电压下降；到一定电流范围内电流升高电压基本不变；进一步升高电流，电弧电压有所升高。在较大电流情况下，电流不变，适当加大离子气流量，电弧电压也会升高，这时等离子焰流喷射速度升高。喷涂粒子速度提高，有利于得到致密的涂层。

关于离子气的种类和流量对喷涂粒子的温度和速度以及涂层特性的影响在5.2节已论述。

（4）送粉率对涂层沉积率和孔隙度的影响。在较低送粉率时，随送粉率提高喷涂粒子的温度湿度虽有下降，但涂层沉积率提高、涂层孔隙度略有增高；当较高送粉率情况下再提高送粉率随喷涂粒子的温度和速度的下降，涂层沉积率不再提高反而下降，涂层孔隙度急剧增高。例如，J. - E. Döring 等用 Triplex - Ⅱ torch（Sulzer Metco, Switzerland）、用 Ar - He 混合气（40/5L/min）、电流 560A、功率约为 55kW，喷涂 8% YSZ 粉（Sulzer Metco 204NS, particle size distribution：10～110μm）的实验研究结果给出，随送粉率从 50g/min 提高到 200g/min；喷涂粒子的平均温度从 2900℃ 降到 2680℃，喷涂粒子平均速度从 208m/s 降到 174m/s，每 10 次循环涂层厚度从 800μm 增加到 2100μm（但进一步提高送粉率涂层厚度不再增加，反而略有下降），对于喷涂时有吹扫气情况下，涂层孔隙度变化不大（在 12% 上下，但是进一步提高送粉率涂层的孔隙度急剧升高）。指出在其实验条件下送粉率在 210g/min 处有一拐点（J. - E. Döring, J. - L. Marqués, R. Vaßen, D. Stöver, Particle properties during plasma - spraying of yttria stabilized zirconia using a Triplex - Ⅱ torch, ITSC' 2005）。

（5）等离子喷枪/工件的移动速度/螺距（traverse speed/pitch）。对于等离子喷涂通常移动速度为：喷涂金属或较粗的粉末时每一道次喷涂厚度 0.025mm（每道次 0.001 英寸）；喷陶瓷粉和细的粉末时，每道次喷涂 0.0127mm（每道次 0.0005 英寸）。按这规范限时残余应力下降（结合强度提高），长厚增高，孔隙度下降，调整移动速度以得到每道次适宜的厚度增长率。

螺距或枪的进给运动要与移动（工件运转）速度相协调。通常螺距或是进阶为 3.25 ~ 5.08mm/转或 3.25mm/道次，螺距的调整要避免形成条纹状或疤痕状。

（6）基体冷却（sabstrate cooling）。为避免基体过热，随后冷却导致过高的应力，导致涂层剥落。要用冷却吹扫气流束，以使在喷涂粉末束冲击基体处及其周围有干的某种气流，起冷却基体、吹扫未熔粒子和烟气（过喷涂）的作用。吹扫冷气的选择取决于喷涂粉末材料。对于大多数材料可用氩气或氮气，也可用二氧化碳气。若氧化没关系的话，也可用干空气。

5.5　大气下直流电弧等离子喷涂枪炬的改进[40~61]

常规等离子喷枪的阳极弧根在阳极喷嘴内壁游动，等离子焰流的稳定性不好，可能造成：

（1）阳极弧根的轴向游动导致弧长变化、造成电弧电压的波动[对于常规等离子喷涂枪，用 Ar – H₂（30%（体积分数））混合气 $\Delta V/V = 1$（即当等离子弧中值电压为 60V 时其波动达 ± 30V），用 Ar – He（50%（体积分数））气等离子弧的电压波动 $\Delta V/V$ 也达 0.25]，在电流不变的情况下造成功率的变化，波动的幅度可达 ± 10kW，频率在 1 ~ 10kHz；这种波动导致等离子焰流速度和长度波动，影响粉末的加热和加速，喷涂粉末的动能波动 $\Delta \rho v^2$ 可达 320%（ρ 为粉末的密度；v 是粉末的速度），影响涂层质量性能的稳定性。

（2）阳极弧根的角位游动虽不影响电功率，但造成等离子焰流的不均匀性，导致对粉末加热加速作用的不均匀性，影响涂层的性能质量。

常规等离子喷枪由其结构的限制，大多在大电流 – 低电压情况下工作，热效率较低（50% ~ 55%），电极、喷嘴寿命低（大多在 30h 上下），等离子气用量大，等离子喷涂成本高。

鉴于现有常规直流电弧等离子喷涂枪存在的缺点，各国学者与公司对直流电弧等离子枪进行了一系列改进。取得成效的有多电极等离子喷涂枪、串联电极等离子枪等。

5.5.1　多电极等离子喷涂枪[40~52]

为限制等离子喷涂枪炬内阳极弧根在阳极喷嘴内壁游动，改善枪炬工作的稳定性，从 20 世纪 90 年代起，各国开展了多电极等离子喷涂枪的研究工作。其中，以多电极的设计限制电弧阳极弧根的游动，取得较好的效果。同时，还有几种新型多电极等离子喷涂枪在几家热喷涂技术公司商品化。

5.5.1.1　3 阴极等离子喷涂枪

3 阴极 Triplex 枪有三个围绕中心线的阴极和环形阳极。每个阴极各和阳极间产生一个电弧（见图 5-15），且按 Steenbeck 电弧最短距离原理，对应每个阴极在阳极上有其相对较为稳定位置的阳极斑点，这样限制了电弧的回转运动（J. Schein et al. Plasma 2008. 9. 15）。阳极弧根若固定将导致阳极喷嘴壁局部热负荷增高。局部热负荷超过某一极限值时，将导致喷嘴变形以至熔化。这一极限值 p_{cr} 取决于阳极喷嘴的材料和冷却状况。（对一般情况 $p_{cr}=20\sim30\mathrm{kW/cm^2}$）。因此，阳极直径不能太小。对于 3 阴极枪其总电流被分为 3 个电弧，每个电弧的电流不会很大。其中，W. Peschka 等的 3 阴极等离子枪阳极外有加长的喷嘴，在阳极外径向送粉。其工作参数范围：电压为 80~100V，电流为 $3\times(80\sim150)\mathrm{A}$，氩气为 80~120L/min，氦气为 50L/min。

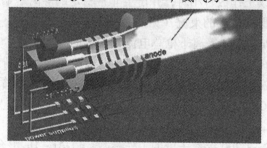

图 5-15　3 阴极等离子枪剖视示意图（引自 J. Schein 等论文）

目前，已商品化的 3 阴极等离子喷涂枪有 Sulzer Metco 公司的 TriplexPro-200，加拿大 Northwest Mettech 公司的 Axial Ⅲ Series 600 Torch 等。

Sulzer Metco 公司的 TriplexPro-200 plasma gun。TriplexPro™-

200 是 Sulzer Metco 公司在 2002 年[44]推出的 3 阴极等离子喷枪之后的第四代产品，并在 2005 年瑞士 Basel 召开的国际热喷涂会议（ITSC'2005）上予以推介（见图 5 - 16）。

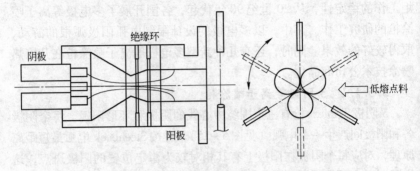

图 5 - 16　Sulzer Metco 公司的 TriplexPro - 200 枪结构示意图

在新型等离子枪的研制过程中，Sulzer Metco 公司的研究人员以计算流体力学（computational fluid dynamics，CFD）模型计算指出，对于通常的缩放型喷嘴，在喷嘴喉部下游的 2/3 处气流在近管壁区分叉，导致湍流。新型 TriplexPro - 200 枪的设计避免了湍流，降低了噪声（噪声 90dB，常规等离子枪的噪声在 120dB 以上）。TriplexPro - 200 枪的设计将等离子电弧和喷嘴实现隔离，使喷嘴有更长的使用寿命，能够持续工作数百小时，并产生非常稳定的等离子焰流，在焰流的延伸区仍保持稳定的束流（见图 5 - 17）。

TriplexPro - 200 等离子枪总电流被均等的分配于 3 个电极和 3 个相应的阳极斑点（弧根），大大减少了电极的烧蚀，提高了工作的稳定性。以及高的喷嘴使用寿命。在 62kW 的功率下喷涂氧化铬涂层，持续喷涂 200h 的实验结果表明，电压波动在 ±1V 以内，单个电极烧蚀低于 0.06g。使等离子枪的效率至少提高 15%。

TriplexPro - 200 等离子枪的工作参数：以 Ar - He 混合气或 Ar 气作为离子气，电弧电流为 300A，电弧电压为 80 ~ 120V，电压波动 $\Delta V / V_m < 0.1$，电压损失（90h）：1.5%，送粉率为 6% ~ 10kg/h。

这种枪配有孔径范围在 5.5 ~ 11mm、不同长度的喷嘴，在不同的参数下工作，从而有较宽的等离子焰流温度与速度调节范围（见图 5 - 18），可满足各类粉末喷涂的需要。焰流照片见图 5 - 19。

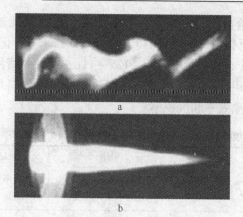

图 5-17 高速摄影等离子焰流形貌

（引自 ADVANCED MATERIALS & PROCESSES/ AUGUST 2006, 65~67）

a—常规等离子枪喷射出的等离子焰流；b—TriplexPro-200 等离子枪喷射出的等离子焰流

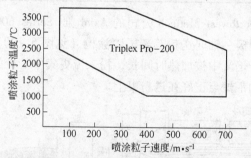

图 5-18 TriplexPro-200 等离子喷涂枪喷涂粒子的温度与速度范围

图 5-19 TriplexPro-200 等离子喷涂枪喷涂 71VF-NS 粉末时焰流形貌

（引自 Sulzer Metco Product Data Sheet 2006。

71VF-NS 粉末：W_2C/WC 12Co, $-45+5\mu m$（-325 目 $+5\mu m$））

表 5 - 4 给出 TriplexPro™ - 200 等离子枪与常规等离子喷涂枪 9MB 喷涂氧化铬（AMDRY6415，- 15 + 5μm）、碳化钨（71VF - NS）和 Al - Si 合金（601NS，- 125 + 11μm）时的喷涂效率和沉积率比较。看到用 TriplexPro™ - 200 喷涂陶瓷、碳化钨和低熔点合金均有较高的喷涂效率和沉积率。

表 5 - 4　TriplexPro™ - 200 喷涂枪与 9MB 等离子喷涂枪喷涂效率比较

枪炬 喷涂材料	9MB		TriplexPro™ - 200	
	送粉率 /g·min⁻¹	沉积效率 /%	送粉率 /g·min⁻¹	沉积效率 /%
氧化铬粉末（AMDRY6415）	30	38	100	48
71VFNS	48	50	90	60
601 NS	70	65	180	77

加拿大 Northwest Mettech 公司的 Axial Ⅲ Series 600 Torch 喷涂枪是一种 3 阴极 - 轴向送粉等离子喷涂枪（见图 5 - 20），轴向送粉粉末在等离子焰流中被加热时间长，粉末流更集中。枪的设计保证 3 个等离子束的汇聚点正好在送粉束上。

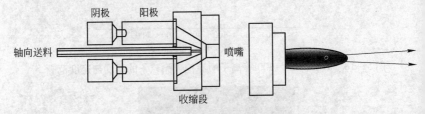

图 5 - 20　Axial Ⅲ 等离子喷涂枪结构示意图（轴向送粉粉末在等离子焰流中被加热时间长，粉末流更集中）

5.5.1.2　3 阳极等离子喷涂枪

GTV DeltaGun。GTV Verschleiss - Schutz GmbH 公司的 GTV Delta 等离子喷涂枪由阴极、枪体、分离的 3 阳极和喷嘴组成。是一种单阴极——在圆周上 3 分的 3 阳极枪，按 Steenbeck 电弧最短距离原理，从阴极发出的电弧被分流到 3 个相互绝缘的阳极上，对应每个阳极上有其相对较为稳定位置的阳极斑点，这样限制了电弧的回转运动，从而有较稳定的电压（电弧电压波动仅 ±3V，常规等离子喷涂枪电压波动达 ±20V）。相应于每个阳极有一送粉管，即有 3 通道径向送粉，送粉较为均匀，且有较高的沉积率。喷嘴孔径有 7mm、8mm、9mm。用通用离子气（氩气和氢气混合气，氩气作为主弧气，对 7mm 喷嘴典型流量为：氩气 60L/min，氢气 8L/min）。喷涂氧化物陶瓷涂层的孔隙度在 5% 以下。喷涂 TBC 涂层时为提高其隔热性希望有较高的孔隙度，这时用较低的离子气流量（氩气 45L/min，氢气 3L/min），涂层孔隙度达 20% ~ 25%。

5.5.2　串联等离子枪

在 20 世纪 70 ~ 80 年代，苏联科学院开始串联等离子枪（Cascade Plasma Torch，CPT）的研究。枪有一个 Pilot 电极，启动时在阴极和 Pilot 电极间建立电弧；启动后，工作阳极投入工作，电弧工作在较高电压下。电弧阳极弧根轴向位移受限，弧长较稳定，电压波动小，从枪炬喷嘴 2 出的等离子焰流较长，可达 250mm（见图 5 - 21）。直到 2008 年，这种串联等离子枪 CPT 才在美国投入生产。第一套CPT 串联等离子系统的功率在 10 ~ 100kW，工作电压可达 250V，工作电流可达 400A。CPT 有以下优越性：

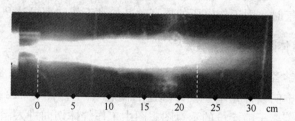

图 5 - 21　串联等离子枪等离子焰流形貌，喷嘴外等离子焰流长度达 250mm
（引自 SPRAYTIME Second Quarter 2008）

（1）高的热效率，可达 75% ~ 80%；

（2）电极有高的使用寿命，至少 50 ~ 100h（工作 20h 电极的冲蚀在 ±0.01mg 以内）；可长时连续工作；

（3）等离子热焓可在较宽的范围内调整：10 ~ 70kJ/g，可适用于多种涂层的喷涂；

（4）高的热喷涂沉积效率：65%～85%，较常规等离子喷涂高10%～20%；

（5）喷射的等离子焰流较长，可达250mm，是准层流等离子，更适合与液料等离子喷涂和粉末球化处理；

（6）可在较宽范围内选择等离子气，包括：N_2、$N_2 - H_2$、$N_2 -$ Ar、Ar、Ar - H_2、Ar - He，从而适用于发展中国家使用。

5.5.3 大功率内孔等离子喷涂枪

Sulzer Metco 公司 F210 内孔喷涂枪典型的工艺参数：Ar 为 50L/min，H 为 4L/min，电流为 320A，在内径 80mm、长 120mm 的缸套内喷涂低合金钢粉末，送粉率为 50～100g/min，沉积率为 80%。在灰铸铁缸套上，涂层的结合强度为 50～70MPa，孔隙度为 2%，含氧量为 2%，显微硬度为 $HV_{0.3}$ 350～650（G. Barbezat, Internal plasma spraying for new generation, ITSC'2002, 158～161）。

iPro - 90 内孔等离子喷涂枪。传统的等离子内孔喷涂枪的功率低于 40kW。Sulzer Metco（US）Inc 研发的 iPro - 90 Plasma Spray Gun，解决了枪的冷却和内孔喷涂过程中基体表面温度过快升高的问题，使其在以 Ar/He 作为离子气时的最高工作功率可达 60kW。在用 Ar/N 作为离子气时，因工作电压的提高，其最高工作功率可达 90kW。

5.5.4 气体隧道等离子喷涂[55～61]

日本学者 Y. Arata、A. Kobayashi 等开发了气体隧道等离子喷涂，这种喷涂枪的设计是基于气体隧道的概念[60,61]。图 5 - 22 给出这种气体隧道等离子喷涂枪的示意图。图中工作气体切向进入涡流仓，在涡流仓的心部气压很低，形成气体隧道。在阴极和喷嘴阳极间的电弧进入气体隧道被冷的气体涡流压缩，弧柱的密度、温度升高，束流长度增长，有利于用于热喷涂。这样的枪炬设计有利于实现轴向送粉。这种枪炬有一中空阴极，粉末从阴极中孔送入等离子焰流，等离子焰流有更高的效率。Y. Arata 等开发的气体隧道等离子喷涂枪的工作参数：工作气体为 Ar 气，流量为 200L/min（常规等离子喷涂 Ar 或 Ar + H_2 流量 50L/min 上下），电流为 200～400A，电压为 100～150V

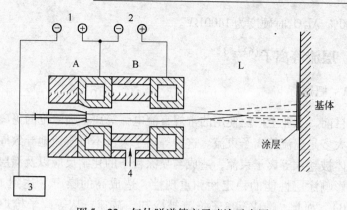

图 5 - 22　气体隧道等离子喷涂示意图

1—电源 1；2—电源 2；3—送粉；4—冷却水；L—喷涂距离；A，B—枪体

（常规等离子喷涂 50 ~ 60V），且有上升型电流 – 电压特性（即随电弧电流升高电压升高，而常规等离子弧有平的电流 – 电压特性曲线），功率为 20 ~ 60kW，送粉率为 20 ~ 80g/min。在功率为 45kW 情况下，喷涂 Al_2O_3，涂层的硬度在 1200HV 上下。目前，有功率达到 200kW 级以上的气体隧道等离子喷涂枪，等离子焰流的温度可达 15000K 以上，能量密度为 10^5 W/cm^2（常规等离子喷涂焰流温度 10000K、能量密度 10^4 W/cm^2），热效率达 80%，比常规等离子喷涂枪的 50% 高得多。喷嘴外可见的等离子焰流常规等离子枪的长且稳定。可用于喷涂难熔材料，如钨的涂层。喷涂氧化铝陶瓷涂层的硬度可达 1200 ~ 1600HV。还可用于金属钛的表面氮化处理，可在钛表面迅速形成 TiN 涂层。Akira Kobayashi 和 Wei Jiang 用气体隧道等离子喷涂枪在 SUS304 不锈钢表面用喷涂高硬度的 TiN 厚涂层，在 1M 浓度的 HCl 溶液中有好的耐腐蚀性。

气体隧道等离子与常规等离子相比，有较高的温度和密度，用于热喷涂更有利于加热和加速喷涂粒子，可得到较高的涂层密度。如：同样功率（45kW）下喷涂 Al_2O_3 涂层，用气体隧道等离子喷涂枪喷涂的涂层硬度为 1200HV、孔隙度为 10%，用常规等离子喷涂相应仅为 800HV 和 20%。用于喷涂 8% Y_2O_3 – ZrO_2（10 ~ 44μm）与 Al_2O_3（10 ~ 35μm）混合热障梯度功能涂层也有较好的效果：涂层的硬度从 8% Y_2O_3 – ZrO_2 的 1070HV，随 Al_2O_3 混合量的增加硬度逐渐升高，到 100% Al_2O_3 时硬度为 1400HV。

5.6 层流等离子[62~73]

5.6.1 概述

目前，工业上广泛使用的常规直流电弧等离子喷涂枪的等离子焰流，大多是湍流等离子束流。这种等离子束流不可避免地导致周围环境气体被卷入等离子束流，造成与喷涂粒子的化学反应以及涂层的污染，影响涂层性能的稳定性和重现性，造成高的噪声（达到 120~130dB）。而且，造成等离子焰流被冷却、减速，从等离子枪炬喷出的湍流等离子束流的高温区的轴向长度很短（通常不超过 80mm），有很高的轴向温度梯度（达 5×10^5 K/m），轴向速度梯度也很高（达 5×10^4 m/s/m）。湍流等离子束流产生的主要原因是电弧弧根在枪炬内阳极上的漂移，反过来又导致电参数的波动，进一步加剧枪炬内电弧弧长的振荡、阳极弧根的漂移、湍流现象的加剧。

20 世纪 90 年代以来，通过改进直流电弧等离子枪炬的结构，调整等离子枪炬工作参数（特别是工作气流量与进气位置、方式）等技术措施，在大气压环境下得到了稳定的长层流等离子焰流。

俄罗斯 Novosibirsk 理论与应用力学研究所（Institute of Theoretical and Applied Mechanics, Institutskaya st. 4/1, 630090, Novosibirsk, Russian Federation）的 V. I. Kuz'min, O. P. Solonenko, M. F. Zhukov 等研发的在喷枪内阴极和阳极间装有中间电极（interelectrode insert）的等离子喷枪，可在大气压环境下得到稳定的长层流等离子焰流。阴极和阳极间的中间电极对于限制电弧弧根的运动、规范电弧弧柱的长度有重要作用。

日本 Yamaguchi 大学（山口大学）工学部电器工程系（Department of Electrical and Electronic Engineering, Yamaguchi University）的 Katashi Osaki, Osamu Fukumasa 与日本大阪大学焊接研究所（Joining and Welding Research Institute, Osaka University）的 A. Kobayashi 合作，用有涡流进气的喷枪（等离子工作气流量低于 7L/min，涡流气的流量与工作气相比为 0.1~0.3），在大气压环境下

得到稳定的长层流等离子焰流。

我国中科院力学所学者潘文霞教授和吴承康院士的研究小组，研发的是在等离子枪炬腔内有 inter – electrode insert，等离子工作气体从轴向、围绕阴极的上游沿切向以及在中间电极的下游的环形狭缝沿切向进入等离子枪。W. X. Pan 等的研究指出，阴极和阳极之间的中间电极对于限制电弧弧根的跳动、规范电弧弧柱的长度有重要作用。在较大电流时，用较大的工作气流量，仍不致发生从层流向湍流的转变。

5.6.2 层流等离子的特性

有关长层流等离子焰流特征的研究结果表明：稳定的流态、低的噪声、减少周围环境大气进入焰流，从而有长的高温区，焰流的长径比达到 80、甚至更高（而常规湍流等离子焰流的长径比多在 20 以下），调整工作气流量和/或电弧电流可在较大范围内调整焰流长度。层流等离子焰流的速度可达 1000m/s，温度为 17000K。层流等离子焰流的性状与等离子工作参数有下列关系，基于这些关系，通过参数调整可更好的调控等离子焰流性状。

5.6.2.1 层流等离子焰流的长度与电弧电流和工作气流量的关系

对于给定电弧电流随等离子工作气流量增大层流等离子焰流增长，当工作气流量超过某一极限值时再加大流量，则层流等离子焰流长度急剧下降转变为湍流等离子。中科院力学所与清华大学学者的实验研究结果给出：用内径为 3mm 中间电极的等离子枪炬，电流为 200A 时，工作气流量从 2.0×10^{-4}kg/s 加大到 3.4×10^{-4}kg/s，层流等离子束长从大约 365mm 增长到大约 580mm。进一步加大气流量至 GL 时达到层流等离子束的最大长度，工作气流量大于流量 GL，等离子流束成为一非持续过渡态，层流等离子焰流长度急剧下降。在流量大于 GT 时，转变为湍流等离子。

对于同样的工作气体流量，随电弧电流增大，层流等离子焰流长度增长；且小电流的层流等离子在较低的工作气体流量时即发生层流向湍流的转变。对于给定气体流量在层流等离子范围内，随电流增大，等离子焰流的温度和速度升高。与湍流等离子不同，对于给定层流等离子束流温度，层流等离子的长度随束流的速度的提高而增长。

从流体力学解释：考虑流体力学 Reynolds 数，$Re = \rho u D / \mu$，式中 ρ、u、D 和 μ 分别为气体的密度、流速、束流喷嘴的内径和气体的黏度，气体的质量流量 $G = (\pi/4) D^2 \rho u$，$Re = 4G/(\pi D \mu)$。在本书 5.3.2 节，给出 Reynolds 的实验发现层流 – 湍流的转捩总是发生在一临界 Reynolds 数 $Re_{critical}$，在给定枪炬（D 一定），给定电弧电流的情况下，当气体流量高于一临界流量 G 时，即 Re 高于 $Re_{critical}$，发生等离子束流从层流向湍流的转捩。从 Reynolds 数的表达式看到随气体的黏度的减小，Re 升高；增大电弧电流，电弧等离子的温度升高，气体的黏度下降，发生层流 – 湍流的转捩时的 Reynolds 数 $Re_{critical}$ 应升高。中科院力学所学者的实验研究给出，用内径为 3mm 中间电极的等离子枪炬，随电弧电流的增大，发生层流 – 湍流的转捩时的 Reynolds 数 $Re_{critical}$ 升高的结果。

等离子工作气体的流量和流向的影响。等离子工作气体的流量和流向 – 轴向气流与固定的切向气流的流量比（V_z/V_t），对焰流特性有很大的影响。中科院力学所的 W. X. Pan 教授，C. K. Wu 院士领导的研究小组的工作指出，在等离子工作气流量在 100 ~ 250cm³/s，随 V_z/V_t 比值大于 1.25，等离子焰流从湍流转变为层流，焰流长度从 $V_z/V_t = 1$ 时的 100mm 上下，增长到 $V_z/V_t = 1.5$ 时的 400mm；随 V_z/V_t 比值的增高，焰流长度增长，在他们的实验条件下当比值达到 3.4 时等离子焰流变为湍流。图5 – 23给出随等离子气流量的增大等离子焰流长度的变化。

5.6.2.2　层流等离子电弧电压与电流的关系

中科院力学所的研究给出，对于有中间电极的等离子枪（以氩气作为离子气）在产生层流等离子的电流和工作气流量范围内在给定工作气流量时，电弧电压与电流几乎呈线性关系；在给定电弧电流时，电弧电压与工作气流量近似呈线性关系。这一结果说明，对于有中间电极的等离子枪在枪炬内的弧长几乎是不变的。对于电压的波动测试的结果给出不超过 ±2V。

俄罗斯 Novosibirsk 理论与应用力学研究所用有中间电极的层流等离子枪，电弧仓的直径为 12mm，中间电极（IEI）长度为 72mm，以氮气作为离子气，流量在 (0.4 ~ 1.2) × 10⁻³kg/s 范围，在中间

图 5 - 23　一种可得到层流等离子焰流的直流电弧等离子枪炬在电弧
电流 200A 时，在工作气氩气流量分别为 1.7kg/s、2.1kg/s、2.4kg/s、
2.7kg/s、2.9kg/s 和 3.7×10⁻⁴kg/s（按 a ~ f 顺序）喷出的等离子焰流形貌
（引自 Wei Ma, Qunxing Fei, Wenxia Pan, Chengkang Wu 的文献）

电极下游补充氩气流量 2×10^{-4}kg/s，其速度的周向分量为 70m/s，
电流在 200 ~ 300A 的范围内变化，电压几乎不变（硬的电压 – 电流
特性）。笔者认为这与使用的离子气不同有关。氮气为双原子分子气
体，随电弧电流的增高，其解离与电离度升高，弧柱的电阻下降，而
使在一定电流范围内电弧电流增大电压几乎保持不变。

对于给定气体流量在层流等离子范围内，随电流增大，等离子焰
流的温度和速度升高。与湍流等离子不同，对于一定层流等离子束流
温度，层流等离子的长度（$T = 4000$K），随束流的速度的提高而增长。

等离子输入功率的影响。在一定范围内随等离子输入功率的增
大，表观层流等离子焰流长度增长。W. X. Pan 教授，C. K. Wu 院士
领导的研究小组对低压仓内的层流等离子特性进行了一系列研究。图

5–24 给出他们在 13kPa 的低压仓内以一定的工作气流，层流等离子焰流的表观随等离子输入功率变化的研究结果。可以看到，随等离子输入功率的提高，表观等离子焰流长度增长：从 3.8kW 时的 180mm 增长到 14kW 时的 480mm，等离子焰流的直径保持在 25mm 上下。

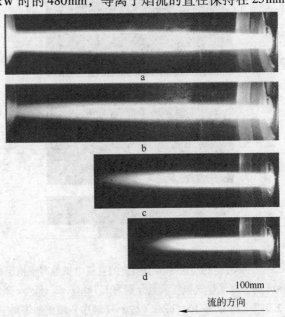

图 5–24　在 13kPa 的低压仓内以一定的工作气流，层流等离子
焰流的表观随等离子输入功率的变化
a—14kW；b—7.8kW；c—5kW；d—3.8kW

5.6.3　层流等离子的应用

层流等离子焰流较长，当喷涂粉末送入等离子焰流中，粉末在较长的焰流中被加热，加热更为充分。适当送粉可将喷涂粉末送入大气下长的层流等离子焰流中，被充分加热 – 熔化。如，将粒径在 75μm 以下的 YSZ 粉末送入输入功率为 10kW 的长层流等离子焰流中，被充分加热 – 熔化，其所需功率仅为常规湍流等离子喷涂的 50%。

层流等离子焰流还可取代激光束对材料进行表面处理，用于材料的表面重熔与包覆（remelting/cladding）。中科院力学所潘文霞领导的小组，用其研制的层流等离子装置对一系列材料进行了表面重熔实验，具体为等离子输入功率 5 ~ 7kW，加热距离 5 ~ 10mm，等离子工作气体流量 3 ~ 6L/min，工件行走速度为 3 ~ 5mm/s，在 1Cr18Ni9Ti 不锈钢和灰铸铁表面层形成重熔硬化层（深度达 1mm 上下），用氧化铝粉末进行表面包覆（送粉率 2 ~ 3g/min）也取得较好效果。与激光加工相比，用层流等离子作为热源，能源利用效率要高得多（激光器的输入功率通常是其输出激光功率的 10 倍以上，而等离子焰流发生器通常有输入功率的 70% ~ 80% 转换为等离子焰流的功率）。且直流电弧等离子设备比相应功率的激光器的价格低。

5.7 真空等离子喷涂和低压等离子喷涂[74~86]

5.7.1 概述

为防环境气氛对等离子喷涂工艺和涂层质量的影响，在 20 世纪 70 年代开发了在低压仓内的等离子喷涂。由于等离子焰流在低压仓内从等离子枪炬喷嘴喷射出来，不受大气的扰动。因此，束流有更高的速度，较好的稳定性，有更好的喷涂涂层质量。

在国家标准 GB/T 18719—2002 "热喷涂 术语分类" 中只给出术语 "可控气氛等离子喷涂"。国际标准 ISO 14917：1999 "**Thermal spraying – Terminology，classification**" 中给出术语 "Plasma spraying in chambers（仓内等离子喷涂）"，涵盖了真空等离子喷涂和仓内充有特定气体的低压仓内的等离子喷涂。但在科技文献中，广泛使用术语 "真空等离子喷涂"（vacuum plasma spraying，VPS）和低压仓内的等离子喷涂（或简称低压等离子喷涂，low pressure plasma spray，LPPS）。国家标准 GB/T 18719—2002 和国际标准 ISO 14917：1999，两者对真空等离子喷涂和低压仓内的等离子喷涂都没给出明确的界定。为此，笔者依据大量文献给出以下界定：

真空等离子喷涂：在密封仓内气压低于 100Pa 为真空等离子喷涂（vacuum plasma spraying，VPS）。

低压等离子喷涂：仓压在 2 ~ 50kPa 范围为低压等离子喷涂（low pressure plasma spray，LPPS）。仓内气氛可以调控。作为商品供应的有 Sulzer Metco AG 公司的 ChamPro® Controlled Atmosphere Plasma Spray 设备等。

很低压等离子喷涂：近期文献有很低压等离子喷涂（very low pressure plasma spray，VLPPS）的提法，其仓压在 100～200Pa。与常规低压等离子喷涂（5～20kPa）相比等离子焰流进一步增长、直径扩大：焰流长度可达大于 1m，焰流直径可扩展到 200mm。且在轴向较长和径向较宽的尺度范围比热焓和温度变化不大，沿轴向和径向速度变化也不大。因此，在 VLPPS 可实现大面积喷涂。例如：喷涂固体氧化物燃料电池用的 Ba0.5%、Sr0.5%、Fe0.2%、Co0.8%、O3% perovskite 结构涂层。

5.7.2 低压仓内等离子焰流的物理学特性

在低压仓内等离子喷涂，不仅减少了环境气氛对喷涂粒子的氧化，提高涂层的质量，减小了环境气氛对等离子焰流的扰动以及环境冷气流被等离子焰流卷入，从而使喷出喷嘴的等离子焰流与大气下的等离子焰流相比在较长的距离范围内有较高的温度和速度，观测到的喷嘴外等离子焰流显著增长。

已有诸多工作研究环境气压对从直流电弧等离子枪炬喷出的等离子焰流长度的影响，图 5-25 给出不同环境气压下等离子焰流。看到降低环境气压可明显增长等离子焰流的长度。

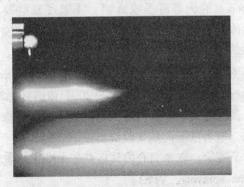

图 5-25　不同环境气压下等离子束流的长度（从上到下依次为：大气下 APS，5kPa LPPS，0.1kPa LPPS）

在考察低压仓内的等离子焰流时，应考虑以下几点：（1）低压仓内的等离子焰流是超音速的。因此，要考虑可压缩效应和黏度耗散效应；（2）在处理其模型时要考虑在低压情况下由于膨胀，等离子焰流的部分热能转变为动能，从而有较高的速度；（3）在低压仓中膨胀的焰炕向外传热较多地靠辐射，焰流温度下降较慢，进而对喷涂粒子有较长的加热；（4）受环境气流扰动小，速度下降较慢，对喷涂粒子有较长的加速段。这都有利于对喷涂粒子的加热加速，有利于得到高质量的涂层。

Koichi Takeda 等研究对低压（4kPa）仓内和大气下等离子射流沿轴心线热焓、温度和速度随到喷嘴出口距离变化的测量结果进行了比较（见图 5-26），结果给出：（1）热焓。在喷嘴出口处两者的热

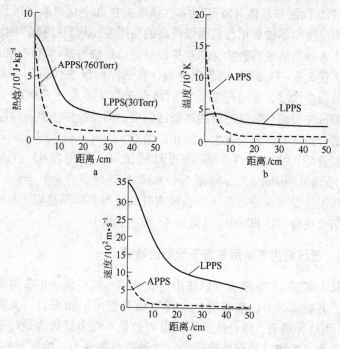

图 5-26　低压仓内和大气下等离子射流沿轴心线热焓
（a）、温度（b）和速度（c）随到喷嘴出口距离的变化
（相应为 LPPS 和 APPS，引自 Koichi Takeda etc.，
Pure & Appl. Chem.，1990，62，(9)：1772～1782）

焓相近（$8 \times 10^4 J/kg$），但在距喷嘴出口 10cm 处，低压仓内的等离子射流的热焓明显高于大气下的（前者为 $3 \times 10^4 J/kg$，后者为 $1 \times 10^4 J/kg$）；（2）温度。在枪炬出口处大气下等离子射流的温度高达 13000K，但随轴向距离的迅速下降，在喷出喷嘴 10cm 处已降至 1000K 上下。而低压仓内的枪炬出口处等离子射流的温度不到 5000K，但在喷出喷嘴较远距离（至 30cm）仍有较高的温度（3000K）；（3）速度。在枪炬出口处，大气下等离子射流的速度为 1000m/s，且随到喷嘴出口距离的增长迅速下降，在到喷嘴出口 10cm 处已降到 100m/s；低压仓内的枪炬出口处等离子射流的速度高达 3400m/s，随到喷嘴出口距离的增长速度有所下降，在 20cm 处速度仍在 1000m/s 上下。

LPPS 涂层与基体有较高的结合强度。在真空仓内基体可预热到较高的温度而不被氧化，表面保持高的洁净度，从而有利于喷涂粒子与基体表面间形成冶金结合和互扩散结合，涂层与基体有较高的结合强度。在 2.6 ~ 13.3kPa 的低压仓内，在洁净的钢铁材料基体表面喷涂金属合金涂层，涂层与基体间的结合强度大多高于 70MPa（用拉伸法测量涂层结合强度时所用树脂的强度，即按拉伸法测定涂层与基体间结合强度时，断裂发生在树脂黏结层）。Nippon Steel Corporation 研发实验室的 Koichi Takeda 等设计的试样，测得在 45 钢基体上 LPPS 喷涂 Hastelloy – C（Ni 基 NiCrMoW 耐热耐磨合金）合金，随基体预热温度提高涂层与基体结合强度升高，当基体预热温度达 400℃时，结合强度可达 600MPa（接近 45 钢的强度）。

5.7.3 低压仓内喷涂用等离子枪炬的喷嘴

从 1982 年 VPS 喷枪开始使用内孔有缩—圆柱形—扩放形轮廓的喷嘴，并被称之为标准喷嘴。这种喷嘴有锥形扩张出口（见图 5 - 27）。用这种喷嘴，随仓压的不同得到的是不完全膨胀或是过膨胀超音速等离子束流（值得注意的是，这种束流被分为压缩区和膨胀区，又被称之为冲击结（shock nodes）的超声速束流，导致在束流方向上动能的损失）。K. Takeda 等用红宝石激光光散射法对低压仓内等离子焰流的电子温度和密度沿轴向分布的测量结果表明，电子温度和密度均呈波峰－谷分布特征：波峰温度和密度在 1eV 和 $4 \times 10^{21} m^{-3}$，波谷温度和密度在 0.2eV 和 $1 \times 10^{21} m^{-3}$，这一结果证实了低压仓内等离子焰流虽然大大增长，但其中有压缩区和膨胀区的存在（1eV = 11604K）。焰流形貌见图 5 - 28。

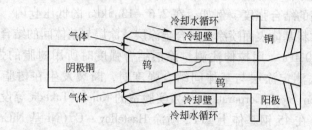

图 5 - 27　有锥形扩张出口喷嘴截面示意图（standard F4VB gun）

图 5 - 28　用标准 F4VB 型喷嘴在 50Pa 仓压下 Ar 等离子束流的
形貌（Ar 流量 40L/min 电流 700A）

5.7.4　低压仓内的等离子喷涂对涂层性能的影响

在低压仓内等离子焰流有较高速度，高温高速等离子焰流较长，有利于粒子的加热和加速，喷涂粒子有高的速度，较高的温度。从而：

（1）提高涂层的致密度。在低压仓内等离子焰流有较高速度，高温高速等离子焰流较长，有利于粒子的加热和加速，喷涂粒子有高的速度，较高的温度。例如，L. Leblanc 等的研究给出 ASP 喷涂 $Al_2O_3 - 13\% TiO_2$ 孔隙度为 3.1%，低压等离子喷涂涂层的孔隙度为 1.9%；

（2）提高涂层的硬度。如 L. Leblanc 等研究给出 ASP 喷涂纳米结构的 $Al_2O_3 - TiO_2$ 涂层的硬度为 737HV$_{0.3}$，甚至低于普通 $Al_2O_3 - 13\% TiO$ 涂层的硬度（925HV$_{0.3}$），低压等离子喷涂纳米结构的

$Al_2O_3 - TiO_2$涂层的硬度达 $1009HV_{0.3}$。有利于提高涂层的耐磨性。

（3）有利于提高涂层与基体的结合强度。在真空仓内基体可预热到较高的温度（如 973K）而不被氧化，表面保持高的洁净度，从而有利于喷涂粒子与基体表面间形成冶金结合和互扩散结合，涂层与基体有较高的结合强度。例如，在 2.6～13.3kPa 的低压仓内，在洁净的钢铁材料基体表面喷涂金属合金涂层，涂层与基体间的结合强度大多高于 70MPa（用拉伸法测量涂层结合强度时所用树脂的强度，即按拉伸法测定涂层与基体间结合强度时，断裂发生在树脂黏结层）。Nippon Steel Corporation 研发实验室的 Koichi Takeda 等设计的试样测得，在 45 钢基体上 LPPS 喷涂 Hastelloy - C（Ni 基 NiCrMoW 耐热耐磨合金）合金，随基体预热温度提高涂层与基体结合强度升高，当基体预热温度达 400℃时，结合强度可达 600MPa（接近 45 钢的强度）。

（4）减少环境气氛对涂层的污染，有利于功能涂层性能的控制。

5.7.5 低压仓内的等离子技术应用的拓展

Sulzer Metco AG 公司的研究工作指出仓压降低到 1kPa 以下可用于制作大面积薄涂层。系统功率可提高到 180kW，喷涂距离可达 1000mm，沉积面积达 $0.5m^2$。Sulzer Metco AG 公司建立了实验 LPPS/LPPS Thin Film 系统。

Sulzer Metco AG 公司（2004）用其研发的 LPPS/LPPS Thin Film 系统，在极板上喷涂 YSZ（$ZrO_2 - 8\% Y_2O_3$（摩尔系数）涂层作为固体氧化物燃料电池（SOFC）的电解质层。得到的涂层均匀致密无需后处理即可作为 SOFC 的氧离子导体电解质层。在多孔材料基体上喷涂 80%（质量分数）Ni/25C + 20%（质量分数）YSZ（8%（摩尔分数）Y_2O_3）阳极涂层也得到较好的结果。

G. Schiller 等研究发现，当直流等离子枪炬周围环境气压降到 10kPa 上下时，枪炬喷射出的等离子焰流的速度急剧提高，可得到致密的涂层，以这种方法制作 SOFC 的钙钛矿型（perovskite - type）极板材料保护层有较好的效果。

真空或低压仓内的等离子技术除用于热喷涂外还可用于材料表面

改性和反应膜生长。

J. Laimer 等（1997）实验，用低压仓（10kPa）内超声速等离子束（有甲烷气氛）可生长金刚石膜，生长速度达6μm/min。

O. Postel，J. Heberlein 等开发了超声速等离子化学气相沉积，在200Pa 气压仓内在硅基体上沉积碳化硼。

J. Blum，J. Heberlein 等在 300Pa 的低压仓声，研究在等离子中注入的 $SiCl_4$ 与 CH_4 反应超细粒子成核，在钼基体上以超高声速等离子粒子沉积纳米结构碳化硅膜。

H. Tahara 与 Y. Ando 等注入氨气和氮－氢气（130Pa），用超声速 DC 等离子可在铝基体表面得到铝的氮化物涂层，铝的基体没有熔化。

Sulzer Metco 公司开发的 LPPS – TF. 系统（0.1~0.2kPa）还可实现气相沉积（使用 O3CPgun，电流可达 2500A，功率 150kW），得到有柱状结构的 YSZ 涂层（见图 5 – 29）。沉积率可达 20μm/min，沉积面积达 0.7m × 0.7m，涂层厚度可达 200~300μm，涂层具有与 BE – PVD 沉积相近的有柱状结构。

200μm

图 5 – 29 LPPS – TF 系统沉积的 YSZ 涂层横截面涂层结构形貌
（引自 A. Refke，M. Gindrat，K. von Niessen 等论文
Thermal Spray 2007，705~710）

5.8 微束等离子喷涂[86]

乌克兰 E. O. Paton 电焊研究所的 Yu. Borisov 等报道了以微束等离子喷涂机喷涂生物陶瓷涂层[86]。所用的微束等离子喷涂机MPS－3在选定的工作参数下得到层流等离子束（Laminar plasma jet），Reynolds Criterion 为 0.10~0.55。微束等离子喷涂有以下特点：层流等离

子束的开角小，仅 2° ~ 6°，而湍流等离子束的为 10° ~ 18°；等离子枪的喷嘴直径小，仅 1 ~ 2mm；喷涂斑点仅 1 ~ 5mm；微束等离子喷涂的热功率小，对基体加热少，可用于小件、薄壁件，避免局部过热；噪声低，小于 30 ~ 50dB。这种微束等离子喷涂枪的工作气、保护气以及送粉气都用氩气。但微束等离子喷涂粒子的速度较低：20m/s 上下。作为参考，表 5 - 5 给出微束等离子喷涂与常规等离子喷涂参数比较。

表 5 - 5   微束等离子喷涂工作参数、束流特性及其与常规等离子喷涂比较

参　数	微束等离子喷涂	常规等离子喷涂
功率/kW	0.5 ~ 3.0	25 ~ 80
工作气流量/L · min^{-1}	Ar 0.1 ~ 0.5	Ar 30 ~ 60
电流/A	10 ~ 50	100 ~ 800
电压/V	60	20 ~ 80
生产率/kg · h^{-1}	0.25 ~ 2.5	3 ~ 8
材料利用率	0.6 ~ 0.8	0.5 ~ 0.8
比功率消耗/kW · h · kg^{-1}	0.8 ~ 1.5	8 ~ 10
喷涂粒子速度/m · s^{-1}	15 ~ 60	100 ~ 300
喷涂斑点/mm	1.5 ~ 5.0	12 ~ 30
噪声/dB	30 ~ 50	100 ~ 130

注：微束等离子喷涂以其小的喷涂斑点，低的热输入，适合与小件的精密喷涂。

5.9   电磁加速等离子喷涂

5.9.1   概述

电磁加速等离子方法产生一与电极同轴峰值压强达 1MPa，速度达 2500m/s 以上的等离子束流。喷涂粒子速度可达 1000 ~ 3000m/s，从而得到有较高致密度的涂层。因其得到的是高温高速、大面积等离子束，从而有高的沉积效率。

这种电磁加速等离子喷涂枪是在贝尔格莱德大学物理系的等离子物理与技术实验室（Физички факултет, Универзитета у Београду ，

Лабораторија за физику и технологију плазме，（А. И. Морозов，Sov. J. Plasma Phys.，1990，16：69 等））的研究工作基础上发展起来的。贝尔格莱德大学研制的装置被称为磁等离子动力电弧束流发生器（magneto – plasma – dynamic（MPD）arc jet generator）。等离子被电磁力压缩并加速，又被称之为磁等离子压缩器（magneto – plasma compressor）。以电磁加速等离子动力电弧（magneto – plasma – dynamic（MPD）arc）的等离子喷涂枪。这种等离子喷涂枪有一开放出口（出口直径达58mm，开放半角达20°）的阳极。这种等离子喷涂枪利用大电流脉冲放电产生的磁场与电流相互作用产生的 Blowing 力（$f_z = irB\theta$）和 Pumping 力（$f_r = -izB$）加速并压缩电弧实现等离子喷涂。

5.9.2 电磁等离子动力电弧束流发生器的结构及原理

电磁等离子动力电弧束流发生器的结构原理图见图5 – 30。中间是阴极，四周是阳极，电流感生的磁场对电弧等离子产生压缩和加速作用。通常由电容 – 放电管组成的电路对枪放电，产生电弧。目前，电磁加速等离子发生器有一段式磁等离子压缩器 MPC（magneto – plasma compressor）、MPC – Yu 型和2段式的准静态高电流等离子加速器

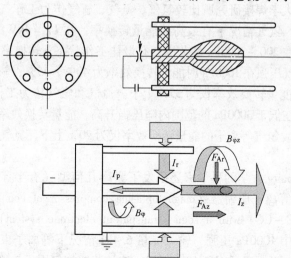

图5 – 30　电磁等离子动力电弧束流发生器的结构及原理图

（Quasistationnary High Current Plasma Accelerator），也被称为准静态等离子动力学加速系统（Quasi‐stationary plasma dynamic accelerrating system）。前者，如 MPC 5 的特性参数为：放电时间 $t = 100 \sim 140\mu s$，最大电流 $I_{max} = 50 \sim 120A$，束流的速度 $v_f = 30 \sim 70km/s$，电子密度 $n_e = 10^{16} \sim 10^{18} cm^{-3}$，电子温度 $T_e = 1 \sim 4eV$。MPC‐Yu 型的特性参数为：$t = 100 \sim 140\mu s$，$I_{max} = 50 \sim 150A$，$v_f = 30 \sim 100km/s$，$n_e = 10^{16} \sim 10^{18} cm^{-3}$，电子温度 $T_e = 1 \sim 5eV$。

一种磁等离子压缩器 MPC 以 $800\mu F$、4kV 的电容为电源，工作气体为氮气（压强400Pa），在电离区产生等离子，被磁压缩和加速，形成超高速压缩等离子流 CPF，其参数：最大放电电流 70kA、CPF 持续时间 $50\mu s$、CPF 长 6cm、直径 1cm、流速度 40km/s（氢气时 100m/s）、电子密度 $4 \times 10^{17} cm^{-3}$、电子温度 $2 \sim 3eV$。

А. И. Морозов 等给出放电电压 U 和电流 I 间有指数关系：

$$U \sim I^a m_L^{-1}$$

这里 m_L 是离子气的质量流速率，指数 a 对于不同的气体有不同的数值。大阪大学焊接研究所的研究人员给出对于氢气 a 值在 $2 \sim 3$ 的范围，在 1000Pa 时为 2.7。

大阪大学焊接研究所比较氢气、氮气、氩气作为工作气体的实验结果给出，氢气情况下有最高的能量转换率：在 $U_0 = 4kV$ 的情况下，氢气压强在 $200 \sim 3000Pa$ 的范围，有最佳工作状态，转换率达 55% $\sim$ 60%；氮气压强在 1000Pa 时能量转换效率为 40% $\sim$ 45%；氩气压强在 1000Pa 时能量转换效率仅为 35% 上下。氮气和氩气作为工作气体时，气体压强在低于 3000Pa 的范围内随压强升高，能量转换效率下降，在 5000Pa 时，氩气等离子的能量转换效率仅为 20% 上下，氮气的为 30% 上下。

Београду 大学的科学家还研发了紧凑几何型（有半穿透电极系统的）磁等离子压缩器（magnetoplasma compressor of compact geometry（MPC‐CG）with a semi‐transparent electrode system）。这种装置在氢气中 1000Pa 压强，输入能量 6.4kJ 情况下等离子束流的速度可达 100km/s，电子密度 $10^{17} cm^{-3}$。这种装置如何用于热喷涂尚未见报道。

5.9.3 电磁加速等离子喷涂的应用

大阪大学焊接研究所的研究人员用 quasi – steady magneto – plasma – dynamic（MPD）arc jet generator 喷涂的几个实例：

喷涂氧化铝陶瓷涂层中有 65% 的 $\alpha – Al_2O_3$，涂层有较高的硬度和耐磨性；而常规等离子喷涂（使用 $\alpha – Al_2O_3$ 氧化铝粉）的氧化铝陶瓷涂层是富含 $\gamma – Al_2O_3 –$ 相的。

以硅棒作为喷涂给料，以氮气作为离子气。喷涂时硅棒被熔化、雾化，并被充分氮化，得到致密的 $\beta – Si_3N_4$ 涂层，且有较高的沉积效率。以 7500A 电流放电、频率 0.03Hz，经 200 次喷射，在 700℃ 的基体上得到 $10\mu m$ 厚的 $\beta – Si_3N_4$ 涂层。放电电流提高到 9000A 时，得到的涂层厚度达 $30\mu m$。

在氮气流（质量流量为 2.1g/s）下，放电电流 10000A，50 次喷射，得 40nm 厚的 AlN – Al 涂层。

可得到高致密度高硬度的碳化硼（B_4C）涂层。

5.10 液稳等离子[93~102]

除以气体作为等离子的工作气体外，还可以液体作为等离子的工质。前者被称之为气稳等离子，后者被称之为液稳等离子（liquid – stabilization plasma）。其中，以水作为工作介质，压缩电弧，提高其电离度，进而得到等离子弧的设想早在 20 世纪 20 年代就曾被提出（H. Gerdien，A. Lotz. Wiss. Veroffentlichungen Siemenswerk。1：22，2，489. H. Gerdien，A. Lotz.，Z. Tech Phys. 1923，4，157. ）。

等离子弧的热熔由等离子的功率与等离子形成气流量比决定，从而等离子的温度和热熔受限于等离子形成气对电弧仓壁的保护作用以使其不受过度的热负荷作用。因此，对于给定的电弧功率有一最小的可能离子气流量。假如电弧仓的内壁有液体漩涡，而稳定电弧的离子气是液体蒸发的蒸汽，蒸汽的量与电弧功率对液体工质内壁的加热作用达到平衡，那么电弧仓的内壁受到液体漩涡的保护就不会因受到过多的热作用而损毁，且液稳等离子因其有更高的比热，对电弧有更强的压缩作用，电弧等离子有更高的电流密度和能量密度，有更高的温度。

目前，国际上对液稳，特别是水稳等离子研究较多并取得丰硕成果的应属捷克科学院等离子物理研究所（Institute of Plasma Physics, Academy of Sciences of CR, I82 21 Prague 8, Czech Republic），并在 Czechoslovak Journal of Physics 刊物上发表了一系列论文。研制的水稳等离子系统和水 – 气复合稳定等离子系统 WSP®2000 and WSP® H 2000 是目前国际上较为先进的液稳等离子发生器系统。在 1994 年 7 月 1 日到 1999 年 1 月 31 日期间，美国纽约州立大学的 Dr. Herbert Herman（the State University of New York, Stony Brook）和捷克科学院等离子物理研究所的 Dr. Pavel Chraska（Czech Institute of Plasma Physics, Prague），共同主持有关水稳等离子厚涂层的工程研究项目（U. S. – Czech Engineering Research on Thick Deposits Produced by Water Stabilization Plasmas，美国 NSF 的 CENTRAL & EASTERN EU-ROPE PROGR 合作项目）。

5. 10. 1   液稳等离子弧枪炬的结构及其工作原理

液稳等离子枪炬通常由枪体、阴极、电弧仓、喷嘴、阳极等部分组成（见图 5 – 31）。

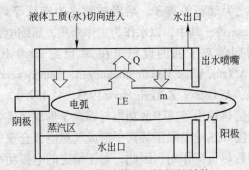

图 5 – 31   液稳等离子枪炬的结构

对于一功率在 90 ~ 200kW 的水稳等离子枪，水的流量在每分钟 30L 上下。

液稳等离子弧枪炬的工作原理（见图 5 – 32）。液体工质切向进入液稳等离子弧枪炬的电弧仓，产生漩涡，电弧在液体漩涡的中心被点燃－燃烧。在阴极和喷嘴外的阳极间导通的电弧，以 Joule 热通过辐射、传导、湍流将能量传给液体漩涡的内表面，使其被加热蒸发，蒸汽被进一步加热、电离，形成电弧等离子；导通的电弧在加热液体漩涡的内表面的同时电弧外层被冷却、压缩，提高电弧心部的电离度，提高电弧等离子的温度。液态漩涡液体从电弧仓的窄的出口流出，也带走部分热量。

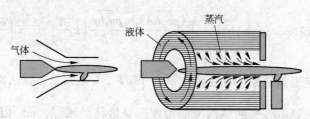

图 5 - 32　气稳等离子弧（左）和液稳等离子弧（右）的比较示意图

基于上述，液稳等离子的蒸汽即是离子气，其流量不是独立的参数。这也是气稳等离子弧和液稳等离子弧的区别之一。在气稳枪中电弧被轴向（通常有漩涡分量）进入的离子气所稳定，离子气流量是一独立的参数，可独立调控，与电弧的电参数相配合以保证电弧的持续稳定燃烧和所需要的等离子焰流。液稳等离子的蒸汽－离子气流量受控于与电弧弧柱热传导的热平衡，液体蒸发的速度与到达液体漩涡内表面的功率大小有关，液稳等离子的离子气（蒸汽）不是独立的参数。

5.10.2　液稳等离子弧枪内电弧稳定燃烧时电参数与蒸汽质量流速率的关系及其对等离子焰流特性的影响

基于圆柱形弧柱的能量平衡可分析液稳等离子的工质材料特性和枪炬尺度对电弧特性的影响。Milan Hrabovsky 给出能量平衡方程：

$$\frac{\partial(\overline{\rho v_z hA})}{\sigma} - mh(R) = A\overline{\sigma}E^2 + 2\gamma k\left(k\frac{\partial T}{\partial r}\right)_{r=R} - 4\pi\overline{\varepsilon_n}A \quad (5-25)$$

式中　ρ——等离子的密度；

　　　v_z——轴向（z 向）速度；

　　　σ——电导率；

　　　k——热导率；

      T——温度；

      ε——由于辐射导致功率损失的辐射系数；

      E——电场强度；

      A——电弧仓的横截面积；

      R——半径。

式中的各均值（有上画线者）即对于某一参量 X 的均值定义为 $\bar{X} = \frac{1}{\pi R^2} \int_{n}^{R} 2\pi r X \partial r$。近似计算：$\frac{\partial (\overline{\rho \nu_z hA})}{\partial z} = \frac{\overline{\rho \nu_z hA}}{L} \left(k \frac{\partial T}{\partial r} \right)_{r=R} = \left(\frac{\partial S}{\partial r} \right)_{r=R} = -\frac{\bar{S}}{R}$，这里热流势位 S 定义为 $S = \int_{T_0}^{T} kdT$，L 是弧长。设从液流漩涡内壁进入到电弧仓的蒸汽流的温度即是液体的沸点，mh（R）项等于 0。那么可给出电场强度 E 与工质质量流速率 G（ $G = \int_{0}^{R} 2\pi r\rho \nu_z dr = \pi R^2 \overline{\rho \nu_z}$ ）和电弧仓几何尺寸间的关系：

$$E = \frac{1}{R} \frac{1}{\sqrt{n \, \bar{\sigma}}} \sqrt{\frac{G \, \bar{h}}{L} + 2\pi \, \bar{S} + 4\pi^2 R \, \overline{\varepsilon_n}} \qquad (5-26)$$

电弧电流 I（ $= E \int_{0}^{R} 2\pi\sigma dr = \pi R^2 \, \bar{\sigma} E$ ）与工质质量流速率 G 和电弧仓几何尺寸间的关系：

$$I = R \sqrt{\pi\sigma} \sqrt{\frac{Gh}{L} + 2\pi \, \bar{S} + 4\pi^2 R^2 \, \overline{\varepsilon_n}} \qquad (5-27)$$

    从以上两式看到电场强度与工质流速率 G 和电弧长度 L 的比值 G/L 有关。

    捷克科学院等离子物理研究所（Institute of Plasma Physics, Acad. Sei. CR.）的研究人员以该所研制的水稳等离子喷枪为例，给出：对于喷嘴长度为 5mm、在电弧电流为 300～600A 的情况下，喷嘴出口处的等离子焰流的温度和速度分别相应为 16700～26400K 和 2300～6900m/s；枪的功率（69～174kW）的 39%～46% 消耗于辐射损失；枪的水漩涡电弧稳定部分的长度的不同（55mm 和 60mm）对喷嘴出口处的等离子焰流的温度和速度没有多大的影响。

作为参考表 5 - 6 给出一水稳等离子枪的工作参数和等离子焰流特性（根据 Milan Hrabovský 数据）。

表 5 - 6 一水稳等离子枪的工作参数和等离子焰流特性

参 数	数 值 特 性			
电弧电流/A	300	400	500	600
输入功率/kW	84	106.8	139	176
质量流速率/g·s⁻¹	0.204	0.272	0.285	0.325
平均温度/K	13750	14500	15400	16200
心部温度/K	19000	23000	26200	27200
平均热焓/MJ·kg⁻¹	157	185	230	270
平均速度/m·s⁻¹	1736	2635	3247	4230
心部速度/m·s⁻¹	2949	4407	5649	7054
平均密度/g·m⁻³	4.15	3.64	3.1	2.27
心部密度/g·m⁻³	1.92	1.23	0.98	0.92
特征频率/kHz	52	68	96	118
Reynolds 数 Re	473	786	1140	1770

从表 5 - 6 看到随电弧电流提高，等离子焰流的温度和速度升高，其中速度的升高尤为显著；焰流的密度下降，但因焰流速度提高更为显著，焰流的质量流速率随电流提高而升高。应注意的是焰流的 Reynolds 数 Re 随电流的提高显著升高，从流体携带固体粒子的拖拽力关系得知，这将有利于喷涂粒子在焰流中的加速，对于得到高致密度的涂层有利。

水稳等离子低的密度，强的湍流，使等离子焰流进入大气后很容易被环境气所侵扰、混合，导致焰流的温度和速度很快下降。Milan Hrabovsky 等实验研究给出，用捷克科学院等离子物理研究所的水稳等离子枪炬，如喷嘴出口处速度为 7000m/s 的情况（电弧电流 600A），在喷嘴出口轴线距离 60mm 处心部速度已降至不到 1000m/s。对于电弧电流 400A 功率 107kW 的水稳等离子焰流，在枪炬出口 5mm 处焰流心部的温度 21000K、速度 2000m/s，在距出口 40mm 处等离子焰流心部的温度和速度分别降至 15000K 和 1000m/s。

　　水稳等离子因其高的单位热熔和温度，用于喷涂常规的大气等离子喷涂过程中难以熔化的高熔点、高比热的材料（如钨粉、WC 粉）时有明显的优势。（钨的熔点为 3410℃、沸点为 5700℃；钨在 400℃以上容易氧化；WO_3 的熔点为 1470℃、沸点为 1840℃）。用水稳定等离子枪炬（WSP）喷涂不同粒径范围的钨粉结果表明：细粉的孔隙度高，弹性模量高（151GPa）；中等粒度的粉孔隙度中等，弹性模量低（78GPa）；粗粉（粒径 100 ~ 125μm）孔隙度低，贴片情况不好。喷涂铜包钨粉可得到致密的涂层（孔隙度 0.3% ~ 0.5%）。

5.10.3　气 - 液复合稳定等离子喷涂枪炬

　　鉴于液稳的直流电弧等离子焰流有较高的单位热熔、温度和速度，但其密度较低。气稳的直流电弧等离子焰流的密度较高。为发挥两者的优势，捷克科学院等离子物理研究所（Institute of Plasma Physics, Acad. Sei. CR.）的研究人员将两者复合研制了气 - 液复合稳定等离子喷涂枪炬。这种枪炬的结构特点是，在有气体涡流的第一仓内产生的气稳直流电弧等离子焰流，进入有液体涡流的第二仓，焰流在液体漩涡的中心燃烧，使液体漩涡内壁的液体蒸发，形成氩和蒸汽混合的等离子弧柱。同时，弧柱被进一步压缩压缩，提高其热熔、温度和速度。若稳定气体用的是氩气，则等离子焰流有与氩气等离子相近的密度；若稳定液体用的是水，则有与水稳等离子焰流相近的温度和热熔。捷克科学院等离子物理研究所研制的气 - 液复合稳定等离子喷涂枪炬，以氩气作为气稳工质，以水作为液稳工质，电弧功率在 22 ~ 130kW，在喷嘴出口处等离子焰流心线处的速度 2 ~ 6km/s，温度为 14000 ~ 22000K。且因阴极处有氩气保护可用钨制阴极。气体工质还可用氩气 - 氢气混合气和氮气。用一种气 - 水复合稳定等离子喷涂枪 WSP® - H 喷涂难熔金属钨时，用等离子喷涂诊断系统对喷涂飞行粒子进行检测，结果表明在电流为 500A 时粒子的平均温度在 3000℃以上。在喷涂距离 200mm 处，喷涂粒子的温度为 2800℃以上，粒子的平均温度可达 3325℃，熔化粒子百分数达到 33.6%，粒子速度 20 ~ 50m/s。SEM 观察，熔化的喷涂钨粒子在抛光的不锈钢基体表面上形成较好的贴片。而用常规气稳等离子喷涂枪,钨粉末多有未熔。

5.11　感应耦合等离子[104~115]

5.11.1　概述

　　发现感应放电的历史几乎和电力能源的历史一样久远。早在1884年,W. Hittorf(Wiedemanns Ann Phys. 1884, 21, 90)首先发现了这种"无电极的环形放电"现象(当时使用的是 Leyden 瓶激发线圈,在"真空管"里观察到了放电现象)。为在气流束中持续维持感应等离子的研究工作,可追溯到 1947 年(G. I. Babat, Inst. Elec. Eng., London, England, 1947, 94, 27)。1961 年,报道了感应耦合等离子枪(T. B. Reed, Induction Coupled Plasma Torch, J. Appl. Phys, 32, (1961) 821~824。)到了 20 世纪 60 年代,出现了利用高频电感耦合等离子体(Inductively Coupled Plasma, ICP)发生器作为激发源的原子发射光谱仪(ICP - AES),也被称之为感应耦合等离子光发射谱仪(inductively coupled plasma optical emission spectrometry(ICP - OES)),在 20 世纪 70 年代,超声速高频(HF)等离子束流即已用于空间技术研究。

　　目前,工业上用于热喷涂和材料合成与处理的射频感应耦合等离子炬是在 R. Gross, B. Grycs 和 K. Miklossy(R. Gross, B. Grycs, K. Miklossy, Plasma Technology, LCCCN 68 - 27535, American Elsevier, New York, 1969)给出的装置基础上发展起来的。1985 年,J. Jurewicz, R. Kaczmarek, M. I. Boulos 在荷兰召开的第 7 届国际等离子化学研讨会上首次发表了有关用 RF 等离子沉积金属和合金涂层的论文(J. Jurewicz, R. Kaczmarek, M. I. Boulos, 7th International Symposium on Plasma Chimistry, The Netherland, 4, 1985, 1131~1136)。加拿大 Sherbrooke 大学化学工程系等离子技术研究中心(Plasma Technology Research Centre, CRTP)的 Maher I. Boulos 教授领导的研究组在感应耦合等离子及其热喷涂技术领域开展了大量的研究工作,对推动感应等离子技术及其在材料工艺领域的应用起了很大的作用。1998 年,加拿大 Sherbrooke 大学的等离子技术研究中心

（CRTP）用超声速 HF 等离子成功沉积了氧化钇稳定氧化锆涂层 M. I. Boulos, RF induction plasma spraying:, J. Therm. Spray Techn., 1992, 1（1）, 33～40。

5.11.2　感应耦合等离子体发生器系统及等离子炬结构

ICP 装置由高频电源系统、感应圈 - 电感耦合等离子炬管（ICP torche）、供气系统以及供料系统组成。其中, 高频电源系统给感应圈 - 电感耦合等离子炬管供给高频电, 供给等离子能量。

最早的实验用高频感应等离子炬管是一个三层同心石英玻璃管, 有很好的可见性（见图 5 - 33）。工业上用的高频感应等离子炬管使用在高频电磁场中不感生电涡流的耐高温的绝缘材料, 如用陶瓷制作, 在其外有金属套管保护。目前, 有较高导热性的氮化硅陶瓷被认为是制作高功率等离子炬管较理想的材料。低功率（30kW 以下）的等离子炬管可用石英管制作。等离子炬管的外层石英管（或陶瓷管）内通入冷却保护用气体（如氩气或其他 2 次气）, 以防等离子炬烧坏石英管（或陶瓷管）或是考虑化学目的。外层石英管外的下部有内通冷却水的铜管制成的感应圈。中层石英管（或陶瓷管）通入等离子工作气体 - 氩气或 Ar～He 混合气。内层石英管（或陶瓷管）的内径为 1～2mm, 常被称为针管, 是进料管, 可由载气（一般用氩气）将粉料或溶液/悬浮液通过内管送入等离子炬中（见热喷涂用高频感应等离子炬管结构示意图, 图 5 - 34）。送料针管还有雾化作用, 输送的溶液或悬浮液经送料针管被雾化, 雾化的雾滴送入等离子炬中, 有利于其被加热和加速。电感耦合等离子炬管的直径和长度随功率的提高而增大, 通常功率在 100kW 以下的, 炬管的直径在 50mm 以下; 功率在 100kW 以上的, 炬管的直径在 50～100mm, 长度在 200～600mm。目前, 工业上用的感应耦合等离子功率从几 kW 到 500kW。也有功率达到 1000kW 的。功率在 200kW 以下的, 其工作频率通常为 3～40MHz。功率高的, 工作频率低些, 频率可为 300～400kHz（Tekna Plasma Systems Inc 公司的 PL50 感应耦合等离子炬, 可用 500kHz 的高频电源稳定工作在 14～20kW）。感应等离子源工作在 13.4～40.1kPa 压力下, 也可在大气压下。

图 5-33 透明石英管内的
感应等离子炬

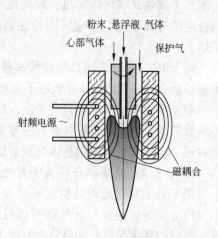

图 5-34 热喷涂用高频感应等离子
炬管结构示意图（出口端无喷嘴）

5.11.3 感应耦合等离子发生器的工作原理、工作气体及焰流的特性

5.11.3.1 感应耦合等离子发生器的工作原理

当有高频电流通过高频感应等离子炬管的线圈时，在充有一定气体的管内产生轴向高频磁场，磁通量 Φ_B 可以下式表达（符合 Ampère's 定律）：

$$\Phi_B = (\mu_0 I_c n)(\pi r_0^2)$$

式中 μ_0——磁导率常数，$\mu_0 = 4\pi \times 10^{-7} \mathrm{Wb}/(\mathrm{A} \cdot \mathrm{m})$；

I_c——感应圈电流；

n——单位长度感应圈的圈数；

r_0——感应圈的平均半径。

这时，若用高频点火装置产生火花，管内气体被电离产生一些离子和电子（载流子），在高频电磁场作用下，被加速的离子和电子与气体原子或分子碰撞并使之电离，形成更多的载流子；当载流子多到足以使气体有足够的导电率时，在垂直于磁场方向的截面上就会感生出流经闭合圆形路径的涡流。涡流的电流密度为 j，等离子体的电阻为 R，符合 Ohm's 定律，对等离子体 Joule 加热，正比于 jR^2。强大的电流产生高热又将气体加热，瞬间使气体形成最高温度可达 10000K 的稳定的等离子炬。感应线圈将能量耦合给等离子体，并维持等离子炬。

对于 ICP – AES，当载气载带试样气溶胶通过等离子体时，被后者加热至 6000～7000K，并被原子化和激发产生发射光谱。

对于喷涂用感应耦合等离子炬，在其出口安装喷嘴，使从枪炬中进料针管送入的粉末或液料在感应等离子焰流中被加热加速，经喷嘴后被进一步加速，喷射到基体沉积形成涂层。

5.11.3.2　感应耦合等离子发生器的工作气体

用于原子发射光谱分析使用单原子惰性气体 Ar，它性质稳定、不与待分析的试样材料（气溶胶或粉体）形成难离解的化合物，而且它本身的光谱简单，光谱分析时便于分离。在工业上，用于材料工艺的 ICP 的工作气体根据使用目的可以是 Ar、Ar/H_2、Ar/He、Ar/N_2、N_2、Ar/O_2、O_2 以及空气等。在选择使用哪一种气体时，首先要考虑的是化学目的。在许多情况下，2 次气从中间层进入等离子炬管，以双原子气作为 2 次气，因其有较高的导热性，在外层进入对炬管有较好的冷却作用。

5.11.3.3　感应耦合等离子的功率、频率和工作气体间的关系

维持持续的感应等离子的最小功率取决于压强、频率和工作气种类：高的频率、低的气压、单原子气（如氩气）可以较小功率维持等离子持续工作。一旦有双原子气进入，为维持等离子持续工作就要较高的功率，以补充为使双原子气分解所需要的功率。但是，为得到高能量、较好的导热性以及某种化学目的的等离子，有时要用双原子气体作为感应等离子工作气或是以双原子气体作为 2 次离子气。

5.11.3.4　感应耦合等离子焰流的特性

ICP 焰分为三个区域：焰心区、内焰区和尾焰区。焰心区不透明，是高频电流形成的涡流区，等离子体主要通过这一区域与高频感应线圈耦合而获得能量。该区温度高达 10000K，电子密度很高，由于黑体辐射、离子复合等产生很强的连续背景辐射。对于 ICP – AES，试样气溶胶通过这一区域时被预热、挥发溶剂和蒸发溶质。因此，这一区域又称为预热区。对于热喷涂，从进料针管送入的粉末或被雾化

的液料在这一区即开始被加热。

内焰区紧接焰心区，一般在距感应圈 10~20mm 左右，略带淡蓝色，呈半透明状态，温度约为 8000K。对于 ICP - AES，是分析物原子化、激发、电离与辐射的主要区域。光谱分析就在该区域内进行。因此，该区域又称为测光区。热喷涂时粉末或被雾化的雾滴在这一区域继续被加热、加速。

紧接内焰区的是尾焰区，无色透明，温度较低，在 6000K 以下，对于 ICP - AES，只能激发低能级的谱线。

感应耦合等离子是层流等离子，环境大气不易被从感应耦合等离子枪喷出的焰流卷入，从枪炬喷出后焰流受环境大气扰动小、速度下降慢。B. Dzur 等的研究给出，TEKNA - ICP 功率为 12kW、频率为 3.3MHz、等离子气流量为 6.7L/min、屏蔽保护气流量为 33.3L/min、送粉气流量为 2L/min 参数下工作的等离子焰流的温度分布。由于 ICP 等离子是层流等离子，在大气下工作情况下直到距枪炬端口 15mm 处焰流中还没有氧气被卷入，在 25mm 处仅 4%（体积分数）的氧。在枪炬端口，等离子焰流的速度为 80m/s。喷涂粒子在冲击基体时（距枪炬端口 40mm）的平均速度为 10m/s，与送粉载气流速度相近，似乎粒子被等离子流加速很少。

热喷涂用的枪炬都装有喷嘴，喷嘴装在感应圈下方，在感应等离子焰流的内焰区。感应等离子炬喷嘴出口处的温度在 8000~10000K，速度 40~60m/s。当使用 Laval 超声速喷嘴时，速度可达 1000m/s。不同工作气体和喷嘴喷射的等离子焰流形貌见图 5-35。随到喷嘴出口距离增大，温度和速度下降。从图 5-35 还看到，中心没有氮气注入时，等离子温度较高；有氮气注入时速度较高，温度较低。

5.11.4 超声速喷嘴对感应耦合等离子束流特性的影响

近年来，加拿大 McGill 大学和 Sherbrooke 大学的等离子技术研究中心（CRTP）用 TEKNA PL35 RF 感应等离子喷涂枪，以氩气作为工作气体，保护气流量 30L/min，中心气流 2.5L/min 从与轴线成 75°的螺旋角方向进入。频率 5.5MHz 功率 22kW，工作仓出口压力 1.85kPa（与等离子的耦合效率在 60% 上下）。用 k - εmodel 计算线圈内电子

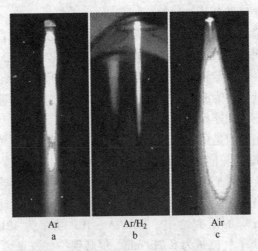

Ar   Ar/H₂   Air
a   b   c

图 5 – 35　TEKNA 公司 PS – 50 感应等离子炬用不同工作气体和喷嘴喷射的
等离子焰流形貌

a—用 Ar 气 Mach1.5 的超声速喷嘴；b—用 Ar/H₂ 混合气；c—用空气

和重粒子的最高温度几乎相同（分别为 $T_{emax} = 10464.9K$ 和 $T_{hmax} =$
10463.7K），在感应圈外 25mm 处装 "Mach 1 nozzle" 收缩型喷嘴，
（在喷嘴内的等离子流的最大 Mach 数为 1），喷嘴出口直径 3mm。在
喷嘴出口的第一个膨胀区，等离子的速度 2951m/s。S. Xue，
M. I. Boulos 等用熵探针诊断技术研究了几种 Laval 喷嘴 PL – 35 感应
等离子枪炬的超声速 HF 等离子束流的温度和速度。结果指出：

（1）从喷嘴向外沿轴向等离子束流的温度和速度都呈周期分布；
温度在距喷嘴出口 20 ~ 30mm 处出现第一个峰，60 ~ 70mm 处出现第
二个峰；

（2）用 Mach 1.5 速度的水冷喷嘴等离子束流的温度（第一个峰
的温度达 4000K，在约距喷，出口 28mm 处，第二个峰的温度
3200K）明显高于用 Mach 3.0 速度水冷喷嘴（第一个峰的温度达
3200K，在约距喷嘴出口 25mm 处，第二个峰的温度 2000K）；在峰谷
处，用 Mach 3.0 速度水冷喷嘴等离子束流的温度还不到 1000K，而
用 Mach 1.5 速度水冷喷嘴第一个峰谷（约距喷嘴出口 40mm）处的
温度为 1600K，第二个峰谷（约距喷嘴出口 75 ~ 82mm）处的温度

为 2000K；

（3）Mach 2.45 速度辐射冷却喷嘴等离子束流第二个峰的温度（2800K）与使用 Mach 1.5 速度水冷喷嘴的相近，而第一个峰的温度（2800K），低于使用 Mach 1.5 速度水冷喷嘴的，且第一个温度峰出现的位置更靠近喷嘴（在靠近 20mm 处）；

（4）不同喷嘴的等离子束流速度分布不同。用 Mach 2.45 速度、辐射冷却喷嘴的等离子束流速度最高，在距喷嘴出口 35 ~ 50mm 范围处等离子束流的速度 2300m/s，峰谷处（距喷嘴出口 70mm 处）的速度也达 2000m/s；用 Mach 1.5 速度的水冷喷嘴等离子束流的速度波动较大，第一速度峰（距喷嘴出口约 45mm 处）的速度约为 1800m/s，峰谷处（距喷嘴出口 30 ~ 35mm 处）的速度 1200 ~ 1300m/s。

这些研究结果对于针对不同材料合理选择喷嘴和喷涂参数有重要意义。

5.11.5 感应耦合等离子设备系统

感应耦合等离子设备系统由 RF – 高频发生器（电源）、冷却系统、喂料（送粉或输送液料）系统，供气系统和感应耦合等离子枪炬组成。目前，可供市场使用的 RF – 高频发生器的功率从 10 ~ 600kW，相应于使用一系列感应耦合等离子枪炬。表 5 – 7 给出 TEKNA 公司（Tekna Plasma Systems Inc.，Sherbrooke，QC，Canada）的感应耦合等离子枪炬型号及相应的高频电源功率。感应耦合等离子枪炬可组配不同的喷嘴：常规喷涂沉积常用收缩型喷嘴，粉末致密化球形化处理常用扩放型喷嘴，纳米粉及纳米结构涂层制作常用超声速喷嘴。在使用液料（溶液或悬浮液）喷涂时，要用有雾化针管的枪炬。

表 5 – 7   TEKNA 公司的感应耦合等离子枪炬型号及相应的高频电源功率

型　号	变频电源功率/kW
PL – 35	30
PS – 50	60
PS – 70	100
PS – 100	200

低功率的枪有时也用较高功率的电源，如 TEKNA PL – 50 感应等

离子枪用 LEPEL 300kHz，100kW 射频电源。

5.11.6　感应耦合等离子的应用

（1）热喷涂。感应耦合等离子用于热喷涂有以下优点：

1）高的纯净度。感应耦合等离子发生器没有电极，不会发生像 DC - 电弧等离子发生器那样由于电极的冲蚀导致的电极材料对等离子焰流的"污染"。

2）被喷涂材料在等离子焰流中加热时间长，难熔材料粒子也被加热熔化。在 DC - 电弧等离子高速焰流中加热加速粉末粒子，粒子在焰流中的时间短，大颗粒的高熔点陶瓷粉末粒子（100μm）在大多数情况下未熔化，有利于得到致密的涂层。用感应耦合等离子喷涂时，粉末在等离子焰流中被加热时间长，较大的 Al_2O_3 粒子（如 100μm）也被熔化，尽管粒子被加速达到的速度较低（仅 10~20m/s），也能得到与基体有高的结合强度的较致密的涂层。B. Dzur 等的实验研究用给出 TEKNA - ICP（功率 12kW），在枪炬端口等离子焰流的速度为 80m/s。喷涂粒子在冲击基体时（距枪炬端口 40mm）的平均速度为 10m/s，与送粉载气流速度相近，似乎粒子被等离子流加速很少。在光滑的碳钢基板上喷涂粒径 80~100μm 的氧化铝和 YSZ 粉末，喷涂距离（从粉末注入口计）170mm，都能得到很好的盘形贴片。且随基体温度升高片状化程度 ξ（ξ = 片径 D_{sp}/粒径 d_p）提高。喷涂氧化铝，基体温度 100℃和 400℃时 ξ 分别为 1.4 和 2.7。符合片状化程度与 Weber 数间的关系（We 小于 80 时得盘状贴片），$\xi = 0.631We^{0.39}$关系。而用大气下 DC - 电弧等离子喷涂时，多为溅射状贴片。在 ICP 喷涂情况下，喷涂粒子的速度仅 10m/s 的情况下得到的氧化铝涂层有较低的孔隙度为 5%，与基体的结合强度达 60MPa，与 ASP 喷涂时（粒子速度在 150~300m/s）相近。

3）可通过选用不同的喷嘴得到不同的喷涂粒子速度。

4）可在不同压强（真空、低压、大气压以及正压）下喷涂。

鉴于上述特点，感应耦合等离子喷涂可用于金属合金、陶瓷、金属陶瓷以及各种功能材料的热喷涂。

可用液料或粉料感应耦合等离子喷涂制作固体氧化物燃料电池的

高孔隙度的电极涂层，可保证材料的纯净度又可实现材料的梯度过渡。Sherbrooke 大学（Universite' de Sherbrooke）的 Lu Jia 等用 TEKNA PL-50 感应等离子喷涂枪配超音速喷嘴（孔径 24.2mm），频率 3MHz、功率 35~50kW，在仓压 8 和 12kPa 的真空仓内溶液喷涂制作有纳米结构的 SOFC 薄的致密的电解质涂层（如 Ce0.8Gd0.2O1.9（GDC）涂层），涂层的孔隙度 1.4%，气体渗透率为 0（gas permeability =0），与常规等离子喷涂电解质层厚度为 100~150μm 相比，用溶液感应耦合等离子喷涂纳米 $Ce_{0.8}Gd_{0.2}O_{1.9}$（GDC）致密涂层的厚度 5μm 即可。有关纳米结构涂层电学特性还有待进一步研究。

用于航天工程的高纯度、近净型制作；

喷涂生物医用涂层，保证涂层的纯净、与基体良好的结合、好的生物相容性；

还可用于制作对材料纯净度要求较高的溅射用靶、X-Ray 用靶的制作。可制作 Ti、Ni、Al、Cu、Ag、Pa 等金属靶，难熔金属 W、Mo、Ta 等金属靶，Ni-Co、Fe-Co 等合金靶以及金属间化合物 $MoSi_2$ 靶等。这是 DC-电弧等离子喷涂不能实现的。

近净型制作。基于感应耦合等离子热喷涂技术，还可用于难熔金属与合金件的近净型制作[5~111]。

涂层的柱状结构生长。In Ha Jung 等研究指出，在用感应等离子喷涂时，满足连续过冷状态要求温度梯度低于界面处液体的温度梯度 $(dT_q/dz)_{z=0} > m\ (dC/dz)_{z=0}$ 条件可实现 YSZ（Y_2O_3 20%（质量分数））涂层的柱状结构生长，（T_q: temperature imposed by the: external heat flux, m: slop of the liquidus line, C: concentration at solid/liquid interface），喷涂层的厚度可达 7mm。

（2）粉末的致密化和球形化。将异形（非球形）粉末送入感应耦合等离子枪炬，经高温等离子焰流的加热熔化-凝固得到致密的球形粉末，这是 TEKNA 公司的主要产品之一。公司可提供的致密球形粉末有：氧化物陶瓷粉：SiO_2、ZrO_2、YSZ、Al_2TiO_5、玻璃等；金属及合金粉：Re、Ta、Mo、W、Cr-Fe-C、Re-Mo、Re-W 等。

（3）纳米粉末合成。用液料或粉料在感应等离子焰流中加热至蒸发，在淬火-反应区（quench/reaction zone）快速反应和凝结得到各种材料的纳米粉。淬火气体和反应气体根据需要可以是 Ar、N_2、CH_4 以及 NH_3 等。取决于淬火状态，得到的纳米粉体的粒径在 20～100nm 范围。可制作的纳米粉包括：金属、氧化物、非氧化物（氮化物、硅化物）等。TEKNA 公司用感应等离子生产的纳米粉有：

感应耦合等离子还可用于光纤的表面处理：玻璃纤维的表面釉化和"抛光"（glazing and surface polishing），刻蚀与包覆（etching and over - cladding）。

（4）射频感应等离子组合物理气相沉积（RF - Plasma - PVD）。将感应等离子枪炬置于真空仓内，如前所述，等离子焰流扩大拉长，可实现材料的物理气相沉积。A. Shinozawa 等以 DC 电弧等离子（功率 8kW，Ar）与 RF - 等离子（功率 100kW，Ar - H_2 混合气）组合在仓压 66.5kPa 的真空仓内沉积具有羽毛状结构的 YSZ 涂层，有高的沉积率（可达 $200\mu m$），涂层的孔隙度达到 50%，得到的涂层有低的热导率（0.5W/mK）。

5.12 微波等离子[117]

微波等离子体是气体中的微波放电产生等离子体。二次世界大战之后，美国的 MIT（麻省理工学院），加州大学 Berkely 分校等院校相继开展有关微波等离子方面的研究工作。在微波频段（1～300GHz），电磁辐射与等离子体的相互作用通常是"集体"的相互作用，在这里等离子体是作为一种介电媒质参与的。这与直流电弧等离子和射频（RF）感应等离子不同，后两者是电场或电磁场与"单个"电子相互作用。微波产生的等离子体比直流电弧等离子和射频（RF）感应等离子有更高的电子温度：5～15eV（后两者只有 1～2eV）。微波放电应用的典型频率为 2.45GHz，由电子等离子体频率所确定的电子密度为 7×10^{16} 电子数/m^3。

微波等离子体可以在很宽的气体压强范围内产生（从 0.133kPa 到 0.1MPa），因微波放电有较高的电子温度，而有较高的电离度。因其没有内部电极，没有离子壁溅射，没有电极材料溅射导致的污染。这对等离子化学、反应沉积有重要意义。

近期，葡萄牙和俄罗斯学者在 36th EPS Conference on Plasma

Phys.（Sofia）（2009）会议上介绍了一种微波空气－水等离子枪炬（Microwave Air－Water Plasma Torch）。以微波发生器提供频率2.45GHz的微波（功率在200~700W），在内径7.5mm的石英管内放电，将空气和水蒸气混合经被加热的金属管进入放电区。在1%的水蒸气情况下随微波功率变化，电离气体的温度变化不大（在3500K上下）。研究指出，功率的变化导致单位体积吸收功率的变化应导致气体温度的相应的变化，但导致的电子密度的变化又影响局域波衰减系数的变化，使功率吸收呈相反方向的变化，从而表现出在一定功率范围内，微波功率的变化对部分电离气体的温度影响不大。这种微波空气－水等离子枪炬的应用还有待进一步开发。

5.13 等离子转移弧表面熔覆

5.13.1 概述

等离子喷涂、HVOF喷涂以及电弧喷涂等热喷涂涂层工艺的主要缺点是涂层与基体表面间未能实现冶金结合，涂层与基体间的结合强度不高（大多在100MPa以下），涂层在交变载荷作用下会出现早期剥离。

等离子转移弧表面熔覆设备系统示意图见图5－36。

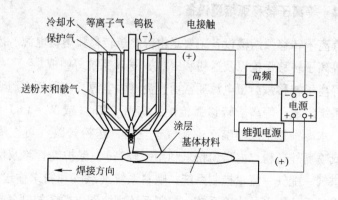

图5－36 等离子转移弧表面熔覆设备系统示意图

等离子转移弧表面熔覆时基体表层在转移弧加热作用下熔化，熔覆金属与基体表层熔化的金属间交互融合、交互结晶实现冶金结合，大大提高涂层系统承受交变载荷的能力与使用寿命。

等离子转移弧熔覆利用等离子弧作热源将堆焊材料熔覆在基体金属表面上，从而获得与母材相同或不同成分、性能堆焊层的工艺方法。

等离子转移弧熔覆的基本原理与等离子弧焊接近似，也以转移型等离子弧作热源，多采用直流正极性接法。

等离子转移弧熔覆与常规热喷涂相比有以下优点：

（1）基体表层熔化，熔覆层与基体间形成交互融合、交互结晶（冶金结合）。

（2）材料利用率较高，内送粉或线材熔覆材料利用率可达90%以上。

等离子转移弧熔覆与常规电弧表面堆焊相比的优点是基体仅表层熔化，稀释率低，且可以在5%～30%的较大范围调节。

（3）待熔覆金属喂料可以是线材，也可以是粉料。

（4）成本较低。

5.13.2 等离子转移弧熔覆设备

等离子转移弧熔覆设备主要是由等离子转移弧熔覆电源、控制系统、等离子转移弧枪以及送粉和（或）送丝系统等组成。

等离子转移弧熔覆电源通常由直流维弧电源、转移弧电源盒高频引弧系统组成；等离子转移弧枪炬：有 W – Th（或 W – Co）阴极、枪体、水冷维弧正极喷嘴，主弧气进气道，送粉管路（可在喷嘴内送粉或喷嘴外送粉，内送粉粉末利用率较高），保护气管路及保护气罩；供气－配气－流量控制系统；喂料系统（载气和粉末输送系统）或是送丝系统；以及水冷系统。控制系统则协调－顺序控制各部分的工作，以保证工艺过程持续稳定以及故障诊断与保护。

5.13.3 等离子转移弧熔覆的分类与应用

根据熔覆材料的形态不同，等离子转移弧熔覆可分为填丝等离子转移弧熔覆和粉末转移弧熔覆。

按等离子熔覆枪送粉位置可分为：

外送粉熔覆枪：粉末被送到喷嘴外的等离子焰流中；

内送粉熔覆枪：粉末被送到喷嘴内的等离子焰流中；

管状阴极轴向送粉：粉末通过管状阴极轴向送入等离子焰流中。

近年来，开发有双喷嘴设计：喷嘴由稳定喷嘴和熔化喷嘴两个喷嘴组成。稳定喷嘴起稳定电弧形成稳定的等离子焰流的作用，被喷焊的合金在熔化喷嘴段被加热熔化，喷射到基体表面形成熔覆层。对于这种双喷嘴，稳定喷嘴和熔化喷嘴的孔径、孔径之比、长度以及长度之比对等离子焰流的稳定性、热焓、基体熔化深度、对熔覆层的稀释、熔覆层的冷却凝固结晶与成形都有很大影响。

近年来，线材等离子表面熔覆技术也有很大发展。波兰 Silesian 科技大学（Silesian University of Technology）的 A. Klimpel 等用金属药芯丝（一种 Fe－Cr－W－Mo－Nb－B－Mn－C 合金药芯焊丝 PTA X161 metal cored wire 1.2 [mm] dia.）PTA 表面熔覆，得到纳米结构熔覆层，硬度为 63－68HRC，磨粒磨损耐磨性是 HARDOX400 钢的 8.5~14 倍。

目前，转移弧等离子表面熔覆在石油钻杆、钻具，矿山机械，电力机械，施工机械等的耐磨部件上有广泛的应用。

参考文献

[1] Fauchais P, Montavon G, Vardelle M, et al. Surface & Coatings Technology, 2006, 201: 1908~1921.

[2] 国家自然科学基金委员会. 等离子体物理学 [M]. 北京：科学出版社. 1994. 14~17, 22~24, 112~139.

[3] Roth J R. Industrial Plasma Engineering, Vol. 1: Principles [M]. London：IOP Publishing. 1994.

[4] Lieberman M A, Lichtenberg A J. Principles of Plasma Discharges and Materials Processing, (2nd Ed.) [M]. New York: Wiley. 2005.

[5] Boulos M I. New frontiers in thermal plasma processing [J]. Pure & Apll. Chem., 1996, 68 (5): 1007~1010.

[6] Fauchais P, Vardelle M. Puer & Appl, Chem., 1994, 66 (6): 1247~1258.

[7] 吴承康. 第 13 届国际等离子体化学会议简介 [J]. 力学进展, 1997, 27 (4): 568~569.

[8] Steffens H D, Hack M. Plasma spraying as an advanced tool in surface engineering [J]. Pure & Apll. Chem., 1990, 62 (9): 1801~1808.

[9] Smith R W, Apelian D. Plasma spray consolidation of materials [J]. Pure & Apll. Chem., 1990, 62 (9): 1825~1832.

[10] Vardelle A, Moreau C, Fauchais P. The dynamiics of deposit formation in thermal-spray processes [J]. MRS Bulletin, 2000, July: 32~37.

[11] Kiziroglou M E, Li X, Zhukov A A, et al. Thermionic field emission [J]. Solid-State Electronics, 2008, 52 (7): 1032~1038.

[12] Heberlein J. High temp [J]. Material Processes an International Journal, 2002, 8 (3): 321~338.

[13] Schwenk A, Gruner H, Nutsch G. "Einfluss der Düsenkontur auf atmosphärisch DC-plasmagespritzte Al_2O_3-Schichten" [C] //. Proc. ITSC'2002, Conference Proceedings of the International Thermal Spray Conference, Lugscheider E., DVS, Essen, 2002, 510~514.

[14] Zhang W, Sampath S, Zheng L L. Experimental and Numerical Studies of Plasma Forming Process Parameters Effect on Optimum Particle Impact Locations [C] //. ITSC'2007, Thermal Spray 2007: Global Coating Solutions (Ed.) B.R. Marple, M.M. Hyland, Y.-C. Lau, C.-J. Li, R.S. Lima, and G. Montavon Published by ASM International®, Materials Park, Ohio, USA, Copyright© 2007 (CD): 717~722.

[15] Li H P, Pfender E, Chen X. Application of steenbeck's minimum principle for three-dimensional modeling of DC arc plasma torches [J]. J. Phys. D Appl. Phys., 2003, 36: 1084~1096.

[16] Baudry C, Vardelle A, Mariaux G, et al. Three-dimensional and time-dependent model of the dynamic behavior of the arc in a plasma spray torch [C]. Proceedings of the International Thermal Spray Conference (Japan), ITSC'2004.

[17] Schwenk A, Nutsch G, Gruner H. Modified nozzle for the atmospheric plasma spraying [C] //Moreau C, Marple B. Proc. ITSC' 2003, Thermal Spray 2003: Advancing the Science & Applying the Technology. Materials Park, Ohio, USA: ASM International. 2003: 573~579.

[18] Trelles J P, Chazelas C, Vardelle A, et al. Arc Plasma Torch Modeling, J. Therm. Spray. Techn., 2009, Published online: 16 June 2009. (http://www.springet.com).

[19] Henne R H, Arnold J, Schiller G, et al. Improvement of DC thermal plasma spraying by reducing the cold gas entrainment effect [C] Lugscheider E. Proc. ITSC' 2005, CD, International Thermal Spray Conference. Basel, Switzerland: Proc. Thermal Spray Connects: Explore its Surfacing Potential. Duesseldorf, Germany: DVS – Verlag GmbH. 2005: 615~621.

[20] Mohanty P S, George A, Pollard L, et al. A novel single cathode plasma column design for process stability and long component life [J]. Journal of Thermal Spray Technology, 2010, 19 (1~2): 448~458.

[21] Vincenzi L, Suzuki S, Outcalt D, et al. Controlling Spray Torch Fluid Dynamice—Effect on Spray Particle and Coating Characteristics, *Journal of Thermal Spray Technology*, 2010, 19 (4), February 2010. (http://www.springer.com).

[22] 潘文霞, 孟显, 李腾, 等. 工程热物理学报, 2008, 29 (1): 139~141.

[23] Bisson J F, Moreau C M. [C] //ITSC' 2002, Conference Proceedings of the International Thermal Spray Conference, Lugscheider E., DVS, Essen, 2002, (*CD*) [b130. pdf], 666~671.

[24] Pfender L F. Thermal plasma torches and technologies: plasma torches [M] // Solonenko O P. Trends in thermal plasma technology. Cambridge International Science Publishing. 2003: 20~42.

[25] Boussagol A, Nylen P. A comparative study between two different process models of atmospheric plasma spraying [C]. Proc. ITSC' 2002, Conference Proceedings of the International Thermal Spray Conference, Lugscheider E., DVS, Essen, 2002, (CD): [b138. pdf], 710~715.

[26] 严建华, 屠昕, 马增益, 等. 物理学报 2006, 55 (7): 3451~3457.

[27] Coudert J F, Planche M P, Fauchais P. Characterization of d. c. plasma torch voltage fluctuations [J]. Plasma Chem Plasma Process., 1995, 16 Supplement 1: S211~S227.

[28] An L T, Gao Y. Journal of Thermal Spray Technology, 2010, 19 (1~2): 459~464.

[29] Zhang T, Liu B, Bao Y, et al. Plasma Chemistry and Plasma Processing, 2005, 25 (4):

403 ~ 425.

[30] Rahmane M, Soucy G, Boulos M, et al. Journal of Thermal Spray Technology, 1998, 7 (3): 349 ~ 356.

[31] Baudry C, Vardelle A, Mariaux G, et al. Three – dimensional and time – dependent model of the dynamic behavior of the arc in a plasma spray torch [C]. Proc. ITSC' 2004 , International Thermal Spray Conference. Duesseldorf, Germany: DVS – Verlag GmbH. 2005.

[32] Oertel H, 等. 普朗特流体力学基础 [M]. 朱自强等译. 北京: 科学出版社. 2008.

[33] Xue S, Proulx P, Boulos M I, et al. A thermal and chemical non – equilibrium model for multi – component Ar – H2 plasma [C] Lugscheider E. Proc. ITSC' 2005, CD, International Thermal Spray Conference. Basel, Switzerland. Duesseldorf, Germany: DVS – Verlag GmbH. 2005.

[34] Choquet I, Bjorklund S, Johansson J, et al. Nozzle exit geometry and lump formation in APS [C]. Proc. ITSC' 2005 (CD), International Thermal Spray Conference. 2005 .

[35] Vardelle M, Vardelle A, Fauchais P. J. Therm. Spray. Techn. , 1993, 2 (1): 79 ~ 91.

[36] 孙家枢. 材料保护 [C], 1990, 1 (1): 17 ~ 20.

[37] Hurevich V, Gusarov A, Smaurov I. Lugsarow E. ITSC' 2002 (CD), Conference Proceedings of the International Thermal Spray Conference. Essen: DVS. 2002: 318 ~ 323.

[38] Boulos M, Fauchais P, Pfender E, et al. Fundamentals of Plasma Particle Momentum and Heat Transfer, Thermal Spraying [M]. London: World Scientific. 1993: 3 ~ 57.

[39] Xue S, Lakaf Y, Gravelle D, et al. Modeling and diagnostic study of a supersonic impinging plasma flow near the surface of a substrate [C] Marple B R, Hyland M M, Lau Y C, et al. ITSC' 2007, Thermal Spray 2007: Global Coating Solutions. Materials Park, Ohio, USA: ASM International. 2007: 167 ~ 172.

[40] Zierhut J, Haslbeck P, Landes K D, et al. Triplex——an innovative three – cathode plasma torch, [C] // Coddet C. Proc. 15th ITSC. Nace, France: ASM Internationnal. 1998: 1375 ~ 1379.

[41] Duan Z, Heberlein J. J. Therm. Spray Technol, 2002, 11 (1): 44 ~ 51.

[42] Peschka W. Patentschrift DE 199 63 904 A1 [P] .

[43] Zierhut J, Haslbeck P, Landes K D, et al. Triplex – – an innovative three – cathode plasma torch [C] // Coddet C. Procc. 15th ITSC. Nice, France: ASM Internationnal. 1998. 1375 ~ 1379.

[44] Nassenstein K, Peschka W. Entwicklung eines neuen Drei – Kathoden Plasmabrenners [C] // Lugscheider E. Proc. ITSC'2002: Conference Proceedings of the International Thermal Spray Conference. Essen: DVS. 2002.

[45] Schein J, Zierhut J, Dzulko M, et al. Improved plasma spray torch stability through multi – electrode design [J]. Contributions to Plasma Physics. , 2007, 47 (7): 498~504.

[46] Molz R J, McCullough R J, Wintergerste T. Better performance of plasma thermal spray [J]. Advanced Materials & Processes, 2006, 47: 65~67.

[47] Schein J, Richter M, Landes K D, et al. Tomographic investigation of plasma jets produced by multielectrode plasma torches [J]. Journal of Thermal Spray Technology, 2008, 17 (3): 339~393.

[48] Schein J, Zierhut J, Dzulko M, et al. Improved plasma spray torch stability through multi – electrode design [J]. Contr. Plas. Phys. , 2007, 47 (7): 498~504.

[49] Bobzin K, Ernst F, Zwick J, et al. Triplex pro 200 – Potential and Advanced Applications [C] Marple B R, Hyland M M, Lau Y C, et al. Thermal Spray 2007: Global Coating Solutions. Materials Park, Ohio, USA: ASM International. 2007: 723~726.

[50] Rusch W. Operational limitations of the iPro – 90 plasma spray gun [C] Marple B R, Hyland M M, Lau Y C, et al. Thermal Spray 2007: Global Coating Solutions. Materials Park, Ohio, USA: ASM International. 2007: 760~763.

[51] Schein J, Zierhut J, Dzulko M, et al. Improved plasma spray torch stability through multi – electrode design [J]. Contr. Plas. Phys. , 2007, 47 (7): 498~504.

[52] Belashchenko V. Introduction To Single Cathode/Single Anode Cascade Plasma Technology, Part 1. Thermal Spray Development, llc. , SPRAYTIME Second Quarter 2008. 19~24.

[53] Tahara H, Ando Y. Titanium nitride spraying using supersonic nitrogen and nitrogen/ hydrogen – mixture plasma jets in thermodynamic and chemical nonequilibrium state [C] Marple B R, Hyland M M, Lau Y C, et al. Thermal Spray 2007: Global Coating Solutions. Materials Park, Ohio, USA: ASM International. 2007.

[54] Arata Y, Kobayashi A, Habara Y, et al. Gas tunnel plasma spraying apparatus [J]. Transaction of JWRI, 1986, 15 (2): 227~231.

[55] Arata Y, Kobayashi A, Yasuhiro H. Journal of Applied Physics, 1987, 62 (12): 4884~4889.

[56] Kobayashi A, Jiang Wei. Corrosion resistance of high hardness TiN coatings prepared by gas

tunnel type plasma reactive spraying [J]. Jpn. J. Appl. Phys. , 2006, 45: 8445 ~ 8448.

[57] Morks M F, Kobayashi A. Gas tunnel type plasma spraying of hydroxyapatite coatings [C].
Thermal Spray 2006: Science, Innovation and Application: Proceedings of the 2006 International Thermal Spray Conference. 2006: 23 ~ 27.

[58] Morks M F, Kobayashi A. Fabrication and characterization of HA/SiO$_2$ coatings by gas tunnel plasma spraying [J]. Transactions of JWRI, 2006, 35 (2): 11 ~ 16.

[59] Kobayashi A, Yano S, Kimura H, et al. Fe – base metal glass coating produced by gas tunnel type plasma spraying [C] Marple B R, Hyland M M, Lau Y C, et al. ITSC' 2007, Thermal Spray 2007: Global Coating Solutions. Materials Park, Ohio, USA: ASM International. 2007: 733 ~ 738.

[60] Kobayashi A, Puric J. Novel plasma generators for advanced thermal processing [J]. Transactions of JWRI, 2008, 37 (2): 1 ~ 17.

[61] Kobayashi A. Smart coating technology by gas tunnel type plasma spraying, 24th summer school and international symposium on the physics of ionized gases IOP [J]. Journal of Physics, 2008, 133.

[62] Kuz' min V I, Solonenko O P, Zhukov M F. Proc. 8th National Thermal Spray Conf. Houston, TX: Published by ASM International ®, Materials Park, Ohio, USA, 1995: 83 ~ 88.

[63] Kuz' min V I, Solonenko O P, Zhukov M F. Proc. 14th Intern. Thermal Spray Conf. Kobe, Japan: 1995: 1091 ~ 1096.

[64] Osaki K, Fukumasa O, Kobayashi A. High thermal efficiency – type laminar plasma jet generator for plasma processing [J]. Vacuum, 2000, 59 (1): 47 ~ 54.

[65] Pan W X, Zhang W H, Zhang W H, et al. Plasma Chem. Plasma Process, 2001, 21: 23.

[66] Pan W X, Zhang W H, Ma W, et al. Plasma Chem. Plasma Process, 2002, 22: 271 ~ 283.

[67] Pan Wenxia, Meng Xian, Chen Xi, et al. Plasma Chem. Plasma Process, 2006, 26 (4): 335 ~ 345.

[68] Chen Xi, Pan Wenxia, Meng Xian, et al. What do we know about long laminar plasma jets [J]. Pure Appl. Chem. , 2006, 78 (6): 1253 ~ 1264.

[69] 孟显, 潘文霞, 吴承康. 层流等离子体射流温度与速度测量 [J]. 工程热物理学报, 2004, 25 (3): 490 ~ 492.

[70] Pan W X, Li G, Meng X, et al. Pure Appl. Chem. , 2005, 77 (2): 373 ~ 378.

[71] 王海兴, 陈熙, 潘文霞, 等. 层流与湍流等离子体冲击射流特性比较 [J]. 工程热物理学报, 2007, 28 (4): 652～654.

[72] Ma W, Pan W X, Wu C K. Preliminary investigations on low – pressure laminar plasma spray processing [J]. Surface & Coatings Technology, 2005, 191 (1): 166～174.

[73] Ma Wei, Fei Qunxing, Pan Wenxia, et al. Investigation of laminar plasma remelting/cladding processing [J]. Applied Surface Science, 2006, 252: 3541～3546.

[74] Koichi Takeda. Michihisa Ito and Sunao Takeuchi, properties of coatings and applications of low pressure plasma spray [J]. Pure & Appl. Chem., 1990, 62 (9): 1772～1782.

[75] Refke A, Barbezat G, Hawley D, et al. Low pressure plasma spraying (LPPS) as a tool for the deposition of functional SOFC components [C]. Proced. ITSC' 2004. 2004.

[76] Mauer G, Vaβen R, Stöver D. Thin and dense ceramic coatings by plasma spraying at very low pressure [J]. Journal of Thermal Spray Technology Volume, 2010, 19 (1 – 2): 495～501.

[77] Loch M, Barbezat G. Progress in the area of low pressure plasma spraying [C] // Lugscheider E. ITSC' 2002. Conference Proceedings of the International Thermal Spray Conference. Essen: DVS. 2002: 347～350.

[78] Bolot R, Klein D, Coddet C. Design of a nozzle extension for thermal spray under very low pressure conditions [C]. Proc ITSC' 2004, International Thermal Spray Conferenc. Duesseldorf, Germany: DVS – Verlag GmbH. 2005.

[79] Leblanc L, Kharlanova E. Proc. ITSC' 2002, Conference Proceedings of the International Thermal Spray Conference, Lugscheider E. DVS, Essen, 2002, (CD): b069. pdf.

[80] Muehlberger E. Method of forming uniform thin coatings on large substrates. US: Patent 5. 853. 815 [P]. 1998.

[81] Schwenk A, Mihm S, Nutsch G, et al. Modified supersonic nozzles for the vacuum plasma spraying [C] // Lugscheider E. Proc ITSC' 2005, International Thermal Spray Conference. Duesseldorf, Germany: DVS – Verlag GmbH. 2005. 409～414.

[82] Laimer J, Pauser H, Schwärzler C G, et al. Direct – current low pressure plasma used for diamond deposition [J]. Surface and Coating Technology, 1998, 98: 1066～1071.

[83] Tahara H, Ando Y, Onoe K, et al. Plasma plume characteristics of supersonic ammonia and nitrogen/hydrogen – mixture DC plasma jets for nitriding under low – pressure environment [J]. Vacuum, 2002, 65: 311～318.

[84] Ando Y, Tobe S, Tahara H, et al. Nitriding of aluminum by using supersonic expanding plasma jets [J]. Vacuum, 2002, 65: 403 ~408.

[85] Postel O, Heberlein J. Deposition of boron carbide thin film by supersonic plasma jet CVD with secondary discharge [J]. Surface and Coatings Technology, 1998, 108/109: 247 ~252.

[86] Blum J, Tymiak N, Neuman A, et al. The effect of substrate temperature on the properties of nanostuctured silicon carbide films deposited by hypersonic plasma particle deposition [J]. Journal of Nanoparticle Research, 1999, 1: 31 ~42.

[87] Kitamura J, Usuba S, Kakudate Y, et al. Alumina coatings formed by electromagnetically accelerated plasma spraying [C]. Proc. ITSC' 2004, (CD), International Thermal Spray Conference. Duesseldorf, Germany: DVS – Verlag GmbH. 2005.

[88] Kobayashi A, Puric J. Novel plasma generatos for advanced thermal processing [J]. Transactions of JWRI, 2008, 37 (2): 1 ~17.

[89] Kitamura J, Usuba S, Kakudate Y, et al. J. Thermal Spray Technol, 2003, 12 (1): 70 ~76.

[90] Tahara H, Ando Y. Spraying using magneto – plasma – dynamic arc jet generator [C] // Marple B R, Hyland M M, Lau Y C, et al. ITSC' 2007, Global Coating Solutions. Materials Park, Ohio, USA: ASM International. 2007. 798 ~802.

[91] Puric J, Dojčinović I P, Astashynski V M, et al. Plasma Sources Sci. Technol. , 2004, 13: 74 ~84.

[92] Borisov Y, Vojnarovich S, Bobric V, et. al. Marple B R, Moreau C. ITSC' 2003, International Thermal Spray Conference. Materials Park, OH, USA: ASM International. 2003: 553 ~558.

[93] Hrabovský M, Konrád M, Kopecký V, et al. Solonenko O P. Thermal Plasma Torches and Technologies Vol. 1. Cambridge: Cambridge Int. Sci. Publ. . 1998. 240 ~255.

[94] Hrabovsky M. Water – stabilized plasma generators [J]. Pure & Appl. Chern. , 1998, 70 (6): 1157 ~1162.

[95] Hrabovsky'M. Generation of thermal plasmas in liquid – stabilized and hybrid dc – arc torches [J]. Pure Appl. Chem. , 2002, 74 (3): 429 ~433 .

[96] Jeništa J, Takana H, Hrabovský M, et al. Numerical investigation of supersonic hybrid argon – water – stabilized arc [J]. IEEE Transactions on Plasma Science, 2008, 36 (4):

1060 ~ 1061 .

[97] Jeništa J. Parameters of a water – vortex stabilizer electric arc calculated by using different radiation models [J]. Czechoslovak Journal of Physics, 2000, 50: Suppl. S3 281.

[98] Jenista J. Water – vortex – stabilized electric arc: Ⅲ. Radial energy transport, determination of water – vapour – boundary and arc performance [J]. J. Phys. D: Appl. Phys. , 2003, 36: 2995 ~ 3006 .

[99] Kotalik P. Modelling of water stabilized plasma torch [EB/OL]. 134. 147. 148. 178/ispcdocs/ispc14/content/14/14 ~ 0397. pdf.

[100] Kotalík P. Modelling of a water plasma flow: I. Basic results [J]. J. Phys. D: Appl. Phys. , 2006, 39: 2522 ~ 2533.

[101] Hrabovsky M, Kopeckykopecky V, Sember V, et al. Properties of hybrid water/gas DC arc plasma torch [J]. IEEE Transactions on Plasma Science, 2006, 34 (4): 1566 ~ 1575 .

[102] Matejicek J, Chumak O, Konrad M, et al. The influence of spraying parameters on in – flight characteristics of tungsten particles and the resulting splats sprayed by hybrid water – gas stabilized plasma torch [C] Lugscheider E. Proc. ITSC' 2005 (CD), International Thermal Spray Conference. Duesseldorf, Germany: DVS – Verlag GmbH. 2005: 594 ~ 598.

[103] Matejicek J, Neufuss K, Kolman D, et al. Development and properties of tungsten – based coatings sprayed by WSP (R) [C] Lugscheider E. Proc. ITSC' 2005 (CD), International Thermal Spray Conference. Duesseldorf, Germany: DVS – Verlag GmbH. 2005: 634 ~ 640.

[104] Boulos M I. RF induction plasma spraying: state – of – the – art review [J]. J. Therm. Spray Technol. , 1992, 1 (1): 33 ~ 40.

[105] Lau Y C, Kong P C, Pfender E. Synthesis of zirconia powders in an RF plasma by injection of inorganic liquid precursors [J]. Ceram. Trans. , 1988, 1: 298 ~ 303.

[106] Dzur B, Wilhelmi H, Nutsch G. J. Therm. Spray Techn. , 2001, 10 (4): 637 ~ 642.

[107] Jiang X, Tiwari R, Gitzhofer F, et al. On the induction plasma deposition of tungsten metal [J]. Journal of Thermal Spray Technology, 1993, 2 (3): 265 ~ 270.

[108] Fan X, Ishigaki T. Mo5Si3 – B and MoSi2 deposits fabricated by radio frequency induction plasma spraying [J]. Journal of Thermal Spray Technology, 2001, 10 (4): 611 ~ 617.

[109] Leveille V, Boulos M I, Gravelle D A. Diagnostic of supersonic high frequency (HF) plasma flow [C] Moreau C, Marple B. Proc. ITSC' 2003 , Thermal Spray 2003: Advancing the

Science & Applying the Technology. Materials Park, Ohio, USA: ASM International. 2003. 1011 ~ 1016.

[110] Castillo I, Munz R. Inductively coupled plasma synthesis of CeO_2 – based powders from liquid solutions for SOFC electrolytes [J]. Plasma Chem. Plasma Process. , 2005, 25 (2): 87 ~ 107.

[111] Fan X, Boulos M I. Near – net shape forming of tungsten material by induction plasma deposition [C] Lugscheider E. Proc. ITSC' 2005 (CD), International Thermal Spray Conference. Duesseldorf, Germany: DVS – Verlag GmbH. 2005: 405 ~ 408.

[112] Xue S, Lakaf Y, Gravelle D, et al. Modeling and diagnostic study of a supersonic impinging plasma flow near the surface of a substrate [C] Marple B R, Hyland M M, Lau T C, et al. ITSC' 2007, Thermal Spray 2007: Global Coating Solutions. Materials Park, Ohio, USA: ASM International. 2007: 167 ~ 172.

[113] Fanl X, Boulos M, Masini G, et al. Induction plasma deposition of refractory metal: processing parameters optimization [C] Marple B R, Hyland M M, Lau T C, et al. Thermal Spray 2007: Global Coating Solutions. Materials Park, Ohio, USA: ASM International. 2007: 727 ~ 732.

[114] Jung I H, Bae K K, Song K C, et al. Columnar grain growth of yttria – stabilized – zirconia in inductively coupled plasma spraying [J]. Journal of Thermal Spray Technology, 2004, 13 (4): 544 ~ 553.

[115] Jia Lu, Gitzhofer F. Induction plasma synthesis of nano – structured SOFCs electrolyte using solution and suspension plasma spraying: a comparative study [J]. Journal of Thermal Spray Technology, 2010. 19 (3): 566 ~ 574.

[116] Shinozawa A, Eguchi K, Kambara M, et al. Feather – like structured YSZ coatings at fast rates by plasma spray physical vapor deposition [J]. Journal of Thermal Spray Technology, 2010, 19 (1 – 2): 190 ~ 197.

[117] Felizardo E, Tatarova E, Dias F M, et al. microwave air – water plasma torch – experiment and theory [C]. 36th EPS Conference on Plasma Phys. Sofia. 2009. ECA Vol. 33E, P – 2. 111.

[118] 孙家枢. 等离子喷焊枪内送粉缩放型喷嘴. 中华人民共和国知识产权局专利证书授权. 2003 年 11 月 12 日. ZL 02 89033. 5. [P].

[119] Wilden J, Bergmann J P, Frank H, et al. Thin plasma – transferred – arc welded coatings –

an alternative to thermally sprayed coatings[C]. Proc. ITSC' 2004, (CD), International Thermal Spray Conference. Duesseldorf, Germany: DVS – Verlag GmbH. 2005.

[120] Leylavergne M, Chartier T, Grimaud A, et al. PTA reclamation of cast iron and aluminum alloys sunstrate with NiCu film deposited by tape casting [C] Coddet C. Proc. ITSC' 1998, 15th International Thermal Spray Conference. Materials Park, OH, USA: ASM International. 1998: 373 ~ 377.

6 热喷涂材料

6.1 热喷涂工艺对材料的一般要求

热喷涂工艺对材料的一般要求为：

（1）满足工艺要求。凡是可塑性变形、加热软化-半熔化以至熔化，其间不发生或仅很少发生分解-气化或升华的固体材料均可用于热喷涂。对于粉体材料，经热喷涂设备-枪炬可顺利的输送、可被加热软化、半熔化或熔化，经加速、高速撞击基体表面可形成贴片者；对于线材、带材或棒材经热喷涂设备可被加热半熔化-熔化、并被气流雾化成细小的液滴，被加速、撞击基体表面可形成贴片者；对于溶液或悬浮液等液料，凡经热喷涂焰流加热溶剂蒸发、溶质或悬浮粒子被焰流携带加热可软化、半熔化以至熔化、加速撞击基体表面可形成贴片者均可用于热喷涂。

（2）无毒、无害、无污染。使用和储运过程中符合有关安全与环保法律法规要求。

（3）满足所需的特性要求，如耐磨、耐腐蚀、耐高温、耐热、自润滑、导电、绝缘、隔热、敏感、生物功能，以及其他特定物理化学性能等。

（4）在热喷涂加热过程中一定的稳定性（如抗氧化、不挥发、不发生不利于涂层性能要求的物理化学变化与反应）。或利用热喷涂工艺进行材料的合成，得到所要求的合成材料涂层的材料。

（5）物理化学性能（如线胀系数、化学亲和性和相容性、电化学特性等）与基体或结合层性能相匹配、形成良好的结合的材料。

（6）满足工艺及设备要求（如粉末的粒径、形貌、流动性；线材的线径、强度、弹性与柔韧性等，保证在热喷涂过程中顺利送粉或送丝）。

6.2 热喷涂材料分类

热喷涂材料分类为：

（1）按形态分类：粉末、线材、带材、棒材、液体（悬浮液、浴液）等。

（2）按材料分类：金属、金属陶瓷、无机非金属材料（如：陶瓷、玻璃、某些功能无机非金属材料等）、高分子材料。

（3）按功能分类：满足耐磨、减摩、耐热、抗氧化、耐腐蚀等机械设备要求的性能的材料；满足电磁（导电、介电、绝缘、磁学特性）、光学、能量转换、吸附、敏感、解吸、催化、辐射等特殊物理化学特性的功能材料；满足生物功能特性要求的材料等。

6.3 热喷涂用线材与棒材

热喷涂用线材都有一定的强度、刚性和柔韧性，以盘卷或棒材供货。线径通常较送丝嘴（如：电弧喷涂的导电嘴、火焰喷涂的送丝嘴）的内径 d_n 小于 $0.02 \sim 0.1mm$；且要求好的圆度，表面光洁、无毛刺，能连续顺利送丝，保证热喷涂过程稳定。热喷涂用线材的常用线径，国内为：1.6mm、2.0mm、2.5mm、3.0mm，国外则有：1.5mm、2.4mm、3mm、3.15mm、4mm、4.25mm、4.75mm、6mm、6.3mm（参见德国焊接技术协会联合制定的德国标准 DIN8566）。棒材直径有：4.0mm、4.5mm、5.0mm、6.0mm 等；国外有 3.15mm、4.75mm、6.3mm 等（参见德国标准 DIN8566—1981）。

以下按线材的材质，分别介绍其主要性能与应用。

6.3.1 金属线材与棒材

（1）纯锌丝。用于钢结构长期防大气腐蚀，在 pH6 ~ 12 环境下都能防腐，喷涂 0.3mm 的锌涂层，外涂有机涂料对大气下的钢铁结构保护可达 25 年。用于电磁波干扰屏蔽涂层，具有 60 ~120dB 的高能衰减屏蔽效应。且可用于非金属材料表面上喷涂涂层的过渡涂层。

（2）纯铝丝。可用于含 SO_2 的气氛、大气、淡水、海水、pH4.5 ~8.5 的溶液及其他氧化性环境下钢结构的防护涂层。还可用作高温封闭涂层。涂层有较高摩擦系数，可制作摩阻涂层。也用作轮船甲板上的防滑涂层。

（3）Zn - Al 合金线材。这是一类有较好防腐蚀保护作用的热喷涂合金材料。如：Zn - Al15，Zn - Al12。

常用的还有含 Al13% 的 Zn - Al 合金丝。含铝超过13%的 Zn - Al 合金涂层对钢铁材料有阳极保护作用，且对点蚀、裂纹不敏感。含铝较高的 Zn - Al 合金涂层可形成氧化铝保护膜。盐雾腐蚀（Salt spray resistance ASTM B117）大于4000h。

Zn - Al 合金涂层主要用于钢结构户外保护，在大气、淡水、海水介质情况下均有较好的防腐蚀保护作用。Zn - Al 合金丝可用电弧喷涂和火焰喷涂，喷涂时氧化锌烟雾比喷涂纯锌时小得多。

在 Zn - Al - Mg 药芯合金丝中加入稀土（Zn - 16.5% Al - 5.9% Mg - 4.6% RE 合金）可改善电弧喷涂涂层的结合强度（不加稀土的结合强度为 11.48MPa，加入稀土的为 13.65MPa），降低涂层的孔隙度（不加稀土的孔隙度为 2.4%，加稀土的为 1.3%）[4]。

（4）铝基合金。Al - Si 合金丝。喷涂效率比纯铝丝高，喷射雾化熔滴细小，涂层致密。火焰喷涂层的宏观硬度 96HB，硬度高于纯铝，致密度高。虽然，耐腐蚀低于纯铝涂层，但在沿海大气环境下有较好的耐蚀性。喷涂于玻璃上可作为热反射面或光反射面。

Al - Mg - Re 合金丝（Re 为稀土元素）：多用于户外环境和腐蚀介质环境下钢结构，如电视塔、桥梁、集装箱、水处理设备、水闸等的防护涂层。

还有用于轴承轴衬的 AlSn 合金和 AlSnSi 合金等。

铝与氧有很强的亲和力。在热喷涂的高温和气氛环境下，不可避免地会发生氧化。有研究[5]指出：在双丝电弧喷涂情况下，雾化 - 喷射的液滴在喷射气流中发生氧化，氧化物的体积分量随喷涂参数在 3.3% ~12.7%。这些氧化物的存在在大多数情况下对涂层的性能并没有不利的影响。

（5）锡基合金。纯锡线材。锡涂层用于食品工业，防有机物腐蚀。电器电子工业用作钎焊涂层。

锡基巴氏合金丝。含 Pb 小于 0.25%。涂层致密，火焰喷涂层能良好的吸附油膜、储油能力强，摩擦系数小、导热性好、相容性好、受范性好，用于制作轴承、轴套，鼓风机、汽轮机、压缩机、船用内燃机轴衬的修复。

70 锡 –30 锌合金线材：熔点为 325℃。一般应用于电器、电子工业，叮用作电子工业焊料，将引线钎焊于 70 锡 – 30 锌合金涂层上。

（6）铁基合金。各种钢丝几乎都可用于热喷涂，以适用于不同的要求。这里要特别提到的有：

1）FeCrAl 丝。成分（质量分数）含 Fe 25%、Cr 3%，耐热、耐蚀，高 Al 型 FeCrAl 丝，950℃以下抗高温氧化，硬度可达 HRC42，电弧喷涂涂层与基体的结合强度 50MPa。可用作打底结合层。

2）高 Cr – Mn 合金钢丝。成分（质量分数）含 Cr 13%、Mn 5%，收缩率较低，结合强度高，耐磨耐蚀。

3）高 Cr – Ni 系列（含有 Mo、Nb 等元素）合金钢丝。其中，Cr21Ni8MoNb 有时效硬化效果，涂层硬度高于 44HRC，工作温度可达 800℃，用于高温耐磨涂层、锅炉管、风机叶片等。还有 Cr29Ni8MoNb、Cr23Ni17MoNb 等牌号，涂层有时效硬化效果，耐热、耐磨。

4）沉淀硬化型高强度不锈钢丝。如：13Cr – 4Ni – Mo 丝、17Cr – 4Ni – Mo 丝等沉淀硬化型高强度不锈钢丝，涂层耐蚀、耐热、耐磨。

5）FeCrB 合金钢丝。这是一种含硼的高铬钢丝。成分（质量分数）含 Cr 25% ~ 28%、B 2.7% ~ 3.3%、Mn 0.8% ~ 1.2%、Si 0.25%、C 0.30%，其余为 Fe（Metallisation 公司的牌号为 103T）。这种材料的线材喷涂涂层涂层组织为含铬马氏体基体上分布有高硬度的硼化物、碳化物，比 3Cr13 钢丝喷涂涂层有更好的耐蚀性和较高的耐磨性。因含硼使喷涂粒子间有较高的内聚强度，涂层致密。可用于曲轴轴颈、拉丝辊筒、液压油缸等的表面耐磨修复。

6）铁基复合材料粉芯丝

①FeCr 14 – WC（26）– TiC（6）。这是一种含 Cr14% 的钢外皮 WC、TiC 粉芯丝。涂层一定在 HRC55 以上，高耐磨、抗冲蚀、耐

腐蚀。

②FeCr – Cr$_3$C$_2$（达40%）。Cr$_3$C$_2$粉芯丝，涂层与钢基体有高的结合强度（可达50MPa），高硬度为HRC58（HV800～1000），960℃以下，耐高温冲蚀。电弧喷涂用于电厂锅炉"四管"抗冲蚀、耐热腐蚀。

③Fe – Cr – B – Si。涂层与钢基体有高的结合强度（可达50MPa）、高的硬度HRC55，耐磨耐蚀，还有加入稀土元素的。

这几种复合材料粉芯丝电弧喷涂在电厂锅炉四管耐磨、耐热、耐蚀防护上得到广泛应用，取得良好的效果。

此外，还有近几年发展的耐冲蚀、耐磨、耐热的用于电弧喷涂的粉芯丝，如涂层含有非晶相的铁素体 Fe – Cr – Mn – B – Si 丝、双相 Fe – Cr – Ni – Cu – Mn – B – Si 钢丝、有TiC和WC的铁素体不锈钢粉芯丝以及含有WC – Co粒子的淬火硬化钢粉芯丝、以08F钢带作外皮以Al或Al – WC粉作粉芯的 Fe – Al 和 FeAl/WC 粉芯丝。

对于加入难熔粒子作为强化相的复合材料粉芯丝，粉芯中不同粒径的难熔粒子在热喷涂过程中的熔化、蒸发、分解、氧化程度不同，在涂层中的存在形态、分布不同，进而对涂层的性能有一定的影响。在粉芯丝设计时应予以考虑。例如，Fe – FeCrNiBSi – TiB$_2$粉芯丝中，用细粒的TiB$_2$，涂层的孔隙度低、微裂纹少、耐磨性高。

（7）镍基合金。

1）纯镍丝。主要用于耐腐蚀涂层，如泵活塞、密封环等。有一定的硬度和耐蚀性，在水、还原性酸、还原性气氛中有强的耐蚀性，溶于硝酸和王水，缓溶于盐酸、硫酸。360℃以下有磁性。

2）镍铬电热合金丝。合金组织为NiCr奥氏体固熔体，涂层耐热，高温有优良的抗起皮、耐氧化性能、耐酸碱，不宜在含硫酸的气氛、燃气、废气中工作，易受盐酸、醋酸的侵蚀。在1200℃氧化性气氛中耐氧化，用于碳钢、低合金在980℃以下的耐热抗氧化涂层，也可作为高温陶瓷涂层的黏结底层。

3）NiAl合金丝。成分（质量分数）含Ni 95%、Al 5%，热喷涂结合层（打底层）用，结合强度50MPa以上，涂层致密，抗高温氧化、耐热冲击，抗擦伤，特别适用于大面积喷涂打底。用于电弧喷涂的 Ni – Al 自黏合金丝（如 Praxair/Tafa Arc Spray BondArc Wire 75B（U. S. Patent No. 4027367）可在光滑的退火和淬火碳钢、退火和淬火合金钢、不锈钢、铝、镍、铸铁、钛表面喷涂，作为黏结层。但不能在铜基合金或钨表面作为黏结层（自黏涂层）。

4）镍铜合金丝符合 GB 3113—1982，NiCu 28 – 2.5 – 1.5，成分（质量分数）含 Cu 27% ~ 29%、Fe 2.0% ~ 3.0%、Al 不大于 0.5%、Mn 1.2% ~ 1.8%、C 0.1%、Si 0.05%、S 0.035%。熔点 1300 ~ 1350℃。有极好的耐蚀性，对氢氟酸（非氧化酸中）有好的耐蚀性。耐热碱。（不耐氧化酸、熔盐和含硫高温气体的腐蚀）。特别适用于海洋环境工作机械部件的涂层，如柱塞杆、轴、套、氢氟酸环境用的轴类。还有 Monel 合金系列的其他合金，如 NiCu 40 – 2 – 1，K – 500 等。

5）镍铬钛合金丝。如 TAFALOY 4SCT（Cr 43.0%，Ti 小于 4.0%，Fe 小于 0.1%）在钢基体上有牢固的结合，在 400 ~ 800℃下具有优异的抗硫化物、高温燃气腐蚀性能。用于锅炉管道等与高温燃气接触部件的防护。用于电厂锅炉四管的表面热喷涂层有很好的效果。

6）NiCrAl 合金丝成分（质量分数）（Cr 15% ~ 17%，Al 5% ~ 7%，余为 Ni）涂层硬度为 58 ~ 62HRA 涂层有好的自黏结性能，有优良的抗高温氧化，耐燃气腐蚀性能，适用温度可高达 1000℃。用于抗高温氧化、燃气腐蚀涂层。可用于黏结打底层。还有 Ni – 22% Cr – 10% Al – 1% Y 药芯丝，用直径 1.6mm 的这种丝电弧喷涂与用粉末等离子喷涂涂层性能质量（含氧量/结合强度/沉积效率）基本相同，但用线材比用粉材料费省 1/3，用气便宜，功率消耗低[9]。

7）NiCrFe 合金丝。这是一种耐热耐腐蚀电热丝，在 1066℃ 以下有良好抗氧化性能，在含硫较少的气氛中能在 870 ~ 982℃ 高温下保护钢基体，用于热高温抗氧化涂层。相近成分还有 Ni – 22.5Fe – 16Cr – 1.5Si 合金丝，用于抗热腐蚀。

8）NiFeAlCr 合金丝。成分（质量分数）：Ni 52%，Fe 20%，Al 20%，Cr 4%，其他为 4%。是一种自黏结硬质耐蚀涂层喷涂用线材。涂层有良好的耐磨耐蚀性。可用于轴类、气缸内衬、泵类的旋转部件、活塞、机床导轨以及机械密封等的磨损超差修复。商品牌号有

METCO402 等。

9）Ni 21%、Cr 9%、Mo 3%、B 4%（Tb + Nb）合金丝。类似于 Inconel625。可用于 Inconel625 合金制件的磨损与超差修复。在 1000℃以下有好的抗氧化、耐腐蚀性能，耐海水腐蚀，用于石油、发电、舰船零件的修复与防护。商品牌号有：Sulzer Metco 8625。

10）Ni 为 18%、Cr 为 6%、Al 为 2% Mn 合金丝。这种合金丝用于电弧喷涂复合丝，适用于抗氧化、耐腐蚀涂层。

11）镍基复合材料。这是一类以 NiCr 合金作为外皮的粉芯合金丝，现在工业上得到应用的有：$NiCr - Cr_3C_2$、$NiCr - WC$、$NiCr - WC - TiC$ 丝等。

NiCr 合金对碳化物 Cr_3C_2 有较好的润湿性，用镍铬－碳化铬粉芯焊丝（2mm）电弧喷涂可得到较致密的 NiCr 合金基体－碳化物复合材料涂层，耐热、耐磨、耐冲蚀、抗微动磨损，900℃以下有高的抗氧化性、耐磨性，对等离子粉末喷涂提出挑战。

镍铝复合喷涂丝。Ni - NiAl 金属间化合物涂层，金属间化合物是在喷涂过程中形成的，得到在镍基合金基体上有铝化物强化的复合材料。镍铝复合喷涂丝在喷涂过程中达到一定温度时，发生铝与镍（或 Fe - Al 时是铁）发生剧烈的生成金属间化合物的放热反应。同时以高速冲击到基体表面，在表面微区使温度升高，与基体相互作用得到部分冶金结合，产生自黏结效应。得到的涂层硬度在 HRC20 上下，结合强度 50MPa。815℃以下有优异的抗高温氧化能力。用作打底层外，还可用作薄的耐磨耐蚀涂层。

（8）铜及铜合金。

1）紫铜丝。可用作导电、导热和装饰涂层。

2）黄铜丝。喷涂时沉积效率高，涂层致密、较硬，用于黄铜件的修复，耐海水腐蚀。注意喷涂时有较大的烟雾，锌气化氧化烧损，注意防护。

3）铝青铜。电弧喷涂时涂层对基体有一定的自黏性。铝青铜熔体黏度较大，喷涂时尽管雾化颗粒较大，但仍能得到致密的涂层，易于机械加工。用于各种青铜工件的喷涂，也可作为铜基体上的过渡层。用于水泵叶轮、活塞、衬套、冶金工业导电辊以及诸多船用耐磨耐蚀青铜件的喷涂。成分（质量分数）有含 Al 8% ~ 10%、Fe 0.8% ~ 1.3% 的 Cu9AlFe（Sprabronze® AA）铝青铜线材。铝青铜涂层还被推荐用于抗微动磨蚀涂层。

4）锡青铜。涂层有较好的力学性能、减摩擦性能、耐蚀性、无磁性，可用于各种青铜件及轴承涂层，如衬套、轴、抗磁性元件。

5）锡磷青铜。如 QSn 7% ~ 0.7%、Sn 6% ~ 8%、P 0.1% ~ 0.25%，杂质小于 0.15% 涂层呈淡黄色，在大气、淡水和海水中耐腐蚀，撞击无火花，有抗黏附磨损性能，用于重载轴承、轴套等，也用作装饰涂层。

还有用于轴承轴衬的 CuSnIn 合金、CuSnZn 合金、CuSnAg 合金和 CuAlSnSi 合金等。

（9）银基合金。如：30Ag38Cu32Zn（Metco Silverloy A13，OEM Specifications：AWS BAG – 20，Rolls – Royce MSRR 9507/113），用于涡轮发动机压缩机可磨密封涂层，电子电器的高导电涂层、电接触涂层。

（10）钼。熔点为 2615℃、密度为 10.2g/cm³，有较高的高温强度、低的热膨胀系数（5.1 × 10⁻⁶/K）、高的导热性（137W/(m·K)）、低的电阻率（5.7μΩ·cm）。在常温下，钼呈化学惰性（耐碱液和硫酸的腐蚀，且能抗氢氟酸腐蚀，但不耐氧化酸、氧化剂腐蚀）。在有氧化性环境下，工作的最高温度为 315℃（高于这一温度将迅速氧化，且生成挥发性氧化物，使氧化加剧）。钼有较好的延展性，可加工、拉拔成线材，用于热喷涂。常用的线径有：1.6mm、2.3mm，最粗的为 3.17mm。热喷涂钼的涂层有较高的硬度，一定的韧性，特别是具有较好的抗滑动摩擦磨损、抗微动磨损、抗咬合特性，对钢铁材料有低的滑动摩擦系数，良好的跑合特性。在某些环境下有固体润滑特性，以及抗电蚀特性。在机械、石油、化工、航空航天等领域用于泵、阀、活塞环、电触头，并可用于还原气氛下金属熔铸部件（抗熔融铁、钢和铜的作用）的防护涂层。热喷涂钼的涂层与钢铁材料有较好的黏结，用作自黏结合层（这类钼丝商业上有时被称为 Sprabond Wire）。还可黏结在陶瓷和玻璃上，作为表面改性涂层。近几年，开发的可喷涂线材的 HVOF 喷枪（如 Hijet-9600），用于在钢基体上喷涂钼丝，结合强度为 40MPa，涂层硬度为 60～65HRC，孔隙度为 0.2%～0.5%，表面粗糙度为 0.2～0.4μm（Ra），喷涂线径为 3.17mm 时的钼丝喷涂效率 2.5kg/h，沉积率为 67%。

（11）钛及其合金。热喷涂用纯钛线材有含 Ti 高于 99.8% 的 Ti-1，杂质元素主要是 Fe（0.03%）、Si（0.03%）、C（0.03%）以及氮、氢、氧等元素。还有 Ti-2，杂质元素 Fe 含量：0.15%、Si 0.10%、C 0.05%，以及氮、氢、氧等元素。纯钛的密度为 4.508g/cm^3，熔点为 1667℃，热膨胀系数（0～100℃）为 7.6×10^{-6}/K、电阻率（0～100℃）为（42.1～47.8）×10^{-6}Ω·cm。Sulzer Metco 公司提供的钛合金丝，其成分（质量分数）为：C 3.0%，O 6.5%，Si 0.6%，其余为钛。钛是一种高比强度材料，有优异的耐腐蚀性，与氧形成薄的致密氧化膜（氧化膜的韧性好、强度高，对金属有很好的保护作用），耐大气、SO_2、H_2S 等气体、海水、含氯化物的有机物以及很多酸的腐蚀，且不发生晶间腐蚀，但不耐氢氟酸和热盐酸的腐蚀。钛在高温下与多种气体发生反应，纯钛的使用温度应在 500℃ 以下。因其对氧、氢等气体极其敏感，热喷涂时要在真空或惰性气体保护下进行，如用真空等离子喷涂。钛的涂层主要用作耐腐蚀防护涂层。特别是钛对人体体液有较高的稳定性，又可用于医学植入体的表面涂层，金属合金植入体羟基磷灰石涂层的中间结合层。此外，还有其他钛合金丝，如被广泛使用的 Ti6Al4V 等，可用于需要的场合。

（12）钴基合金线（棒）材。诸多钴基合金，如 Stellite 系列和 Tribaloy 系列钴基合金可用连铸法生产棒材，表 6-1 给出这类合金的化学成分。这些钴基合金大多含有较高的 Cr、W 和/或 Mo 等合金元素，其组织特征是在 Co 基合金基体上分布有大量的碳化物和/或硅化物，保证合金有适当的常温硬度（随成分不同在 30～55HRC 间），且有较高的高温硬度（如 Stellite 6，室温硬度为 40～46HRC，650℃时还能保持硬度 250HV；Tribaloy 400 合金室温硬度 50～55HRC，650℃时还能保持硬度 400HV，以硅化物强化的合金在高温时能保持较高的硬度[11]）。钴基合金基体有较高的含铬量保证 Stellite 系列合金有较好的耐热性、抗硫化物热腐蚀特性和耐熔融锌腐蚀特性，密排六方结构的钴基合金基体有低的摩擦系数[12]等优异性能。钴基合金较高的价格，使这类合金仅用于工作在必要的高温耐磨耐蚀的场合。这类合金棒材还较多地用于高温耐磨耐蚀表面堆焊，如：内燃机排气阀、汽轮机叶片、高温轴承、高温燃气过流泵阀等的表面防护。

表 6-1 所列合金还可制成粉末用于热喷涂，在本章热喷涂粉末材料部分还将进行介绍。

表 6-1　Stellite 系列、Tribaloy 系列、Hastelloy 系列合金的
化学成分（质量分数）　　　（%）

合　金	Co	Cr	W	Mo	C	Fe	Ni	Si	Mn
Stellite 1	Bal	29.5	12.5		2.5		3	1.2	1
Stellite 3	Bal	31	12.5		2.4		3	1	1
Stellite 4	Bal	32	13.5		0.9		0.5	1	0.5
Stellite 6	Bal	28	4.5	1 (max)	1.2	3 (max)	3 (max)	2 (max)	1 (max)
Stellite 12	Bal	29	8.5		1.45		3	2	1
Stellite 20	Bal	32.5	17		2.45		3	1	0.5
Stellite 21	Bal	27		3.5	0.25		2.5	1	1
Stellite 31	Bal	25.5	7.5		0.5		10.5	1	1
Stellite 190	Bal	26	14	1	3.2	5		1	1
Stellite F	Bal	25.5	12	0.6	1.75	1.5	22.5	1.1	

Praxair/Tafa 公司开发的 Praxair/Tafa Arc Spray Cobalt Alloy-106 MXC®，其电弧喷涂涂层耐热、耐磨、耐热腐蚀，在 540~840℃ 温度下有较好的抗固体粒子冲蚀磨损特性。可用于发动机排气阀与阀座耐热、耐磨、耐热腐蚀涂层，涡轮发动机密封和抗微动磨损涂层。在一些情况下，用 106 MXC 丝电弧喷涂涂层可替代等离子喷涂，而降低成本。

近年来，用于电弧喷涂的金属基复合材料粉芯丝受到特别关注。这是因为，复合材料粉芯丝电弧喷涂为更多的、其他方法不能制备的、具有特种性能涂层的制备提供了可能。再则，用特定成分的粉芯

丝可以喷涂法制备具有纳米晶结构的涂层。金属基复合材料粉芯丝的近期产品，如 Praxair/Tafa 的 100MXC（Fe – Cr – Mo – B – W – Mn）粉芯丝，有高的沉积效率，与基体有高的结合强度，涂层硬度达 $1150DHP_{300g}$。一系列 MXC（又如 Fe – Cr – Nb – Mo – B – W – X 等）粉芯丝的热喷涂涂层都有高的耐磨、耐腐蚀、抗冲蚀特性。

（13）陶瓷线材。SAIN – GOBAIN 公司开发了一种柔性 Cr_2O_3 – Al_2O_3 – SiO_2 – TiO_2 陶瓷软线，熔点为 2435℃，供货线径有 3.17mm 的和 4.75mm 的，线长 105m，成卷供应。可用于氧 – 乙炔火焰喷涂，涂层硬度为 710 ~ 900HV_{300g}，涂层孔隙度 8% ~ 10%，孔隙孔径 0.005 ~ 0.010mm，密度为 3.6，25 ~ 200℃ 的线胀系数为 5.5×10^{-6}/℃，25 ~ 200℃ 的线胀系数为 6.5×10^{-6}/℃。而且耐磨、减摩、耐蚀，可用于排气扇、液压活塞、O 形环的摩擦面等。

6.3.2 火焰喷涂用棒材

（1）金属棒材。诸多不宜压延的金属及其合金可以连铸棒材用于热喷涂。商业应用的有 Co 基合金（其成分已如表 6 – 1 所列）、Ni 基耐热合金、铁基高温合金等，多用于耐热、耐磨、耐蚀（特别是高温燃气腐蚀）涂层的制作。

（2）陶瓷棒材。陶瓷棒材用于热喷涂已有 50 多年的历史。美国 Norton 公司 1955 年发明的氧化物陶瓷棒材火焰热喷涂技术——Rokide 技术，解决了当时喷气发动机在材料方面的技术要求，并于 1960 年在飞机和火箭喷气发动机排气口的隔热、耐温、耐磨涂层得到应用。棒材火焰喷涂因其在喷涂时仅陶瓷棒被熔化才能被高压高速气流雾化喷射到基体表面形成涂层，因此棒材喷涂涂层较粉末喷涂涂层更加致密，有较高的耐磨性。Norton 公司的试验结果曾指出 Cr_2O_3 棒材火焰喷涂涂层的耐磨性比同种材料粉末等离子喷涂涂层高得多。

6.4 热喷涂用粉末材料

各类粉体材料，包括各类金属合金粉末、无机非金属材料粉末、金属陶瓷等复合材料粉末以及聚合物材料（塑料）粉末，以其制作方便，热喷涂时易于输送、加热、加速，适用于多种喷涂工艺，有利于得到具有各种性能的涂层，而广泛地用作热喷涂材料。

6.4.1 热喷涂用粉末的主要特征指标及其测试方法

为保证热喷涂过程中粉体材料可均匀、连续、流畅地送入到喷射加热焰流中，被加热、加速，喷射至基体形成具有一定特性的涂层，除对热喷涂用的粉末有一定的材质组成（化学成分）要求外，对其外在特性质量也有特定的要求：

（1）制粉工艺和粉末的形貌。热喷涂粉末应有良好的流动性，以保证在热喷涂过程中送粉器能连续、均匀、流畅地通过送粉管路将粉末送到喷涂枪炬。其形状最好是球形或近似球形，以保证有好的流动性。制粉工艺不同，粉末形状也不相同。

1）熔融金属雾化法制粉。

通常，液态金属及合金经气雾化制得的粉末有较规则的球形（见图6-1a）。而水雾化的粉末既有球形的，还有一些不规则形状的（见图6-1b）。这类液态金属及合金经雾化制得的合金粉末的霍尔流速一般在20s/50g~50s/50g。

2）破碎方法制作的粉（如一些金属陶瓷或陶瓷粉末是用烧结破碎法或是熔炼–凝固破碎法制作）形状不规则，多为多角形（见图6-2a、图6-2b）。破碎–球磨法制作的形状不规则粉末流动性差，输送特性不理想，甚至影响喷涂工艺的正常进行。

3）团聚烧结法制作的粉。一些喷涂用金属陶瓷或陶瓷粉末多用团聚烧结法制作。这种粉末是用很细的粉体经混合加入适量的黏结剂团聚–干燥–烧结制得。这类粉末为多孔的球形粉，流动性较好（见图6-3）。异形破碎粉末为改善异形破碎粉末的输送性，可将粉末球磨至一定细度后，再用团聚烧结法制作成易于输送的球形粉。这种粉末的松装密度较低，强度也不高。常用的制备方法还有：把按要求组分的粉体混合，制成料浆，用离心雾化–喷射–干燥法制成团聚颗粒，然后烧结制成所需的团聚烧结粉。用这种工艺制得的 Cr_3C_2 – 25Ni + 10%（体积分数）WS_2 耐磨减摩有固体润滑效果的复合粉，可用于 HVOF 喷涂制备耐磨–减摩涂层[17]。不同原料粉按配比混合团

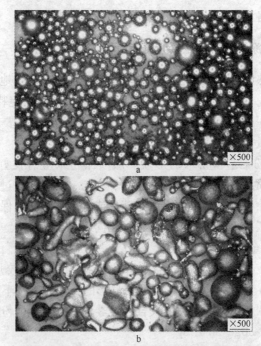

图 6 - 1 熔融镍基合金经气雾化和水雾化制得的
合金粉末形貌（光学显微镜）

a—气雾化合金粉末形貌（未经筛分）；b—水雾化合金粉末形貌

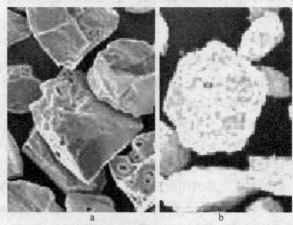

图 6 - 2 破碎粉末形貌

a—熔炼 - 凝固 - 破碎粉末；b—烧结 - 破碎粉末

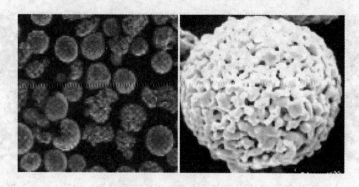

图 6-3 团聚粉末形貌

聚可制得不同组成的粉末，因此也是制作多组分的复合粉，如金属陶瓷粉、陶瓷粉、多氧化物陶瓷粉以及功能涂层有复合材料粉末的常用工艺。团聚烧结粉是目前热喷涂广泛使用的一类粉末。

鉴于球形粉末流动性好、有较小的比表面积在热喷涂加热过程中受热均匀、被氧化或污染少等优点，对异形粉末进行球形化处理具有一定意义。

用感应等离子装置对异形粉末进行球形化、致密化处理是较好的方法。图 6-4 给出处理前后粉末的形貌。Tekna Plasma Systems Inc. 公司的 200kW 感应等离子粉末球化装置用于生产球形粉末，生产率达到 30kg/h。可以用于处理表 6-2 所列的各类材料的粉末[13]。感应等离子发生器由于没有电极，因此没有电极材料对所制作的粉末的污染。像高熔点的 Rhenium（熔点 3180℃），也可达到 100% 的球化效果。

这里还应提到的是喷雾热分解法（spray pyrolysis，SP）制粉[19]。其工艺可概述为：将拟制粉末成分的金属的盐类按成分所需的化学计量比配制成前驱体溶液，溶液经雾化器雾化成雾滴，由载气带入到高温反应炉中，瞬间完成溶剂蒸发，溶质形成固体颗粒，再经干燥、烧结等工艺制得粉体材料。该法有以下优点：1）原料在溶液状态下混合，可保证组分分布均匀，有利于制备多组分复合粉；2）可精确控制组分化学计量比；3）粉体是经雾化的分散液滴干燥制

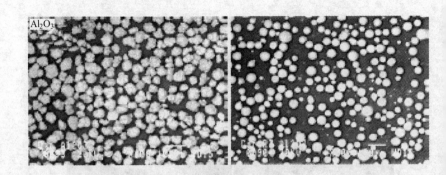

图 6 - 4   Al$_2$O$_3$粉末经感应等离子装置球化处理前（左）、后（右）的形貌

表 6 - 2   用感应等离子装置对异形粉末进行球形化处理的典型材料

材料种类	材料名称
氧化物陶瓷	SiO$_2$，ZrO$_2$，YSZ，Al$_2$O$_3$，Al$_2$TiO$_3$，玻璃等
非氧化物陶瓷	TiN，WC，CaF$_2$
金属陶瓷	WC – Co
纯金属	Re，Ta，Mo，W 等
合 金	Cr/Fe/C，Re/Mo，Re/W 等

得，形状规整、无粘连；4）用溶液雾化制得，易于得到纳米结构粉体。目前，这种工艺被认为是制备超细粉末的一种较好的方法。已用这种方法制备纯镍粉、铜粉、钴粉、Ni – Ag 复合粉等金属和金属复合粉，特别是制作一系列功能材料粉末，如功能氧化物粉（如 TiO$_2$粉、ZnO 粉等），发光材料粉，超导材料粉等。用这种方法制得的超细粉末再经适当的方法团聚、烧结，可制得所要求粒度适用于热喷涂的功能材料粉末。

还可用溶胶凝胶法制作粉末，制得的粉末也多为球形。

制粉工艺不仅影响粉末的形貌，对涂层性能质量也有影响：如包覆法制得的 Ni5Al 粉末等离子喷涂的涂层的抗氧化性低于惰性气体雾化法制的 Ni5Al 粉的涂层，这是由于包覆法制的 Ni5Al 粉末在等离子喷涂过程中 Al 已被氧化，涂层的含铝量低，在涂层受氧化时，主要发生 Ni 的氧化，抗氧化性能差[20]。但用包覆法制的 Ni5Al 粉末的涂层对金属基体的结合强度比同样成分烧结粉、气雾化粉、水雾化粉的涂层高。因此，在选择粉末时，根据涂层目的除应考虑粉末的材质组成、粒度外，还应问及粉末制作工艺。

粉末形貌的观测：可用光学体视显微镜，在放大 50 倍、100 倍、200 倍下对热喷粉末形貌进行观测。也可用扫描电子显微镜进行观测。

与粉末形貌密切相关的是粉末的流动性，常用霍尔流速法测量（即称量 50g 的粉末测定其流过特定的漏斗所需的时间，以 Xs/50g 计）。粉末形貌－粉末的流动性影响喷涂时送粉的顺畅性。应注意的是湿度对粉末的流动性有很大的影响，特别是对混合团聚粉末的流动性有更大的影响[14]，因此要注意对粉末的烘干。烘干温度在 80 ~ 120℃，温度过高导致粉末氧化或发生其他反应。

（2）粉末的粒度。常以筛网的目数或粉末粒径范围标注。

粉末粒度直接影响粉末的输送、在喷涂过程中的加热、加速，喷射粒子贴片的形貌的变化，影响涂层的致密度、涂层的结合强度，影响涂层的质量。

粉末粒度的选择决定于所用的喷涂方法、热源、粉末材料（熔点、热导率、比热、密度、化学稳定性等）、保证其好的输送、得到较高的沉积效率、涂层结合强度等。

1）粉末粒径范围。对于不同的喷涂工艺方法、不同的材料都有其相应适用的粉末粒径范围。

2）粒径的上限。取决于焰流－气流的能量（温度、热熔、动能），焰流－气流对喷涂粒子的黏滞拖拽系数，粉末材料的密度、熔点、比热等热物理性能。在给定工艺条件下，密度和熔点高的材料可用的最大粒径小于密度和熔点低的材料。在可顺利送粉和喷涂的粒径范围，较细粒径的粉末在热喷涂时可被加热到较高的温度、熔化的较为充分，被加速到较高的速度。如用 F4－MB 等离子喷涂枪以氩气作为主弧气，喷涂平均粒径分别为 15.4μm、19.3μm、33.5μm 的三种 Al_2O_3 粉末，在距喷枪 110mm 处三种粒径的粉末的粒子平均飞行速度和温度分别为 400m/s、385m/s、340m/s 和 2750℃、2650℃、2600℃；细粒径粉末的涂层有较低的孔隙度，相应分别为 4.6%、5.9%、8.3%；细粒径粉末的涂层有较高的硬度，其平均值相应分别为：1200HV$_{0.3}$、1150 HV$_{0.3}$、1040 HV$_{0.3}$[16]。

3）粒径的下限。在给定喷涂工艺条件下，还存在一可喷涂形成涂层的最小临界粒径尺寸。按气动力学，高速气流携带粒子吹向靶（喷涂基体），在接近靶面（喷涂基体表面）时，气流将偏转，对于同一种材料的粉末，粒径小于某一尺寸的粒子将被卷离靶面，不能沉积在喷涂基体表面形成涂层。这一尺寸被称为最小临界粒径尺寸，记作 d_{min}。d_{min} 主要取决于喷涂粒子被加速达到的速度 v、粉末粒子材料的密度 ρ。对于热喷涂有以下关系：

$$d_{min} \propto (\rho \cdot v)^{-1/2} \qquad (6-1)$$

由上式关系看到，粉末粒子材料的密度越大，可喷涂沉积形成涂层的最小临界粒径尺寸 d_{min} 越小；粉末粒子被加速达到的速度越高，最小临界粒径越小。

4）粉末粒径对喷射粒子速度和温度的影响。在适于喷涂的粒度范围内，喷涂细的粉末的喷射速度高、温度高。R. Bolot 等用外送粉 Sulzer – Metco F4 枪，6mm 喷嘴、送粉管孔径 1.5mm（送粉载气（Ar）流量 3.5L/min）、送粉管孔口距等离子枪炬轴线径向距离 9mm，Ar/H$_2$ 等离子气（35/8L/min）、电弧电流 500A、电压 55V（热效率约为 53%，等离子焰流核心的最高温度 12000K，最高速度 1800m/s）的基本参数情况下，喷涂粒径在 10～40μm 范围的 Al$_2$O$_3$/TiO$_2$（97/3（质量分数，%））粉末。检测结果表明，在距喷嘴 120mm 处，细的粉末（粒径在 10μm 上下）的速度达 400m/s，粗的粉末（粒径在 40μm 上下）的速度仅为 200m/s。且细粉末的温度较高。R. Bolot 等的检测（实验条件如上）结果给出，粒径在 25μm 上下的粉末表面温度在 3000K 上下，35μm 上下的粉末表面温度在 2600K 上下。

A. Boussagol 等[22]研究用 Metco F4 喷涂枪喷涂 NiAl 合金粉（粒度：20～90μm），用 DVP2000 系统测量不同粒径的粉末的温度。结果表明，20～45μm 的粉末的温度在 2500～3000℃ 范围，粒径大于 45μm 开始，随粉末粒径的增大其温度有所下降，粒径 90μm 的粉末其温度为 1500℃。

粉末粒度的选择既要考虑喷涂效率，又要考虑不同粒径的粉末的输送、在热喷涂过程中被加热、加速的不同，及其对涂层性能质量的影响。

为得到均匀优质的涂层，使用较窄粒径范围的粉末是有利的。但这样往往会增加成本。

5）粉末粒径对热喷涂时喷射粒子贴片形貌、力学性能有很大影响。随粉末粒径增大喷射粒子贴片形貌从溅射的星形为主逐渐过渡为以盘形为主。如等离子喷涂铸铁粉时（电流 500A、电压 38V、$Ar - H_2$），在粉末粒径为 35μm 时，溅射的星形贴片占 85%；55μm 时，溅射的星形贴片和盘形贴片各占 50%；70μm 时，溅射的星形贴片占 10%，盘形贴片占 90%。喷射粒子贴片形貌的变化影响贴片的凝固时间、显微组织结构、涂层的致密度、涂层的结合强度。

C - J，Li 等[26] 用 HVOF，在同样的喷涂参数情况下软钢基体上喷涂 NiCr20B4Si4 粉末时的试验结果给出，粉末粒径在 45 ~ 74μm 时涂层与基体的平均结合强度约为 40MPa；喷涂粉末粒径在 75 ~ 104μm 时涂层与基体的结合强度为 67MPa。喷涂 Ni - Cr50 合金粉时也有类似的结果（相应的结合强度分别为 37MPa 和 57MPa）。认为使用较粗的粉末喷涂时，粉末未完全熔化，半熔化的较大颗粒的粒子冲击基体时有较高的能量，比完全熔化的液滴冲击基体表面得到更加致密的涂层，与基体表面有较好的结合。

6）粉末粒径对热喷涂涂层的物理性能的影响。例如对热扩散的影响：等离子喷涂 $Cr_3C_2 - NiCr$ 涂层，随温度升高、热扩散增高，不同粒度的粉末热扩散增强的情况不同：在 980℃ 以下，用粗粒度的粉末喷涂的涂层有高的热扩散[18]。这种情况的出现与不同粒度的粉末喷涂时，得到的喷涂粒子贴片不同、涂层的层间界密度、空隙度、氧化程度以及层间裂纹情况不同相关。

在选定粉末的粒度时，既要关注粉末粒径范围，还要注意粒径的分布。通常要求粉末粒径分布符合正态分布。

7）粉末粒度的检测可按以下方法进行。

粉末取样。粉末抽检取样方法按 GB 5314—1985《粉末冶金用粉末的取承样方法》进行。部分用于检测，部分封存（200g）备用。

粉末粒度组成测定。

粉末粒度大部分大于 45μm（325 目）的粉末可按国家标准 GB/T 1480—1995《金属粉末粒度组成的测定干筛分法》或国际标准 ISO 3310—1（Test Sieves – Requirements and tests – Part 1：Metalwire cloth sieves）进行、并给出粒度分布。要求：粒径大于粒径要求上限的粉末量不得超过 2% 质量分数，粒径小于粒径要求下限的粉末量不得超过 5% 质量分数。

粉末粒径大部分小于 45μm 的粉末，不推荐使用干筛分法，可按国标 GB 5157—1985《金属粉末粒度分布的测定——沉降天平法》测定。

（3）粉末的松装密度。粉末的松装密度是指粉末在定容容器内不振动松装单位容积内粉末的质量。粉末的松装密度可按国家标准 GB 5060—1985："粉末的松装密度的测定 第二部分：斯柯特容量计法"（等效于国际标准 ISO 3923/2）进行。粉末的松装密度与粉末的材料成分、种类、粉末的形状、粒度及粒度分布，粉末内含的气体、空隙、干燥情况有关。通常球形粉、材料的密度高、粒度分布较宽、其松装密度大。而含气的或空心粉，大颗粒粉的松装密度小。

（4）粉末的颗粒强度。粉末的单颗粒强度影响送粉过程中（在送粉器、送粉管路中以及在喷涂枪管中）是否破碎，进而影响进入喷涂枪、喷射焰流中粉末的实际粒度，影响粉末的加热和加速，影响涂层的性能和质量。粉末的颗粒强度可用粉末的球磨韧性或单颗粒压溃强度来表征。目前，尚无标准方法。

对于熔炼雾化法制得的粉末，粉末内部组织结构致密，在喷涂送粉过程中粉末极少破碎，粉末颗粒强度的测量意义不大。对于团聚粉和团聚 – 烧结粉，由于粉末颗粒结构（见图 6 – 3）其强度较低（T. Itsunaichi 等用单颗粒压溃法（压溃载荷：0.01 ~ 5N）测定 CrC – NiCr 金属陶瓷粉末的强度，随工艺控制不同，其强度在较大范围内变化：90 ~ 800MPa[23]），喷涂送粉过程中粉末常有破碎，测定粉末的强度还在一定程度上反映单颗粒粉末的致密度。在用 HVOF 法喷涂时影响喷涂沉积效率。在 HVOF 喷涂过程中，粉末粒子在火焰中被加热、加速，强度低的粉末，致密度不高，导热性较差，表层被加热到较高的温度以至熔化，心部温度较低。由于粉末表层已熔化，在高速冲击基体时，仍能较好的变形沉积，形成涂层，有较高的沉积率。强度高的粉末，致密度高，导热好，在 HVOF 喷涂过程中，整个粉末粒子温度均匀，在同样的喷涂加热条件下（温度和时间），较大粒径的粉末加热可能不够充分，整个粒子都未熔化，喷涂沉积率低。

（5）粉末的流动性。粉末的流动性影响喷涂过程中粉末的顺利流畅输送，在一定程度上决定于粉末的形状，球形粉流动性好、异形粉流动性差。粉末的流动性可按国家标准 GB 1482—1984 金属粉末流动性的测定标准漏斗法（霍尔流速计）（等效于国际标准 ISO 4490—1978）进行。以 50g 的粉末流过规定孔径（2.5mm）的标准漏斗所需要的时间计（s/50g）。

（6）粉末的表面质量：粉末表面积大易污染、吸附环境介质，影响喷涂质量。因此要密封保存，用前烘干。对某些粉末为减少其在保存和/或喷涂过程中与气氛的反应，对粉末表面要施以电镀或包覆保护。

6.4.2 热喷涂用纯金属粉末

表 6 - 3 给出符合国际标准 ISO 14232：2000（E）的热喷涂用纯金属粉末的化学成分和熔点。

考虑到材料的线膨胀系数对热喷涂涂层的结合强度、涂层与基体的匹配、涂层 - 基体的热应力、残余应力有很大影响，表 6 - 4 给出了热喷涂常用纯金属在不同温度范围（20 ~ T ℃）的线膨胀系数。

表 6 - 3 热喷涂用纯金属粉末的化学成分和熔点

（符合国际标准 ISO 14232：2000（E））

主材	密度（℃）/g·cm⁻³	杂质成分限量（质量分数）/%						熔点/沸点/℃
		O (max)	C (max)	N (max)	H (max)	Al (max)	Co (max)	
Ti99	4.5	0.3	0.3	0.3	0.1			1667/3285
Al99	2.70	0.5						660.1/2520
Ni99.3	8.90	0.5		0.1	0.1			1455/2915
Cr98.5	7.20	0.8		0.1		0.5		1860/2680
Mo99	10.2	0.3	0.15	0.1				2615/4610
W99	19.3	0.3	0.15	0.1			0.3	3400/5556

主材	密度（℃）/g·cm^{-3}	杂质成分限量（质量分数）/%						熔点/沸点/℃
		O (max)	C (max)	N (max)	H (max)	Al (max)	Co (max)	
Nb99	8.6	0.3	0.3	0.3	0.1			2467/4740
Ta99	16.6	0.3	0.3	0.3	0.1			2980/5370
Cu99	8.92							1083/2560
Si99	2.34							1412/3270

表 6 – 4　热喷涂常用纯金属在不同温度范围（20 ~ T℃）的线膨胀系数（K）

材　料	100℃	200℃	500℃	800℃	1000℃	1500℃
Zn	31×10^{-6}	33×10^{-6}	34×10^{-6}（300℃）			
Al	23.9×10^{-6}	24.3×10^{-6}	26.4×10^{-6}（400℃）			
Ti	8.8×10^{-6}	9.1×10^{-6}	9.5×10^{-6}	9.9×10^{-6}		
Cu	17.1×10^{-6}	17.2×10^{-6}	18.3×10^{-6}		20.3×10^{-6}	
Ni	13.3×10^{-6}	13.9×10^{-6}	15.2×10^{-6}		16.3×10^{-6}（900℃）	
Cr	6.6×10^{-6}		8.4×10^{-6}（400℃）	9.4×10^{-6}（700℃）		
Fe	12.2×10^{-6}	12.9×10^{-6}	13.8×10^{-6}（400℃）	14.6×10^{-6}		
Ta	6.5×10^{-6}		6.6×10^{-6}			
Mo	5.2×10^{-6}		5.7×10^{-6}		5.75×10^{-6}	6.51×10^{-6}
W	4.5×10^{-6}		4.6×10^{-6}		4.6×10^{-6}	5.4×10^{-6}（2000℃）

　　钛、铜的物理化学特性及其涂层应用在热喷涂用线材部分已有论述。这里仅就相关问题予以补充。

　　钛具有极高的活性，与氧的亲和力很高，钛粉仅能用真空等离子喷涂。钛的涂层正是利用钛的极高的活性，暴露在任何含氧的介质中立即形成薄而坚固的氧化膜，对其起保护作用，而表现出很高的耐腐蚀性。钛的真空等离子喷涂涂层以其良好的耐海水、含氯的有机化合物、耐人体体液的腐蚀性可被用于氯碱工业、海水淡化装置、人体植入不锈钢件（如人工股骨）的保护涂层。

铜粉（-150~320目）可用等离子喷涂和氢气为燃气的火焰喷涂。多用其高导电、导热性、电磁屏蔽性，用于电器、仪表的功能涂层，也用于铜及其合金的超差修复。

钽是一种低线胀系数、高密度的难熔金属。等离子喷涂在钢表面形成冶金结合有较好的自黏结特性，可作为喷涂难熔材料的自黏底层或中间层，也可用于耐高温工作层，涂层有较高的硬度（70HRA），耐热耐磨。

钼粉用等离子喷涂，其粒度范围：-200目+30μm。在多种金属基体表面有自黏结性。用作工作涂层时主要利用其耐高温特性，如用于抗熔融铁和铜的铸模、炉子风口。但应注意的是钼的氧化物易挥发，钼的涂层在315℃以上温度工作时必须在非氧化气氛下工作，或是被熔融金属覆盖。另外，钼的涂层可用作减摩涂层。

钨是一种低热胀系数、高密度、高热导、低电阻的难熔金属。等离子喷涂钨涂层不仅可与一般金属构件表面结合，也可在致密石墨、致密陶瓷、石英等非金属材料表面得到有较好结合强度的致密涂层。在石墨表面的涂层常用钽涂层作为中间层，以防涂层高温工作时在 W-C 界面形成钨的碳化物。钨的涂层有高的耐热性、高的高温强度、耐熔融铜和锌的腐蚀。可用于火箭发动机喷管、尾椎、熔融铜和锌的坩埚等的耐热耐蚀涂层，也可用于电接触点的抗烧蚀表面涂层。商品牌号有 METCO 61（粉末粒度：-200目+30μm）和 METCO 61F-NS（粉末粒度：-320目+15μm）。

除纯金属粉末外，热喷涂大量使用各类金属合金粉末，如 Ni-基、Fe-基、Mo-基、Co-基、MCrAlY-基、Ni-Al-Fe 基合金与复合粉末，高合金钢粉末，Cu-Al 基合金与复合粉末等。按其特性可分为自黏结合金粉、自黏结合打底层合金粉、自熔合金粉末和非自熔合金粉末。这些金属合金粉末的研发对喷涂、喷熔技术的发展有重要意义。

6.4.3 自黏结合金粉和自黏结合打底过渡层合金粉

所谓自黏结（self-bonding）合金粉是指在喷涂时能与基体表面产生良好黏结、能产生微区冶金结合特性的喷涂用合金粉。

热喷涂时单个喷涂粒子冲击表面时的冷却速度可达 10^6 K/s，这样高的冷却速度限制了喷涂粒子与基体的热相互作用，即限制了与温度和时间关系密切的扩散结合。为增强喷涂粒子与基体的相互作用，提高喷涂粒子的热能、动能以及与基体表面发生必要的相互作用对促进冶金结合是有利的（这里面包括喷涂粒子的温度、速度、热焓、质量、密度和比热等）。为得到喷涂粒子与基体的自黏结合，具有以下特性的喷涂材料是有利的（这也是自黏合金的设计基础）：

（1）高熔点、高密度在热喷涂工艺条件下可被加热熔融的金属合金，如钼和其他高密度难熔金属有高的熔点。这类金属在喷涂时，其喷涂粒子温度较高，从而提高喷涂粒子与基体的相互作用温度，高的能量传递，有利于得到冶金结合。有研究指出等离子喷涂高熔点的 Mo 时，喷射的钼的熔滴冲击-沉积在不锈钢表面是可使不锈钢基体表面熔化[36]。而且钼的氧化物将挥发，而不影响冶金结合。

（2）喷涂材料在喷涂时能发生放热反应的也有利于提高喷涂粒子与基体表面的相互作用。如喷涂过程中铝与镍反应放热，铝热反应放热。

在热喷涂情况下，喷涂粒子与基体间的冶金或扩散结合通常仅发生在很小的尺度范围，其尺度在 0.5~1μm，最大也不会超过 25μm。

作为自黏结打底过渡层合金粉末，在热喷涂时除具有自黏结合作用外，还在基体和表面工作层间起到性能匹配梯度过渡以及某种防护作用。例如在热障涂层系统中常用的 MCrAlY 合金涂层，对金属基体具有自黏结合作用，在金属合金基体和陶瓷工作面层间起减小线胀系数差、缓解热应力、改善陶瓷涂层的结合作用，又有防环境气氛通过陶瓷涂层直接扩散到基体、抗高温氧化作用。具体的自黏结合金粉有：

（1）钼及其合金自黏粉。热喷涂这类粉末对于钢铁材料基体表面有自黏特性，涂层又有减摩耐磨特性。以其作为工作涂层在钢件上喷涂时在大多数情况下无需打底层。钼基合金粉末的热喷涂涂层主要用于经受金属间滑动摩擦磨损的场合。如发动机活塞环。目前，国际上使用的钼基合金粉主要有以下几种：

1) 纯钼粉。纯钼粉含量为 Mo 99.5%。团聚致密化球形粉，用于空气下等离子喷涂，其粒度范围：$-90 \sim +37\mu m$（$-170 \sim +400$ 目）。这种粉的等离子喷涂可得到高密度的涂层，有一定的韧性和硬度，有优异的滑动摩擦磨损特性、抗咬合、好的饱和特性、抗微动磨损和电蚀。在氧化和大气环境下工作，Mo 的涂层的工作温度不能高于 340℃（650℉）。这种粉末的涂层主要用于泵内燃机活塞环、挤压机进给器、阀、凸轮挺杆副等。这种成分的粉末还有烧结破碎法制作的，其纯度略低一些（Mo 99%）。

2) 含碳的：Mo 3% C。团聚烧结粉用于大气下等离子喷涂，其粒度范围：$-90 \sim +45\mu m$（$-170 \sim +325$ 目），涂层有更好的抗滑动磨损性能。

3) 添加有自熔合金粉末的 Mo25%（NiCrBSiFe）混合粉，用于大气下等离子喷涂，粒度范围：$-90 \sim +45\mu m$。涂层有更高的耐磨性、低的摩擦系数、好的抗咬合特性。可用作硬面涂层，用于硬面轴承，耐磨粒磨损，使用温度可到 350℃（660℉）以下。

4) 复合 Mo 基合金粉。如：37.5% Mo + 50% NiAlMo + 12.5%（NiCrBSiFe），混合粉，用于等离子喷涂，粒度为 $-90 \sim +45\mu m$。涂层耐磨且有自润滑特性。

(2) 放热反应型自黏结合金粉：主要是一系列含铝的合金粉。表 6-5 给出符合国际标准 ISO 14232：2000（E）的 Ni-Al、FeNi-Al 等合金粉的化学成分。

实际使用的 Ni 95% Al 5% 粉多是铝包覆镍粉。这种粉末在热喷涂时在焰流中加热很快表面就达到铝的熔点（660℃），Al-Ni 间发生激烈的放热反应，生成 Ni-Al 化物（Ni_3Al、$NiAl$、$NiAl_3$）。而使用的 Ni 80% Al 20% 粉和 Ni 70% Al 30% 粉多是镍包覆铝粉，这两种粉末在热喷涂时在焰流中加热，当心部温度升高到 660℃ 以上，铝芯将熔化，向外熔渗，与外层的镍发生激烈的放热反应，生成 NiAl 化

表 6 – 5 Ni – Al、FeNi – Al 自黏合金粉的化学成分
(符合国际标准 ISO 14232：2000 (E))

材 料	化学成分（质量分数）/%						
	Ni	Al	Mo	Fe	Si	Mn	C
NiAl 95 5	Bal	3 ~ 6	—	< 1	< 0.5		
NiAl 80 – 20	Bal	18 ~ 22		< 1	< 0.5	< 1	< 0.25
NiAl 70 30	Bal	28 ~ 32		< 1	< 0.5	< 1	< 0.25
NiAlMo 90 5 5	Bal	3 ~ 6	4 ~ 6	< 1	< 0.5		
NiAlMo 89 10 1	Bal	8 ~ 12	0.5 ~ 1.5	< 1	< 0.5		
NiCrAl 72 18 6	Bal	5 ~ 7	16 ~ 20 (Cr)	< 2.0	< 4.0		
FeNiAl 51 38 10	36 ~ 40	8 ~ 12		Bal			
FeNiAlMo 54 35 5 5	33 ~ 37	3 ~ 6	3 ~ 7	Bal			

物。这些 NiAl 化物以及未反应的 Al 在焰流中或是在喷射到基体表面与氧发生激烈的放热反应（放热量在 1670kJ/mol 以上）。有利于与基体结合。与普通碳钢、合金钢、不锈钢、铸铁、铸钢、镍及其合金、钛及其合金、铜及其合金甚至氮化钢均能实现良好的微区冶金结合。得到的涂层组织为 Ni 合金基体上分布有 NiAl 化物，涂层有较好的抗氧化性、耐蚀耐磨。可作为打底自黏结合层，也可作为耐磨耐蚀工作层。可用于各种轴类、传动件、机床导轨、风机叶片以及飞机发动机部件等的超差修复和表面强化。

NiAlMo 粉热喷涂涂层与大多数金属材料有较好的自黏结性。涂层工作温度不能超过 315℃。

Ni 72% Cr 18% Al 6% 类型的 NiCrAl 合金粉的涂层与 NiAl 粉的涂层相比要更高的耐热耐蚀耐磨性，与大多数金属材料有较好的自黏特性，可用于制作耐高温（800℃）工作涂层的自黏结打底层。也可用于制造在高温（800℃）工作工件的抗高温氧化的工作层。可应用于喷涂陶瓷涂层前的打底涂层：耐热耐磨金属陶瓷涂层的打底层，如锅炉四管喷涂 CrC – NiCr 金属陶瓷涂层前打底涂层；钢厂退火包抗高温氧化工作涂层等。

FeNiAl、FeNiAlMo 是价格较为便宜的自黏 Fe – Ni 基合金粉与大

多数钢铁材料有较好的自黏结合特性可用于喷涂打底层，也可用作磨损、超差修复工作层。含 Mo 的粉末的涂层工作温度不超过 315℃。

（3）MCrAlYX 系列高温涂层自黏结合打底涂层用合金粉。这类合金涂层材料的研发始于 20 世纪 50 年代末，旨在对航空发动机部件制作耐热抗氧化并有一定耐磨性的热喷涂涂层[28,29]。合金中的 M 为 Ni 或 Co 或 Fe，或是 Ni - Co、Ni - Fe 等，是合金的基本元素，并与其他合金元素构成合金基体。Cr 对 Ni、Co、Fe 合金基体有固溶强化、提高合金高温强度、提高抗高温氧化和耐腐蚀性能。为保证耐热耐蚀性，这类合金中 Cr 的加入量多在 13%（质量分数）以上，除非合金中加入较多的其他增强耐热耐蚀元素（如 Al、Si 等）时，Cr 的含量可能低于 13%（质量分数）。Al 的加入可改善合金涂层对基体的自黏结合作用，且在涂层中与基本元素形成金属间化合物起强化作用，还能提高合金的抗高温氧化作用[30]。Y 在抗高温氧化合金中作为活性元素加入，改善氧化膜结构和生长应力，提高其保护作用，有时以其氧化物 Y_2O_3 加入。Y 或 Y_2O_3 的加入进一步改善了抗高温氧化性。X 有时还加入 Ta、Nb、Hf、Si、W、Mo 等元素以进一步提高合金涂层的热强性、耐磨性。这样的合金设计及其综合性能使其即可用作热喷涂自黏结合打底层，又可用作耐热耐蚀耐磨工作层。

这类合金的热喷涂涂层以其与一系列合金优异的自黏结合作用以及热 – 力学性能的匹配性（减小热应力和弹性模量差导致的附加应力），成为在金属合金基体上喷涂陶瓷涂层的自黏 – 打底层涂层材料，又因其具有优异的耐热抗氧化性能，使其以自黏结合打底和耐热抗氧化双重作用与耐高温低导热性的陶瓷涂层组成耐高温的热障涂层系统，在航空航天、冶金、能源、化工等工业得到广泛应用。表6 – 6 给出符合国际标准 ISO 14232：2000（E）的这类合金粉末的成分。

表6 – 6 MCrAlYX 系列高温涂层用自黏、打底涂层合金粉的成分

材　料	化学成分（质量分数）/%							
	Ni	Cr	Al	Co	Fe	Y	Si	其他
NiCrAlY 68 22 10 1	Bal	21 ~ 23	9 ~ 11			0.8 ~ 1.2		
NiCrAlY 70 23 6	Bal	22 ~ 24	5 ~ 7			0.3 ~ 0.5		

材　　料	化学成分（质量分数）/%							
	Ni	Cr	Al	Co	Fe	Y	Si	其他
NiCoCrAlY 48 23 17 13	Bal	15 ~ 19	11.5 ~ 13.5	20 ~ 26		0.3 ~ 0.7		
NiCoCrAlY 47 22 17 13	Bal	15 ~ 19	11.5 ~ 13.5	20 ~ 24		0.4 ~ 0.8		
NiCoCrAlYSiHf 47 22 17 13	Bal	15 ~ 19	11.8 ~ 13.2	20 ~ 24		0.4 ~ 0.8	0.2 ~ 0.6	0.1 ~ 0.4 Hf
CoCrAlY 63 23 13		22 ~ 24	12 ~ 14	Bal		0.55 ~ 0.75		
CoNiCrAlY 38 32 21 8	31 ~ 33	20 ~ 22	7 ~ 9	Bal		0.35 ~ 0.65		
CoCrNiAlYTa 52 25 10 7.5	8 ~ 12	24 ~ 27	5 ~ 9	Bal		0.4 ~ 0.8		4.0 ~ 6.0 Ta
FeCrAlY 74 20 5		18 ~ 22	4 ~ 6		Bal	0.3 ~ 0.7		0.02 C（max）

表 6 - 6 中 NiCrAlY 合金可用于工作在 850℃ 的涂层的打底层，用于热障涂层的结合打底层、钢铁材料或镍基高温合金表面抗氧化耐磨高温陶瓷涂层的自黏打底过渡层，也可用作工作在 850℃ 的抗高温氧化的工作层。喷涂后常需进行热处理。其中，高 Cr 的合金还可用于高炉风口陶瓷涂层的自黏结合打底层。

NiCoCrAlY 合金由于 Co 的加入比 NiCrAlY 合金有更高的热强性抗氧化耐热腐蚀性。对用高频爆炸喷涂（PK 200 HFPD thermal - spray apparatus, Aerostar Coatings, Iru′n, Spain）的 Ni - 25% Cr - 10% Al - 1% Y 和 Co - 32% Ni - 21% Cr - 8% Al - 0.5% Y 合金涂层进行模拟燃气轮机气氛（1000℃，气氛中含氧 11%（体积分数））高温氧化实验结果表明：生成氧化膜的氧化动力学符合抛物线规律，其氧化抛物线常数分别为：0.05 $\mu m^2/h$ 和 0.038 $\mu m^2/h$[31]。表明 CoNi-CrAlY 合金的抗氧化性能略优于 NiCrAlY 合金（注意，涂层的致密度也有一定的影响）。可用于工作在 900℃ 的涂层的打底过渡层，用于燃气轮机高温工作部件热障涂层以及其他耐燃气热腐蚀的涂层系统的自黏结合打底过渡层，冶金炉辊高温陶瓷涂层的打底过渡层，也可用作工作在 900℃ 的抗高温氧化的工作层。

CoCrAlY 合金比 Ni 基合金有更高的热强性抗氧化耐热腐蚀性。其应用与 NiCoCrAlY 合金相近。还被用于喷气发动机高温工作部件（燃烧室、火焰筒等）的热障涂层系统的自黏结合打底过渡层。

加入 Ta、Nb、Hf、Si、W、Mo 等元素以进一步提高合金涂层的热强性、耐磨性和/或抗炉气腐蚀性。其中，Co – 25% Cr – 10% Ta – 8% Al – Y 以及附加 Al_2O_3 的复合粉被推荐用于高温连续退火炉炉辊热喷涂复合涂层的结合打底过渡层。这类合金热喷涂涂层在航空航天热障涂层系统、燃气轮机叶片以及石油化工、冶金工业等领域的耐热耐蚀耐磨的重要部件上均有应用。

有自黏结合特性的耐热耐磨钴基合金粉。Co – 28.5% Mo – 8.5% Cr – 2.6% Si 合金。这是一种熔炼水雾化粉末。高的含 Mo 量与适量的 Cr、Si 含量，既改善合金热喷涂层的自黏结合性又提高合金的抗氧化抗微动磨损和减磨特性，适用于等离子喷涂和 HVOF 喷涂。与 Tribaloy400 类似，涂层在无润滑或润滑较差的情况下，有优异的滑动磨损耐磨性，在硫酸、脂肪酸、氢氯酸、氯化铁，以及磷酸、醋酸和盐水环境下有好的耐蚀性能。在 800℃ 时，有好的抗氧化性。可用于轴承、活塞环、活塞、制动器、压缩机连杆、密封圈，特别是受微振磨损的汽轮机部件的 HVOF 喷涂涂层。涂层最大厚度可达 2.5mm。

Co – 28.5% Mo – 17.5% Cr – 3.4% Si 合金。这是一种含有硅化物的钴基合金，由 Tribaloy800 合金演变而来。在 HVOF 喷涂情况下，涂层的孔隙度小于 1%，宏观硬度 60HRC，显微硬度 750HV，其应用同 Co – 28.5% Mo – 8.5% Cr – 2.6% Si 合金。

Co – 32% Ni – 21% Cr – 8% Al – 0.5% Y。这种气雾化合金粉，可用等离子或 HVOF。商品牌号有 Sulzer Metco 4451。

相近成分的还有 Diamalloy 4454，适用于厚涂层粒度较粗的（ -75μm， +45μm）牌号为 AMDRY995C 的粉末，适用于可到 850℃ 氧化气氛或热腐蚀环境下使用。而较细的（ -37μm， +5μm）的粉末可用在仓内等离子喷涂，涂层可在 1050℃ 的腐蚀氧化气氛下工作。较粗的粉末（ -75μm， +45μm）适用于大气等离子喷涂。

6. 4. 4　自熔合金粉末

所谓自熔合金是指与其基本金属相比，有较低的熔点，熔融的这类合金可自脱氧、在金属基体材料表面有良好的润湿性的一类合金。这类合金通常含有高于1%质量百分数的硼和硅元素。有用于钎焊的钎焊合金和用于热喷涂喷熔用的合金。用于喷涂喷熔的自熔合金粉末是一系列Ni-基的Ni-Cr-B-Si合金，Fe-基的Fe-Cr-B-Si合金，Ni-Fe或Fe-Ni基的FeNi-Cr-B-Si合金粉末等。

（1）自熔合金机理。硼和硅降低Ni-B、Ni-Si、Fe-B、Fe-Si合金的熔点可与镍或铁形成一系列低熔点共晶合金。

在Ni-B合金中，随含硼量增加合金的熔点迅速下降，在含硼16.6%（原子分数）（3.3536%（质量分数））时形成Ni-Ni$_3$B共晶，其熔点为1080℃；含硼20.5%（原子分数）（4.533%（质量分数））时形成Ni-Ni$_2$B亚稳共晶，熔点为986℃。在Ni-B合金中还有其他镍硼化合物相，如：o-Ni$_4$B$_3$、m-Ni$_4$B$_3$、NiB等。

在Ni-Si合金中，在含硅量从0~22.2%（原子分数）的范围内，随含硅量的升高，合金的熔点下降，在含硅量为22.2%（原子分数）时形成Ni-Ni$_5$Si$_2$共晶，熔点为1150℃。在Ni-Si合金中还有其他镍硅化合物相，如Ni$_2$Si、Ni$_3$Si$_2$、NiSi。Ni$_3$Si$_2$-NiSi共晶，熔点不到1000℃。

在Fe-B合金中，在含硼量从0~17%（原子分数）的范围内，随含硼量的升高，合金的熔点下降，在含硼量为17%（原子分数）（3.8%（质量分数））时形成Fe-Fe$_2$B共晶，熔点为1149℃。

在Fe-Si合金中，在含硅量从0~34%（原子分数）的范围内，随含硅量的升高，合金的熔点下降，在含硅量为34%（原子分数）时，形成Fe-FeSi共晶，熔点为1200℃。

Ni-Si-B三元合金，合金相图较为复杂，可形成多种二元和三元化合物，及相应的共晶。表6-7给出在含硼量为10%（原子分数）（2.024%（质量分数），不同含硅量时Ni-Si-B三元合金的熔点。作为热喷焊使用的自熔合金，当含硼量为2%（质量分数）时，含硅量在10%（原子分数）以内，随硅量的增加，合金的熔点下降。

含硼量的增高，对合金熔点的下降作用更为显著。

表6-7 不同含硅量时 Ni-Si-B 三元合金的熔点
（含硼量为 10%（原子分数））

合金的含 Si 量（原子分数）/%	0	5	10	15	20	25	30	40	45	50
合金的熔点/℃	1268	1190	1075	1120	1108	1160	1198	1309	1110	963

在热喷涂喷焊用自熔合金中通常含有铬，铬的加入是为了提高合金的力学性能、耐热性和抗腐蚀性能。这些性能的改善是通过铬溶入合金基体以及形成化合物实现的。因此，要关注铬与硼和硅的相互作用。

在 Cr-B 二元合金中，铬与硼形成一系列化合物：Cr_2B、Cr_5B_3、CrB、Cr_3B_4、CrB_2 等，这些硼化物都有较高的硬度，提高合金的耐磨性。但应注意的是，Cr-B 二元合金中，最低的共晶反应温度也较高：接近 1620℃（$Cr-Cr_2B$ 共晶）。特别在自熔合金粉的炼制过程中应予以注意。在 Ni-Cr-B-Si 合金喷涂、喷焊时也会出现 Cr_5B_3、CrB 等铬的硼化物。

在 Cr-Si 二元合金中，铬与硅形成一系列化合物：Cr_3Si、Cr_5Si_2、CrSi、$CrSi_3$ 等。在含硅量为 9%（原子分数）有 $Cr-Cr_3Si$ 共晶，共晶反应温度为 1705℃。在喷涂-重熔或喷焊过程中这些高熔点化合物的形成将影响喷熔层的成型和表面光滑程度。

在 Ni-Cr-B 和 Ni-Cr-Si 三元系中，除形成二元化合物外，还形成一些三元化合物，如 Cr_2Ni_2Si、$Cr_3Ni_5Si_2$ 等。Ni-Cr-Si 合金在含 Si 量从 0 到 10%（质量分数）范围，随含硅量的提高，合金的液相线温度下降。

在 Ni-Cr-B 合金中加入硅可使其熔点下降，在可应用的加入量范围，可使熔点下降 50~100℃。热喷涂喷焊常用 Ni-Cr-B-Si 合金。

在 Ni-Cr-B-Si 合金中，无铬时被硼饱和的镍固溶体最多溶解 7.5%（原子分数）Si，铬的加入使硅的溶解度下降，铬达 8%（原子分数）时硅的溶解度最低（6%（原子分数）），硅高于6%（原子分数），析出 Ni_3Si。含铬量高于8%（原子分数）时，将相继出现铬的硼化物：CrB、Cr_5B_3、Cr_2B 等。喷涂、喷焊时，随合金成分和加热冷却的不同会出现不同的镍和铬的硼化物和硅化物。这些硼化物和硅化物有较高的硬度和较高的稳定性，对提高喷焊合金的耐磨性有利，但也提高了合金的脆性。应特别注意在高铬高硼时出现针状的 Cr_5B_3 和高硅时出现 Ni_3Si 导致严重脆性。喷涂喷焊 $Ni-Cr-B-Si$ 合金中还会出现前面没有提到的 $Ni_{21}Si_{12}$、$Ni_{16}Cr_6Si_7$ 等化合物[24]。

在 $Ni-Cr-B-Si$ 合金中，硼和硅改善合金的润湿性，这对得到与基体有良好结合的喷涂喷焊涂层有重要意义。有研究给出，在 $Ni-Cr-B$ 合金中当含 Cr 量为 10%（原子分数），含 B 量为 7.5%（原子分数）时，熔融合金对 1Cr18Ni9Ti 不锈钢的润湿角仅为 5°～6°。$Ni-Cr-B-Si$ 合金中，含 Cr 量和含 B 量均为 10%（原子分数）时加入 Si 在较宽的成分范围内，可使合金的润湿角低于 10°。

硼和硅对氧有较强的亲和力（在 1227℃ 时，硼、硅、铬氧化相应生成 B_2O_3、SiO_2、Cr_2O_3 的氧化反应自由能分别为 $-306.05kJ$、$-306.06kJ$、$-249.53kJ$），自熔合金中有适量的 Si 和 B，在用喷熔法（一步法）或是喷涂＋重熔（二步法）制作合金涂层时，起到还原合金中氧化物的作用。

熔化的合金中 B 和 Si 部分与环境气氛中的氧反应形成保护渣，保护熔融合金的同时，还溶解基体表面的氧化膜，改善熔融金属对基体的润湿。适当的 B 和 Si 的含量比，使形成的 $B_2O_3+SiO_2$（往往还溶有一定量的 Cr_2O_3）渣有低的熔点。按 Rockett. T. S 等给出的 $B_2O_3-SiO_2$ 相图，在 $B_2O_3-SiO_2$ 系中 SiO_2 的含量在 40%～60%（摩尔分数）的范围内其熔点在 720～840℃。而这类合金的熔点在 1000～1200℃，这样在合金凝固初始过程中 $B_2O_3-SiO_2$ 熔渣还保持液态，在其上浮过程中将半熔化合金中杂质带出，得到致密的低的杂质含量的熔敷合金。

$B_2O_3-SiO_2$ 熔渣黏度较低，在喷涂喷焊或重熔过程中能还原基体表面的氧化物，形成低熔点复合物，改善喷焊合金对基体的润湿和铺展，改善涂层与基体的结合。

热喷涂过程中，熔化和半熔化的合金粉末被喷射到钢铁材料表面形成贴片时，与基体合金表面发生互扩散，形成熔点低于钢铁材料基体熔点的半熔化表层，而使其在热喷涂时，有可能形成部分冶金结合。而在喷熔（一步法喷焊）或喷涂自熔合金重熔时，由于加热时间充裕，热相互作用充分，涂层与基体形成连续的熔化－半熔化的间界层，涂层与铁基合金（或镍基合金，铜基合金）基体表面形成完全的冶金结合。

（2）Ni－基自熔合金粉。

表6－8 给出 Ni－基自熔合金粉的成分。这是一系列熔炼－雾化法制得的合金粉末。有惰性气体（Ar 或 N_2 气，纯度在 99.7% 以上）雾化和水雾化的。后者粉末含氧量高（可达 100×10^{-6} 以上）、多有异形粉，粉末流动性不如气雾化粉。

表6－8　Ni－基自熔合金粉的成分

（符合国际标准 ISO 14232：2000 （E））

组成缩写	化学成分（质量分数）/%										
	C	Ni	Co	Cr	Cu	W	Mo	Fe	B	Si	其他（max）
NiCuBSi76 20 （Ni－15）	0.05（max）	基			19 ~ 20			0.5（max）	0.9 ~ 1.3	1.8 ~ 2.3	0.5
NiBSi96 （Ni20）	0.05（max）	基						0.5（max）	1.3 ~ 1.7	2.0 ~ 2.5	0.5
NiBSi94 （Ni25）	0.1（max）	基						0.5（max）	1.5 ~ 2.0	2.8 ~ 3.7	0.5
NiBSi95 （Ni25）	0.1 ~ 0.2	基						2.0（max）	1.2 ~ 1.7	2.2 ~ 2.8	0.5
NiCrBSi90 4	0.1 ~ 0.2	基		3 ~ 5				1.0（max）	1.4 ~ 1.8	2.8 ~ 3.5	0.5
NiCrBSi86 5	0.15 ~ 0.25	基		4 ~ 6				3.0 ~ 3.5	0.8 ~ 1.2	2.8 ~ 3.2	0.5
NiCrBSi88 5	0.15 ~ 0.25	基		4 ~ 6				1.0 ~ 2.0	1.0 ~ 1.5	2.5 ~ 3.0	0.5

组成缩写	化学成分（质量分数）/%										其他 (max)
	C	Ni	Co	Cr	Cu	W	Mo	Fe	B	Si	
NiCrBSi83 10 （Ni－35）	0.15～0.25	基		8～12				1.5～3.5	2.0～2.5	2.3～2.8	0.5
NiCrBSi85 8	0.15～0.25	基		6～10				1.5～2.0	1.5～2.0	2.6～3.4	0.5
NiCrBSi 84 8 （Ni35）	0.25～0.4	基		7～10				1.7～2.5	1.5～2.2	3.2～4.0	0.5
NiFeCrBSi 74 10 8 （Ni35－B）	0.25～0.40	基		7～10				8.0～12	1.6～2.4	3.2～4.2	0.5
NiCrBSi88 4	0.3～0.4	基		3.5～4.5				2 (max)	1.6～2.0	3.0～3.5	0.5
NiFeCrBSi80 8 4	0.3～0.4	基		3.5～4.5				6～10	1.6～2.0	3.0～3.5	0.5
NiCrBSi80 11 （Ni－45）	0.35～0.60	基		10～12				2.5～3.5	2.0～2.5	3.5～4.0	0.5
NiCrFeBSi70 11 （Ni45－B）	0.35～0.60	基		10～12				8.0～12.0	2.0～2.5	3.5～4.0	0.5
NiCrWBSi64 11 16	0.5～0.6	基		10～12		15.5～16.5		3.5～4.0	2.3～2.7	3.0～3.5	0.5
NiCrCuMoBSi 67 17 3 3	0.5～0.7	基		16～17	2.0～3.5		2～3.0	2.5～3.5	3.4～4.0	4.0～4.5	0.5
NiCrCuMoWBSi64 17 3 3 3	0.4～0.6	基		16～17	2.0～3.5	2.0～3.0	2.0～3.0	3.0～5.0	3.5～4.0	4.0～4.5	0.5
NiCrBSi 74 15 （Ni60）	0.75～1.0	基		14～17				3.5～5.0	2.8～3.5	3.6～4.5	0.5
NiFeCrBSi 60 15 15 （Ni60B）	0.75～1.0	基		14～17				12～15	2.8～3.5	3.5～4.5	0.5

组成缩写	化学成分（质量分数）/%										
	C	Ni	Co	Cr	Cu	W	Mo	Fe	B	Si	其他（max）
NiCrBSi65 25	0.8~1.0	基		24~25				0.2~1.0	3.2~3.6	4.0~4.5	0.5
NiCrBSi74 14	0.05（max）	基		13~15				4.0~5.0	2.75~3.5	4.0~5.0	0.5
NiCrBSi82 7	0.06（max）	基		6.5~8.5				2.5~3.5	2.5~3.5	4.1~4.6	0.5
NiBSi 92	0.06（max）	基						0.5（max）	2.75~3.5	4.3~4.7	0.5
NiCoBSi71 20	0.05（max）	基	20					0.5（max）	2.7~3.2	4.0~5.0	0.5
NiCoCrBSi 54 27 25	0.1（max）	基	26~28	23~27					1.6~1.8	1.0~1.2	
NiCoCrBSi 64 12 14	0.35~0.45	基	11~12.6	12.5~14.5				3.5~4.5	3.2~3.8	4.2~4.8	
NiCrFeBSi 70 19 7.5	0.4~0.6	基		17~20				6.5~8.5	5.0~6.0	8.0~10.0	

注：组成缩写栏中括号内标注的是相近的国内惯用牌号。

表6-9给出了这类合金喷涂涂层的相组成，正是涂层的组织结构、相组成决定了涂层的性能。

表6-9 NiCrBSi系合金粉末与涂层的相组成

材 料	工 艺	组 成
NiCrBSi系合金粉末	气雾化制粉	$Ni(M)$, Cr_3Si, $Ni_{31}Si_{12}$, Ni_2B, Cr_5B_3, CrB
NiCrBSi系合金热喷涂涂层	等离子喷涂	$Ni(M)$, Ni_2B, Cr_3Si, $Ni_{16}Cr_6Si_7$, Cr_5B_3, CrB_2, Cr_2O_3, NiO, B_2O_3, SiO_2
NiCrBSi系合金热喷涂涂层	HVOF喷涂	$Ni(M)$, Cr_3Si, $Ni_{31}Si_{12}$, Ni_2B, Cr_5B_3, CrB, Cr_2O_3, B_2O_3, SiO_2

在 NiBSi 合金成分范围，随 B、Si 含量的提高合金的自熔性和硬度提高，熔点下降。按自熔合金机理 B、Si 含量应相匹配，以保证良好的自熔性。在合金熔化时，B 和 Si 形成起脱渣作用的 $B_2O_3 - SiO_2$ 渣。但当合金中 B 的含量偏高时，则在涂层中易形成硼的金属化合物；若 Si 含量高涂层中易形成金属硅化物。这两种化合物的硬度（硼的金属化合物 $1200 \sim 2500HV_{30}$，金属硅化物 $800 \sim 2000HV_{30}$）均比基体合金高，提高涂层的硬度，且起"骨架"作用，提高合金涂层的耐磨性和热强性。但降低合金的韧性，增高室温脆性倾向。

NiBSi 合金中加入铜，改善合金的耐蚀性，在铸铁件上有更好的熔覆性，且可用于 NiCu 合金的喷涂熔覆。喷熔的合金有更好的机械加工工艺性。除表 6 – 8 中给出的 1 号材料 NiCuBSi 合金外，还有含 Cu 更高（达 27%（质量分数））的合金，合金的 B、Si 含量也较高（B + Si 达 5%（质量分数））（相应于 Castolin/Eutectic 公司的 Eutalloy NiCu Tec 10020 合金），熔化温度区间 $1030 \sim 1250℃$。喷熔涂层硬度 $40 \sim 45HRC$，且有好的耐蚀性。

在 NiCrBSi 系列合金中，随 Cr、B、Si、C 含量的提高，由于合金元素对涂层基体组织的固溶强化和组织中硬质的硅化物、硼化物、碳化物的增多涂层的室温硬度和高温硬度提高，铬的含量的提高还提高合金的耐蚀性、抗氧化性。因此对耐磨、耐蚀、耐热要求高的工况，要用 Cr、B、Si 含量高的合金，但合金的脆性也有所提高，选用时应注意。随含碳量的提高（在其他合金元素含量相近的情况下）合金的使用最高温度下降。国内这类合金的惯用牌号常以涂层的洛氏硬度值标注，如 Ni20、Ni35、Ni60 等。

表 6 – 8 中给出的几种含铁量高于 10%（质量分数）的合金粉（如 10 – 1、11 – 1、12 – 1、16 – 1 等）在国际标准 ISO 14232：2000（E）中没有列出。这些含铁高的合金与相应的含铁低的合金相比涂层性能差别不大，仅在含铬量较低时合金的自熔性下降，但合金成本低，可节省昂贵的镍。

NiCrBSi 合金中加入 W 提高合金的耐热性和硬度，特别是高温硬度保持性，提高高温耐磨性，可用于高温合金件的修复。

加入 Mo 的同时加入 Cu，可提高合金的抗金属间摩擦磨损特性，提高耐蚀性、抗微动磨损、冲蚀磨损和耐气蚀性。如表 6-8 给出的 14 号合金。

此外，还有高 W 的 Ni-17%W-15%Cr-4%Si-3%B-5%Fe-0.8%C 合金，熔炼雾化合金粉。用 HVOF 喷涂涂层硬度可达 61HRC（显微硬度 740HV，表面硬度 91R1SN，其中硬质相的硬度达 2000HV$_{30}$），孔隙度小于 1%，耐磨粒冲蚀磨损、耐微动磨损、耐气蚀。有一定的自熔性，即可热喷涂也可喷熔，也可用于以喷代镀（取代镀硬铬），还可用于一些轧钢系统的辊类，拉丝筒、泵、活塞，阀座、注塑螺杆、玻璃模具、轴套等耐磨耐蚀件以及抗孔蚀、冲蚀磨损和抗微动磨损件，以及用于玻璃模具的冲模、切边模等。商品牌号有 TAFA1276F。

(3) Fe 基自熔合金粉。

表 6-10 给出 Fe 基和 Fe-Ni 基（含 Ni 量大于 20%者（质量分数））合金粉末成分、供参考的熔化温度区间、涂层硬度、适用工艺及相应标准牌号，在国际标准 ISO14232：2000（E）中没有给出这类合金粉末。这类合金粉末因其不含镍或含镍量较低，价格便宜，在我国得到广泛的应用。其中，含镍量低于 30%的合金，尽管含有一定量的硼和硅，其自熔性不是太好，虽然也可用火焰喷熔或重熔，但熔融金属"镜面"不如镍基合金明显，火焰喷熔工艺性不太好，推荐用等离子转移弧喷熔。也可以用于热喷涂（选择粒径范围以适用于常规火焰喷涂、HVOF 喷涂、等离子喷涂等）和激光熔覆。表中给出的硬度是喷熔金属的硬度。

表 6-10 中 1、2 含有不高于 5%（质量分数）的 Cr、W、Mo 等合金元素，在热喷涂、喷熔条件下在熔覆金属和涂层中形成一些合金元素的硼化物和少量的碳化物，溶于基体的合金元素对基体也有一定的增强作用，有一定的耐磨性。对于不很严重的磨损工况情况下，可用作低合金钢磨损表面的耐磨合金熔覆层。也可热喷涂作为耐磨涂层。

表 6-10 铁基合金粉末成分熔点、涂层硬度、适用工艺及相应标准牌号

序号	组成缩写	化学成分（质量分数）/%									熔化温度区间/℃	硬度 HRC	适用工艺	相应 GB 8549—1987 标准牌号
		C	Cr	Ni	W	Mo	B	Si	Fe	其他				
1	FeCr5Ni4W MoVBSi	0.15~0.30	4.0~6.0	3.0~4.0	1.5~2.0	1.0~1.5	1.5~2.0	1.5~2.0	余	V 0.6~1.2	1050~1210	35~45	PTA, TS LM	FZFeCr 05-35H
2	FeCr5Ni3W9 Mo3BSi	0.4~0.8	0.4~6.0	2.0~4.0	8.0~10.0	2.0~3.0	2.0~3.0	3.5~4.5	余		1050~1210	50~60	PTA, TS LM	FZFeCr 05-50H
3	FeCr20Ni12 WMo2BSi	<0.2	18~21	10~14	0.6~1.2	3.5~4.5	1.5~2.5	3.5~4.5	余	V 0.6~1.2	1180~1250	30~40	PTA, TS LM	FZFeCr 19-30H
4	FeCr22Ni12 BSi	0.3~0.6	21~23	10~14		2.0~3.0	1.5~2.5	3.0~4.0	余	Mn1~1.5, V0.6~1.2	1200~1300	35~45	PTA, TS LM	FZFeCr 22-35H
5	FeCr30Ni10 Mo5BSi	1.0~1.5	28~32	8~10		4.0~6.0	3.0~4.0	3.5~4.5	余		1080~1210	50~55	PTA, TS LM	
6	FeNi20Cr10 BSi	<0.4	<12	<22			<3.0	<4.0	余		1050~1200	20~30	PTA, TS SM, LM	
7	FeNi22Cr12 BSi	0.3~0.7	11~13	22~25			2.5~3.5	3.0~4.5	余		1050~1200	35~50	PTA, SM SM, LM	
8	FeNi22Cr17 BSi	0.4~0.8	16~18	20~25			2.5~3.5	3.0~4.5	余		1100~1250	35~50	PTA, SM TS, LM	
9	FeNi20Cr19 BSi	0.6~1.0	18~20	19~22			2.5~3.5	3.0~4.5	余		1080~1250	45~55	PTA, SM TS, LM	
10	FeNi32Cr13 BSi	0.3~0.6	12~14	30~34		4.0~6.0	1.0~2.0	2.0~3.5	余		1150~1250	20~30	PTA, SM LM, TS	FZFeCr 13-20H
11	FeNi35Cr12 BSi	0.30~0.6	12.0~14.0	34.0~37.0			2.5~3.5	3.5~4.5	余		1050~1210	40~45	PTA, TS, SM, LM	

续表 6-10

序号	组成缩写	化学成分（质量分数）/%									熔化温度区间/℃	硬度 HRC	适用工艺	相应 GB 8549—1987 标准牌号
		C	Cr	Ni	W	Mo	B	Si	Fe	其他				
12	FeNi35Cr17BSi	1.0~1.5	15.0~19.0	33.0~37.0			2.5~3.5	3.5~4.5	余		1050~1210	45~55	PTA, SM TS, LM	FZFeCr 17-45H
13	FeNi20Cr16Mo2BSi	<0.2	15.0~17.0	18.0~22.0		2.0~3.0	2.5~3.5	3.5~4.5	余		1050~1210	25~35	PTA, SM TS, LM	FZFeCr15-25H
14	FeNi30Cr16Mo4BSi	0.8~1.2	15.0~17.0	28.0~32.0		3.0~4.0	2.5~3.5	3.5~4.5	余		1050~1200	40~50	PTA, SM TS, LM	
15	FeNi30Cr5Mo5WBSi	0.4~0.8	4.0~6.0	28.0~32.0	0.8~1.2	4.0~6.0	3.0~4.0	3.5~4.5	余		1100~1250	40~55	PTA, SM TS, LM	
16	FeNi30Cr5BSi	0.4~0.8	4.0~6.0	28.0~32.0			1.0~1.5	2.5~4.0	余		1030~1180	25~35	PTA, SM TS, LM	FZFeCr05-25H
17	FeNi30Cr10Mo5BSi	1.0~1.5	8.0~12.0	28.0~32.0		4.0~6.0	3.0~4.0	3.5~4.5	余		1030~1180	50~60	SM, PTA SM, LM	FZFeCr10-50H
18	FeCr19Ni12Mo4.0BSi	<0.2	18.0~21.0	11.0~13.0	0.6~1.2	3.5~4.5	1.5~2.0	3.0~4.5	余	V0.6~1.2	1220~1300	35~45	PTA, LM TS, SM	
19	FeCr30VBSi	2.0~3.0	28.0~32.0	1.0~3.0			2.0~3.0	3.0~4.0	余	V0.6~1.2	1110~1260	50~60	PTA, LM SM, TS	FZFeCr30-50H
20	FeCr30Ni5Mo3BSi	3.0~3.5	28.0~32.0	4.0~6.0		3.0~4.0	1.5~2.5	1.5~2.5	余		1150~1280	55~60	PTA, LM TS	FZFeCr30-55H
21	FeCr30NiBSi	2.8~3.2	28.0~32.0	2.5~3.5			2.0~3.0	3.0~4.0	余		1150~1260	55~62	PTA, LM TS	
22	FeCr48BSi	4.0~4.5	45.0~50				1.5~2.5	1.0~2.0	余		1160~1280	60~65	PTA, LM TS	FZFeCr48-60H

表 6 – 10 中 3、4、5 含有较高的 Cr，含 Ni 量也达 10%，保证合金有较高的耐蚀性；含有 W、Mo 等碳化物形成元素，随合金中随含碳量的提高，熔覆金属中的碳化物增多，硬度升高，耐磨性提高；W、Mo 等元素还提高合金的抗回火稳定性，与 Cr、Ni 等元素相结合提高合金的耐热性。这几种合金熔覆层有一定的耐热、耐腐蚀和耐磨性，可用作 500℃ 以下的耐热、耐磨防护熔覆层。应注意的是高碳、高铬的第 5 号合金虽有较高的耐磨性，但在熔覆金属凝固冷却速度较慢时，沿晶界有共晶碳化物，导致脆性。第 17 号高碳高铬型，且有较高的镍（30%），硼、硅含量也较高，有较好的自熔性，高的耐磨性和一定的抗冲击、耐热、耐腐蚀性。

表 6 – 10 中 6、7、8、9 号合金粉末属于 Cr – Ni 不锈钢系列，含 Ni 量在 20% 左右，有较高的 B、Si 含量，合金的自熔性得到改善，可用火焰喷熔（工艺性仍不是太好）。熔覆金属可得到奥氏体基体，高的含铬量保证合金有较好的耐腐蚀性。在高 Cr 高 C 的合金中有碳化物、硼化物，使熔覆合金有较高的硬度和耐磨性。可用作 300℃ 以下的耐腐蚀、耐磨防护熔覆层或磨损件的修复。表 6 – 10 中 6 号合金粉末在用于等离子喷焊和激光熔覆时其硼、硅含量可适当降低，但仍要保证造渣用量。表 6 – 10 中 10、11、12 号合金粉末是在 Cr – Ni 不锈钢系列基础上进一步提高含 Ni 量至 30% 以上，含 Cr 量也在 12% 以上，从而进一步改善合金的自熔性。熔覆合金的韧性也得到改善。表 6 – 10 中 13 号合金粉末为含 Mo 的 Cr – Ni 不锈钢，其含 Ni 量比相应的 Cr – Ni – Mo 不锈钢高些，可改善其工艺性。表 6 – 10 中 14 号合金粉末在 Cr – Ni – Mo 不锈钢基础上，进一步提高含 Ni 量，达到 30%，自熔性更好，含碳量也较高，熔覆金属中的碳化物增多，硬度升高，耐磨性和抗冲蚀性能提高。

表 6 – 10 中 15、16 号合金粉末是在 1、2 号低合金耐磨钢基础上提高含 Ni 量，改善自熔性，且可得到有奥氏体基体加硼化物和少量碳化物组织的耐磨、耐冲击的合金熔覆层。

表 6 – 10 中 18 号合金粉末是一种耐腐蚀耐磨不锈钢，在 Cr19 – Ni12 的基础上加入 Mo、W 和 V 提高其耐磨性，硼、硅含量不高，虽有自熔性，但不是很好，适用于等离子喷焊和激光熔覆，是一系列

中、低压阀门耐腐蚀、耐磨堆焊的良好材料。

表 6-10 中 19、20、21、22 号合金粉末是高铬铸铁合金粉，19、21 号合金粉末可用于等离子喷焊、激光熔覆和一步法火焰喷焊，20、22 号合金粉末的硼、硅含量较低多用于等离子喷焊和激光熔覆。19、20、21 号合金粉末的熔覆金属组织中有大量的共晶碳化物，有很高的硬度，有高的抗磨粒磨损性能。22 号合金粉末的熔覆金属组织中还有初生碳化物在无冲击情况下有更高的抗磨粒磨损性能。这类合金广泛用于石油钻杆扶正器耐磨等离子喷焊以及采矿、煤炭、水泥、建材等行业在严酷磨粒磨损工况下工作的各种零部件的表面耐磨堆焊。这类合金粉末用于 HVOF 喷涂耐磨涂层也有较好的效果。

除表 6-10 所列铁基自熔合金外，近年来还研制了一些虽含有 B、Si，但仅用于热喷涂的合金[32,33]。如：SHS7170Fe-Mn-Cr-Mo-W-B-C-Si 合金粉，这种合金的设计是满足在热喷涂的冷却条件下可得到非晶态组织合金。这种合金粉在 HVOF 喷涂态，得到在非晶态合金基体上分布有纳米 $M_{23}C_6$ 型碳化物和 M_3B 型硼化物（$60 \sim 140nm$）显微组织结构的涂层。

高 Cr 高 V 耐磨耐蚀铁基合金粉，如：含 Cr 15%（质量分数），含 V 17%（质量分数），还含有 C、B、Si 的铁基合金粉，HVOF 喷涂涂层的显微硬度：$550 \sim 670HV_{0.3}$；含 Cr 26%（质量分数），含 V 22%（质量分数），含 Co 10%（质量分数），还含有 C、B、Si 的铁基合金粉，HVOF 喷涂涂层的显微硬度：$750 \sim 870HV_{0.3}$；有较好的耐磨性和耐腐蚀性，期望在一些应用领域取代 WC-Co 的 HVOF 喷涂涂层。这种高 Cr 高 V 耐磨耐蚀铁基合金粉还可用于等离子喷熔制作硬面耐磨耐蚀涂层。

（4）Co-基自熔合金。在国际标准 ISO 14232：2000（E）中给出了 6 种 Co-基自熔合金粉的成分，见表 6-11。这类合金均有较高的耐热、耐磨、耐热腐蚀特别是耐燃气热腐蚀特性。这类合金大多含有 13%（质量分数）以上的镍，20%（质量分数）上下的铬，镍与钴无限互溶，铬在钴的固溶体中的最大溶解度为 38%（质量分数）。镍和铬的加入降低合金的同素异构转变温度，拟制密排六方结构的形成，稳定面心立方基体，提高合金的抗氧化耐腐蚀性能。随合金含碳量的不同其显微组织结构特点是：低碳的合金（1号、2号）在耐热耐蚀耐磨的 CoNiCr 合金基体上分布有硬的 Mo 的硅化物和 Cr、Mo 的硼化物，进一步提高合金的高温强度、高温硬度和耐磨性；几种含碳量较高的合金为在耐热耐蚀耐磨 CoNiCr 合金基体上分布有硬的 W、Cr 的碳化物（常有网状特征，冷却速度较低的重熔合金中有骨架状共晶，见图6-5），合金有较高的耐热腐蚀、较高的高温硬度和高温耐磨性。这类合金的热喷涂层均可用火焰重熔、炉熔或感应重熔。得到致密的与基体有良好冶金结合的硬面熔覆层。

表6-11 Co-基自熔合金粉（符合国际标准 ISO 14232：2000（E））

序号	组成缩写	化学成分（质量分数）/%										
		C	Ni	Co	Cr	Cu	W	Mo	Fe (max)	B	Si	其他 (max)
1	CoCrNiMoBSi 40 18 27 5	0.1 (max)	26~28	基	18~19			4.0~6.0	2.0	3.0~4.0	3.0~3.5	0.5
2	CoCrNiMoBSi 50 18 17 6	0.1~0.3	17~19	基	18~20			6.0~8.0	2.5	3.0	3.5	0.5
3	CoCrNiWBSi 53 20 13 7	0.75~1.0	13~16	基	19~20		6~8		3.0	1.5~1.8	2.4~2.5	0.5
4	CoCrNiWBSi 52 19 15 9	0.8~1.1	13~16	基	19~20		8~10		3.0	1.5~1.8	2.4~2.5	0.5
5	CoCrNiWBSi 47 19 15 13	1.0~1.3	13~16	基	19~20		12.5~13.5		3.0	1.5~2.0	2.0~2.5	0.5
6	CoCrNiWBSi 45 19 15 15	1.3~1.6	13~16	基	19~20		14.5~15.5		3.0	2.8~3.0	2.7~3.5	0.5

这类合金主要用于航空发动机导向叶片、涡轮叶片、阀门、阀座、高温动密封以及其他高温耐热耐磨耐蚀件的表面防护。可用于400系列不锈钢的表面包覆，提高工件的耐热腐蚀、抗高温氧化性能。其中，几种还被用于热浸镀锌槽中工作的高温耐磨耐蚀轴承包覆。

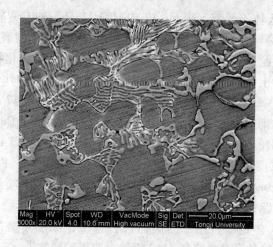

图 6 - 5　CoNiCrW 合金熔覆显微组织形貌

除表 6 - 11 所列的 Co 基自熔合金外，工业上常用的还有成分与表 6 - 1 所列的 Stellite 系列 Co 基合金基本相同但加入少量的 B（不大于 1%（质量分数））和 Si（不大于 1.5%（质量分数））、有一定自熔性、耐热耐磨耐蚀、有较高温度（达 600℃）硬度的 Co 基合金。其中，高 Cr 高 Mo 的合金有更高的抗热腐蚀性能。

6.4.5　热喷涂用高合金钢粉末和一些铁基合金粉

表 6 - 12 给出与国际标准 ISO 14232：2000（E）相符合的用于热喷涂的高合金钢粉的成分。表中材料 1 是 4Cr13 不锈钢，热喷涂涂层有一定的耐磨耐蚀性，可用于轴类磨损修复。表中材料 2 是高碳 Cr17 不锈钢，比 1 更耐磨耐蚀。表中材料 3 和 4 是 CrNi 不锈钢，材料 4 有略高的含碳量。表中材料 5 ~ 9 是不同含碳量和含镍量的 CrNi-Mo316 不锈钢，Mo 的加入提高不锈钢在还原性介质中的耐蚀性，改善耐点蚀和缝隙腐蚀特性；在奥氏体不锈钢中有明显的固溶强化效果，在含碳量高时还可能有碳化物析出，提高钢的耐磨性；在含钼略高时或是含碳量高或是含镍量略高，以保持奥氏体的稳定性和碳化物的析出。铜提高奥氏体不锈钢的塑性，影响钢的电化学行为，降低钝化电流，促进钝化，改善耐蚀性。表 6 - 12 中材料 10 即是一种高 Ni-

Mo 含铜奥氏体不锈钢。表 6-12 中材料 11 是一种 CrWMoV 工具钢（高碳高钒高速钢），热喷涂层有高的硬度，有很高的耐磨性。

在热喷涂 Fe-Cr-Ni 系不锈钢粉末中加入稀土氧化物、稀土合金和复合稀土氧化物可改善涂层在硫酸溶液中的耐腐蚀性[34]。

除表 6-12 所列热喷涂用高合金钢粉末外，基于 17-4PH 沉淀硬化型不锈钢的、成分为 Fe-17%Cr-4%Ni-3.2%Cu-0.3%Nb 的雾化法制粉不锈钢粉末。相应的商品牌号有 Praxair-TAFA 的 FE-206-2（粒度 -90μm/+45μm）适用于等离子喷涂，FE-206-3（粒度 -45μm/+15μm）适用于等离子喷涂和 HVOF 喷涂。相当于 AISI 431 不锈钢的 Fe-16%Cr-2%Ni-0.2%C 水雾化粉末，热喷涂涂层有马氏体组织，用于耐磨耐蚀件修复，涂层可磨削精饰。用 HVOF 喷涂这种合金粉修复 4140 钢轴类取得较好效果[35]。

应当指出表 6-10 列出的铁基合金粉大多都可用于热喷涂。此外，其他铁基合金粉还有：

（1）Fe-18%Mo-3%C-0.25%Mn 高钼高碳包覆铁基合金粉。等离子喷涂涂层对多种金属有自黏特性，耐磨、耐磨粒磨损、抗擦伤、耐微动磨损，可用于硬面轴承、泵的密封面等表面修复与耐磨防护。Metco 公司的这种合金粉（Metco 350NS）被推荐用于替代镀硬铬。

（2）Fe-30%Mo-1.8%C-0.2%Mn 混合制粒高钼高碳铁基合金粉。适用于 HVOF 喷涂的耐磨粒磨损、耐微动磨损，可用于硬轴承面等表面修复与耐磨防护。Metco 公司的这种合金粉（Diamalloy 4010）被推荐用于替代镀硬铬。

（3）Fe-17%Cr-11%Mo-3%Ni-3%Si-3%Cu-4%B-0.4%C 合金粉适用于 HVOF 喷涂的耐磨耐蚀硬面涂层材料，最高工作温度 650℃。商品牌号有 Metco 公司的 Diamalloy 1008。

（4）高 Cr 高 V 耐磨耐蚀铁基合金粉。如含 Cr 15%（质量分数）、含 V 17%（质量分数），还含有 C、B、Si 的铁基合金粉；HVOF 喷涂涂层的显微硬度：550~670HV$_{0.3}$；含 Cr 26%（质量分数），含 V22%（质量分数），含 Co 10%（质量分数），还含有 C、B、Si 的铁基合金粉；HVOF 喷涂涂层的显微硬度：750~870HV$_{0.3}$；有较好的耐磨性和耐腐蚀性，期望在一些应用领域取代 WC-Co 的

HVOF 涂层。这种高 Cr 高 V 耐磨耐蚀铁基合金粉还可用于等离子喷熔制作硬面耐磨耐蚀涂层[33]。

（5）Fe – 3% Al – 3% Mo – 3% C – 0.1% B 包覆铁基合金粉。这种合金粉在热喷涂时对金属基体有自黏特性。可等离子喷涂用于铁基合金件（如曲轴）的抢修和再造。

（6）Fe – 37% Ni – 6% Al 和 Fe – 38% Ni – 10% Al 高镍铝铁基合金粉。这是包覆型铁基合金粉，热喷涂时发生放热反应，与基体金属形成微区冶金结合，涂层可机械加工，耐高温氧化（最高至815℃）。

（7）Fe – 35% Ni – 5% Al – 5% Mo 高镍铝钼合金粉。这是包覆铁基合金粉，推荐用于零件如发动机气缸头等的抢修。

（8）Fe – 1.4% Cr – 1.4% Mn – 1.2% C 雾化低合金高碳铁基合金粉。可用于耐磨涂层，如用于缸筒的耐磨修复。商品牌号的 EutalloyRW19400（C 0.25%、Si 0.9%、Ni 1.9%、Cr 16%，Fe Bal），适用于 HVOF 喷涂，可用于 4140 钢轴类的耐磨修复。

表 6 – 12　用于热喷涂的高合金钢粉（符合国际标准 ISO 14232：2000（E））

序号	材料牌号	化学成分（质量分数）/%							
		Ni	Cr	Mo	Si	Mn	C	Fe	其他
1	X42Cr13		11.5 ~ 13.5		0.3 ~ 0.5	0.2 ~ 0.4	0.38 ~ 0.45	Bal	
2	X105CrMo 17		16 ~ 18	0.4 ~ 0.8	≤1	≤1	0.95 ~ 1.20	Bal	
3	X2CrNi 18 11	10 ~ 12.5	17 ~ 20		≤1	≤2	≤0.03	Bal	
4	X5CrNi 18 9	8.5 ~ 10	17 ~ 20		≤1	≤2	≤0.07	Bal	
5	X2CrNiMo18 11	11 ~ 14	16.5 ~ 18.5	2 ~ 2.5	≤1	≤2	≤0.03	Bal	
6	X2CrNiMo18 13	12.5 ~ 15	16.5 ~ 18.5	2.5 ~ 3	≤1	≤2	≤0.03	Bal	
7	X5CrNiMo18 10	8.5 ~ 13.5	16.5 ~ 20.0	2 ~ 2.5	≤1	≤2	≤0.07	Bal	
8	X5CrNiMo18 12	11.5 ~ 13	16.5 ~ 18.5	2.5 ~ 3.0	≤1	≤2	≤0.07	Bal	

序号	材料牌号	化学成分（质量分数）/%							
		Ni	Cr	Mo	Si	Mn	C	Fe	其他
9	X10CrNiMo17 13	12 ~ 14	16 ~ 18	2 ~ 2.5	≤0.75	≤2	0.08 ~ 0.11	Bal	
10	X2CrNiMoCu 25 20 5	24 ~ 26	19 ~ 21	4 ~ 5	≤1	≤2	≤0.02	Bal	Cu：1.0~1.8
11	X130CrMoWV 5 5 5 4		4 ~ 5	4 ~ 5			1.0 ~ 1.5	Bal	W：5~6 V：3.5~4.5

注：S≤0.03%；P≤0.045%（S-10：P≤0.03%）。

6.4.6 热喷涂用 Ni – 基合金粉

在 6.4.3 节自黏结合金粉部分已介绍了多种既可作为自黏结合打底层又可作为热喷涂工作层的 Ni 基合金粉，在 6.4.4 节自熔合金粉中的 Ni 基自熔合金粉既可用于制作喷熔涂层使用也可作为热喷涂 Ni 基合金粉使用。此外还有一系列 Ni 基合金粉可供选用。表 6 – 13 给出了符合国际标准 ISO 14232：2000（E）的 Ni – 基合金粉的成分。这些合金都是 NiCr 合金粉，其共同特性是以这些合金粉热喷涂制作的涂层都有较好的耐蚀、耐热性能。

表 6 – 13 热喷涂用 Ni – 基合金粉（符合国际标准 ISO 14232：2000（E））

序号	材料缩写	化学成分（质量分数）/%											
		Ni	Cr	Al	Fe	Co	W	Mo	Ti	Si	Mn	C	其他
1	NiCr 80 20	Bal	18 ~ 21		≤1					≤1.5	≤2.5	≤0.25	
2	NiCrFe 75 15 8	Bal	14 ~ 17		6 ~ 10							≤0.3	
3	NiCrAl 75 19 5	Bal	17 ~ 20	3 ~ 6	≤1					≤1.5	≤2.5	≤ 0.25	
4	NiCrNb 70 21 4	Bal	20 ~ 22		2 ~ 3				0.3 ~ 0.5	0.4 ~ 0.6	0.4 ~ 0.6	≤0.1	Nb 3 ~ 4
5	NiCrMoW 56 16 17 5	Bal	14 ~ 18		≤6		4 ~ 6	16 ~ 18		≤1.0	≤0.5	≤0.5	
6	NiCrAlMoFe 73 9 7 6 5	Bal	8 ~ 10	6 ~ 8.8	4 ~ 6			4 ~ 6					

序号	材料缩写	化学成分(质量分数)/%											
		Ni	Cr	Al	Fe	Co	W	Mo	Ti	Si	Mn	C	其他
7	NiCrTiAl 75 20 3 2	Bal	10 ~ 22	1.5 ~ 2.5					2 ~ 3				
8	NiCrCoAlTi 67 16 9 4 4	Bal	15 ~ 17	3 ~ 4	0.4 ~ 0.6	8 ~ 9	2 ~ 3	1 ~ 3	3 ~ 4	≤0.3	≤0.2	≤0.2	
9	NiCoCrAlMoTi 63 15 10 5 3 4	Bal	8 ~ 12	4 ~ 6		14 ~ 18		2 ~ 5	4 ~ 5			≤0.2	
10	NiCoCrAlMoTi 57 17 11 5 6 4	Bal	10 ~ 12	4 ~ 5	≤0.5	15 ~ 18		5 ~ 7	3 ~ 5	≤0.2		≤0.03	
11	NiCr 50 50	Bal	50 ~ 53							≤2	≤1	≤0.5	
12	NiCrMoNb 64 22 9 3.5	Bal	20 ~ 23		1			8 ~ 10		≤0.25		≤0.01	Nb 3 ~ 4
13	NiCrCoMoTiAlW 57 18 12 6 3 2 1	Bal	17 ~ 19	1.5 ~ 2.5		11 ~ 13	1	5 ~ 7	2.5 ~ 3.5				
14	NiCrNbFeAl 66 14 7 8 3.5	Bal	11.5 ~ 16	2.5 ~ 4.5	6 ~ 9.5				0.3 ~ 0.5		0.4 ~ 0.6	≤0.1	Nb 6.5 ~ 7.5
15	NiCrFeAlMo 68 14 7 5 5	Bal	12 ~ 16	4 ~ 6	6 ~ 9.5			5 ~ 6					
16	NiCrAlMoTiO₂ 68 8 7 5 2.5	Bal	7 ~ 10	5 ~ 9	1 ~ 3			3 ~ 7	TiO₂ 2.5				B2

表 6 – 13 中材料 5 为 Ni – 17% Mo – 16% Cr – 5% Fe – 5% W 合金，熔炼惰性气体雾化粉，该合金成分源自耐热耐蚀合金 Hastelloy C。该合金涂层有优异的抗氯化物介质、高温下无机矿物酸性介质、海水等介质腐蚀性能，抗高温（1900 ℉/1037℃）氧化性能；良好的耐金属 – 金属摩擦磨损性能。用于化学工业、造纸工业用泵、阀、风机、过流叶片，垃圾处理系统、空气污染处理系统的泵、阀、过流部件等的耐蚀耐热耐磨防护（商品牌号有 TAFAl268F Ni17Mo16Cr5Fe4W）。

相近的合金还有 Ni – 16% Mo – 15% Cr – 5% Fe – 3% W（商品牌号有 TAFA 1269F，源自耐热耐蚀合金 Hastelloy C – 276）。

表 6 – 13 中材料 6 为 Ni – 9% Cr – 7% Al – 6% Mo – 5% Fe 可用包覆法制备的合金粉，涂层耐氧化耐腐蚀。商品牌号有 Metco 公司的 Metco 444 合金粉，得到 Honeywell 公司和 Rolls – Royce 公司的认可。

表 6 – 13 中材料 7 为 Ni – 20% Cr – 3% Al – 2% Ti，在表 6 – 13 中材料 20Cr 基础上加入 Al、Ti 的合金粉末。高温氧化环境下形成更加致密的氧化膜，作为涂层对基体有比 Ni – 20Cr 涂层更好的耐热耐蚀性保护作用。

表 6 – 13 中材料 8 是 Ni – 16% Cr – 9% Co – 4% Al – 4% Ti 在材料 7 基础上以 Co 取代部分 Ni，提高合金的耐热性热强性。作为工作层用于透平燃烧器，叶片的尺寸超差，磨损修复以及其他耐热耐磨耐蚀镍基合金件的修复再造与防护，还可用作在镍基合金或奥氏体耐热不锈钢上陶瓷涂层的自黏结合打底过渡层。

表 6 – 13 中材料 13 为 Ni – 18% Cr – 12% Co – 6% Mo – 3% Ti – 2% Al – 1% W，熔炼气雾化合金粉，涂层有高的抗氧化耐腐蚀耐磨性能。工业上应用的还有 Cr、Co 含量略低 W、Ti 含量略高的 Ni – 14% Cr – 9.5% Co – 5% Ti – 4% Mo – 4% W – 3% Al 熔炼气雾化球形合金粉，适用于 HVOF 喷涂，性能类似于 RENE80，高的热强性和硬度，耐氧化和腐蚀（即 1000℃）。作为工作层用于透平燃烧器，叶片的尺寸超差，磨损修复以及其他耐热耐磨耐蚀镍基合金件的修复再造与防护，还可用作在镍基合金或奥氏体耐热不锈钢上陶瓷涂层的自黏结合打底过渡层。

表 6 – 13 中材料 14 为 Ni – 14% Cr – 7% Nb – 8% Fe – 5.5% Al 合金，这是一种高 Nb 含量以提高高温强度的 NiCrFeAl 合金，热喷涂涂层耐热耐蚀耐磨抗高温氧化。工业上较广泛应用的还有含铁量较高并含 Mo 的 Ni – 19% Cr – 19% Fe – 5% Nb – 3% Mo 气雾化超合金 718 粉，喷涂时可得致密耐蚀涂层抗氧化（870℃以下），涂层性能类似于 Inconel™718。热喷涂涂层内应力低，HVOF 喷涂可制厚涂层，厚度可达 6.5mm。用于飞机发动机件的磨损腐蚀保护，火箭发动机件的修复，涡轮发动机 Inconel™718 合金件的修复，泵体等修复以及其他腐蚀和抗氧化保护。

表 6-13 中材料 16 为 Ni-8%Cr-7%Al-5%Mo-2.5%TiO₂，是在表 6-13 中材料 6NiCrAlMo 合金粉的基础上加 TiO₂，适于等离子喷涂，涂层耐氧化耐腐蚀。工业上用的相近成分商品牌号合金粉有 Metco 公司的 Metco 442：成分为 Ni-8.5%Cr-7%Al-5%Mo-2%Si-2%B-2%Fe-3%TiO₂被称为硬质不锈合金粉、涂层耐氧化耐腐蚀。

除表 6-13 所列的热喷涂用 NiCr-基合金外工业上使用的合金粉还有：

（1）Ni-21%Cr-13%Mo-4%Fe-3%W 熔炼惰性气体雾化粉。该合金成分源自耐热耐蚀合金 Hastelloy C-22。与表 6-13 中材料 5 合金相比有较高的含 Cr 量，进一步提高了涂层在氧化与还原环境下的抗腐蚀性能，且有良好的抗点蚀和缝隙腐蚀能力，并有好的抗金属间磨损和磨料磨损性能。用于燃气脱硫系统、SO₂冷却塔、硫化系统、氯化系统的耐热耐蚀耐磨部件，地热系统、核燃料再处理系统、泵、阀、板管热交换器、锅炉管以及染料制造业的耐热耐蚀耐磨部件修复与防护涂层。

（2）Ni-14%Cr-6%Al-4%Mo-2%（Nb+Ta）-1%Ti 是基于铸造高温合金 713C 发展来的热喷涂合金。耐蚀耐磨耐氧化（816℃以下），用于修复飞机、能源工业汽轮发动机部件，火箭、喷气发动机部件，泵体以及炉内部件等耐热耐蚀耐磨件的修复与防护。

此外，还有含 Co 量更高且含有较高 Cr 并加入 Y 的 Ni-23Co-20Cr-8.5Al-4Ta-0.6Y，适用于热腐蚀和高温（至 1000℃）氧化环境，这种合金粉末不仅适用于各种等离子喷涂，还用于 HVOF（特别是 JP-5000HP）涂层厚度可达 2.5mm。可用作热障涂层的黏结打底过渡层，用于涡轮机叶片、风扇、燃烧器内衬等。也可用作工作层，用于锅炉炉壁、风扇等耐热冲蚀部件。商品牌号有 TAFA1242B。笔者预测，这种合金用于钢铁工业连退炉辊作为自黏结合打底过渡涂层也会有较好的效果。

（3）Ni-14%Cr-2%（Nb+Ta）-1%Ti-6%Al-0.01%B-0.1%Zr-0.15%C。其商品牌号有 Metco 公司的 AMDRY 713C，可用于超合金 Inconel™ 713、Inconel™ 718，耐氧化抗腐蚀（最高至

1000℃）的耐热耐磨耐蚀防护涂层。

（4）Ni – 17.5%Cr – 5.5%Al – 2.5%Co – 0.5%Y_2O_3。其商品牌号有 Metco 公司的 Metco 461NS。耐氧化抗腐蚀（最高至 980℃），推荐用于热障涂层的结合打底过渡层。

Raney – Ni 合金制成的粉末也可用于热喷涂耐热耐蚀涂层。如：等离子喷涂多孔的 Raney – Ni 涂层制作电解水的阴极。

6.4.7 用于热喷涂的铜基合金粉

表 6 – 14 用于热喷涂的铜基合金粉（符合国际标准 ISO 14232：2000（E））

序号	材料缩写	化学成分（质量分数）/%						
		Al	Fe	Ni	Sn	P	In	Cu
1	CuAl10	9 ~ 11						Bal
2	CuAl10Fe	9 ~ 11	1					Bal
3	CuAl10Ni	9 ~ 11		1				Bal
4	CuSn8				7.5 ~ 9	0.4		Bal
5	CuNi38			35 ~ 40				Bal
6	CuNi36In		1	35 ~ 38			4 ~ 6	Bal

表 6 – 14 所列热喷涂用铜基合金粉大致可分为 3 类：

（1）铝青铜合金粉。CuAl10 合金粉以及 CuAl10Fe 粉合金熔点 1040℃。改善抗氧化、耐磨耐微动磨损，有良好的干摩擦饱和性，可用于轴承、泵（耐气蚀）、活塞导位、软轴承表面、压缩机气密封等。铝青铜合金粉 CuAl10Fe，涂层的最高工作温度达 650℃。

（2）锡青铜合金粉。CuSn8 熔化温度范围在 830 ~ 1000℃。含有少量的 P，在合金中与 Cu 形成磷化物，提高合金的强度、硬度、耐疲劳特性。涂层在大气、淡水、海水中有较好的耐蚀性，对钢铁材料有低的摩擦系数，适用于高载荷滑动轴承、衬套等的制作与修复。

（3）铜镍合金。CuNi 38 可喷涂低孔隙度低氧化的致密涂层，可用于气压密封、抗微动磨损的伸缩接头以及耐腐蚀抗气蚀泵类零件。CuNi365In 气雾化铜镍铟合金粉，熔点为 1150℃。具有较好的抗咬合、抗微动磨损性能。Rolls – Royce 公司、Boeing 公司认证用于喷气发动机部件，如涡轮叶片根部涂层。

此外，铝青铜合金粉 + 10 聚酯、铝青铜合金粉 + 14 聚酯，用于可磨密封涂层，涂层的最高工作温度可达 650℃。

6.4.8 用于热喷涂的铝基合金粉

在国际标准 ISO 14232：2000（E）中推荐的热喷涂 Al - 基合金粉只有一种 Al - Si 合金，即含 Si 11% ~13%（质量分数）的 AlSi 合金（成分在 Al - Si 合金共晶点附近），用气雾化制粉，记作 AlSi 88 12。主要用于铝基合金和镁合金件的磨损或超差修复。这种合金熔点在 570℃上下，喷涂后可重熔，有一定的自熔性。

6.4.9 用于热喷涂的钴基合金粉

用于热喷涂钴基合金粉化学成分见表 6 - 15。

表 6 - 15 用于热喷涂的钴基合金粉（符合国际标准 ISO 14232：2000（E））

序号	材料缩写	化学成分（质量分数）/%									
		Co	Cr	W	Mo	Ni	Fe	Si	Mn	C	其他
1	CoCrW 50 30 12	Bal	29 ~ 31	11.5 ~ 13.5		≤3	3	0.8 ~ 1.1		2.3 ~ 2.5	
2	CoCrW 60 28 4	Bal	27 ~ 30	3.5 ~ 5		≤3	3	0.8 ~ 1.1		0.9 ~ 1.2	
3	CoCrW 53 30 8	Bal	29 ~ 31	7.5 ~ 9		≤3	3	1.0 ~ 1.6		1.3 ~ 1.6	
4	CoCrNiW 50 26 107	Bal	24 ~ 27	6.5 ~ 8.5		8.5 ~ 11.5	2	≤0.6	≤0.6	≤0.5	
5	CoCrNiW 40252210	Bal	23 ~ 27	10 ~ 14		20 ~ 24		≤1		1.5 ~ 2.0	
6	CoCrMo 60 27 5	Bal	25 ~ 29		4.5 ~ 6.5	≤3	3	≤2.5	≤1	≤0.3	
7	CoMoCrSi 51 2817 3	Bal	16 ~ 19		27 ~ 30	≤1.5	1.5	3 ~4			
8	CoCrNiNb 50 28 7 6	Bal	26 ~ 30		2.5 ~ 4.5	5.5 ~ 7.5	2	≤0.6	≤0.6	1.6 ~ 2.2	Cu 1.4 ~1.8 Nb 4.5 ~6.5

热喷涂钴基合金主要有 CoMoCrSi（Tribaloy）合金系列（表 6 - 15 中 7 号材料）和 CoCrNiWC（Stellite）合金系列（表 6 - 15 中 1 号、5 号材料）。其共同特点是耐高温磨损、耐热腐蚀、耐氧化。Co-MoCrSi（Tribaloy）合金的组织机构特点是在较软的 Co 的基体上弥散分布有富 Mo 相（包括 Mo 的硅化物），涂层有较好的抗高温滑动磨损、腐蚀、氧化性能。CoCrNiWC 合金可通过调整含碳量和碳化物形成元素的含量调整其硬度和耐磨性。

Tribaloy 合金系列除表 6 - 15 中的 7 号材料，即 Co - 28% Mo - 17% Cr - 3% Si 外，还有 Co - 28% Mo - 8% Cr - 2% Si，是分别相应于 Tribaloy 800 和 Tribaloy 400 的合金粉。常用水雾化制粉。HVOF 喷涂涂层在还原性气氛、氧化性气氛、非氧化气氛以及海水中均有较好的抗腐蚀性。特别适用于润滑较差和无润滑的金属与金属间的滑动摩擦磨损情况，最高工作温度 800℃ 下有好的抗热腐蚀耐氧化性能。Co - 28% Mo - 17% Cr - 3% Si 有较高的含铬量，有更好的耐蚀耐磨性。商品牌号有 Metco 公司的 Diamalloy 3002NS 和 Diamalloy 3001NS。还有加入 Ta 的：Co - 24% Cr - 10% Ni - 7W - 3.5% Ta - 0.6% C，Ta 的加入提高耐热性，气雾化合金粉，等离子喷涂，用于汽轮机燃烧室、叶片、扇叶等部件的磨损修复。商品牌号有：AMDRY MM509。

此外，还有 Co - 28% Cr - 4% W - 3% Ni - 3% Fe - 1.5% Si - 1% C - 1% Mo 成分更接近于 Stellite 6 合金，是一种气雾化合金粉。涂层致密耐热耐磨，用于涡轮机的受热部件等。商品牌号有 Metco 公司的 Diamalloy 4060NS。

Co - 28% Cr - 4% W - 3% Ni - 3% Fe - 0.6% N 合金，同样是一种耐热合金，工作温度高达 815℃（1500 ℉）。HVOF 喷涂涂层硬度 48 ~ 50HRC，（显微硬度 775HV），孔隙度小于 2%，可用于硬面接触摩擦磨损，用于轴，轴套，叶片等防护涂层。

还有复合粉 85（Co - 25% Ni - 16% Cr - 6.5% Al - 0.5% Y）- 15（hBN）是在 CoNiCrAlY 合金基础上附加 hBN，降低其摩擦系数，HVOF 喷涂涂层耐微动磨损。用于压气机叶片根部，使用温度 450℃，对受高应力的钛合金叶片相匹配，延长其使用寿命。商品牌号有

Metco 公司的 AMDRY 958。

6.4.10 用于热喷涂的碳化物金属陶瓷粉

过渡族金属元素中强碳化物形成元素，如：Ti、Zr、Hf、Nb、Ta、Cr、Mo、W 等均能形成高硬度、高熔点、较高化学稳定性典型陶瓷类材料特性的碳化物。同时，这些碳化物又具有典型的金属特性，其电阻率等物理学特性可与过渡金属及其合金相比，故这些金属碳化物有时被称为金属陶瓷。

这些高硬度的金属碳化物用于制作涂层将有高的耐磨性，然而将其粉末直接用于热喷涂时，与钢铁材料基体附着结合差。

过渡族金属碳化物大多可被一些金属和合金熔体润湿，在热喷涂时能与金属基体形成良好的结合。这样由金属碳化物和这些金属或合金组成金属陶瓷（Cermet）可用于热喷涂。本节所讨论的碳化物金属陶瓷是一类以碳化物粒子作为涂层主要组分，以一定量（通常不超过 30%（质量分数））的金属（如 Co、Ni 等）或合金（如：NiCr、CoCr、NiCrBSi 等）作为润湿黏结相的热喷涂材料。

表 6-16 给出碳化物、碳化物金属陶瓷粉的化学成分。目前热喷涂应用较为普遍的是 WC、Cr_3C_2 碳化物金属陶瓷。TiC 金属陶瓷虽有研发，但尚未推广应用；TaC、NbC、ZrC 等碳化物目前在热喷涂材料中还仅以附加组元提高涂层的耐热耐磨性有所使用。

表 6-16 工业上应用的碳化物、碳化物金属陶瓷粉的化学成分

（符合国际标准 ISO 14232：2000（E））

序号	粉末名称	化学成分（质量分数）/%									
		W	Cr	Ti	Mo	Ta	C	Co	Ni	Fe	Si
1	TiC*			79.5 (min)			19~20				
2	WC*	Bal					6.0~6.2				
3	W₂C/ WC*	Bal					3.8~4.3				

序号	粉末名称	化学成分（质量分数）/%									
		W	Cr	Ti	Mo	Ta	C	Co	Ni	Fe	Si
4	W_2C*	Bal					3.1 ~ 3.3				
5	Cr_3C_2*		86 (min)				12.5 (min)			0.7	0.1
6	WC/Co 94/6*	Bal					5.2 (min)	5 ~ 7			
7	WC/Co 88/12	Bal					3.6 ~ 4.2	11 ~ 13			
8	WC/Co 88/12	Bal					4.8 ~ 5.5	11 ~ 13			
9	WC/Co 83/17	Bal					4.8 (min)	16 ~ 18			
10	WC/Co 80/20	Bal					4.5 ~ 5.0	18 ~ 20			
11	W_2C/Co*	Bal					2.4 ~ 2.6	18 ~ 21			
12	WC/Ni 92/8	Bal					3.5 ~ 4.0		6.0 ~ 8.0		
13	WC/Ni 88/12	Bal					5.0 ~ 5.5		11 ~ 13		
14	WC/Ni 85/15	Bal					3.0 ~ 40		14 ~ 16		
15	WC/Ni 83/17*	Bal					4.5 ~ 5.5		16 ~ 19		
16	WC/Co/Cr 86/10/4	Bal	3.5 ~ 4.5				3.5 ~ 4.5	9 ~ 11			

序号	粉末名称	化学成分（质量分数）/%									
		W	Cr	Ti	Mo	Ta	C	Co	Ni	Fe	Si
17	WCrC/Ni 93/7	Dal	22~28				5.0~7.0		6.0~8.0		
18	Cr₃C₂/NiCr 75/25		Bal				10~11		16~19		
19	Cr₃C₂/NiCr 75/25		Bal				9.0~10		19~21		
20	Cr₃C₂/NiCr 80/20		Bal				9.0~11		14~18		
21	（TiMo）CN/Co			Bal	≤15	≤1	≤10	≤20	≤15	≤1	

注：表中有"＊"者表示多与其他粉末混合使用。

（1）WC-系列金属陶瓷粉。这种金属陶瓷粉是目前热喷涂用的最多的金属陶瓷材料。

通常所说的碳化钨有两相，WC 相和 WC/W_2C 共晶。制作热喷涂用的团聚烧结粉主要用化学计量的 WC。WC 在氧化气氛中550℃以上将迅速氧化，因此其使用温度限制在500℃以下。化学计量的 WC 不溶于熔融金属，形成复杂碳化物（如 M_6C）的倾向也较低。为使 WC 溶解，在大多数情况下要使其先脱碳，形成 W_2C 相。

WC 中同时存在有金属键、共价键和离子键。其中，金属键起主导作用，决定 WC 的导电性、导热性及其颜色。W 和 C 间的负电性差决定了其间存在一定的离子键。但离子键很弱，对性能影响不大。W 的外层轨道电子 $5d^46s^2$，$5d^4$ 未填满。C 的外围电子为 $2s^22p^2$。C 的 $2p^2$ 与 W 的 $5d^4$ 耦合，形成共价键，对 WC 的高的硬度、高的熔点、低的热膨胀系数有重要贡献。在 WC-M 合金中，要关注金属元素 M 的 d-轨道情况及其与 C 的 $2s^22p^2$ 轨道电子形成耦合，形成附加的共价键，及其对 M_xW_yC 稳定性和性能的影响。在热喷涂过程中不可避免地要发生氧化、脱碳、黏结相金属进入碳化物相等一系列反应，应从上述键合机制深究这些反应和相变对涂层性能影响的机理。

　　WC-金属陶瓷涂层的性能在一定程度上取决于热喷涂-形成涂层的过程中发生的物理化学过程以及由此导致的 C 在金属（或合金）黏结相中的溶解和黏结相金属进入碳化物相的情况。C 在金属（或合金）黏结相中的溶解导致：WC 相中 C 量的降低、部分分解为 W_2C，C 进入到黏结相形成含碳的金属固溶体基体，基体硬度升高；黏结相金属进入碳化物相：形成 M_xW_yC 型复合碳化物；两者都将导致 WC-M 型金属陶瓷的脆性。

　　目前，使用的热喷涂 WC-系列金属陶瓷粉主要有：WC-Co、WC-Co-Cr、WC-Ni、WC-Ni-Cr，以及 WC-Cr_3C_2-Co（WC-Cr_3C_2-NiCr）等。

　　以工业上广泛使用的 WC-Co 粉末为例，说明其在热喷涂过程中发生的化学反应与相变。

　　1）WC 粒子将与热喷涂焰流中的氧化性气体或是环境中的氧发生反应：

$$2WC + O_2 \longrightarrow W_2C + CO$$
$$W_2C + 1/2O_2 \longrightarrow W_2(CO)$$
$$W_2(CO) \longrightarrow 2W + CO$$
$$4Co + 4WC + O_2 \longrightarrow 2Co_2W_4C + 2CO$$
$$3Co + 3WC + O_2 \longrightarrow Co_3W_3C + 2CO$$
$$12Co + 12WC + 5O_2 \longrightarrow 2Co_6W_6C + 10CO$$

　　与 Co 相比，Cr 与 C 有较强的亲和力，在黏结相中有 Cr 时，形成含 Cr 的碳化物，如 $(Co,Cr)_xW_yC$。

　　WC 粒子还可能发生热分解：

$$2WC \longrightarrow W_2C + C$$

　　2）游离 C 和 W 均可能溶解于热喷涂过程中熔融的富 Co、Cr 的基体，在涂层形成过程中生成非晶相或是纳米晶结构相。

　　3）黏结相金属 Cr、Ni、Co 发生氧化。

　　这些反应的结果（与所用粉末相比）：碳化物相含 C 量下降，WC 相的量减少，$(Co,Cr)_xW_yC$ 相（常称为 η 相）的量增加，氧化物夹杂增加。发生上述反应多的涂层与发生反应少的涂层相比，在大多数情况下涂层的硬度略有上升，脆性上升，在重载磨损情况下耐磨性下降。

20 世纪 90 年代初，高速氧燃料火焰喷涂系统改进，开发了 Diamond Jet Hybrid，JP - 5000 等 HVOF 喷涂系统，喷涂粒子速度更高，粒子在焰流中被加热的时间短，温度较低，粉末熔化 - 反应相对较少，热活化碳化物 - 基体反应减少，可使用较细粒径碳化钨（0.8 ~ 2μm）的粉末，有利于得到更致密、耐磨、有较高韧性的涂层。用 JP - 5000 高仓压参数下喷涂 WC - Co 涂层可明显减少涂层中的 η 相，提高涂层的韧性[39]。

也有研究指出，金属陶瓷涂层的氧化有利于滑动摩擦磨损时氧化物粒子在摩擦副间的转移，促进从严重磨损向微缓磨损的转变（severe - mild wear transition），而有利于减少磨损。HVOF 喷涂 WC - 20% Cr3% C2% - 7% Ni 涂层，氧化性火焰（F/O = 0.79）时喷涂粒子温度 2180 ~ 2270℃，速度 620 ~ 680m/s；还原性火焰（F/O = 1.09）喷涂粒子温度 2190 ~ 2250℃，速度 720 ~ 775m/s；还原性火焰（F/O = 1.09）喷枪加接长管，喷涂粒子温度 2040 ~ 2070℃，速度 790 ~ 820m/s；涂层的硬度相应分别为 1110 ~ 1400HV$_{0.3}$、1480 ~ 1660 HV$_{0.3}$、1580 ~ 1720 HV$_{0.3}$；而对钢的摩擦系数（销 - 盘实验）分别为：0.89、0.91、0.90。

热喷涂用碳化物金属陶瓷粉末，大多是用碳化物粉体和金属（合金）粉体按比例混合 - 团聚 - 烧结制成。粉末的粒度、陶瓷粉体和金属（合金）粉体的粒径对热喷涂层的有一定的影响。通常在可使用的粒度范围，用粒度粗的粉末涂层孔隙度高、表面粗糙度高、硬度略低、耐磨性也稍差。HVOF 喷涂（如用 JP5000 喷涂枪）时，喷涂距离短时，粉末粒度影响大；喷涂距离长时（多使用较长的 Barrel 管），粉末粒度影响小。涂层硬度和耐磨性等性能还取决于粉末及其各组成相在热喷涂过程中加热、熔化和反应情况。

制作团聚烧结粉的陶瓷粉体的粒径对涂层的粗糙度也有影响。有对 WC - 12% Co 粉 HVOF 喷涂实验给出在粉末粒度相同的情况下，WC 粉体粒径小的粉末，涂层的粗糙度低[37]。WC 粉体粒径小（如 1.5μm 以下），在 HVOF 喷涂时，WC 脱碳较多，形成 η 相的倾向大。但用 JP5000 高仓压参数下喷涂，粒子速度高，在焰流中加热时间短，可减少 WC 脱碳，减少 η 相的形成。

较细 WC 粉体制作的团聚烧结粉适用于火焰温度较低的 HVOF 热喷涂系统，或粉末不是被送入燃烧室而是被送到喷涂枪管（Barrel 管）的 HVOF 喷涂系统。较粗 WC 粉体制作的团聚烧结粉适用于焰流温度高的等离子喷涂。中等粒径 WC 粉体制作的团聚烧结粉适用于等离子喷涂和 HVOF 喷涂。

团聚烧结粉末内存在有大量的孔隙（见图 6-6），粉末的松装密度在一定程度上反映粉末颗粒的孔隙度。如一种团聚制粒喷射干燥-烧结的 WC-10% Co-4% Cr 粉，粒度-44μm，松装密度仅 3.7~4.0g/cm³。松装密度低的粉末内孔隙多，喷涂沉积效率低。对于团聚烧结 WC-10% Co-4% Cr 粉，松装密度为 4.3g/cm³ 的粉末，HVOF 喷涂沉积效率仅为 48%~50%；松装密度为 5.5g/cm³ 的粉末，喷涂沉积效率达到 61%。对于 WC-12% Co、WC-17% Co、WC-Ni 的团聚烧结粉都有大致相近的松装密度低-喷涂沉积效率低的规律。

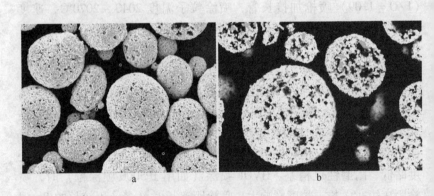

图 6-6 团聚烧结粉末内原孔隙的外观与内颗粒界面形貌
a—团聚烧结粉的外观形貌 b—粉末内颗粒界面与孔隙形貌

热喷涂 WC-金属陶瓷涂层因其有高的硬度，被广泛用于温度低于 500℃下使用的耐磨件表面防护与修复。涂层作为摩擦学应用耐滑动摩擦磨损、低角度固体粒子冲蚀磨损、微动磨损、低应力磨粒磨损。

关于黏结相金属的影响，一般规律是 WC-金属陶瓷粉中黏结相金属 Co 的含量高，涂层的韧性高，抗冲蚀磨损和抗高应力磨粒磨损能力强。由于碳化物相的相对含量减少，涂层的硬度略有下降，低应力磨粒磨损和滑动摩擦磨损耐磨性略有下降。在黏结相金属中加入 Cr，提高涂层的耐腐蚀性能。但却降低涂层的韧性。有研究用 JP5000HVOF 同样规范参数下喷涂 WC – 17% Co 和 WC – 10% Co – 4% Cr 涂层，用 Vickers 硬度压印法（Vickers indentations）测定涂层的断裂韧性，结果表明：WC – 17% Co 涂层的断裂韧性指标为 9.38MPa·m$^{1/2}$，WC – 10% Co – 4% Cr 涂层的断裂韧性指标为 5.46MPa·m$^{1/2}$[39]。

WC – 12% Co – NiCrSF（Self – Fusing Nickel Alloy）是一种混合粉末，可用等离子喷涂和常规火焰喷涂。在喷涂态涂层有部分熔融，可进一步重熔，以得到致密的、与基体有良好冶金结合的、碳化物粒子增强的高硬度（宏观硬度 60HRC 以上）、耐磨粒磨损、最高使用温度 500℃ 的金属基复合材料涂层。重熔温度决定于自熔合金。

WC – 8% Ni、WC – 10% Ni、WC – 12% Ni 常用喷射干燥 – 烧结粉，工业上常用 WC – 10% Ni。HVOF 喷涂涂层与钢基体有较好的结合强度（可达 70MPa 以上，在用树脂黏结试样 – 拉伸法测涂层与基体结合强度时，多在黏结树脂处断裂），涂层硬度 1000 ~ 1200HV，涂层蚀耐磨。HVOF 喷涂涂层用于油田磨损件，送料螺杆，模具，泵转子、轴、密封、套、环、活塞，阀以及导流风扇等的磨损、磨蚀、冲蚀、腐蚀修复。

WC – 20% Cr$_3$C$_2$ – 7% Ni 涂层耐磨耐蚀，与 WC – Co 粉涂层相比，有较好的耐氧化、耐腐蚀性能。HVOF 喷涂 WC – 20% Cr3% C（2% ~ 7%）Ni 涂层，火焰的性质对涂层的性能有一定影响。如氧化性火焰（F/O = 0.79）时喷涂粒子温度 2180 ~ 2270℃，速度 620 ~ 680m/s；还原性火焰（F/O = 1.09）喷涂粒子温度 2190 ~ 2250℃，速度 720 ~ 775m/s；还原性火焰（F/O = 1.09）喷枪加接长管，喷涂粒子温度 2040 ~ 2070℃，速度 790 ~ 820m/s；涂层的硬度相应分别为 1110 ~ 1400HV$_{0.3}$、1480 ~ 1660HV$_{0.3}$、1580 ~ 1720HV$_{0.3}$[40]。但以氧化焰喷涂的涂层在滑动摩擦磨损时更有利于促进从严重磨损向微缓磨损的转变（severe – mild wear transition），而有利于减少磨损。

还有 WC – Cr$_3$C$_2$ – CoCr 合金粉，用于耐磨耐腐蚀涂层[45]。

WC – 30% WB – 10% Co 粉加入有钨的硼化物的 WC – Co 金属陶瓷粉，可作为 WC 类的附加成员。由于在热喷涂时发生的反应包括：WC→W$_2$C→W，2CoWB→W$_2$CoB$_2$ + Co 等，涂层中有非晶相和纳米晶形成，保持基体与碳化物和硼化物良好的结合。JP5000 喷涂涂层显微硬度在 1300 ~ 1500HV$_{300g}$，有较高的抗磨粒磨损性能[41]。

(2) Cr$_3$C$_2$ – 系列金属陶瓷粉。这种陶瓷粉以 Cr$_3$C$_2$ 粉体和作为黏结相金属基体的 Ni 或 Ni – Cr 合金粉体混合制粒制得。Ni – Cr 合金的存在在一定程度上可防止热喷涂过程中因失碳导致碳化铬的分解，在涂层中作为基体使碳化铬粒子在涂层中被很好的黏结，使涂层具有良好的耐蚀、耐磨、耐固体粒子冲蚀、耐高温磨粒磨损、耐高温冲蚀、高温微动磨损、高温气蚀和热腐蚀，比 WC 金属陶瓷涂层与更高的耐热耐腐蚀性能。用 HVOF 热喷涂比用等离子喷涂可得到更为致密、结构均匀、与基体有良好的结合的涂层。涂层推荐的使用温度可达 815°C。Cr$_3$C$_2$ – 碳化物粉末在热喷涂过程中发生脱碳，转变为 Cr$_7$C$_3$ 和 Cr$_{23}$C$_6$ 碳化物，在 HVOF 喷涂涂层组织结构特点是 Cr$_3$C$_2$、Cr$_7$C$_3$ 和很少量的 Cr$_{23}$C$_6$ 碳化物颗粒和非晶相、纳米晶相以及微晶相 Ni – Cr – C 合金基体（见图 6 – 7）。

Cr$_3$C$_2$ – 7（Ni – 20% Cr）粉的 Cr$_3$C$_2$ – 碳化物含量较高，HVOF 喷涂涂层有较高的耐磨性，耐高温冲蚀、高温微动磨损。

Cr$_3$C$_2$ – 25（Ni – 20% Cr）粉是热喷涂碳化铬系列金属陶瓷粉中应用较多的一种。按其制粉工艺又有混合制粒的、包覆法制粒的、团聚烧结的和团聚 – 等静压致密化（HIP Densified）的等类型。其中，包覆法制粒粉的热喷涂涂层有最高的显微硬度和宏观硬度且喷涂态涂层表面较为光滑，更适用于 540 ~ 815°C 温度范围的高温磨粒磨损、微动磨损、固体粒子冲蚀磨损；混合制粒的最适合用于耐高温微动磨损和摩擦磨损；Cr$_3$C$_2$ – 25（Ni – 20% Cr）粉末中使用最多的是团聚烧结粉。

Cr$_3$C$_2$ – 25（Ni – 20% Cr）涂层耐磨耐蚀，抗气蚀，耐氧化最高使用温度为 815°C。用于涡轮机排气构件、消声挡板，热成型模具等

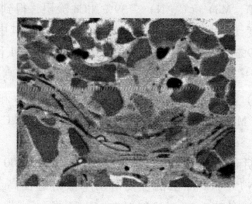

图 6 – 7 HVOF 喷涂 $Cr_3C_2 – 25$（$Ni – 20\% Cr$）涂层组织形貌

经受高温磨粒磨损、硬面磨损、微动磨损、磨损腐蚀部件的修复和防护。与其相近的有 $Cr_3C_2 – 20$（$Ni – 20\% Cr$）。

$Cr – 20\% Ni – 16\% Fe – 7\% C$ 团聚烧结粉是一种 $Cr – Fe$ 碳化物复合粉，设计用于取代电镀硬铬。HVOF 喷涂涂层耐磨耐蚀耐氧化，最高工作温度 800°C，在有水的环境下长期使用有较好的耐腐蚀性。

$Cr_3C_2 – 37WC – 18\% MA$（金属合金）粉是为进一步提高 Cr_3C_2 – 金属陶瓷涂层的耐磨性，Cr_3C_2 – 与 WC 和金属合金组成碳化物复合粉。HVOF 喷涂涂层有较高的抗磨粒磨损性能，且耐腐蚀，最高工作温度 700°C。

（3）TiC 系列金属陶瓷。TiC 的比重轻，以 TiC 作为硬质相的金属陶瓷涂层有低的比重，对于制作重量轻的耐磨件的耐磨涂层有重要意义。目前，热喷涂用这类金属陶瓷粉尚无商品牌号。对热喷涂 TiC 金属陶瓷涂层性能的研究已持续近 20 年。T. Azarova 等研究了 HVOF 喷涂 TiC/FeCr20Ni10 和 TiC/FeCr18Ni15Mo3 涂层的组织与性能，结果给出：涂层组织含有 TiC、$\gamma – Fe$、$\alpha – Fe$ 和 M_7C_3 型碳化物，后者还有（TiMo）C。涂层的耐磨性低于 WC – 12Co 涂层，但在同一量级[42]。L. – M. Berger 等研究了 HVOF 喷涂（Ti, Mo）（C, N） – 29% Co、（Ti, Mo）（C, N） – 29% NiCo、（Ti, Mo）（C, N） –

29% Ni 和（Ti, Mo）（C, N）－39% NiCo 涂层，得到的涂层致密，有较高的硬度（4 种涂层硬度均在 785HV$_{0.3}$以上）。其中，（Ti, Mo）（C, N）－39% NiCo 涂层的硬度最高（891HV$_{0.3}$），4 种涂层均有较高的耐磨性[43]。轻质的 TiC/Ti 金属陶瓷涂层耐磨性高于 Cr$_3$C$_2$－25（Ni－20% Cr）涂层[46]。这些研究结果表明，Ni、Co 和 NiCo 合金均可作为（Ti, Mo）（C, N）碳氮化物的黏结相。H. C. Starck GmbH 的（Ti, Mo）（C, N）－Co 和（Ti, Mo）（C, N）－NiCo 金属陶瓷粉有望近期商品化。有研究结果给出 HVOF JP5000 喷涂的（Ti, Mo）（C, N）－Co 涂层的往复滑动摩擦耐磨性高于 Cr$_3$C$_2$－25（Ni－20% Cr）涂层、Cr$_2$O$_3$涂层和 TiO$_2$涂层[39]。

NbC、TaC、ZrC、HfC 等碳化物目前还没有以其为主要陶瓷相的热喷涂材料，其中 NbC 和 TaC 有时作为添加组元加入到耐热耐磨涂层材料中。

近年来，研究用于热喷涂的碳化物和碳氮化物还有 Ti$_2$AlC（是 M$_{n=1}$AX$_n$类化合物中的一种，其中 M 是过渡族金属，A 是 3～6 族元素中的一种，X 是 C 或是 N 元素）。这种材料的涂层抗热冲击、好的导电性能、高的高温稳定性，涂层可机械加工，是高温涂层的候选材料。

6.4.11　硼化物及硼化物金属陶瓷

已开发的热喷涂用硼化物有 CrB$_2$、TiB$_2$、ZrB$_2$、WB、MoB$_2$等。

（1）CrB$_2$。熔点 2150℃，涂层硬度 Mosh8.0～9.0，可用作耐热、耐磨、耐蚀涂层，1300℃以下抗高温氧化耐蚀涂层，核反应堆中子吸收涂层。

（2）TiB$_2$。熔点 2900℃，涂层硬度 Mosh8.0，可用作耐热、耐磨、耐蚀涂层，且耐熔融金属浸蚀。可用于熔炼坩埚内衬、核反应堆控制帮中子吸收涂层、火箭喷嘴耐高温冲蚀涂层等。

（3）ZrB$_2$。熔点 3040℃，涂层硬度 88～92HRA，耐热、耐磨、耐蚀，且有良好的导热性，抗熔融金属浸蚀。可用作热电偶陶瓷保护套涂层、火箭喷嘴耐高温燃气冲蚀涂层。

(4) WB_{2-x}。工业上使用的硼化钨多为 W_2B、WB 和 WB_2 的混合物，其熔点分别为 2670℃、2665℃、2365℃，涂层硬度 3700HV（WB 和 WB_2 晶体的硬度达 20GPa），耐热、耐磨、耐蚀，且有良好的导电性（$d-WB$ 和 WB_2 晶体的电阻分别为 $0.1\sim0.3m\Omega\cdot cm$）。用作抗熔融金属浸蚀、高温耐磨涂层。在电子行业用采制作耐热导电涂层。

(5) MoB_2。熔点 2280℃，涂层硬度 2350HV，耐热、耐磨、耐蚀，且有良好的导电性。用作抗熔融金属浸蚀、高温耐磨涂层。

已研究的热喷涂用硼化物金属陶瓷有 $CrB-NiCr$、$CrB-Ni$、$MoB-Co$、$WB-Co$ 等。这些硼化物金属陶瓷涂层都有较高的硬度和耐磨性，还有较好的耐腐蚀性能。其中，$MoB-CoCr$ 团聚粉中的硼化物主要是 $CoMo_2B_2$ 和 $CoMoB$，HVOF 喷涂涂层的热胀系数为 $9.2\times10^{-6}/K$（$100\sim650°C$），在诸多金属陶瓷和陶瓷涂层中是较高的（$WC/12\%$（质量分数）$Co/7.2\times10^{-6}/K$，$Al_2O_3/7.8\times10^{-6}/K$，$ZrO_2-8\%$（质量分数）$Y_2O_3/10.4\times10^{-6}/K$）与 H13 钢（一种含 5% Cr 的模具钢）的热胀系数（$12.7\times10^{-6}/K$）较为接近，与 H13 钢组成的涂层系统的热应力较小，涂层在 650°C $Al-Zn$ 熔体中的反应较少，作为热浸镀 $Al-Zn$ 合金或 $Zn-Al$ 合金槽中工作的零部件的保护涂层有较高的使用寿命[64, 99]。

有实验研究了真空等离子喷涂碳化硼涂层[98]。结果表明，尽管喷涂时 B_4C 有分解，但仍得到以 B_4C 为主晶相的涂层，在 B_4C 晶粒边界层有非化学计量的 B_xC 相、非晶游离碳相、石墨相。涂层硬度 $933\sim1253HV$，比原 B_4C 低。

6.4.12 金属硅化物及硅化物合金

金属硅化物及硅化物合金被认为是 20 世纪最具开发潜能的高温耐磨耐蚀候选材料。美国 NASA 的 Lewise 研究中心研究了一系列过渡金属硅化物合金的高温性能，指出这类金属间化合物最有希望开发为一类新型高温结构材料[101]。我们的研究结果表明，与铝化物相比，硅化物合金有更好的耐腐蚀特别是抗热腐蚀性能，且高温耐磨[102]。可用于热喷涂的硅化物及其合金有铬的硅化物、钼的硅化物、钨的硅化物以及钛的硅化物。其中：

（1）铬的硅化物多含有 Cr_3Si、Cr_5Si_3 和 $CrSi$ 三种硅化物，其熔点在 $1660 \sim 1780℃$。涂层硬度在 $1000 \sim 1200HV$，耐热、耐磨、耐蚀、抗高温氧化、耐热腐蚀。

（2）钼的硅化物主要是 $MoSi_2$，熔点在 $2030℃$。涂层硬度在 $1250 \sim 1400HV$，耐热、耐磨、耐蚀、抗高温氧化、耐熔融金属和熔渣的腐蚀。用于喷气发动机、火箭的耐高温防护涂层，坩埚内衬涂层。还可用于制作电热元件。

（3）钨的硅化物主要是 WSi_2，熔点在 $2180℃$。涂层硬度在 $1050 \sim 1200HV$，耐热、耐磨、耐蚀、抗高温氧化。可用作高温耐磨涂层。

上述金属硅化物粉体均可与 Ni 基合金、Ni – Cr 合金、NiCrFe 合金粉体混合制成团聚粉，用于制作金属硅化物合金金属陶瓷涂层。

此外，也有实验研究热喷涂铝化物合金（如 Ti – 14% Al – 21% Nb 合金），结果表明等离子喷涂与成型箔有较好的机械性能[103]。

6.4.13　金属氮化物及氮化物金属陶瓷

Ti 的氮化物 TiN_x（x 在 $0.6 \sim 1.2$ 的范围 TiN_x 是热力学稳定的）有高的硬度（$2500HV$），熔点 $2930℃$，以其制作的热喷涂涂层耐磨，TiN_x 在 $600℃$ 以上在大气中将发生氧化。TiN_x 涂层随可用热喷涂工艺制作耐磨涂层，但工业上多用化学气相沉积方法制作耐磨和装饰涂层。

早在 19 世纪末期 AlN 即已合成，但直到 20 世纪 80 年代中期才因其具有较好的导热性（$70 \sim 210W/（m·K）$）高的绝缘性（介电强度 $17kV/mm$）随微电子工业的发展得到应用。AlN 在惰性气体中熔点是 $2800℃$，在空气中近 $1800℃$ 时分解，在 $700℃$ 以上表面氧化。硬度 $1100 \sim 1200kg/mm^2$。利用其高的绝缘性和良好的导热性，可用于电子器件与线路板基片的涂层。一些研究将其粉体作为增强相与金属合金粉体混合制粒制作耐磨涂层。

氮化物粉体还可与多种金属、合金粉体混合制粒用于热喷涂制作氮化物金属陶瓷涂层。另有六方氮化硼，低的硬度和润滑特性常被用于间隙控制可磨密封涂层的主要组元（见6.4.16节间隙控制可磨密封涂层材料）。

6.4.14 其他热喷涂用金属陶瓷

一些高硬度高化学稳定性的氧化物陶瓷也可被金属和/或合金润湿，以其粉体与金属或合金粉体复合制成金属陶瓷复合粉可用于热喷涂。

商品化的材料有：

（1）Al_2O_3 – 30（Ni 20% Al）混合粉。这是一种氧化铝粉体与铝包镍粉体的混合粉。等离子喷涂涂层比陶瓷涂层有较高的致密度、较高的强度、较高的抗磨粒磨损，并有一定的抗冲击性能。用作耐磨减摩涂层。也可用于梯度涂层：在 Ni – Al 打底结合层和氧化铝面层间作为中间过渡层，改善陶瓷涂层的结合，使热应力在涂层系统有较好的分布，提高涂层系统的抗热震性能。

（2）Al_2O_3 – 70（Ni 20% Al）混合粉。与前者相比有较高的铝包镍粉体含量，热喷涂涂层对金属基体有一定的自黏结合特性，无需打底层即可以其制作工作涂层或作为陶瓷面层的过渡层。

（3）ZrO_2 – 35（Ni 20% Al）混合粉和 ZrO_2 – 65（Ni 20% Al）混合粉。这是氧化锆粉体与铝包镍粉体的混合粉，涂层致密耐磨与陶瓷涂层相比有较好的抗热震性能，可用于梯度涂层：在 Ni – Al 打底结合层和氧化锆面层间作为中间过渡层，后者无需打底层即可以其制作工作涂层或作为陶瓷面层的过渡层。还有锆酸镁粉体与铝包镍粉体的混合粉，有相近的性能与应用。

（4）$MgZrO_3$ – 35（Ni 20% Cr）混合粉和 $MgZrO_3$ – 26% Ni – 7% Cr – 2% Al 混合粉。两种混合粉分别为锆酸镁粉体与镍铬合金粉体或镍铬铝合金粉体的混合粉。涂层致密耐热、耐磨、耐蚀。可用于梯度涂层：在打底结合层和锆酸镁面层间作为中间过渡层，缓解热应力，提高涂层系统的抗热震性能。

（5）Fe – 0.3% Mn – 3% C – 5% FeO 金属陶瓷复合粉。这种复合粉可用火焰喷涂和等离子喷涂，在喷砂的毛面金属基体上喷涂涂层的最大厚度可达2mm。涂层硬度39～43 HRC，耐磨，氧化铁的加入使涂层具有更好的抗擦伤性能，且有良好的机械加工性能，最高使用温度 590℃。

以上介绍的都是已有商品牌号的热喷涂用金属陶瓷粉。由于金属陶瓷材料在耐热耐磨耐蚀以及其他功能特性在诸多领域有广阔的应用前景，各国对热喷涂用金属陶瓷材料的研究方兴未艾。

6.4.15 玻璃粉末

玻璃粉末因其热喷涂工艺简单，涂层表面光洁，涂层致密，有好的耐腐蚀性能，且价格低，工业生产容易，是较早用于热喷涂的无机非金属粉末材料。玻璃随其组成不同，其软化至熔化温度范围较宽（通常在 500~1300℃），可用火焰喷涂或等离子喷涂，作为耐蚀涂层在化工等领域有所应用。但其硬度不是很高，又有较高的脆性，限制了它的使用。工业上热喷涂常用的玻璃有硼硅玻璃，从 500℃ 就开始软化，线胀系数 $14.5 \times 10^{-6}/K$。玻璃与氧化铝复合粉，可改善玻璃涂层的力学性能。如在硼硅玻璃中加入氧化铝粉构成的复合粉，随氧化铝分数的提高，涂层的残余应力从拉应力变为压应力，在氧化铝含量为 40%~60%（质量分数）时，残余应力低于 10MPa，涂层的硬度从 $350HV_{0.05}$ 提高到 60%（质量分数）氧化铝时的 $800HV_{0.05}$；涂层的耐磨性提高，在 60% 时（质量分数）涂层的耐磨性达到 100% 氧化铝时的水平。

6.4.16 喷涂用氧化物陶瓷

热喷涂陶瓷涂层被认知是在 20 世纪 40 年代，航空航天技术的发展与需求起了很大的推动作用。美国的 NACA 的一系列研究工作确认了陶瓷涂层航空航天领域的应用（早期文献有 W. N. Harrison, D. G. Moore, J. C. Richmond, NACA TN - 1186, 1947; F. B. Garret, C. A. Gyorgak, NACA RM - E52L30, 1953; E. R. Bartoo, J. L. Clure, NACA RM - E53E18, 1953 等）。NACA 的科学家与工程师研究了氧化物陶瓷涂层的性能、与金属合金基体间的结合以及陶瓷涂层（如 A - 417）对提高工作于高温的耐热合金燃汽轮机涡轮叶片使用寿命的影响，奠定了陶瓷涂层在这一领域应用的基础。到 20 世纪 60

年代初，陶瓷涂层被应用于 X – 15 火箭喷嘴（L. N. Hjelm, B. R. Bonhorst, NASA Tech. Memo. X –5702, 1961, 227 ~253）。此后，部分稳定氧化锆涂层作为热障涂层在燃汽轮机等在高温下工作受热腐蚀、冲蚀的部件上得到广泛的应用[48,49]。其他陶瓷涂层，如氧化铝、氧化铬、氧化钛基陶瓷涂层也在纺织、石化、机械制造、能源动力等领域，作为耐热、耐磨、耐蚀保护涂层得到广泛应用。

（1）氧化铝基陶瓷。

氧化铝有高的熔点（2323K）、热导率为 28.89W/（m·K）、线胀系数为 $8.5 \times 10^{-6}/℃$（等离子喷涂氧化铝（PS – A, Surprex AW50）涂层的线胀系数（373 ~973K）为 $7.8 \times 10^{-6}/K$），高的化学稳定性（常温下能抗碱和氢氟酸腐蚀），耐金属熔体（如熔融锌）、炉渣等的侵蚀，有高的硬度（1800 ~2300HV），高的绝缘强度（烧结 Al_2O_3 在室温下的抗击穿电压达 2000kV/cm，等离子喷涂 98.5 Al_2O_3 – 1SiO_2 涂层的绝缘强度也达 1000V/0.1mm）。由于这一系列优异的性能，氧化铝在工业陶瓷制品及陶瓷涂层制品中被广泛使用。

氧化铝有多种晶形结构，已报道的有 α、β、γ、δ、ε、ζ、η、θ、κ、χ、ρ 等十几种，其中 α、γ 等几种晶形最常见。

$\alpha – Al_2O_3$：属三方晶系 O^{2-} 离子呈六方密堆积排列（见图 6 – 8）。晶胞参数 $a_0 = 0.514nm$，$\alpha = 55°17'$。每个晶胞含 2 个 Al_2O_3 分子。天然矿物刚玉结构与其相似，$\alpha – Al_2O_3$ 又常被称为刚玉，它是氧化铝的一种稳定结构，其他变体在温度达到 1000 ~1600℃时不可逆转地转变为 $\alpha – Al_2O_3$。$\alpha – Al_2O_3$ 密度为 $3.95 ~ 4.02g/cm^3$。热喷涂使用的材料多为有 $\alpha – Al_2O_3$ 相结构的粉末。

$\gamma – Al_2O_3$ 面心立方晶格，为有缺陷型尖晶石结构（见图 6 – 8b）。密度为 $3.42 ~3.90g/cm^3$。

$\delta – Al_2O_3$ 体心立方晶格，密度为 $3.42 ~ 3.70g/cm^3$。

在热喷涂时涂层中可能出现 $\alpha – Al_2O_3$、$\gamma – Al_2O_3$、$\delta – Al_2O_3$ 和非晶态等多种相结构。

例如在等离子喷涂氧化铝涂层时，喷涂态通常有 $\alpha – Al_2O_3$、$\gamma – Al_2O_3$ 和非晶态三种相结构。$\gamma – Al_2O_3$ 的出现与等离子喷涂时熔化的喷涂粒子在涂层形成过程中的快速冷却，$\gamma – Al_2O_3$ 的成核能较低相

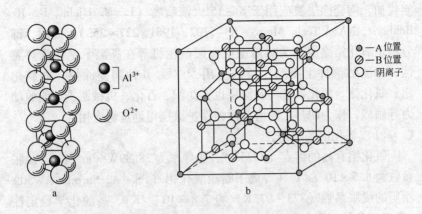

图 6-8 α-Al₂O₃ 和 γ-Al₂O₃ 的晶胞结构

a—α-Al₂O₃ 的晶格结构；b—γ-Al₂O₃ 晶胞结构

关。而未熔的喷涂粒子则主要保持 α-Al_2O_3 结构。经激光熔凝处理后，γ-Al_2O_3 和非晶态氧化铝转变为稳定的 α-Al_2O_3 相[50]。经火焰加热（1200～1300℃以上），氧化铝涂层中的 γ-Al_2O_3 也将转变为稳定的 α-Al_2O_3 相[52]。感应等离子喷涂得到比等离子喷涂和 HVOT 喷涂多的 α-Al_2O_3 相，是由于喷涂粒子较大，基体温度较高的缘故。与大气下等离子喷涂和 HVOF 喷涂相比，水稳等离子喷涂时在涂层中 α-Al_2O_3 相较多[53]。

注意到不同晶型的氧化铝的密度不同，在发生晶型转变时伴随有体积效应，产生相变应力，可能导致涂层产生裂纹。热喷涂氧化铝陶瓷涂层在高温长期使用时会发生 γ-phase 向 α-phase 转变的相变，伴随体积效应，产生相变应力，甚至导致涂层裂纹与剥落。

为改善粉末的烧结制作工艺性和涂层的韧性、摩擦学特性，工业上除使用 Al_2O_3 99% 粉外，还大量使用含有不同量的 SiO_2 和或 TiO_2、Cr_2O_3 等的氧化铝基复合粉。表 6-17 给出工业上常用的氧化铝基粉末的组成、熔点、等离子喷涂涂层性能与应用。

在国际标准 ISO 14232：2000 中，还有 Al_2O_3 70% - MgO 30%、Al_2O_3 98% - Cr_2O_3 2%、Al_2O_3 90% - Cr_2O_3 10%、Al_2O_3 50% - Cr_2O_3 50%、Al_2O_3 70% - SiO_2 30% 等氧化铝基陶瓷粉。$3Al_2O_3$ - $2SiO_2$ 铝硅

酸盐陶瓷直到 1580℃ 不发生相变，高的热力学稳定性，保证涂层有高的抗热冲击性能，且直到 1500℃ 有高的力学性能[56]。

表6-17 热喷涂常用氧化铝基粉末的组成、性状、等离子喷涂涂层性能与应用

序号	相应ISO14232：2000编号	组成（质量分数）/%	熔点/℃	等离子喷涂涂层主要性能（*）			应用
				密度/g·cm⁻³	硬度HV	绝缘强度V/0.1mm	
1	12.1	$Al_2O_3 > 99$	2040	3.46	850~1000	1500~2000	耐热耐磨耐蚀，绝缘、介电，泵、密封件、活塞杆、阀、水轮机叶片、纤维导丝轮，高温耐冲蚀（850~1650℃），隔热高温耐磨（到1650℃），卫星耐日照及保温涂层等
2		$Al_2O_3：>98$（商品牌号Metco105NS）	2000	3.3	680~720	1200~1600	介电涂层，耐冲蚀，纤维导丝轮，泵密封件耐热耐磨耐蚀涂层、喷管热障耐冲蚀涂层，高温耐冲蚀（850~1650℃），隔热高温耐磨（1650℃）
3		$Al_2O_3：94$ $TiO_2：2.5$ $SiO_2：2.0$ $FeO：1.0$	1995	3.3	650~760	350~360	耐酸碱腐蚀，用于泵、密封件，气缸衬套，阀杆阀座，热镀锌浸渍槽，锭模等耐热耐磨耐蚀防护；可制作耐热、隔热厚涂层（达3mm），耐熔融铝、铜、熔渣腐蚀冲蚀以及高温耐磨涂层（1100℃）
4	12.2	$TiO_2：2.5~3.5$ $Al_2O_3：bal$	1985~2027	3.3	800~880		耐酸碱腐蚀，泵、密封件，气缸衬套，阀杆阀座耐磨耐蚀防护涂层，耐高温（1100℃）

序号	相应 ISO 14232: 2000 编号	组成（质量分数）/%	熔点 /℃	等离子喷涂涂层主要性能（*）			应 用
				密度 /g·cm⁻³	硬度 HV	绝缘强度 V/0.1mm	
5	12.3	TiO_2: 12~14 Al_2O_3: bal	1840	3.5	840~870	400	耐磨耐蚀，泵、密封件、活塞杆、衬套，阀塞、座，耐微动磨损。硬度、耐蚀、介电强度低于4号铝基粉末
6	12.4	TiO_2: 37~42 Al_2O_3: bal	1835~1840	3.5	850~870		耐磨耐蚀，泵、密封件，气缸衬套，阀杆阀座，纤维导丝轮，耐微动磨损
7		TiO_2: 50 Al_2O_3: bal （混合粉）	TiO_2: 1921	4.0	50HRC		比 TiO 和 Al_2O_3 涂层致密，耐磨耐蚀，泵、密封件，耐氧化，可工作温度540℃，纤维导丝轮等
8		SiO_2: 60 Al_2O_3: bal					

注：（*）表中所列性能，因受工件表面预处理、喷涂工艺参数等因素的影响，将在较大范围波动，所列数据仅供参考。表中没有给出氧化铝陶瓷涂层的线膨胀系数。有文献给出等离子喷涂氧化铝（PS-A, Surprex AW50）涂层的线膨胀系数（373~973K）为 7.8×10^{-6}/K。

Cr_2O_3 的加入对改善 Al_2O_3 陶瓷涂层的组织结构与性能有一定的作用。目前，使用的 Al_2O_3 - Cr_2O_3 复合粉：热喷涂用 Al_2O_3 - Cr_2O_3 复合粉有熔炼破碎的也有纯 Al_2O_3 粉体与 Cr_2O_3 粉体混合制粉。有研究给出用水稳等离子 WSP® PAL 160 系统喷涂熔炼破碎粉和纯 Al_2O_3 与 Cr_2O_3 粉体混合粉时，涂层组织结构都有大量的 $(AlCr)_2O_3$，说明在热喷涂时 Al_2O_3 与 Cr_2O_3 复合。在纯 Al_2O_3 喷涂时涂层中主要是介稳的有缺陷立方尖晶石结构 γ-phase，有低于 20% 的 α-phase，涂层有高的残余拉伸应力；加入 8% 的 Cr_2O_3，就使 α-phase 的量增加 4 倍，涂层的残余拉伸应力下降。

纯 Al_2O_3 喷涂的断口形貌有典型的柱状结构，Cr_2O_3 涂层有压缩残余应力，细的网状解理断口。对于混合粉，随 Cr_2O_3 量增加，涂层硬度升高（8% 时为 1026HV，33% 时为 1233HV，100% 时为 1257HV）、孔隙度下降、耐磨性提高[57]。

近年研发的氧化铝基复合陶瓷粉有：适用于 HVOF 喷涂的 Al_2O_3 90% – SiC10% 纳米结构粉[53]。适用于 VPS 喷涂的 2613PA：Al_2O_3 87% – TiO_2 13%，并加适量的 CeO_2 和 ZrO_2 纳米结构粉，喷涂态硬度与常规 Al_2O_3 87% – TiO_2 13% 粉涂层的硬度相近（936$HV_{0.3}$），耐磨性有所提高，特别是滑动磨损耐磨性提高 1 倍多；Al_2O_3 60% – ZrO_2 40%，用 HVOF 喷涂有高的抗干磨料磨损性能。Al_2O_3 51.3% – ZrO_2 33.9% – SiO_2 13.6% 被称为 EucorTM 的复合粉，用水稳等离子喷涂时得到非晶态涂层，硬度（1284 ± 94）HVm；退火处理后得纳米晶结构硬度有所提高，随退火温度提高，晶粒长大，硬度有所下降（995℃ 退火后有纳米晶结构（晶粒 11nm），硬度（1603 ± 120）HVm；960℃ 退火纳米晶结构（晶粒 13nm），硬度（1652 ± 181）HVm；1200℃ 退火纳米晶结构（晶粒 40nm），硬度（1384 ± 133）HVm）[57]。

为提高涂层的断裂韧性，以溶液干燥 – 焙烧 – 热处理 – 团聚制粒法制备的有纳米晶结构的 Al_2O_3 – Ni – ZrO_2 复合粉，HVOF 法喷涂制得涂层，硬度 1172$HV_{0.3}$，高的耐磨性，弹性模量 116GPa（烧结破碎 Al_2O_3 粉 HVOF 法喷涂层硬度 1152$HV_{0.3}$，弹性模量 119GPa），特别是有高的断裂韧性（K_{IC}：2.7MPa · $m^{1/2}$，烧结破碎 Al_2O_3 粉喷涂层 K_{IC}：1.3MPa · $m^{1/2}$）[58]。

（2）氧化铬陶瓷。

热喷涂用的是三价铬的氧化物 Cr_2O_3。Cr_2O_3 结晶有密排立方组成的刚玉结构，铬原子占据晶胞中 2/3 的八面体间隙。密度 5.22g/cm^3，熔点 2435℃（各手册给出的 Cr_2O_3 的熔点互有不同，大多在 2250 ~ 2435℃ 之间，也有给出其熔点为 1900℃ 的[63]），沸点 4000℃，不溶于酸、碱和酒精。热喷涂用的 Cr_2O_3 基陶瓷粉末多为绿色化学勾整块状粒子、熔烧破碎或烧结破碎多角形块状粒子，也有团聚烧结粉。Cr_2O_3有高的化学稳定性。加入氧化钛、氧化硅可改善氧化铬基热喷涂涂层的结合强度、韧性和磨粒磨损耐磨性。热喷涂氧化铬基陶瓷涂层有较高的硬度，耐磨，高的化学稳定性（在 Metco 氧化物陶瓷产品系列中氧化铬有最高的化学惰性），良好的机械加工性，适于制作精密偶件用耐蚀耐磨精加工涂层。氧化铬系列陶瓷涂层比氧化锆陶瓷涂层有较高的热传导性，隔热性不如氧化锆陶瓷涂层，但有较高的显微硬度和宏观硬度。表 6－18 给出热喷涂用氧化铬基系列粉末的组成、熔点、等离子喷涂涂层的性能、应用及 ISO 标准中的相应编号和相近商品牌号。氧化铬陶瓷涂层的特色之一是可用于激光雕刻印刷辊。

表 6－18　热喷涂用氧化铬基陶瓷粉末组成、熔点及
等离子喷涂涂层的主要性能与应用

序号	相应 ISO 14232: 2000 编号	组成（质量分数）/%	熔点 /℃	等离子喷涂涂层的主要性能			应用	相近商品牌号
				密度 /g·cm⁻³	硬度 HV	喷砂表面结合强度 /MPa		
1	12.20	Cr_2O_3 >99.5 FeO <0.1 SiO_2 <0.25	2266 ±25	4.8~5.1	950~1500	20~28，对于致密涂层建议涂层厚度 <0.6mm	硬面耐磨耐蚀涂层，优异的自配合耐黏着磨损特性，泵密封件、活塞、阀、发动机内衬等	Praxair CRO 131，167
2	12.21	Cr_2O_3 >96 FeO：1.0 SiO_2 <1.0	2435	4.8~5.0	900~1500	25~28	硬面耐磨耐蚀涂层，优异的自配合耐黏着磨损特性	Metco106
3		Cr_2O_3：97 SiO_2：3	Cr_2O_3 2266±25 SiO_2：1723	4.8~5.0	900~1500	30~38	有熔点较低的玻璃相，涂层更加密，540℃以下硬面耐磨耐蚀涂层，优异的自配合耐黏着磨损特性	Praxair CRO178

续表 6-18

序号	相应 ISO 14232: 2000 编号	组成（质量分数）/%	熔点/℃	等离子喷涂涂层的主要性能			应用	相近商品牌号
				密度/g·cm⁻³	硬度 HV	喷砂表面结合强度/MPa		
4	12.22	Cr₂O₃ > 96.5 TiO₂: 3					540℃以下耐磨耐蚀涂层，有较高的韧性。耐磨粒磨损、粒子冲蚀磨损、耐气蚀。用于泵密封、辊类、耐磨环、纺织业导丝轮等	
5	12.23	TiO₂: 53~56 Cr₂O₃: Bal.	1820	4.5	600~700		540℃以下耐磨耐蚀涂层，耐磨粒磨损、粒子冲蚀磨损。滚筒混料叶片、石油吸油偶件等	Metco111
6	12.25	SiO₂: 4~6 TiO₂: 2~4 Cr₂O₃: Bal.	2435		折算 HRC 69~75	35~40	540℃以下硬面耐磨耐蚀涂层，优异的自配合耐黏着磨损特性，耐冲蚀、气蚀，建议涂层最大厚度 0.51mm	Praxair CRO192, Metco136F

$$\text{等离子喷涂涂层的主要性能}$$

注：1. 表中所列性能因受工件材料、表面预处理、喷涂工艺参数等因素的影响，所列数据仅供参考。

2. 加入 2%~3% 的 TiO_2 的 $Cr_2O_3 - 3TiO_2$（Cr4%）与纯 Cr_2O_3 涂层性比有较高的韧性。$Cr_2O_3 - 5SiO_2 - 3TiO_2$（Cr6%）耐磨耐蚀，较高的韧性，可精细磨削加工，比其他陶瓷涂层有较高的抗机械冲击能力，且与金属摩擦副有低的摩擦系数较好的摩擦学特性。

除表中所列外，还有氧化铬基氧化物复合粉：Cr_2O_3 55.25%、Al_2O_3 27.1%、SiO_2 11%、TiO_2 6.65%，熔点 2435℃，可用氧-乙炔喷涂，得到的涂层孔隙度：6%~10%，孔径：5~10μm，显微硬度：710~900$HV_{0.3}$，线膨胀系数：20~200℃，5.5×10⁻⁶/K；200~

700℃，$6.5 \times 10^{-6}/K$。涂层耐磨抗冲蚀，可用于液压缸活塞、排风扇、纺织业导丝轮等的磨损防护。

含氧化钛的涂层因其在540℃以上发生相变，体积变化。涂层变脆、产生裂纹。

必须注意的是，氧化铬在热喷涂时产生的烟尘有毒，对皮肤也有损伤，尤其是在热喷涂时三价铬被氧化为高价铬时更为有害。必须注意通风、排烟、搜集处理粉尘，并注意操作人员的防护。

（3）二氧化钛陶瓷。

TiO_2的熔点1870℃，沸点2972℃。TiO_2有三种晶型：板钛矿相（brookite）（Phca，D）、锐钛矿相（anatase）（I41/amd，D4h）、金红石相（rutile）（P4$_2$/mnm，D4hH）。在热力学平衡状态下TiO_2随温度发生如下相转变：

板钛矿（Brookite）–（650℃）→锐钛矿（Anatase）–（915℃）→金红石（Rutile）。

表6-19给出TiO_2的三种晶型、晶格常数、物理特性。

表6-19 TiO_2的三种晶型、晶格常数、物理特性

项　目		金红石 （Rutile TiO_2）	锐钛矿 （Anatase TiO_2）	板钛矿 （Brookite TiO_2）
分子量		79.89	79.89	79.89
晶胞原子数		2	4	8
晶系		Tet	Tet	Orth
点群		4/mnm	4/mnm	
空间群		P4$_2$/mnm	I4$_1$/mnm	Phca
晶格常数	a/nm	0.45845	0.37842	0.9184
	b/nm			0.5447
	c/nm	0.29533	0.95146	0.5145
分子体积/$\mu m^3 \cdot g^{-1}$		18.693	20.156	19.377
密度/$g \cdot cm^{-3}$		4.2743	3.895	4.123
莫氏硬度		6	5~6	5~6
折射率/%		2.616~2.903	2.483~2.554	2.58~2.741
介电常数（室温，1MHz）		a–axis 86, c–axis 175	31	78
线膨胀系数（×10^{-6}）/℃		6.14~9.15	4.68~8.14	14.5~22.0

TiO_2具有许多优异的性能。其中，大多数性能与光学性质有着密切的关系，如光催化性、超亲水性、抗菌性、光电特性和电致变色性等。这些特性与其电子结构密切相关。

TiO_2是一种宽禁带（禁带宽度3.2eV）氧化物半导体，用波长小于或等于387.5nm的光照射时在其表面产生光致空穴和光致电子，表现为光伏效应，且有"氧化剂"与"还原剂"的作用。TiO_2在紫外光的照射下表面产生的光致空穴和光致电子与表面吸附的水和氧作用生成活性羟基、超氧离子，再与水作用又生成过羟基（—OHH）和双氧水。活性羟基、超氧离子、过羟基（—OHH）和双氧水都可与生物大分子（如脂类、蛋白质、酶类以及核酸大分子等）发生一系列链式反应，破坏生物大分子结构，起到生物降解、杀灭细菌作用。TiO_2因其具有许多优异的性能，如光催化性、超亲水性、抗菌性、光电特性、电致变色性、介电以及与其他多种化合物复合具有的敏感特性等光学、电学和化学性质。作为一种涂层材料，在太阳能电池、污水及空气净化、防雾及自清洁涂层、抗菌、光解水制氢、敏感与传感器等功能涂层领域有广阔的应用前景。

工业上常用的是金红石结构和锐钛矿结构的TiO_2。在机械领域应用，金红石结构TiO_2与锐钛矿结构TiO_2性能相比较（金红石/锐钛矿）：折射率：2.72% ~ 2.55%，密度：$4.2 \sim 3.9 g/cm^3$，热稳定性：大于1000℃，小于700℃。金红石结构的TiO_2化学稳定性高。而锐钛矿相结构的TiO_2具有优异的光催化性能。

在机械工业领域，商品化的热喷涂用TiO_2粉末有：

1）熔融－破碎的$TiO_2$99%多角形粉末（按其粒度范围不同，在Metco公司产品系列中有 Amdry6505 和 Amdry6510），热喷涂氧化钛涂层有较高的韧性，但硬度和耐磨性低于氧化铝－氧化钛复合陶瓷涂层。适于用作滑动摩擦磨损涂层，工作温度不高于540℃。涂层略有导电性，涂层表面不会产生静电。

2）$TiO_2 - 45 Cr_2O_3$混合粉，等离子喷涂涂层特性参见表6-18中6号陶瓷粉末。

有关利用TiO_2的光学特性的涂层及其性能将在物理化学功能涂层一章详述。

(4) 氧化锆基陶瓷[65~68]。

氧化锆熔点 2715℃（2988K）、沸点 4300℃，热导率：1.95W/（m·K）（100℃）～2.39 W/（m·K）（1200℃）。氧化锆具有多晶型，室温下为单斜晶型，理论密度 5.56g/cm³。1170℃±5℃转变为四方晶型（晶格常数为 $a = 5.07 \times 10^{-10}$ m、$c = 5.16 \times 10^{-10}$ m），理论密度 6.10g/cm³；这一转变伴随有体积收缩，可能导致裂纹。2300℃±5℃时转变为立方晶型。氧化锆作为一种耐热材料，使用温度可达 2400℃，有低的导热性（为氧化铝的 20%），因之以氧化锆基陶瓷制作的涂层可用作热障涂层。氧化锆具有耐熔融金属腐蚀性能，在一些应用环境下可作为防护涂层。异价掺杂的氧化锆基陶瓷在 600℃ 以上表现出氧离子导电特性，可用于制作某些功能涂层，如固体氧化物燃料电池、氧离子传感器等。

氧化锆基陶瓷从高温保持下来的四方相，在应力诱导下发生四方晶型向单斜晶型转变伴随体积膨胀对氧化锆基陶瓷材料有提高强度、硬度和增韧的作用，大大拓宽了氧化锆基陶瓷的应用。依此，开发了通过加入其他金属氧化物（如，2 价的碱土金属氧化物 MgO、CaO，3 价的稀土氧化物 Y_2O_3、La_2O_3，4 价的 HfO_2、CeO_2 等）的氧化锆基陶瓷材料。外加元素对 ZrO_2 的稳定机理是形成氧空位（V_O^{2+}），有 2 个正电荷，导致 O^{2-} 向 V^{2+} 位移而远离 Zr^{4+}，进而使四方相和立方相稳定。并因此成为氧离子导体，在高温有离子导电特性。这类陶瓷材料按其相组成的不同，分为：

1）部分稳定氧化锆基陶瓷材料（Partially Stabilized Zirconia，PSZ）其组织结构特点是：较大的立方（c-）ZrO_2 相晶粒基体上弥散分布有细小四方（t-）相晶核。其中立方相是稳定的，四方相是介稳的，在外力作用下有可能诱发四方相向单斜相转变，起到增韧作用。随加入的稳定剂的不同有：加入 CaO 的 Ca-PSZ，加入 MgO 的 Mg-PSZ，加入 Y_2O_3 的 Y-PSZ。

2）四方氧化锆多晶陶瓷-TZP（Tetragonal Zirconia Polycrystal），具有细晶粒四方相组织结构。随四方相稳定剂的不同有：加入 Y_2O_3 的 Y-TZP、加入 CeO_2 的 Ce-TZP。这类陶瓷有高的强度和韧性，抗弯强度高于 2GPa，断裂韧性（K_{IC}）达 20MPa·m$^{1/2}$以上；高的硬度和耐磨性；低的导热性（100℃ 和 1300℃ 时的导热系数分别为 1.675W/(m·K) 和 2.09W/(m·K)；与铁基合金相近的线膨胀系数（12×10^{-6}/℃）；与铁基合金和镍基合金相匹配，该类陶瓷材料喷涂的涂层常作为热障涂层使用。

3）四方（t－）相作为增韧相的，按其显微结构又被记作 TTZ（Tetragonally Toughened Zirconia）。

作为热喷涂用的主要是加入碱土金属氧化物和加入稀土金属氧化物的氧化锆基金属陶瓷材料。表 6－20 给出符合国际标准 ISO 14232：2000（E）的热喷涂用氧化锆基陶瓷粉末组成。其主要性能与应用见表 6－20。

表 6－20 热喷涂用氧化锆基陶瓷粉末组成

（符合国际标准 ISO 14232：2000（E））

序号	材料缩写	组成（质量分数）/%						
		ZrO_2	CaO	MgO	Y_2O_3	CeO_2	SiO_2	Al_2O_3
1	$ZrO_2 - CaO$ 95－5	Bal	5～7				≤0.4	≤0.5
2	$ZrO_2 - CaO$ 90－10	Bal	8～10				≤0.4	≤0.5
3	$ZrO_2 - CaO$ 70－30	Bal	28～31					≤0.5
4	$ZrO_2 - MgO$ 80－20	Bal	1.5	18～24			≤1.5	
5	$ZrO_2 - Y_2O_3$ 93－7	Bal	$TiO_2 \leq 0.3$		5～9		≤0.5	≤0.2
6	$ZrO_2 - Y_2O_3$ 80－20	Bal			18～21		≤0.5	
7	$ZrO_2 - SiO_2$ 65－35	Bal	$TiO_2 \leq 0.3$				32～36	
8	$ZrO_2 - CeO_2 - Y_2O_3$ 68－25－3	Bal			2～4	24～26	0.5～1.5	

应当指出，等离子喷涂有利于促进界稳相的形成[78～80]。即使在粉末中含有单斜相（m－相），喷涂的涂层在大多数情况下由四方相（t－相）和立方相（c－相）组成。

4）CaO 部分稳定的氧化锆基陶瓷（记作 Ca－TTZ 或 Ca－PSZ）。

作为喷涂材料纳入国际标准 ISO 14232：2000 标准的有 ZrO_2－5CaO（CaO（质量分数）含量在 5%～7%），熔点（2266±25）℃，等离子喷涂涂层密度 4.8～5.1g/cm^3、硬度 950～1500HV、喷砂表面

热喷涂涂层结合强度 20 ~ 28MPa。推荐涂层厚度不超过 0.6mm。等离子喷涂涂层用作 900℃ 以下耐磨涂层，涂层抗熔融金属润湿与腐蚀，可用于液体金属热镀槽内部件的防护涂层。

5）MgO 部分稳定的氧化锆基陶瓷（记作 Mg – TTZ 或 Mg – PSZ）。

其显微结构特点是细小四方相均匀弥散的分布在较大晶粒的立方相多晶中。Mg – PSZ 烧结陶瓷材料有较好的力学性能（密度：5.5g/cm³，弹性模量：200GPa，抗弯强度：400 ~ 620MPa，断裂韧性：6 ~ 10MPa·m$^{1/2}$，硬度：1100 ~ 1200kg/mm²），高的化学稳定性，低的导热性（热导率：2.0W/(m·K)），与钢铁材料相近的线膨胀系数（(5×10^{-6}) ~ (10×10^{-6})/℃），介电强度 2 ~ 10kV/mm。

作为喷涂材料纳入国际标准 ISO 14232：2000 标准的有 ZrO₂ – 20MgO（MgO 质量分数含量在 18% ~ 24%）。相应 Praxair 公司牌号 ZRO – 103，是熔融破碎法制粉，熔点 2138℃，等离子喷涂涂层与喷砂毛化基体表面结合强度 10.343MPa，涂层硬度折算为 30 ~ 40HRC，可用作金属合金表面的抗氧化、热障涂层，是 Y 稳定氧化锆涂层的经济的代用品，已被 GE 公司、Pratt and Whitney 飞机公司、Rolls – Royce 等公司列入应用。在 Metco 公司牌号中有 Metco210，含有 24% 的 MgO，被称为锆酸镁粉。这类陶瓷粉末的等离子喷涂涂层有高的抗高温（840℃以上）粒子冲蚀性能，可用作导弹鼻锥涂层；高的耐熔融金属和熔渣浸蚀特性，可用于热镀锌镀槽和溜道内器件的耐蚀耐磨涂层，熔融铝和熔融铜的保护层以及高炉风口保护层等；低的导热性，可用作热障涂层。

MgO 部分稳定的氧化锆基陶瓷在室温至 500℃ 有高的电阻率，高温下具有氧离子导电特性。对于 ZrO₂ – MgO，在激光熔凝条件下，ZrO₂ – MgO 中 MgO 的含量为 21%（摩尔分数）时为四方相 – 立方相结构，且有离子导电特性[65]。

6）以稀土元素氧化物稳定的氧化锆基陶瓷。

①Y₂O₃ 稳定的氧化锆（记作 YSZ 或 YTZP）。YTZP 烧结陶瓷材料有较好的力学性能（密度：6.0g/cm³，弹性模量：200GPa，抗弯强度：900MPa，断裂韧性：12 ~ 14MPa·m$^{1/2}$，硬度：1200 ~ 1400kg/mm²），

高的化学稳定性，低的导热性（热导率：2.0W/（m·K））。

作为热喷涂材料在国际标准 ISO 14232：2000（E）中列有 $93ZrO_2 - 7Y_2O_3$（Y_2O_3 质量分数为7%，相当于4%（摩尔分数））和 $80ZrO_2 - 20Y_2O_3$（Y_2O_3 质量分数为20%，相当于12%（摩尔分数））。

这里需要说明的是，外加元素对 ZrO_2 的稳定机理是形成氧空位（V_O^{2+}），有2个正电荷，导致 O^{2-} 向 V_O^{2+} 位移而远离 Zr^{4+}，进而使四方相和立方相稳定。并因此成为氧离子导体，在高温有离子导电特性。

工业上用作热障涂层的多为含 Y_2O_3 3.98% ~ 4.52%（摩尔分数）的 YSZ。在等离子喷涂时，沉积粒子的冷却速度达 $10^6K/s$，Y^{3+} 来不及扩散，高温时的 c – 相（立方相）在冷却过程中将转变为 T – 相（四方相），保持有高的 Y_2O_3 含量，这种 T – 相定名为 Nontransformable Tetragonal 相，记作 T′ – 相。等离子喷涂 4.52YSZ 得到的涂层主要是 T′ – 相（高于80%），在高温（873K 以上）长时发生向有较高 Y_2O_3 含量的 c – 相和有较低 Y_2O_3 含量的 T – 相的转变，后者在 873K 长时转变为 M – 相，伴随体积变化和应力，甚至导致涂层的剥落。等离子喷涂有利于促进介稳相的形成[78~80]。即使在粉末中含有单斜相（m – 相），喷涂的涂层在大多数情况下由四方相（t – 相）和立方相（c – 相）组成。

4.52%（摩尔分数）Y_2O_3 的 YSZ 的弹性模量为 29GPa，1000℃ 时的热导率为（2.15 ± 0.05）W/（m·K），室温至1000℃的热胀系数：$10.7 \times 10^{-6}/℃$ [72]。

有文献给出对于 $ZrO_2 - Y_2O_3$ 的 Y_2O_3 稳定氧化锆在 200 ~ 1000℃ 热导率为（2.3 ± 0.1）W/（m·K），线膨胀系数：$10.7 \times 10^{-6}/℃$ [72,73]，与镍基合金相近的线膨胀系数（$10.3 \times 10^{-6}/℃$）相近，最高使用温度可达 1500℃。适于作热障涂层材料。

Y_2O_3 含量为12%（摩尔分数）时得到完全稳定的氧化锆，用于固体氧化物燃料电池（SOFC）的固态电解质层，可用热喷涂工艺制作。这种涂层也可用于制作氧传感器。

Y_2O_3 稳定氧化锆在室温至500℃有高的电阻率（$>10^{10}Ω·cm$）；

高温下具有氧离子导电特性，是制作固体氧化物燃料电池（SOFC）的电解质的重要材料。

提高 Y_2O_3 稳定氧化锆陶瓷涂层的纯度有利于提高涂层的使用温度和使用寿命。通常 YSZ 涂层中含有 Al_2O_3 和 SiO_2 等杂质，它们的存在将降低 Y_2O_3 稳定氧化锆陶瓷的烧结温度，但降低四方相和立方相的稳定性，降低涂层的使用温度和使用寿命。

近期研究给出用等离子喷涂纳米 Al_2O_3 增强 Y_2O_3 稳定氧化锆陶瓷涂层可改善涂层的力学性能。涂层的横截面纳米压印（nanoindentation）试验结果表明：与常规 Y_2O_3 稳定氧化锆陶瓷涂层相比，载荷－位移曲线峰值压印载荷提高一倍多，硬度提高 50%，弹性模量提高 35%，蠕变抗力提高 122%。

Y_2O_3 稳定氧化锆陶瓷涂层的氧离子电导特性将促进高温下氧渗入、穿透涂层，导致间界面的氧化。用 Y_2O_3 稳定 $ZrO_2 - Al_2O_3$ 复合梯度涂层有利于阻止高温下氧的渗入，阻止氧的扩散，提高涂层的腐蚀保护能力，且可改善涂层的结合。

粉末的纯度对涂层的性能的影响。对于 Y_2O_3 稳定 ZrO_2 涂层，杂质 SiO_2 和 Al_2O_3 因其促进 YSZ 陶瓷的烧结作用，对涂层的性能有较大的影响：一是涂层高温（如 1400℃）停留时发生 SiO_2 和 Al_2O_3 的偏聚，形成低熔点相，促进烧结，提高涂层高温停留后的弹性模量，从而增高高温停留后的残余应力；二是由于高温停留时发生烧结，涂层孔隙和裂纹减少，导热性提高，热障效果下降；三是杂质元素进入晶格，促进 Zr 和 Y 的扩散降低相稳定性，如：含有 0.2% Al_2O_3 和含有 0.18% SiO_2 的涂层经 1400℃ 保温 100h 后明显出现 m－相（前者 m－相 5%，后者 10%），而高纯 YSZ 涂层 m－相很少；以上几点的综合作用，降低涂层的热循环寿命。

②$ZrO_2 - Y_2O_3 - CeO_2$。在 Y_2O_3 稳定氧化锆陶瓷喷涂材料中加入一定量的 CeO_2 将进一步提高涂层的热障效果和抗热振性能。

铈是一种高活性变价稀土元素，铈的氧化物常见的有 Ce_2O_3 和 CeO_2。在 Ce_2O_3 与 CeO_2 之间存在很多变价氧化物物相，均不稳定。

Ce_2O_3 具有稀土倍半氧化物的六方结构。熔点 2210℃。沸点 3730℃。对空气敏感。稀土倍半氧化物不耐酸而耐碱，在有还原剂存在时可溶于硫酸。

CeO_2 是最重要的、具有代表性的铈的氧化物。具有萤石（立方）结构。黄色固体（纯品为白色）。密度：通常给出为 $7.13g/cm^3$（有资料给出 $7.65g/cm^3$、$7.215g/cm^3$），熔点 $2600℃$，不溶于水，难溶于硫酸、硝酸。在空气中加热铈、氢氧化铈（Ⅲ）或草酸铈（Ⅲ）均可制得 CeO_2。CeO_2 在低温、低压下形成缺氧化物相，例如 Ce_nO_{2n-2}（$n=4$，6，7，9，10，11），通常呈蓝色。Ce_6O_{11}，蓝色固体。Ce_7O_{12}，在 CeO_2 晶胞结构基础上短缺七分之一的氧，蓝黑色固体，熔点 $1000℃$（分解）。Ce_9O_{16} 暗蓝色固体，熔点 $625℃$（分解）。$Ce_{10}O_{18}$，在 CeO_2 晶胞结构基础上短缺十分之一的氧，暗蓝色固体，熔点 $575 \sim 595℃$（分解）。$Ce_{11}O_{20}$，暗蓝色固体，熔点 $435℃$（分解）。在一氧化碳气氛下，$1250℃$ 温度下加热 CeO_2 和碳粉的混合物可得 Ce_2O_3。它们在半导体材料、高级颜料及感光玻璃的增感剂、汽车尾气的净化器方面有广泛应用。

CeO_2 在还原气氛下的失氧倾向是其诸多功能应用的基础。如在内燃发动机活塞顶部喷涂含有 CeO_2 的陶瓷涂层，在起到耐热保护的同时还促进碳氢化物的氧化燃烧，减少污染排放。

在氧化锆陶瓷中同时加入 Y_2O_3 和 CeO_2，使四方相进一步稳定，几乎不发生 t→m 转变。在 YSZ 中加入 CeO_2，随加入量的增加，热导率下降（有研究给出在不加入 CeO_2 时的 (2.3 ± 0.1) W/（m·K），加入 30%（摩尔分数）CeO_2 时降到 (0.8 ± 0.1) W/（m·K））。等离子喷涂 CeO_2 – YSZ 涂层的线膨胀系数较 YSZ 涂层有所提高（加入 30%（摩尔分数）CeO_2 时线膨胀系数达 $12 \times 10^{-6}/℃$），与高温合金（如 FeNiCoGH2903 合金 $20 \sim 800℃$ 的热胀系数为 $13 \times 10^{-6}/℃$）的线膨胀系数更接近，有利于减小 TBC 涂层系统的热应力，提高其抗热振性能。

在 YSZ 中加入 CeO_2 还提高涂层的抗硫化腐蚀能力。

③ZrO_2 – Y_2O_3 – Ta_2O_5 系列。如：ZrO_2 – 20%（摩尔分数）$YTaO_4$，ZrO_2 – 16.6%（摩尔分数）Y_2O_3 的 – 16.6%（摩尔分数）Ta_2O_5，有更高的稳定性，到 $1500℃$ 保持四方相，高的耐腐蚀性，热导率为 $1.8 \sim 2.3$ W/（m·K）（$100 \sim 800℃$），线膨胀系数为 $10.5 \times$

$10^{-6}/℃$ （1000℃）。

④Dy_2O_3 部分稳定氧化锆（DyPSZ）陶瓷涂层与 Y_2O_3 稳定氧化锆陶瓷涂层相比有较低的导热性。APS 喷涂 4%（摩尔分数）$Dy_2O_3 - ZrO_2$ 均匀化球形粉涂层尽管有较低的孔隙度（13.1%）与在同样喷涂条件下有较高孔隙度（16.4%）的 Y_2O_3（8%（质量分数））稳定氧化锆 8YPSZ 均匀化球形粉涂层相比在 700~1000℃ 范围内有较低的导热性（热导率：0.71~0.76W/(m·K)，而有较高孔隙度的 8YPSZ 涂层为 0.73~0.81W/(m·K)）。

⑤$La_2Zr_2O_7$。$0.87(La_2O_3) - 2(ZrO_2) ~ 1.15(La_2O_3) - 2(ZrO_2)$，形成 P - 型相，直到熔化（2573K）没有相变，是用作热障涂层的主要原因。其体材 1000℃ 时的热导率为 1.56W/(m·K)，室温至 1000℃ 的线膨胀系数：$(9.1 \times 10^{-6}) ~ (9.7 \times 10^{-6})/℃$ 见表 6-21。

表 6-21 几种稀土 - 氧化锆的物理性能

性 能	4.52YSZ	$La_2Zr_2O_7$	$La_{1.4}Nd_{0.6}$ Zr_2O_7	$Nd_2Zr_2O_7$	$La_2Zr_{1.8}$ $Ta_{0.2}O_7$	$La_{1.92}Ca_{0.08}$ Zr_2O_7
TEC/K^{-1}	11.0×10^{-6}	9.1×10^{-6}	8.7×10^{-6}	9.6×10^{-6}	8.7×10^{-6}	8.8×10^{-6}
$C_p/J·g^{-1}·K^{-1}$	0.64	0.49	0.48	0.45	0.47	0.47
$D/m^{-3}·s^{-1}$	0.58×10^{-6}	0.54×10^{-6}	0.56×10^{-6}	0.88×10^{-6}	0.50×10^{-6}	
$\lambda/W·m^{-1}·K^{-1}$	2.12	1.56	1.53	1.37	1.40	2.30
E/GPa	210	175	93	162	240	203

注：线膨胀系数 TEC、等压热容 C_p、热扩散 D 均是在 1273K 温度下，杨氏模量 E 是在 293K 温度下。

热障涂层的低的导热性不仅取决于涂层材料的本征特性，还与涂层的结构相关，如：涂层的孔隙度、孔的形貌、大小与分布，层结构与裂纹的形貌与分布等由喷涂工艺控制的结构因素。

Y_2O_3 稳定氧化锆陶瓷涂层的氧离子电导特性将促进高温下氧渗入、穿透涂层，导致间界面的氧化。加入氧化铝的 Y_2O_3 稳定 $ZrO_2 - Al_2O_3$ 复合梯度涂层有利于阻止高温下氧的渗入，阻止氧的扩散，提高涂层的腐蚀保护能力，且可改善涂层的结合[69]。

纳米结构改善性能。纳米结构 YSZ 热障涂层与常规 YSZ 热障涂层相比:喷涂贴片间界强度提高,较低的导热性,较高的热膨胀,较高的耐磨性[70,71]。

热喷涂时所用粉末的形貌状态影响粉末的加热、熔化与加速,进而影响涂层的结构,影响涂层的性能。例如分别以相同成分(Y_2O_3 稳定氧化锆)和粒径分布的熔炼凝固破碎的多角形粉、团聚烧结的球形粉、经等离子致密化的球形粉的三种粉经等离子喷涂得到的涂层,其总的孔隙度相近(在 20% ~ 25% 范围)。其中,用等离子致密化的粉末有最高的层间孔隙度,200 ~ 1200℃ 有最低的导热性;熔炼凝固破碎的多角形粉有最高的导热性[67]。

6.4.17 间隙控制可磨密封涂层材料[81~92]

这是一类用于流体(气体或液体)高速旋转机械,如喷气发动机压气机、燃气轮机(gas turbine engine)、气体压缩机等,使旋转叶片和壳体内表面间得到理想流动间隙的涂层[81~83]。现代喷气发动机中,压缩机的效率在很大程度上取决于回转叶片与壳体内表面间的间隙。在机械运转时,有耐磨涂层保护的叶片端部对这种喷涂于壳体内表面的可磨密封涂层的 blading 作用,得到理想间隙,获得最大流体动力压差、低的能耗、高的效率。从而简化气路密封结构设计,提高发动机效率。基于使用目的,对这类涂层除应具有高的化学稳定性、耐高温氧化、耐燃气热腐蚀(喷气发动机压缩机低压段温度低于400℃,中压:400 ~ 700℃,高压:760 ~ 1150℃)、耐冲蚀(高温燃气流速可达 700m/s 以上,涂层将经受高温高速气流冲蚀),涂层与基体有较高的结合强度外,还有以下要求:

(1)较低的硬度,易刮削,得到光滑的刮削面,不损伤叶片。硬度通常在 40 ~ 90 HR15Y,随叶片材料的不同对涂层硬度要求略有差异,如钛合金叶片,涂层硬度不超过 70HR15Y;合金钢叶片,涂层硬度不超过 75HR15Y;超合金叶片,涂层硬度不超过 80HR15Y。

(2)涂层有较高的孔隙率。一般在 20% ~ 30%,有较好的抗热震和隔热性能。(HR15Y 硬度测量按 ASTM E18 标准进行,用直径12.5mm 的钢球,15kg 的载荷)这类涂层要兼顾耐冲蚀磨损和可磨性。对于工作在815℃温度以下的这类涂层，通常是由金属合金、自润滑非金属相和孔隙构成的复合材料。对于更高温度下使用的涂层，主要是复合陶瓷涂层[82]，这时的叶片顶端也要加强，以能切削复合陶瓷涂层，得到理想间隙。

为得到这类相对较"松"的涂层，通常用大气等离子喷涂或常规火焰喷涂，使用的粉末有：

1) 铝硅合金-石墨复合粉。典型成分（质量分数）：Al 57%、Si 8%、石墨35%。粉末粒径-125～+15μm。火焰喷涂这种粉末涂层的硬度50HR15Y，显微组织特征为连续的铝硅合金基体上均匀分布石墨和孔隙，其体积比率分别为：铝硅合金基体65%、石墨10%、孔隙25%。使用温度范围315～480℃。与镍包石墨涂层相比，更适用于钛合金叶片，且有较高的耐冲蚀磨损性能。与铝合金-聚酯涂层相比能在较高温度下工作，且能防止铝向钛合金叶片的黏附转移。

2) 镍包石墨粉。成分（质量分数）有Ni 75%、石墨25%（相应的商品牌号有Metco307NS）和Ni 85%、石墨15%（相应的商品牌号有Metco308NS, 309NS）。粉末粒径在-90～+30μm或-90～+20μm范围，熔点约1455℃。根据用户要求又有细分，如Metco307NS适合于P.-W.公司的PWA1352-1规范，Metco307NS-1适合于Rolls-Royce公司的MSRR9507/12规范，Metco307NS-2适合于Rolls-Royce公司的MSRR9507/6规范，Metco308NS适合于P.-W.公司的PWA1352-2规范，Metco309NS-3适合于G.E.公司的B50172-A规范，等。

火焰喷涂Ni 75%、石墨25%粉末涂层硬度（40±10）HR15Y，涂层组织中Ni占50%（体积），石墨占25%，孔隙率25%。火焰喷涂Ni 85%/石墨15%粉末涂层硬度（60±10）HR15Y，涂层组织中Ni占70%（体积）、石墨占15%、孔隙率15%。涂层的最高使用温度为480℃。

3) 铝青铜-hBN粉。成分（质量分数）：铝青铜90%±5%、hBN 10%±5%。粉末粒径在-125～+10μm或-75～+10μm范围，铝青铜熔点约1040℃。典型成分（质量分数）：铝青铜93%，hBN 7%。火焰喷涂这种涂层的硬度65HR15Y，显微组织特征为连续的铝青铜合金基体上均匀分布 hBN 和孔隙，其体积比分别为：55%～60%、20%～25% 和 10%～15%。使用温度范围 450～700℃。在摩擦对偶是镍基合金时使用这种材料涂层取代镍基涂层可避免 Ni - Ni 相容、涂层转移，有较好的抗咬合、抗擦伤特性。

4）镍基合金 - hBN 粉。成分（质量分数）：Al 3.5%、Cr 14%、Fe 8%、hBN 5.5%，其余为 Ni。粉末粒径在 - 125～+ 10μm。涂层的最高工作温度为 815℃。与上列几种材料涂层相比，镍基合金 - hBN 涂层的抗冲蚀和耐磨损性能最好。

5）铝硅合金 - hBN 粉和铝硅合金 - hBN - 聚酯复合粉。等离子喷涂这种材料涂层的最高工作温度为 450℃。适用于钛合金叶片。叶片不发生磨损，仅有铝硅合金很少的黏附转移。商品牌号有 Sulzer Innotec Metco 公司的 XPT339。应指出的是铝硅 - hBN 涂层的热冲击抗力较其他间隙控制可磨密封涂层材料的热喷涂涂层低，且等离子喷涂枪和喷涂参数对涂层的抗热冲击性能有较大影响。

Sulzer Metco 公司开发了几种可工作在较高温度的间隙控制可磨密封涂层材料[86]：

MCrAlY - hBN - 聚酯复合粉（M 为 Co 和/或 Ni）。等离子喷涂这种材料涂层，随等离子喷涂参数的不同，涂层的硬度在 65～85 HR15Y 之间，适应于不同材料的叶片。商品牌号有 Sulzer Innotec Metco 公司的 AMDRY2041，Sulzer Metco2043。CoCrAlY - hBN - 聚酯复合粉可磨间隙涂层适用于未经处理的 Inconel 合金和合金钢叶片（工作温度 750℃）相对经处理的 Inconel 合金和合金钢叶片工作温度可达 850℃。还有 NiCrAl - hBN - 聚酯复合粉（商品牌号为 Sulzer Innotec Metco 公司的 AE7483）。YSZ（$ZrO_2 - Y_2O_3$）- hBN - 聚酯复合粉，用等离子喷涂并经后处理，这种材料涂层有 25% 的孔隙率，可用 SiC 磨料磨削，叶片高速旋转时可提高这种材料涂层的可磨性。

Westaim Ambeon 公司开发了用于工业燃气轮机，火焰喷涂可磨密封涂层材料 Durabrad[TM]2413 系列 NiCr 合金包覆陶瓷复合粉。这类粉末涂层在直到 700℃ 的高温长时（达 1000h）保持硬度不变（约 50 HR15Y），有好的抗氧化、抗冲蚀性能[88]。

近几年，欧盟国家的院校与公司合作在欧盟项目（FP5 Growth Program）资助下，研发了 Ni5Cr5Al 包 hBN 和（（Ni5Cr5Al 包 hBN）+聚酯）粉末用于喷气发动机压缩机的可磨密封涂层。用大气等离子喷涂 Ni5Cr5Al 包 hBN，含 20%（质量分数）hBN 的粉末（A）时，涂层喷涂态硬度 60HR15Y；含 10%（质量分数）hBN 的粉末（B）的涂层喷涂态硬度高于 83HR15Y。粉末（B）有更高的抗冲蚀磨损特性。粉末（A）基础上再加入 10%（质量分数）聚酯的复合粉，喷涂态硬度 50HR15Y，500℃ -3h 热处理后硬度 10 ~ 15HR15Y。粉末（B）加入 10%（质量分数）聚酯的复合粉，喷涂 - 热处理后硬度 31 ~ 35 HR15Y。用火焰喷涂，涂层有更低的硬度。这类涂层相对于 Ti829 合金叶片做可磨密封实验，取得较好的结果[89]。P. Fiala 等研究在 Hastelloy X 合金基体上火焰喷涂 Durabrade™ 2614（Ni5Cr5Al 合金基体加陶瓷粉的复合粉）的可磨密封涂层，喷涂态硬度为 15HR15Y，在 550℃ 时效 500h 后硬度上升到 25 ~ 28HR15Y，继续时效至 8030h 硬度始终保持在 25 ~ 30HR15Y 范围。且有好的抗冲蚀磨损性能。

近期加拿大国家研究中心的学者研究等离子喷涂有纳米结构的 $ZrO_2 - 7\% Y_2O_3$（YSZ）粉末（Nanox S4007），调控喷涂参数，涂层中有 30% 的未熔粉，可磨试验表明有较好的结果，可作为高温间隙控制可磨密封涂层的候选材料[90]。

随着发动机、压缩机和各类动密封系统工作温度、速度的提高以及介质的不同，对间隙控制可磨密封涂层材料还将提出更高的要求。这类涂层材料 - 工艺技术研究，仍为各国所关注。

6.4.18　准晶合金[93~97]

这是一类有二十面体为基的对称点群（包含有五重轴）结构的合金，准晶没有周期性，其有序性比非晶态高，具有长程准周期平移序。典型结构 Penruse 拼砌花样见图 6 -9。

Al 基合金准晶（Quasi - Crystals）。包括 AlFeCrCu，AlFeCuB，AlFeCoCr，AlNiCoSi 系等 Al 基合金准晶粉末或棒材可用于热喷涂。

Al 基准晶合金材料及其涂层有以下特性[93~95]：

（1）低的表面能。30mJ/m²，仅比聚合物 PTFE（25mJ/m²）略高。

（2）对于金属材料对偶干摩擦情况下有低的摩擦系数。

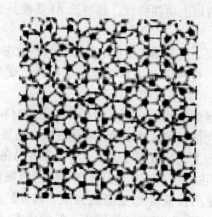

图6-9 典型 Penruse 拼砌花样

（3）有较高的硬度。等离子喷涂涂层硬度为400HV以上；HVOF喷涂态有较高的致密度，有更高的硬度；如AlNiCoSi系合金等离子喷涂涂层硬度为559HV，HVOF喷涂涂层577HV（烧结态硬度达600HV）；低的表面能与较高的硬度相结合保证涂层有减摩-耐磨特性，摩擦特性优于相近成分的常规合金，但不如陶瓷涂层；对于等离子喷涂AlCuFe涂层随参数变化可使涂层得不同的准晶相含量，随准晶相含量增多，涂层硬度升高（尽管孔隙度有所上升）；涂层厚度超过0.1mm后，再增加涂层厚度，结合强度下降。

（4）低的导热性。热导系数$2W/(m \cdot K)$，可用作热障涂层。

（5）低的导电性。电阻系数$400 \sim 600\mu\Omega \cdot cm$，比铜高两个数量级。

（6）高的红外吸收能力：宽的红外波长范围（$2.5 \sim 10\mu m$）有较高的红外吸收系数（60%~75%）。

（7）好的抗氧化性能。

有关热喷涂工艺对涂层组织性能的研究表明，喷涂工艺方法和参数影响涂层中准晶相含量，进而影响性能。如：对于等离子喷涂Al-CuFe涂层随参数变化可使涂层得不同的准晶相含量，随准晶相含量增多，涂层硬度升高（尽管孔隙度有所上升）；涂层厚度超过0.1mm后，再增加涂层厚度，结合强度下降[97]。

由于同时具有以上功能特性，热喷涂 Al 基准晶合金涂层将有广泛的应用前景。

有关热障涂层、纳米结构涂层、高分子材料涂层、各种特定物理化学性能功能涂层材料以及生物功能涂层材料已在本书第 7 章予以论述。

随热喷涂技术的发展会有更多的各种功能的材料可用于热喷涂，满足各种性能、功能需求。热喷涂材料的发展也拓展了热喷涂技术的应用领域。材料与工艺两者相互促进。各国学者仍在致力于研发具有好的工艺性（使用方便、高的沉积效率、低的能源消耗、工艺操作简便等）、高的使用性能（如更高的强度、韧性、耐磨、耐蚀、耐热、高的结合强度等）、资源可持续化、低的成本（低的材料成本、低的制作工艺成本）的热喷涂材料。

参考文献

[1] ISO. ISO 14919 – 2001: Thermal spraying – wires, rods and cords for flame and arc spraying – classification – technical supply conditions. 2001.

[2] ISO. ISO 14232 – 2000 (E): Thermal spraying – powders – composition – technical supply conditions. 2000.

[3] Ren C L, Wei Q, Fang J F, et al. Study on corrosion resistance properties of Al – based coating prepared by arc spraying [C] Marple B R, Hyland M M, Lau Y C, et al. Proc. ITSC'2007, Thermal Spray 2007: Global Coating Solutions. Materials Park, Ohio, USA: ASM International. 2007: 354 ~ 359.

[4] Liu Y, Zhu Z X, Ma J, et al. Effects of rare – earth metal on microstructure and corrosion resistance of arc – sprayed Zn – Al – Mg coating [C] Lugscheider E. Proc. ITSC'2005, Thermal Spray connects: Explore its surfacing potential. Basel, Switzerland: ASM International. 2005, (CD): 1468 ~ 1472.

[5] Guillen D, Williams B G. Oxidation behavior of in – flight molten aluminum droplets in the twin – wire electric arc thermal spray process [C] Lugscheider E. Proc. ITSC'2005, Thermal Spray connects, Explore its surfacing potential. Basel, Switzerland: ASM International. 2005, (CD): 1150 ~ 1154.

[6] Xu B S, Zhu Z X, Ma S N, Zhang W. Sliding wear behavior of Fe – Al and Fe – Al/WC coatings prepared by high velocity arc spraying [J]. Wear, 2004, 257 (11): 1089 ~ 1095.

[7] Dallaire S, Levert H. Surf. Coat Technol., 1992, 50: 241 ~ 248.

[8] Fang J J, Li Z X, Qian M, et al. Effects of powder size in cored wire on arc – sprayed metal – ceramic coatings [C] Marple B R, Hyland M M, Lau Y C, et al. Proc. ITSC'2007, Thermal Spray 2007: Global Coating Solutions. Materials Park, Ohio, USA: ASM International. 2007: 310 ~ 365.

[9] Sacriste D, Goubot N, Dhers J, et al. J. Thermal Spray Techn. , 2001, 10 (2): 352 ~358.

[10] Barbezat G. Coating deposition of bearing materials on connecting rod by thermal spraying [C] Lugscheider E. Proc. ITSC'2005 , Thermal Spray connects: Explore its surfacing potential. Basel, Switzerland: ASM International, 2005, (CD): 642 ~647.

[11] 孙家枢. 硅化物－镍铁合金 TiC 金属陶瓷的制备、组织结构与性能 [J]. 硅酸盐学报, 2003, 31 (7): 645 ~649.

[12] 孙家枢. 金属的磨损 [M]. 北京: 冶金工业出版社, 1992.

[13] Fan X, Guo J, Dignard N, et al. Powder densification and spheroidization using induction plasma technology [C] Moreau C, Marple B. Proc. ITSC'2003, Thermal Spray 2003: Advancing the Science & Applying the Technology. Materials Park, Ohio, USA: ASM International. 2003: 1075 ~ 1079.

[14] Stanford M K, DellaCorte C. J. Therm. Spray Tech. , 2006, 15 (1): 33 ~36.

[15] Morks M F, Shoeib A, Tsunekawa Y, et al. Effect of particle size and spray distance on the features of plasma sprayed cast iron [C] Moreau C, Marple B. Proc. ITSC'2003 Thermal Spray 2003: Advancing the Science & Applying the Technology. Materials Park, Ohio, USA: ASM International. 2003: 1081 ~1085.

[16] Yin Z L, Tao S Y, Zhou X M, et al. Influence of particle size on microstructure and properties of Al_2O_3 coatings deposited by plasma spraying [C] Marple B R, Hyland M M, Lau Y C. Proc. ITSC'2007, Thermal Spray 2007: Global Coating Solutions. Materials Park, Ohio, USA: ASM International. 2007: 996 ~ 1000.

[17] Männikkö U, Määttä A, Vuoristo P, et al. Preparation and characterization of powders and coatings containing solid lubricants [C] Moreau C, Marple B. Proc. ITSC'2003 , Thermal Spray 2003: Advancing the Science & Applying the Technology. Materials Park, Ohio, USA: ASM International. 2003: 243 ~248.

[18] Li J F. Mater. Sci. Eng. (A), 2005, 394A (1 –2): 229 ~247.

[19] Kim J H, Babushok V I, Germer T A, et al. J. Mater. Research, 2003, 18 (7): 1614 ~1622.

[20] Svantesson J, Wigren J. J. Thermal Spray Tech. , 1992, 1 (1): 65 ~70.

[21] Bolot R, Li J, Bonnet R, et al. Modeling of the substrate temperature evolution during the APS thermal spray process [C] Moreau C, Marple B. Proc. Thermal Spray 2003: Advancing the Science & Applying the Technology. Materials Park, Ohio, USA: ASM International. 2003: 949 ~954.

[22] Boussagol A, Nylen P. A comparative study between two different process models of atmos-

pheric plasma spraying [C] Lugscheider E. Proc. ITSC'2002, Internationnal Thermal Spray Conference. Materials Park, Ohio, USA: ASM International. 2002: 710~715.

[23] Itsunaichi T, Osawa S, Ahmed R. Influence of powder size and strength on HVOF spraying – mapping the onset of spitting [C] Moreau C, Marple B. Proced. ITSC'2003, Proc. Thermal Spray 2003: Advancing the Science & Applying the Technology. Materials Park, Ohio, USA: ASM International. 2003: 810~824.

[24] Otmianowski T, Zórawski W, Kielce P L, et al. Investigation of the structure of plasma and HVOF sprayed composite coatings [C] Lugscheider E. Proc. ITSC'2005, Thermal Spray connects, Explore its surfacing potential. Basel, Switzerland: ASM International. 2005, (CD): 1485~1488.

[25] Diez P, Smith R W. Journal of Thermal Spray Technology, 1993, 2 (2): 165~172.

[26] Li Chang – Jiu, Wang Yu – Yue. J. Thermal Spray Tech., 2002, 11 (4): 523~529.

[27] Svantesson J, Wigren J. Journal of Thermal Spray Technology, 1992, 1 (1): 65~70.

[28] Meetham G W. J. Vac. Sci. Technol., 1985, A3 (6): 2509~2515.

[29] 孙家枢. 用于发动机的陶瓷涂层 [J]. 材料保护, 1988, 21 (2): 4~9.

[30] 孙家枢. Ni – 20Cr – Si 和 Ni – 20Cr – Si – Al 合金在1200℃空气中的氧化行为 [J]. 中国腐蚀与防护学报, 1993, 13 (3): 53~58.

[31] Belzunce F J, Higuera V, Poveda S, et al. High temperature oxidation of HFPD thermal – sprayed MCrAlY coatings in simulated gas turbine environments [J]. J. Thermal Spray Tech., 2002, 11 (4): 461~467.

[32] Branagan D J, Marshall M C, Meacham B E. Formation of nanoscale composite coatings via HVOF and wire – arc spraying [C] Lugscheider E. Proc. ITSC'2005, Thermal Spray connects, Explore its surfacing potential. Basel, Switzerland: ASM International, 2005, (CD): 908~913.

[33] Wielage B, Wank A, Pokmurska H, et al. HVOF sprayed high chromium and high vanadium containing iron based hard coatings for combined abrasive wear and corrosion protection [C] Lugscheider E. Proc. ITSC'2005, Thermal Spray connects, Explore its surfacing potential. Basel, Switzerland: ASM International, 2005, (CD): 887~891.

[34] He D Y, Jiang J M, Yan Y Q, et al. Influence of Rare Earth Elements on the Corrosion Resistance of Fe – Cr – Ni Thermal Sprayed Coatings [C] Moreau C, Marple B. Proc. ITSC'2003, Proc. Thermal Spray 2003: Advancing the Science & Applying the Technology. Materials Park, Ohio, USA: ASM International. 2003, (CD): 269~271.

[35] Jawwad A, Al – Bashir A. Statistical modeling of thermal spray welding of steel – shaft materials for wear resistance [C] Lugscheider E. Proc. ITSC'2005, Thermal Spray connects, Explore its surfacing potential. Basel, Switzerland: ASM International, 2005, (CD): 892~895.

[36] Li C J, Li C X, Yang G J, et al. Marple B, Hyland M, Lau Y C. Proc. ITSC'2006, Pro-

ceeding of the 2006 international Thermal Spray Conference. 2006.

[37] Sato K, Ibe H, Mizuno H, et al. Formation of WC/12% Co coatings by high velocity oxygen – fuel spraying with high wear resistance and lower surface roughness [C] Marple B, Hyland M, Lau Y C. Proc. ITSC'2007, Thermal Spray 2007: Global Coating Solutions. Materials Park, Ohio, USA: ASM International. 2007: 1125 ~1128,

[38] Zimmermann S, Keller H, Schwier G. New carbide based materials for HVOF spraying [C] Moreau C, Marple B. Proc. ITSC'2003, Proc. Thermal Spray 2003: Advancing the Science & Applying the Technology. Materials Park, Ohio, USA: ASM International. 2003: 227 ~232.

[39] Zieris R, Berger L M, Schulz I, et al. Investigation of ceramic and hardmetal coatings in an oscillating sliding wear test [C] Lugscheider E. Proc. ITSC'2005, Thermal Spray connects, Explore its surfacing potential. Basel, Switzerland: ASM International. 2005, (CD): 860 ~867.

[40] Yasunari Ishikawa, Seiji Kuroda, Jin Kawakita, et al. Sliding wear properties of HVOF sprayed WC – 20% Cr_3C_2 – 7% Ni cermet coatings [J]. Surface & Coatings Technology, 2007, 201: 4718 ~4727.

[41] Bouaricha S, Legoux J G, Marple B R. Boucherville/CDN HVOF coatings properties of the newly thermal spray composition WC – WB – Co [C] Lugscheider E. Proc. ITSC'2005, Thermal Spray connects, Explore its surfacing potential. Basel, Switzerland: ASM International, 2005, (CD): 981 ~986.

[42] Berger L M, Thiele S, Vuoristo P, et al. Titanium carbide – based powders and coatings – compositions, processability and properties [C] Lugscheider E. Proc. ITSC'2002, Internationnal Thermal Spray Conference. Materials Park, Ohio, USA: ASM International. 2002. 723 ~732.

[43] Berger L M, Zimmermann S, Keller H, et al. Microstructure and properties of HVOF – Sprayed TiC – based coatings [C] Moreau C, Marple B. Proc. ITSC'2003, Proc. Thermal Spray 2003: Advancing the Science & Applying the Technology. Materials Park, Ohio, USA: ASM International. 2003: 793 ~799.

[44] Berger L M, Woydt M, Zimmermann S, et al. Tribological behavior of HVOF – sprayed Cr_3C_2 – NiCr and TiC – based coatings under high – temperature dry sliding conditions [C]. Proc. ITSC'2004 Conf. Proc. Int. Thermal Spray Conf. & Exhibition ITSC, 2004.

[45] Jarosinski W J C, Temples L B. Corrosion – Resistant Powder and Coating. CA: Praxair S. T. Technology, Inc. 2007.

[46] Mohanty M, Smith R W. J. Therm. Spray. Technol., 1995, 4 (4): 384 ~394.

[47] Gawne D T, Qiu Z, Bao Y, et al. J. Therm. Spray Techn., 2001, 10 (4): 599 ~603.

[48] Miller R A. Surface and Coating Techn., 1987, 30 (1): 1 ~11.

[49] 孙家枢. 等离子喷涂陶瓷涂层的性能、失效机理和寿命预测 [J]. 材料保护, 1990,

23 (1 – 2): 108 ~ 111.

[50] Sun Jiashu. Effects of laser melting on structure characters and erosion resistance of plasma sprayed ceramic coatings [J]. Physical Phenomena, 1990, 157: 485 ~ 490.

[51] Lima R S, Bergmann C P. Bendt C C. Proc. 9th National Thermal Spray Conference. 1996, 765 ~ 771.

[52] Stahr C C, Saaro S, Berger L M, et al. Marple B R, Hyland M M, Lau Y C. Proc. ITSC'2007, Thermal Spray 2007: Global Coating Solutions. Materials Park, Ohio, USA: ASM International. 2007: 489 ~ 494.

[53] Dearnlet P A, Panagopoulos K. Proc. ITSC'2003, Thermal Spray 2003: Advancing the Science & Applying the Technology. Materials Park, Ohio, USA: ASM International. 2003: 311 ~ 315.

[54] Leblanc L. Moreau C, Marple B. Proc. ITSC'2003, Thermal Spray 2003: Advancing the Science & Applying the Technology. Materials Park, Ohio, USA: ASM International. 2003: 291 ~ 299.

[55] Nieml K, Rekola S, Vuoristo P, et al. Moreau C, Marple B. Proc. ITSC'2003, Thermal Spray 2003: Advancing the Science & Applying the Technology. Materials Park, Ohio, USA: ASM International. 2003: 233 ~ 236.

[56] Cipri F, Bartuli C, Valente T, et al. Marple B R, Hyland M M, Lau Y C. Proc. ITSC'2007, Thermal Spray 2007: Global Coating Solutions. Materials Park, Ohio, USA: ASM International. 2007: 507 ~ 512.

[57] Dubský J, Řídký V, Kolman B J, et al. Properties of plasma sprayed alumina – chromia mixtures [C/CD]. Proc. ITSC'2004, Conf. Proc. Int. Thermal Spray Conf. & Exhibition ITSC 2004.

[58] Chraska T, Neufuss K, Dubsky J, et al. Lugscheider E. Proc. ITSC'2005, Thermal Spray Connects: Explore its Surfacing Potential. Duesseldorf, Germany: DVS – Verlag GmbH. 2005: 830 ~ 835.

[59] Turunen E, Varis T, Keskinen J, et al. [C] Marple B R, Hyland M M, Lau Y C, et al. Proc. ITSC'2006, Building on 100 Years of Success: Proceedings of the 2006 International Thermal Spray Conference. Materials Park, OH, USA: ASM International. 2006.

[60] Costil S, Lukat S, Verdy C, et al. Journal of Thermal Spray Technology, 2010, 20 (1 – 2): 68 ~ 75.

[61] Frodelius J, Senestedt M, Bjiorklund S, et al. TiAlC coatings deposited by HVOF spraying [J]. Surface Coatings Techn., 2008, 202 (11): 5976 ~ 5981.

[62] 钦征骑. 新型陶瓷材料手册 [M]. 南京: 江苏科学技术出版社, 1996.

[63] Matthews S, Hyland M, James B. long – term carbide development in high – velocity oxygen fuel/high – velocity air fuel Cr_3C_2 – NiCr coatings heat treated at 900℃ [J]. Journal of Thermal Spray Technology, 2004, 13 (4): 526 ~ 536.

[64] He D Y, Zhang F Y, Jiang J M, et al. Study on iron based arc spraying cored wire with TiC ceramic powders [C] Marple B R, Hyland M M, Lau Y C, et al. Proc. ITSC'2007, Thermal Spray 2007: Global Coating Solutions. Materials Park, Ohio, USA: ASM International. 2007: 1145 ~ 1148.

[65] 孙家枢, 等. 激光熔凝过共析 ZrO_2 - MgO 快离子导体 [J]. 科学通报, 1995, (10): 954 ~955.

[66] Zhao W M, Wang J, Zhai C S, et al. Marple B R, Hyland M M, Lau Y C, et al. Proc. ITSC'2006, Building on 100 Years of Success: Proceedings of the 2006 International Thermal Spray Conference. Materials Park, OH, USA: ASM International. 2006.

[67] Chi W, Sampath S, Wang H. Marple B R, Hyland M M, Lau Y C, et al. Proc. ITSC' 2006, Building on 100 Years of Success: Proceedings of the 2006 International Thermal Spray Conference. Materials Park, OH, USA: ASM International. 2006.

[68] Markocsan N, Nylen P, Wigren J. Marple B R, Hyland M M, Lau Y C, et al. Proc. ITSC' 2006, Building on 100 Years of Success: Proceedings of the 2006 International Thermal Spray Conference. Materials Park, OH, USA: ASM International. 2006.

[69] Kobayashi A, Zhang J. Marple B R, Hyland M M, Lau Y C, et al. Proc. ITSC'2006, Building on 100 Years of Success: Proceedings of the 2006 International Thermal Spray Conference. Materials Park, OH, USA: ASM International. 2006.

[70] Lima R S, Kucuk A, Berndt C C. Eval. Microhad. E. of TS nanostructured ZrO coatings [J]. Surf. Coating Techn., 2001, 135 (1): 166 ~ 172.

[71] Soltani R, Coyle T W, Mostaghimi J. Moreau C, Marple B. Proc. ITSC'2003, Thermal Spray 2003: Advancing the Science & Applying the Technology. Materials Park, Ohio, USA: ASM International. 2003.

[72] Zhang C, Liao H, Li W Y, et al. Moreau C, Marple B. Proc. ITSC'2006, Building on 100 Years of Success: Proceedings of the 2006 International Thermal Spray Conference. Materials Park, Ohio, USA: ASM International. 2006.

[73] Mevrel R, Larzet J S, Azzopardi A. J. Eur. Ceram. Soc., 2004, 24: 3081 ~3086.

[74] Adorms J W, Nakamura H H. J. Am. Ceram. Soc., 1985, 68 (8): 228 ~232.

[75] Raghavan S, Wang H, Dimwiddie R B. J. Am. Ceram. Soc., 2004, 87 (3): 431 ~435.

[76] Pitek F M, Levi C G. Surf. Coating Techn., 2007, 201 (12): 6044 ~6050.

[77] Cao Xueqiang. Application of rare earths in thermal barrier coating materials [J]. J. Mater. Sci. Technol., 2007. 23 (1): 15 ~24.

[78] Xie L, Dorfman M R, Cipitria A, et al. Marple B R, Hyland M M, Lau Y C, et al. Proc. ITSC'2007, Thermal Spray 2007: Global Coating Solutions. Materials Park, Ohio, USA: ASM International. 2007: 423 ~427.

[79] McPherson R. Surf. Coat. Technol., 1989, 39 ~40 (1 –3): 173 ~181.

[80] Brandon J R, Taylor R. Surf. Coat. Technol., 1991, 46 (1): 75 ~90.

[81] Meetham G W. Coating requirements in gas turbine engines [J]. J. Vac. Sci. Technol., 1986, A3 (6): 2509~2515.

[82] Ghasripoor F, Schmid R, Dorfman M. Abradable coating increase gas turbine efficiency [J]. Materials World, 1997, 5 (6): 328~330.

[83] Dorfman M R, Nonni M, Mallon J, et al. Proc. ITSC'2004, Thermal Spray Solutions – Advances in Technology and Application. Duesseldorf, Germany: DVS – Verlag GmbH. 2005.

[84] Li S, Langlade – Bomba C, Treheux D, et al. Coddet C. Procedings 15th ITSC'1998 (Nice, France), Thermal Spray: Meeting the Challenges of the 21st Century. Materials Park, OH, USA: ASM International. 1998: 293~298.

[85] Clegg M A, Mehta M H. NiCrAl/Bentonite themalspray powder for high temperature abradable seals [J]. Surf. Coat. Technol., 1988, 34 (1): 69~77.

[86] Schmid R K, Rangaswamy S. Abradable seal coating from ambient to 1350℃. Procedings ITSC'95. 1995: 1023~1026.

[87] Hopkins N P. Proc. ITSC'2004, Thermal Spray Solutions – Advances in Technology and Application. Duesseldorf, Germany: DVS – Verlag GmbH. 2005: 274~279.

[88] Hajmrie K, Fiala P, Chilkowich A P, et al. [C] Moreau C, Marple B. Proc. ITSC'2003, Advancing the Science & Applying the Technology. Materials Park, Ohio, USA: ASM International. 2003: 735~740.

[89] Bobzin K, Lugscheider E, Zwick J, et al. Microstructure and properties of new adradable seal coatings for compresser applications [C] Marple B R, Hyland M M, Lau Y C, et al. Proc. ITSC'2006, Building on 100 Years of Success: Proceedings of the 2006 International Thermal Spray Conference. Materials Park, OH, USA: ASM International. 2006.

[90] Lima R S, Marple B R, Dadouche A, et al. Nanostructured Abdable coatings for high temperature applications [C] Marple B R, Hyland M M, Lau Y C, et al. Proc. ITSC'2006, Building on 100 Years of Success: Proceedings of the 2006 International Thermal Spray Conference. Materials Park, OH, USA: ASM International. 2006.

[91] Lugscheider E, Zwick J, Hertter M, et al. Lugscheider E. Proc. ITSC'2005, Thermal Spray connects, Explore its surfacing potential. Basel, Switzerland: ASM International. 2005.

[92] Fiala P, Chikowich A P, Hajmrle K, et al. [C] Lugscheider E. Proc. ITSC'2005, Thermal Spray connects, Explore its surfacing potential. Basel, Switzerland: ASM International. 2005.

[93] Koester U, Liu W, Liebert H, et al. J. Non – Crystal. Sol., 1993, 153~154: 446~452.

[94] Archambault P, Janut C. MRS Bull, 1997, 22 (11): 48~51.

[95] Radiger A, Koester U. Mater. Sci. Eng. A, 2000, 294~296: 890~893.

[96] Fleury E, M. Lee S, Kim J S, et al. Wear, 2003, 253 (9-10): 1057~1069.

[97] Fleury E, M. Lee S, Kim J S, et al. J. Non – Crystal. Sol., 2000, 278 (1-3): 194~204.

[98] Salimijazi H R, Coylel T W, Mostaghimi J, et al. Characterization of vacuum plasma sprayed boron carbide [C]. Proc. ITSC'2004, Thermal Spray Solutions – Advances in Technology and Application. Duesseldorf, Germany: DVS – Verlag GmbH. 2005.

[99] Mizuno H, Aoki I, Tawada S, et al. MoB/CoCr Spraycoating with higher durability in molten Al and Al – Zn alloys [C] Marple B R, Hyland M M, Lau Y C, et al. Proc. ITSC'2006, Building on 100 Years of Success: Proceedings of the 2006 International Thermal Spray Conference. Materials Park, OH, USA: ASM International. 2006.

[100] Hiroaki Mizuno, Junya Kitamura. MoB/CoCr cermet coatings by HVOF spraying against erosion by molten Al – Zn alloy [J]. Journal of Thermal Spray Technology, 2007, 16 (3): 404~413.

[101] Vasude'Van A K. Petrovic J J. Comparative overview of Molybdeum disilicade composites [J]. Mater. Sci. Eng., 1992, A152 – 153: 1~17.

[102] 孙家枢. 耐热耐磨耐高温氧化抗热蚀腐蚀硅化物合金: 中国, ZL. 01 1 03183. 2 [P]. 2001 – 02 – 27 [2004/03/10].

[103] Jha S C, Forster J A. Titanium aluminide foil made from plasma – sprayed preform – extended abstract* [J]. Journal of Thermal Spray Technology, 1995, 4 (1): 23~24.

7 热喷涂功能涂层材料、工艺、特性与应用

7.1 热喷涂塑料涂层[1~12]

塑料是指以高分子量的树脂为主要组分，加入适当添加剂，如增塑剂、稳定剂、阻燃剂、润滑剂、着色剂等，经加工成型的塑性（柔韧性）材料，或固化交联形成的固体材料。塑料随其组成组分的不同而具有一定的强度、韧性、塑性、硬度、耐磨性、减摩与自润滑特性（与金属材料间有低的摩擦系数）、耐腐蚀特性、电绝缘特性、生物相容性等功能与性能特性，在工业上和人们日常生活中被广泛使用。

在热喷涂过程中，塑料原则上不发生分解、无毒、无害不造成环境污染、受热软化或熔化的塑料都可用热喷涂工艺制作塑料涂层。塑料粉末通过专用的火焰喷涂枪使其软化、熔化，并被焰流携带以一定的速度喷射到工件表面上，形成致密的具有某种特定功能与性能的涂层。热喷涂塑料与静电粉末涂装、流态化床涂装相比，具有以下优点：装备所需成本低，不用特制喷涂室、烘房；装备轻便易携带，可现场施工，喷涂不受工件尺寸及形状限制；环境要求低，可在相对湿度100%、低温等环境条件下施工；所用粉末涂料不含溶剂，喷涂后无需干燥养护时间，即喷即用；可在多种材质基体如钢铁、有色金属、混凝土等上喷涂；涂层可修补：对小缺陷部分只要加热表面即可进行修补，大缺陷部分可重新喷涂。

环氧类树脂的环氧基会与人体内的多种基因反应，通常被认为是有毒或者致癌物质。环氧树脂的固化剂大多也是有毒物质。笔者建议慎用或不用。

热喷涂用塑料粉末一般由塑料原料加上改性材料制成。改性材料包括各种填料、颜料、流平剂、增强剂、增韧剂等。通过改性，使塑料粉末容易进行火焰喷涂，使制成的涂层具有所要求的性能、功能和颜色。

　　热喷涂塑料涂层工艺流程：由基体的表面处理→预热→喷涂→检测等工艺流程组成。金属基体的表面处理以喷砂和磷化对火焰喷塑涂层的结合最为有利。工件的预热：不同的塑料粉末和工件的形状、规格，工件的预热温度不同。基于研究和实际应用的经验，喷涂热塑性塑料：工件预热温度为塑料的熔点 ±10℃较为合适；喷涂热固性塑料：工件预热温度为塑料的交联温度 ±10℃。工件厚度小于 3mm 时，工件起始预热温度比热塑性塑料熔点低 10 ~ 20℃；工件厚度大于 3mm 时，工件起始预热温度比热塑性塑料熔点高 10 ~ 20℃。塑料软化点、熔点较低，喷涂用液化石油气 + 空气火焰即可（火焰温度 2200℃，远低于乙炔气 + 氧气火焰的 3150℃）。应当指出，对于大多数塑料均可以冷喷涂/或动力喷涂 [被美国 Inovati 公司称之为 Kinet-icMetallization（KM）的工艺] 制作涂层。下面仅着重介绍几种热喷涂塑料涂层。

7.1.1 聚醚醚酮

　　聚醚醚酮（PEEK）是一种新型的芳香族结晶型耐高温的热塑性工程塑料，具有极其出色的物理、力学性能。具体为：密度 1.32 ~ 1.42g/cm^3，拉伸强度 92 ~ 123MPa，弯曲强度 170 ~ 192MPa，弯曲模量 3.63 ~ 6.67GPa，热变形温度 140 ~ 285℃，电阻（4 × 10^{16}）~（9 × 10^{16}）Ω·cm，介电常数（10^{4}Hz）3.3，吸水率 0.5%。有较高的耐热性，长期工作温度为 250℃，短期耐热可达到 315℃。PEEK 树脂由英国 Victrex 公司于 1977 年开发，至今 Victrex 公司仍是主要供应商。

　　PEEK 有高的耐热性：耐热水性超过聚醚砜（PES）和聚苯硫醚（PPS）是其突出特性，在 80℃的热水中浸泡 800h 后拉抻强度、断裂伸长率基本没有变化；在 200℃蒸汽中，其拉抻强度、质量及外观也不发生显著变化，可长期使用。具有很好的抗交变应力疲劳性、长期耐负荷性、耐磨性、极好的阻燃性（阻燃等级为 UL94V – 0）。PEEK 除可溶于浓硫酸和浓硝酸中变黄外，对其他溶剂均稳定，但若结晶不充分，在丙酮类溶剂中会产生裂纹。

　　PEEK 以其高的综合物理、力学、化学性能在许多领域可以替代金属、陶瓷等传统材料。热喷涂涂层可用于经受高负荷金属结构件与容器的表面耐蚀、耐 200℃ 以下的热蒸汽腐蚀防护涂层，以及经受较高负荷的耐磨减摩涂层。对其进行的热喷涂研究指出，用普通火焰喷涂时，随涂层冷却速度的降低涂层的结晶度提高（从 0% 提高到 36%），相应涂层的硬度和 Young's 模量升高（对应两种结晶度分别为 $10HV_{0.1}$ 和 $16HV_{0.1}$，2.1GPa 和 2.9GPa），由于结晶度的提高，涂层的残余应力也大大升高。涂层的摩擦磨损实验结果表明，在高载低速（0.2m/s）实验情况下，结晶度高的磨损率高；在高载高速（1.4m/s）情况下，结晶度高的磨损率低[5]。热喷涂时应依据涂层的使用工况要求，合理调整工艺参数、控制涂层的冷却速度、控制其结晶度，控制涂层的硬度和耐磨性。用普通火焰喷涂或等离子喷涂因其粉末在高温焰流中被加热时间长而被降解，推荐使用高速空气燃料热喷涂（HVAF）。且用较长的喷涂距离可减少溅射、得较好的盘形贴片，得到致密的涂层[6]。PEEK 可用于各种结构件如：热泵、阀门、轴类、筛板、高交变载荷容器等机械、石油化工构件的表面耐磨减摩耐腐蚀绝缘防护涂层，更适用于铝合金的耐蚀、耐磨减摩涂层。

7.1.2　塑料与金属或陶瓷粉末复合涂层

7.1.2.1　塑料–金属复合粉热喷涂

镍包尼龙粉（PA coated Ni）：含 Ni 60% ~80%（质量分数），涂层硬度 HRA60 ~65，对金属摩擦副有自润滑减摩特性，耐腐蚀。可用于耐蚀减摩涂层。

镍包聚四氟粉（F4 coated Ni）：含 Ni 60% ~80%（质量分数），涂层硬度 HRA60 ~65，对金属摩擦副有自润滑减摩特性，耐腐蚀。用于耐蚀减摩涂层。用于输送化学溶剂、试剂、在化学溶剂或药品溶液中运行的零部件的耐蚀耐磨涂层以及其他减摩涂层。

Al – Si 合金 – 聚苯脂涂层。含 Al 52.0% ~53.0%（质量分数），Si7.0% ~8.0%（质量分数），余为聚苯脂。涂层具有优异的高速减摩自润滑性能，可在 300℃ 下长期使用。可用于内燃机增压器减摩涂层，飞机发动机高速旋转动密封涂层及其他减摩自润滑涂层。

吸波涂层。吸波材料在国防领域飞机、战车的隐蔽方面被广泛应用。磁粉与作为黏结剂的介电材料组成复合材料，用作吸波涂层。
X. Yuan，H. Wang 等用低温高速空气燃料（LTHVAF）喷涂 α - Fe
粉/Nylon - 12 复合材料涂层，结果给出在铝基体上的复合材料涂层
的吸波能力与涂层的成分有关，在 Nylon - 12 含量为 25%，即 α - Fe
含量为 75% 时涂层有最强的吸波能力。[7]

7.1.2.2　塑料 - 陶瓷复合粉末热喷涂

多种塑料 - 陶瓷复合粉，可用热喷涂制作耐蚀、耐磨、减摩涂层。
如以硅砂粉、氧化铝粉等陶瓷粉（粒度在纳米级约 10μm）作为增强相
的塑料 - 陶瓷复合粉，其热喷涂涂层比塑料涂层有较高的耐磨性、较
高的抗擦伤能力。Drexel 大学的 R. Knight 等的研究给出用 HVOF 喷涂
Nylon - 11 + 10%（体积分数）增强相（粒径在 7 ~ 15μm）复合粉的实
验结果指出用多尺度陶瓷粉增强，其涂层抗擦伤性能提高最多。

7.2　热障涂层[13~51]

7.2.1　概述[13~15]

热障涂层系统由 3 层组成（见图 7 - 1，图 7 - 2）。其特性为：

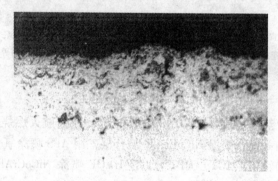

图 7 - 1　热障涂层系统截面形貌
（上层为 YSZ 层面；中层为 MCrAlY 中间结合层；下层为基体）

（1）金属基体，耐热、具有一定的高温强度，构成结构并保证
结构强度，通常是耐热钢或镍基耐热合金；（2）结合打底层，与基
体表面有自黏结合特性，作为陶瓷面层与基体间的过渡层（在线膨

胀系数和弹性模量上起过渡作用），改善涂层与基体的结合，并具有一定的耐热耐氧化抗热腐蚀特性；（3）陶瓷面层，低的导热性、起热障－热绝缘作用，并具有耐热耐腐蚀特性。随热障涂层系统在高温下长时工作，在陶瓷面层和结合层间发生结合层高温氧化，生长形成热生长氧化物（Thermally Grown Oxide，TGO）层。因此，对于高温长时工作的热障涂层系统在考察其寿命和性能变化时，从外向内应考察陶瓷面层、热生长氧化物层、结合打底层、合金基体四层的成分、组织结构与性能的变化。

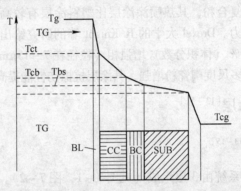

图 7 - 2　TBC 热障涂层系统结构与功能示意图

TG—热气流；Tg—热气流温度；Tct—热障涂层陶瓷面层温度；

Tcb—陶瓷涂层与结合打底层间界处温度；Tbs—结合打底层与基体间界处温度；

CC—陶瓷面层；BC—结合打底层；SUB—基体；

Tcg—基体内面气流温度

工业上热障涂层系统常用的制作工艺。航空航天燃烧器推荐用：有保护气的等离子喷涂 NiCoCrAlY 结合层，用 APS 喷涂氧化锆涂层；

工业涡轮机（IGT）HPT 叶片：HVOF 喷涂 NiCoCrAlY 结合层，APS 喷涂低密度 YSZ 涂层；

航空航天 HPT 叶片：扩散法铂铝化物涂层作为结合打底层，EB-PVD 工艺柱状 YSZ 涂层。

7.2.2　结合打底层

MCrAlYX 结合底层。第一个商品化的 MCrAlY 合金是 20 世纪 60

年代 Pratt and Whitney 公司的 FeCrAlY 合金，随后他们申请注册了 CoCrAlY 和 NiCrAlY 的专利（F. P. Talboom et al.，US Patent 3542.530，Nov 24，1970；D. Evans et al.，US Patent 3676085，July 11，1972；G. W. Goward et al.，US Patent 3754903，Aug 28 1973）。图 7 - 3 给出等离子喷涂态 NiCoCrAlY 涂层的典型组织结构：有孔隙和裂纹的层片状结构；层片内的显微组织为连续的 Ni 基 γ - ［NiCoCr］相、细小的 γ' - ［Ni$_3$Al］和较粗大的 β - ［NiAl］。涂层若经过高温（1000℃以上）热处理或高温长时非氧化气氛下停留，NiCoCrAlY 涂层中 β - ［NiAl］相增加。

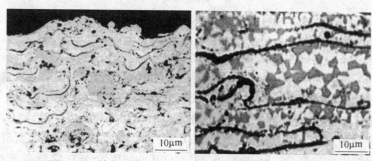

图 7 - 3　等离子喷涂态 NiCoCrAlY 涂层的典型组织结构

MCrAlY 合金涂层材料、成分、热处理的影响。图 7 - 4 给出自黏结合打底层合金的抗氧化性和耐腐蚀性比较区划。有关 MCrAlYX 自黏结合打底层合金的成分及合金设计在热喷涂材料一章已作详述。这里只作必要的补充。

Co - Ni 基的 MCrAlY 合金比 Ni 基的 MCrAlY 合金有更好的抗高温燃气氧化腐蚀性能。西班牙 Oviedo 大学的学者研究了在 310 奥氏体不锈钢表面用高频脉冲爆炸喷涂（PK200HFPD（Aerostar Coatings，Irun，Spain））Ni25% Cr10% Al1% Y 涂层和 Co32% Ni21% Cr8% Al0.5% Y 涂层，在模拟涡轮发动机燃烧器气氛环境 1000℃温度下长时腐蚀实验结果表明[15]，两种涂层的高温氧化腐蚀符合抛物线规律，其氧化膜增厚抛物线氧化腐蚀速率常数（Parabolic Constants）分别为 $0.05\,\mu m^2/h$ 和 $0.038\,\mu m^2/h$（氧化膜增重抛物线氧化速率常数分别为 $2.07 \times 10^{-6}\,mg^2 \cdot cm^{-4} \cdot s^{-1}$ 和 $1.57 \times 10^{-6}\,mg^2 \cdot cm^{-4} \cdot s^{-1}$）。

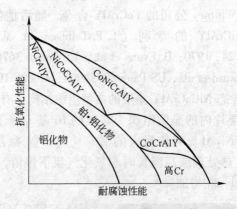

图 7 – 4 自黏结合打底层合金的抗氧化性和耐腐蚀性 – 含 Cr 量的组成 – 性能区划

看到 Co32% Ni21% Cr8% Al0.5% Y 涂层比 Ni25% Cr10% Al1% Y 涂层有较低的氧化速率。几种用保护气氛下等离子喷涂涂层在模拟煤 – 火焰锅炉过热器介质（除含有硫化物、碳氧化物外还有 Na_2O、V_2O_5 等化合物的灰，其熔点较低（仅 550℃））中的热腐蚀实验结果表明其耐热腐蚀性顺序为：Stellite – 6（Co – 30Cr – 4W 合金）涂层高于 Ni-CrAlY 涂层、高于 Ni – 20Cr 涂层高于 Ni_3Al 涂层[18]。这一实验结果表明高铬钴基合金有较高的抗钠 – 硫、钠 – 钒热腐蚀能力。

Cr 的加入量在于保证合金的耐热耐腐蚀性能，且提高 Al 在合金中活性，促进 Al 的扩散，促进 Al 的氧化膜的形成，MCrAlY 合金中 Cr 的含量在 17% ~ 25%（质量分数）。Cr 的加入还可减少为形成保护性 Al 的氧化膜的 Al 的含量。但 Cr 含量过高，高温氧化时可能会形成易挥发的 CrO_3 氧化物，是很不利的。MCrAlY 合金中 Al 的含量在 7% ~ 12%（质量分数）。钇的加入有利于改善涂层、氧化膜与基体的结合，但其加入量不宜过多，高于 1% 时（质量分数），形成钇铝石榴石，氧化保护作用下降。加入 Zr 或 Ta 也有类似的作用。

在 MCrAlY（特别是 Co32Ni21Cr8Al0.5Y）涂层中加入 Ce 可改善结合层的结合强度和氧化行为，改善热氧化物生长行为，提高 TBC 涂层的寿命[24]。

钇的加入量不宜过多，高于 1% 时（质量分数），形成钇铝石榴石，氧化保护作用下降。为使 TBC 陶瓷面层在 MCrAlY 合金结合层上有较好的结合，喷涂 MCrAlY 合金涂层表面的粗糙度至少要在 $10\mu m$ 以上。为此，热喷涂时使用的合金粉末粒径要在 $40\sim120\mu m$。若使用过粗的粉末，合金结合层的孔隙度超过 6%，将导致涂层系统在使用时加速发生内氧化，降低使用寿命。

7.2.3 热障涂层系统的陶瓷面层

目前，热障涂层系统陶瓷面层主要使用 ZrO_2 系陶瓷涂层。纯氧化锆不适于高温使用，因其在 1000℃ 上下发生单斜相 - 四方相间的马氏体相变，伴随有较大的体积变化（3% ~9%），导致涂层裂纹。因此，要在 ZrO_2 中加入稳定剂，以稳定四方相或立方相。有关以不同稳定剂（包括 MgO、CaO、Y_2O_3 以及其他稀土氧化物）稳定的 ZrO_2 系陶瓷涂层的特性已在热喷涂材料一章较详细的论述，这里只做必要的补充。

作为参考，表 7 - 1 给出了几种热障涂层陶瓷面层候选材料 $La_2Zr_2O_7$，$Gd_2Zr_2O_7$ 等的热导率。

表 7 - 1　几种 TBC 陶瓷面层候选材料（致密态）1000℃时的热导率

材　料	$La_2Zr_2O_7$	$Gd_2Zr_2O_7$	$SrZrO_3$	$LaLiAl_{11}O_{18.5}$	La（$Al_{1/4}Mg_{1/2}Ta_{1/4}$）O_3	YSZ
热导率 /W·(m·℃)$^{-1}$	1.6	1.1	2.3	3.8	1.9	2.1

在实际应用中，可局部用 $0.1\sim0.15mm$ 厚度的 YSZ 涂层在其上以高熔点的 $La_2Zr_2O_7$ 涂层盖面构成的双陶瓷层 TBC 系统，使用温度可提高 100K。

以高硬度（HV2000 以上）高耐磨高热稳定性耐腐蚀的 TiN 涂层作为盖面层，Al_2O_3 - ZrO_2 陶瓷涂层作为热障涂层的硬度梯度功能涂层 TiN - ZrO_2 - Al_2O_3 系统可进一步提高 TBC 涂层的耐磨性。Kobayashi 研究用气体隧道等离子喷涂制作反应合成 TiN 盖面涂层，涂层中除 TiN 相外还有 Ti 相，控制氮气流量可控制 TiN 相的形成[36]。

热喷涂参数的影响：基体温度低时涂层有拉伸残余应力，基体温度高涂层有压缩残余应力[38]。

7.2.4 热障涂层系统在高温长时工作的组织结构与性能变化

在 $Ni-10\%Co-9\%Cr-7\%W-5\%Al$ 超合金基体上，用低压等离子喷涂 $Ni-19\%Cr-8\%Al-0.5\%Y$ 打底结合层，大气等离子喷涂 $ZrO_2-8\%Y_2O_3$ YSZ 面层的涂层系统，经 1100℃ 长时加热后，在基体和结合打底层间形成 $\gamma'-[Ni_3Al]$ 相的间界层改善涂层与基体间的结合[31]。这一实验结果表明，在基体和结合打底层都含有形成金属间化合物的情况下，高温长时停留将在界面间形成反应结合层，有利于提高涂层与基体的结合强度。

Ti 合金基体上喷涂 NiCoCrAlY/8YSZ TBC 的长时高温失效（接合面处产生缝隙、裂纹与剥落）与 NiCoCrAlY 结合层/基体界面上形成 Ti_2Ni 化合物相关，为防止 Ti_2Ni 化合物的形成，要减少热扩散，为保证 Ti 合金基体上喷涂 NiCoCrAlY/8YSZ TBC 涂层系统长的使用寿命，其使用温度以不超过 800℃ 为好[32]。

7.2.5 热障涂层的介质氧化

VPS 喷涂的 NiCrAlY（$67.1\%Ni-21.9\%Cr-10\%Al-0.9\%Y$）涂层在空气中 1000℃ 下，随暴露时间增长，表面粗糙度下降，氧化抛物线（$(dW/A)^2 = kt$，dW 是氧化增重，A 是表面积，t 是时间）系数 k 减小，涂层的弹性模量增高，涂层基体的显微硬度下降。这与在高温空气中涂层组织中 Al 和 Cr 的脱溶（形成相应的氧化物），Ni 与在喷涂时涂层内的氧化铝生成 Ni-Al 尖晶石有关[19]。

热障涂层系统在高温（1000℃以上）工作一段时间后，在面层和结合底层间界面的 MCrAlY 结合底层侧生成 Al 的氧化物的同时，在其邻近处出现贫 Al 区，而在 MCrAlY（$Ni-24\%Cr-6\%Al-0.7\%Y$ 或 $Co-32\%Ni-21\%Cr-8\%Al-0.5\%Y$）结合底层内出现弥散分布的铝化物沉淀[25]。$Al_2O_3$ 薄膜的自修复受阻。Al_2O_3 薄膜的自修复需要 Al 的持续供给，Al 的供给不足，将导致其他氧化物的形成，其抗氧化防护作用下降。

7.2.6 热障涂层系统的热生长氧化物（TGO）问题

目前，广泛使用的热障涂层由 Y_2O_3 稳定氧化锆陶瓷面层和 MCrAlY（M，Ni or/and Co）结合层组成。在高温氧化气氛下长时工作发生氧通过有孔隙的面层，向中间金属结合层扩散，使其氧化，在氧化锆面层和金属结合层面间生成热生长氧化物（Thermally grown oxide，记作 TGO），产生附加应力，是热障涂层失效剥落的主要原因。

TGO 由两层组成：一是 Al_2O_3 层，形成的 Al_2O_3 膜可以起到阻止氧向内扩散，增强热障涂层系统的保护作用；二是在氧化锆面层和金属结合层面间还生成由铬铝的复合氧化物[$(Cr,Al)_2O_3$]、尖晶石氧化物（Ni，Co）（Cr，Al）$_2O_4$ 以及镍、钴、铬的氧化物 NiO、CoO、Cr_2O_3 等组成的混合氧化物层。TGO 的生成被认为是长期使用导致陶瓷面层剥落的主要原因[13~15]。一种解释是在热障涂层系统中的陶瓷涂层内存在的类裂纹缺陷（如层间界）以及在 TGO 与金属结合层的间界裂纹成核，在热循环作用下，随 TGO 生长，裂纹张开。用断裂力学概念描述，有下式关系：

$$K = 3[2(1+\nu)\pi^{1/2}]^{-1}(R/a)^{3/2}E(m-1)(\delta/R)$$
$$[3(1-\nu)m]^{-1}R^{1/2} \tag{7-1}$$

式中，K 是应力强度因子；a 是裂纹长度；R 是相应于喷涂贴片或是粒子的尺度；m 是由于氧化导致的体积变化比率；δ 是 TGO 的厚度；E 是涂层的 Young's 模量；ν 是 Poisson's 比。X. J. Wu 等的工作证实，随 TGO 增厚，裂纹长度以 2/3 次方的关系增长。各相间的热胀系数差在热循环过程中产生的附加应力也促进裂纹扩展。一定的孔隙度对缓解应力有利。R. Vaβen，等近期的研究指出：正如 20 世纪 80 年代的研究结果指出的那样，一定的孔隙度（14%~15%）的 6%~8%（质量分数）Y_2O_3 稳定 ZrO_2 的陶瓷面层的热障涂层系统有较高的循环寿命。然而，热喷涂涂层的后处理（对涂层起烧结作用），减少孔隙，减少高温工作时环境中的氧通过有孔隙的面层的渗透扩散，减缓 TGO 增厚，从而延缓裂纹扩展，对延长涂层寿命也是有利的。L. Xie 等的研究指出：涂层中的杂质氧化物 Al_2O_3 和 SiO_2 促进涂层的高温烧结并降低 YSZ 的相稳定性，不利于涂层在高温工作。

较厚的热障陶瓷涂层有更好的隔热效果，厚涂层的厚度达 1mm 以上。近年来研究指出，通过控制工艺使较厚的陶瓷涂层中存在有分割（segmentation）裂纹，在经受热交变载荷时有利于释放应力，减少涂层剥落，提高热障涂层系统抗热冲击能力。

在 MCrAlY 中加入 Ce 和 Si 可改善结合层的结合强度和氧化行为，提高 TBC 涂层的寿命[24]。

纳米结构可提高涂层的抗热疲劳能力。用团聚纳米结构粉等离子喷涂，涂层中还有未熔的纳米粒子（可达 30%）、涂层的孔隙率较高，有较低的弹性模量，有利于应力松弛。与应力松弛相关的蠕变（Creep）ε 与应力 σ 和蠕变激活能 Q 间有下式关系：

$$\varepsilon = A(\sigma)^n \quad , \quad \varepsilon' = A(\exp[-Q/(RT)]) \tag{7-2}$$

R. Soltani，R. S. Lima 等离子喷涂纳米结构的和常规的 6% ~ 8%（质量分数）$Y_2O_3 - ZrO_2$ 涂层的研究结果，给出纳米结构涂层的应力指数和蠕变激活能分别为：2.2 和 165kJ/mol，而常规粉涂层相应为 1.3 和 192kJ/mol。纳米结构粉等离子喷涂涂层有利于应力松弛，提高涂层的抗热疲劳能力。

7.2.7　致密纵向微裂纹（DVC）法

为改善 TBC 涂层的抗热疲劳性能，Tayloy T. A. 提出了用有致密纵向微裂纹（dense vertically czacks，DVC）的 TBC 涂层。这种涂层有弥散的纵向微裂纹（裂纹密度在 20 ~ 200 条/in），以改善涂层系统的应变失配调整能力。在 NiCrAlY 结合层上等离子喷涂陶瓷面层时，枪炬较高的移动速度、较近的喷涂距离有利于得到有垂直于基体表面的宏观裂纹。陶瓷涂层的后激光熔凝处理也有利于得到垂直于基体表面的宏观裂纹。

基体的温度对涂层残余应力的影响。还应注意热喷涂时基体的温度对涂层残余应力的影响：基体温度低时涂层有拉伸残余应力，基体温度高涂层有压缩残余应力。

7.2.8　热障涂层的介质腐蚀

在 Ni 基超合金基体上，用低压等离子喷涂 Ni - 24% Cr - 6% Al -

0.7%Y 结合底层，用大气下等离子喷涂（ASP）YPSZ（Y_2O_3 7.5%（质量分数））面层，在 1050℃、1100℃、1150℃有 NaCl 蒸汽的气氛下进行循环氧化的试验结果表明，有 NaCl 蒸汽的存在比在空气中的温度高、循环寿命短。在 NiCrAlY 结合底层和 YPSZ 层间界面形成无保护作用的氧化膜（NiO、Al_2O_3、$NiCr_2O_4$），这种氧化膜的长大导致涂层的失效。

APS 喷涂 YSZ（$ZrO_2 - Y_2O_3$）涂层在有五氧化二钒（V_2O_5）的介质中在 747℃以下，熔融的 V_2O_5 与固态的 YSZ 反应生成 ZrV_2O_7；在 747℃以上，熔融的 V_2O_5 与固态的 YSZ 反应生成 YVO_4，导致 YSZ 中 Y_2O_3 稳定剂的流失，发生向 ZrO_2 单斜相的转变。

Na_2SO_4 本身单独对 YSZ 没有明显的损伤作用。有 V_2O_5 同时存在时，生成熔点较低（610℃）的钒酸盐化合物，在 700℃与固态的 YSZ 反应生成 YVO_4，导致 YSZ 中 Y_2O_3 稳定剂的流失，发生向 ZrO_2 单斜相的转变。

P_2O_5 与固态的 YSZ 反应生成 ZrP_2O_7，导致 YSZ 中 Y_2O_3 稳定剂的量相对升高，发生 t - 相向立方 c - 相的转变。

基体的表面喷砂毛化处理的影响。热喷涂前基体的表面喷砂毛化改善涂层与基体间的机械结合，但在毛化表面形成的凸起与凹坑，在涂层经受热循环、交变热应力作用，凸起和凹坑处往往成为裂纹源。在毛化过程中有嵌砂情况时，由于热胀系数和弹性模量的失配，更将成为裂纹源。导致 TBC 涂层的剥落。

Ti 合金基体上喷涂 NiCoCrAlY/8YSZ TBC 的长时高温失效（接合面处产生缝隙、裂纹与剥落）与 NiCoCrAlY 结合层/基体界面上形成 Ti_2Ni 化合物相关，为防止 Ti_2Ni 化合物的形成，要减少热扩散。为此，为保证 Ti 合金基体上喷涂 NiCoCrAlY/8YSZ TBC 涂层系统长的使用寿命，其使用温度以不超过 800℃为好[37]。

7.2.9 热障涂层系统的技术进步

在高温长时工作过程中，热障涂层系统不可避免地要发生涂层系统与环境的相互作用、腐蚀与冲蚀，涂层系统各涂层间以及涂层与基体间的相互作用，各层热胀系数差以及温度梯度导致的附加应力，涂层的烧结、相变，陶瓷面层下合金结合层的热生长氧化等，影响热障涂层系统的使用寿命，限制涂层的使用温度与介质环境。近年来，有关热障涂层系统的研究主要着重于提高涂层系统的使用寿命和使用温度。

提高热障涂层系统的使用寿命。既然在高温长时使用过程中在陶瓷面层（CC）和金属结合层（BC）面间生成热生长氧化物层（TGO），产生附加应力，是热障涂层失效剥落的主要原因。那么，能减缓 BC/CC 间界 BC 氧化、减小应力、改善面间结合的材料工艺方法，将有利于提高热障涂层的使用寿命。

Thin – Film/low – pressure plasma spray（TF – LPPS）工艺。TF – LPPS 工艺等离子喷涂时的压力仅 0.1MPa（常规真空等离子喷涂时为 5MPa），这样低的压力使等离子焰流大大扩展，并导致喷涂粒子的蒸发，这将出现气相沉积得到与 PVD 相近的涂层显微结构（即柱状结构，见图 7 – 5），且有高的沉积率。

图 7 – 5　TF – LPPS 工艺制作的涂层的显微结构（涂层厚度约 0.15mm）

欧洲的 Toppcoat 项目（Toppcoat, Forschungszentrum Ju lich, Ju lich, Germany）改进 APS 喷涂工艺得到有较高密度的纵向裂纹的涂层。

液源等离子喷涂（SPPS）制作 TBC 涂层。用细的粉末热喷涂可得较细的组织结构，但由于表面力的作用细的粉的输送受限（可输送粉末的最小粒径为 0.005 ~ 0.010mm），用液源喷涂可克服这一限制。以液体送料等离子喷涂又分为用悬浮液等离子喷涂（suspension plasma spray, SPS）和用溶液等离子喷涂（solution precursor plasma spray, SPPS）。

用溶液源热喷涂 TBC 涂层还有以下优点：（1）组成化学成分实现分子水平的混合，成分更均匀；（2）雾滴、粒子更细小，沉积冷却更快，提高得到成分均匀的介稳涂层的可能性；（3）成分组配灵活，便于配制新组成成分液源，制备新成分涂层和多组分涂层；（4）控制液源注入，可调控 unpyrolized 材料；可 semi – pyrolized 材料的 deliberate deposition，TBC 涂层形成有利的垂直裂纹；（5）限制 unpy-rolized 材料，得到超细贴片的致密涂层。

溶液源喷涂 YSZ 涂层可用锆盐和钇盐的水溶液作为液源，经液流输送、雾化喷嘴雾化喷射进入等离子焰流，在焰流中雾滴被再次破碎雾化（取决于液体的 Weber 数）成更细小（0.5 ~ 2μm）的雾滴，并被加热加速，其中的液体蒸发，溶质交互反应，熔化，以细小的粒子冲击基体表面沉积形成涂层。SPPS 喷涂 YSZ 涂层有以下特点：

（1）涂层有细小的贴片（0.5 ~ 2μm）和细小（50 ~ 200nm）均匀弥散分布的孔隙。

（2）有利于得到有纳米结构的涂层，SPPS 喷涂过程中还伴随有气相沉积形成纳米薄膜。

（3）涂层的热导率为 1.0 ~ 1.2W/（m·K），低于 BE – PVD 法沉积涂层，与 APS 喷涂涂层相近。若得到均匀层状分布的细小孔隙的涂层，热导率可降至 0.7W/（m·K）。液源组成中加入稀土化合物，得到的涂层有 Nd 的氧化物和/或 Gd 的氧化物时，涂层的热导率可降至 0.55W/（m·K），为已知涂层之最低。

（4）SPPS 涂层通过调控喷涂参数控制源液雾滴的热解，使未分解的"源料"镶嵌在涂层中，有利于调控垂直裂纹的形成，有利于释放热应力。

（5）SPPS – TBC 涂层有高的热疲劳寿命（1121℃，1h 加热 – 冷却热循环实验：APS 涂层 400 次，BE – PVD 涂层 650 次，SPPS 涂层 1090 次）。

（6）SPPS 涂层的贴片细小，贴片间有较好的结合，涂层与底层间有较好的结合，涂层有较高的结合强度（以 ASTM 633 方法测定的涂层平均结合强度 24.2MPa[43]，高于 APS 喷涂涂层的 19.9MPa）；

（7）SPPS 涂层的大量的垂直方向的裂纹，导致涂层力学性能的明显的各向异性：SPS 涂层平面内压印断裂韧性 1.7MPa·m$^{1/2}$，平面外 1.2MPa·m$^{1/2}$，高于 APS 喷涂涂层的 0.5MPa·m$^{1/2}$，抗压强度：平面内 540（范围 722 ~ 301）GPa、平面外 258（306 ~ 190）

GPa，低于 APS 涂层的 578（648～423）GPa 和 476（591～335）GPa；弹性模量：平面内 49（77～44）GPa、平面外 22（30～9）GPa，APS 涂层相应为 40（47～35）GPa 和 38（41～32）GPa[40]。

（8）SPPS 工艺可喷涂厚涂层：APS 陶瓷涂层随涂层厚度的增加，累积应变能增大，涂层厚度受限（通常不超过 0.7mm）；SPPS 涂层厚度可达 4mm（在 CMSX－4 基体上 APS 喷涂 NiCrAlY 结合层，SPPS 喷涂 YSZ 涂层[39]）。

（9）随涂层厚度增加，热循环疲劳寿命下降较小（SPPT－7YSZ 涂层 1121℃、1h 加热－冷却热循环实验：YSZ 涂层厚度为 0.3mm、0.625mm、1.015mm、2.035mm 相应的热疲劳循环寿命分别为：1000 次、900 次、560 次、570 次（APT－7YSZ 涂层（0.305mm）厚 400 次）。

（10）SPPT－YSZ 涂层有高的热稳定性。ASP－YSZ 涂层在 1200～1400℃将很快的发生晶粒长大和相变，SPPT－YSZ 涂层到 1500℃才发生晶粒长大和相变。

SPPS 工艺液源配制的灵活性有利于新成分、多组分、成分－性能梯度过渡涂层的开发。

从 2001 年至今，美国 Connecticut 大学、Ohio 州立大学等在美国海军研究处、能源部等部门的资助下对液料喷涂 TBC 涂层进行了大量的研究工作。有兴趣的读者可系统阅读相关文献，对从事这一领域研究是有益的。

高硬度耐热耐磨涂层作为盖面层。以高硬度（HV2000 以上）高耐磨高热稳定性耐腐蚀的 TiN 涂层作为盖面层，Al_2O_3－ZrO_2 陶瓷涂层作为热障涂层的硬度梯度功能涂层 TiN－ZrO_2－Al_2O_3 系统可进一步提高 TBC 涂层的耐磨性。Kobayashi 研究用气体隧道等离子喷涂制作反应合成 TiN 盖面涂层，涂层中除 TiN 相外还有 Ti 相，控制氮气流量可控制 TiN 相的形成[36]。

开发可在 1200℃以上工作的盖面层涂层材料。为进一步提高热机效率，要在更高温度工作，新的热障涂层系统要求工作在 1200℃以上。近年来的研究给出一些复氧化物材料，如：有烧绿石（pyrochlore）结构的 $La_2Zr_2O_7$、$Gd_2Zr_2O_7$，尖晶石结构的 $MgAl_2O_4$，钙钛矿结构的 $SrZrO_3$、$Ba(Mg_{1/3}Ta_{2/3})O_3$（BMT），$La(Al_{1/4}Mg_{1/2}－Ta_{1/4}$

O_3 以及磁铁铅矿结构的 $LaMgAl_{11}O_{19}$ 等可考虑作为 1200℃ 以上高温长时稳定工作的 TBC 涂层系统的盖面层。表 7-2 给出几种复氧化物材料在 1000℃ 时的热导率。

钙钛矿结构材料和稀土钙钛矿（ABO_3）结构材料。目前，被认为是最有前途的候选材料是复合钙钛矿结构材料和稀土钙钛矿（ABO_3）结构材料，它们可单独使用作为热障涂层系统的盖面层，也可作为 YSZ 涂层的盖面涂层（构成双陶瓷涂层）以承受更高的温度。这些钙钛矿（ABO_3）结构的材料的熔点高于 1800℃，热胀系数高于 $8.5 \times 10^{-6}/K$，热导率低于 2.2W/(m·K)，作为热绝缘层具有优越性。其中 $SrZrO_3$ 的熔点 2650℃，$Ba(Mg_{1/3}Ta_{2/3})O_3$ 的熔点 3100℃。在 1200℃ 以上稳定工作，且在热-力学性能和热-化学方面与基体或结合打底层相匹配。（R. Vassen, S. Schwartz - Luckge, W. Jungen, D. Stoever, Heat - Insulating Layer Made of Complex Perovskite, US Patent 20050260435 A1, 2005）。ABO_3 型钙钛矿结构复氧化物的 A 位和 B 位可以被不同离子置换，这也给这类材料的开发提供了很大的空间。$SrZrO_3$ 的 B 位可被其他元素置换而有 $Sr(Zr_{0.9}Yb_{0.1})O_{2.95}$，$Sr(Zr_{0.8}Gd_{0.2})O_{2.9}$。列举的几种钙钛矿结构材料的热导率随温度升高而下降，而后随温度升高热导率略有升高。在所列举的 $SrZrO_3$ 钙钛矿结构材料中，掺镱的氧化物的热导率最低，且比 YSZ（1000℃ 时为 2.1～2.2W/(m·K)）低 20%。$SrZrO_3$ 的线膨胀系数为 (8.7×10^{-6})～$(10.8 \times 10^{-6})K^{-1}$（200～1100℃），$Sr(Zr_{0.9}Yb_{0.1})O_{2.95}$ 的线膨胀系数为 (9.2×10^{-6})～$(10.6 \times 10^{-6})K^{-1}$（200～1100℃），$(Ba(Mg_{1/3}Ta_{2/3})O_3$ 为 (9.5×10^{-6})～$(11.1 \times 10^{-6})K^{-1}$），作为热绝缘盖面涂层有较大的优势。

表 7-2　几种钙钛矿结构材料在不同温度
下的热导率　　　　　　　　（W/(m·K)）

材料	200℃	500℃	800℃	1000℃	1100℃	1200℃
$SrZrO_3$	2.8	2.1	2.1	2.1	2.4	2.4
$Sr(Zr_{0.9}Yb_{0.1})O_{2.95}$	1.5	1.3	1.5	1.65	1.75	1.8
$Sr(Zr_{0.8}Gd_{0.2})O_{2.90}$	2.8	1.8	1.9	2.1	2.3	2.45
$Ba(Mg_{1/3}Ta_{2/3})O_3$	4.5	3.0		2.7	2.5	2.6

有研究给出以 Sr（$Zr_{0.9}Yb_{0.1}$）$O_{2.95}$ 盖面的 Sr（$Zr_{0.9}Yb_{0.1}$）$O_{2.95}$/YSZ 双陶瓷涂层（Triplex I Gun 等离子喷涂，涂层厚约为 0.2mm/0.2mm）的 TBC 涂层系统。In718 合金直径 30mm、厚 3mm 的圆盘形基体，真空等离子热喷涂 0.15mm 厚的 NiCoCrAlY 结合底层，表面温度 1329℃（基体温度 1011℃）的热疲劳循环寿命达 1285 次，高于单独的 Sr（$Zr_{0.9}Yb_{0.1}$）$O_{2.95}$ 涂层和 YSZ 涂层。表明以 Sr（$Zr_{0.9}Yb_{0.1}$）$O_{2.95}$/YSZ 双陶瓷涂层作为 TBC 系统的隔热陶瓷面层有较好的效果。另外，局部用 0.1 ~ 0.15mm 厚度 YSZ 涂层在其上以高熔点的 $La_2Zr_2O_7$ 涂层盖面构成的双陶瓷层 TBC 系统，使用温度可提高 100K。

开发烧绿石结构材料或钙钛矿结构材料与 YSZ 组成的双陶瓷涂层，或是今后一段高性能 TBC 系统的重点研究领域。

7.3　生物医学功能涂层[52 ~ 75]

本节主要讨论人体硬组织修复与替换（人体植入）制件的生物活性涂层人体植入材料是人类社会医疗永远的需求，且随社会与科技进步，对人体植入材料要求日益提高。

按人体硬组织修复与替换对材料力学性能的要求，目前仍主要使用无毒副作用、有生物安全性，并可与原骨牢固地结合的金属材料。然而，非生物活性的材料植入体内只能整合和机械固定，不能与原组织形成键合，与活体组织界面处形成非黏附的纤维组织层（an intervening fibrous layer）。生物活性材料植入体与活体组织间形成键合特性，且能保持组织正常代谢。1969 年 L. L. Hench 首先发现了生物玻璃与骨的键合特性，并提出生物活性的概念。1970 年，这一概念得到国际公认。此后，各国对生物活性材料与涂层开展了大量的研发工作。热喷涂技术是在人体硬组织修复与替换制件的表面制作生物活性涂层的重要工艺方法。

7.3.1　羟基磷灰石生物活性涂层

羟基磷灰石（hydroxyapatite，HA）是一种水化的磷酸钙矿物（a hydrated calcium phosphate mineral）。因其化学组成和晶体结构与人体骨组织中的无机盐极为相似，是制备生物陶瓷、玻璃、增强复合材料及涂层等生物材料的重要基材之一，为此发展了多种合成技术，制备组成、粒径、形态和结晶度可控的满足各种需求的羟基磷灰石材料。

羟基磷灰石（Hydroxyapatite，HA）的化学式为 $Ca_{10}(\Gamma O_4)_6-(OH)_2$，简写为 HA。六方晶系，晶格参数为 $a = b = 0.921nm$，$c = 0.6882nm$，Ca/P 原子比为 1.67。自然骨中的羟基磷灰石是一种晶体结构不完善的羟基磷灰石，广泛存在于动物的骨骼和牙齿中。羟基磷灰石生物活性材料有良好的生物相容性，植入体内安全、无毒，新骨可以从羟基磷灰石植入体与原骨结合处沿着植入体表面或内部孔隙生长。但羟基磷灰石生物活性陶瓷的力学性能，特别是断裂韧性很差（孔隙度小于4%的羟基磷灰石生物活性陶瓷的断裂韧性仅为0.70~1.30MPa·m$^{1/2}$），限制了它的应用。但作为在金属合金质人体硬组织修复与替换制件的表面涂层，可达到改善制件的生物活性功能的目的。在骨科种植领域，钛合金涂敷羟基磷灰石涂层的种植体应用较为广泛，它既保持了钛合金优良的力学性能，又具有羟基磷灰石的生物相容性和骨传导性。

1987 年 de Groot K. 等首先公布了用等离子喷涂技术在钛金属表面制作羟基磷灰石涂层的研究工作。开始了在金属合金表面喷涂羟基磷灰石涂层制作医用植入体的研发与应用。

有羟基磷灰石涂层（以下简写作 HA 涂层）的制件植入人体后，与生物介质作用，表面层溶解，而后涂层表面沉积一层与天然骨组织类似的类骨磷灰石，新骨在骨组织表面和 HA 涂层表面双向生长，促进植入体与骨组织间形成化学键结合，有利于植入体早期稳定，缩短术后愈合期。HA 涂层还有桥接作用，当其与骨组织间有2mm 宽的间隙时，仍能激发骨生长，填满间隙。

近年来，随着人们对纳米材料领域的认识与关注，医学界也相继开始了对纳米羟基磷灰石粒子（或称超细 HA 粉）的研究。羟基磷灰石纳米粒子与普通的 HA 相比具有不同的理化性能：如溶解度较高、表面能较大、生物活性更好、具有抑癌作用等，可以作为药物载体用于疾病的治疗，是一种生物兼容性良好的治疗材料。

HA 涂层的线胀系数为 $15.2 \times 10^{-6}/℃$（在 20~600℃范围），钛

合金（Ti – 6Al – 4V）的线胀系数为 $9.40 \times 10^{-6}/℃$，大的线胀系数差，导致高的残余应力，低的涂层结合强度（仅 20MPa）。等离子喷涂 HA 涂层常含有结晶相和非晶相，前者的硬度为 $3.0 \sim 7.7GPa$，后者的硬度为 (1.5 ± 0.3) GPa，在齿科应用时应予以注意。

热喷涂 HA 涂层时使用的粉末主要是 $Ca_5(PO_4)_3OH$（HA）相，在高温焰流中将发生 $Ca_5(PO_4)_3OH$ 的分解，分解产物有 $\alpha - Ca_3(PO_4)_3$ 和 $\beta - Ca_3(PO_4)_3$。随电流减小，$\alpha - TCP$ 相减少。在微束等离子喷涂得到的涂层主要是 HA 相。

等离子喷涂时离子气对涂层的组成也有影响。以氩气作为主弧气时加入氢气或氦气，等离子束流导热性提高，喷涂粒子被加热增高，（对于陶瓷材料 Biot criterion 值提高，氩气等离子喷涂氧化物时 $Bi = 0.04 \sim 0.10$，对于氢气等离子 $Bi = 1.2 \sim 3.5$），喷涂粒子表面温度升高，将导致过热，发生 HA 分解。

7.3.2　有元素取代和掺杂的 HA 的涂层

在实际骨骼中的 HA，常存在有多种元素的掺杂以及对 Ca 和 P 的取代。诸如：K^+、Mg^{2+}、Na^+、CO_3^{2-}、F^- 以及 Sr^{2+} 等取代 HA 中的 Ca 和 P，尽管取代的量很少，但对骨的生长以及骨组织的功能却有重要影响。例如以 Sr^{2+} 取代 HA 中的 Ca，将提高 HA 的强度，在体液实验时促进分裂繁殖。为此，有诸多研究关注以某些元素取代 HA 中的 Ca 和 P 的热喷涂涂层。

Weichang Xue 等在钛合金表面等离子喷涂含 Sr 的 HA（在 HA 中以 Sr 取代 Ca（10mol%）（摩尔分数））的研究结果表明：涂层与基体有较好的结合，在 SBF 中浸泡后在涂层表面形成类骨的磷灰石层，与人的成骨细胞（osteoblasts）有很好的生物相容性。Sr – HA 涂层促进成骨前驱细胞（OPC1 cell）的附着，细胞与涂层间有更好的黏附接触。

含银离子的抗菌剂具有快速、有效、持久以及无毒副作用等特点，对口腔内常见致病菌具有良好的杀菌作用。丁传贤院士领导的小组研究 VPS 喷涂 HA/Ag 复合材料涂层，可提高涂层的抗菌能力。

硅是动物代谢（metabolism）过程中的重要元素，在骨组织形成的早期阶段起重要作用。为改善植入体的生物活性和生物相容性，在植入体表面喷涂硅酸二钙（Ca_2SiO_4）。丁传贤院士领导的小组研究了改善涂层与钛合金基体结合强度的等离子喷涂 Ti/Ca_2SiO_4 复合材料涂层的力学性能以及在模拟体液中的行为，指出等离子喷涂（Ca_2SiO_4）涂层与基体的结合强度为 30.3MPa，随混合粉中 Ti 的加入，涂层与基体的结合强度提高。在 Ti/Ca_2SiO_4 比为 7/3 时，涂层与基体的结合强度提高到 49.0MPa（CT7）。在其所研究的成分范围内，随 Ti/Ca_2SiO_4 比的提高，涂层在体液中的稳定性提高。

7.3.3　Nano - 结构的影响

等离子喷涂 HA（Hydroxyapatite）nano - 粒子团聚粉（平均晶粒尺度在 90nm），喷涂后涂层经 2h 热处理以减少非晶相，涂层仍保持纳米晶，纳米晶亚结构的尺度为 120nm。得到的纳米涂层有利于骨成核，从而加快植入件的稳定化。

7.3.4　TiO_2 涂层

TiO_2 涂层有较好的生物相容性，与钛及钛合金基体有较高的结合强度，因而被用于生物医学涂层。

丁传贤院士领导的小组研究了在钛基体上等离子喷涂氧化钛涂层，喷涂后在 0.1M 和 1M 的硫酸中浸泡可改善生物活性，在 SBF 溶液中经 24 天表面有类骨磷灰石生成。

悬浮液等离子喷涂 HA 和 TiO_2 多层涂层，随功率提高涂层的致密度和结合强度得到改善，但 HA 部分分解。

7.3.5　悬浮液等离子喷涂制备 HA 涂层

$Ca_5(PO_4)_3OH$（HA）粉与水和酒精配制的悬浮液等离子喷涂可制得有较高 $Ca_5(PO_4)_3OH$（HA）相含量的涂层。

Harry Podlesak，Lech Pawlowski 等研究用合成的 HA 的悬浮液（20%（质量分数）的 HA 干粉与 40%（质量分数）的水、40%（质量分数）的酒精制成）在钛合金上等离子喷涂 HA 涂层，考察了喷涂参数对涂层组织结构的影响。结果表明，在大功率（33kW）情况下，喷涂距离对涂层的相组成有较大的影响：喷涂距离为 50mm 和 70mm

时，得到的涂层中的 HA 相的含量分别为 71.6% 和 90.9%；α - TCP（$Ca_3(PO_4)_2$）相的含量分别为 14.5% 和 6.2%，TTCP（$Ca_4P_2O_9$）相的含量分别为 9.4% 和 0.1%。看到悬浮液等离子喷涂时，喷涂距离在 50～70mm 的范围内，加大喷涂距离，有利于得到有较高 HA 相含量的涂层。而在较小功率时（27kW），喷涂距离的影响不明显。注意 HA 相和 TTCP（$Ca_4P_2O_9$）相的钙/磷（Ca/P）比不同，涂层中 HA 相和 TTCP 相含量的不同反映出在不同的喷涂距离时，喷涂雾滴－粒子在等离子焰流中的加热以及基体的温度和涂层的冷却结晶不同。同时指出，团聚粒子（3～10μm）悬浮液等离子喷涂的涂层中有致密的区域和颗粒状区域，前者是熔化的喷涂粒子在形成涂层过程中冷却凝固结晶形成的，或者是未被完全熔化团聚粒子形成的。

悬浮液等离子喷涂 HA 和 TiO_2 多层涂层，随功率提高涂层的致密度和结合强度得到改善，但 HA 部分分解。

7.3.6　HVOF 喷涂生物功能涂层

HVOF 喷涂有纳米结构的 TiO_2 团聚粉末用 HVOF 喷涂制备的生物功能涂层引起广泛的重视是因其有较好的生物相容性，在体液中不吸附、不溶解，且涂层与 Ti - 6Al - 4V 基体的结合强度高于 77MPa（按 ASTM C633 标准测试，黏结剂的黏结强度），远高于 HA 涂层与钛合金基体的结合强度。有研究指出：HVOF 喷涂 n - TiO_2 涂层可提供成骨细胞生长的胎体且组织生长与 APS 喷涂 HA 涂层相当。植入 7 天后 n - TiO_2 涂层的接触面积比无涂层的 Ti - 6Al - 4V 高 7 倍。

因水的冷却作用，HVOF 液源喷涂时液体不能用水，要用酒精等。但这时仓压升高，燃气要用丙烷和乙烷。

HA 涂层可用悬浮液高速火焰喷涂（High Velocity Suspension Flame Spraying，HVSFS）。所用悬浮液为 HA 与乙二醇配制。

7.3.7　氧化锆及其改性涂层

氧化锆有优异的化学和尺寸稳定性，较好的力学性能，高的耐磨性，好的生物相容性，在医学上已被用于股骨头球头（femoral ball head）。适量的氧化锆作为第二相加入到生物活性材料中，不仅减缓

材料的降解还改善其力学性能；对氧化锆进行表面改性可改善其生物
特性，如：用激光处理，表面毛化，改善润湿性；表面化学处理
（如用磷酸），可诱导在 SBF 溶液中在氧化锆表面磷灰石的形成。

丁传贤院士领导的小组研究了在 Ti－6% Al－4% V 合金基体上等
离子喷涂氧化钙（12.8%（摩尔分数））稳定氧化锆涂层的特性后，
得出涂层由立方和单斜相组成，在 SBF 溶液中浸泡 3 天，在涂层表
面有磷灰石形成，浸泡 14 天后，完全被磷灰石层覆盖，表明等离子
喷涂氧化钙（12.8%（摩尔分数））稳定氧化锆涂层有很好的生物活
性。意大利学者 V. Sollazzo 等的研究指出 ZrO_2 涂层有利于骨胶原的同
化集成（Osseointegration）。

7.3.8 C/C 复合材料基体上等离子喷涂 HA 涂层

对在 C/C 复合材料基体上等离子喷涂 HA 涂层在模拟体液中的
行为研究结果表明：HA 涂层中的结晶 Ca－P 相和 HA 非晶相仅轻微
溶解，CaO 相浸泡 1 天即明显溶解，HA 涂层中 Ca 离子的浓度下降，
模拟体液的 pH 值增高。

7.3.9 在医用聚合物基体表面喷涂 HA 涂层

聚合物 PEEK（poly－etheretherketone）的力学特性（弹性模量
和密度）更接近于天然骨（PEEK：4GPa，$1.3g/cm^3$；天然骨约
10GPa，约 $1.5g/cm^3$；而合金 Ti－6% Al－4% V 的典型值范围：80～
125GPa，$4.6g/cm^3$）。若能在 PEEK 制件表面喷涂 HA 涂层，改善其
生物相容性和生物活性，在诸多医用场合有一定的应用前景。
S. Beauvais 等研究了在聚合物 PEEK 基体上等离子喷涂 HA 涂层，涂
层与基体结合强度为 7.5MPa（在 Ti－6% Al－4% V 基体上为
18.6MPa）；涂层的结晶度 74%（按 ISO 13779－3）（在 Ti－6% Al－
4% V 基体上喷涂为 87%）。这一研究表明，可以在适于医疗应用的
聚合物 PEEK 材料件表面喷涂 HA 涂层，为医疗应用又提供了更多的
选择。

在碳纤维增强热塑性复合材料基体表面喷涂 HA 涂层也得到好的
效果。

近几年，以镁合金作为植入体的基体的研究方兴未艾，在其表面喷涂 HA 涂层的研究也受到广泛的重视。·

生物医学功能涂层的研究与应用是一发展中的课题，随生物医学科学技术的进展，材料科学与涂层制备科学技术的进步，将有更多的高性能生物医学功能涂层得到应用。

7.4 热喷涂技术用于制作固体氧化物燃料电池及其所需相关材料[76~109]

燃料电池（FC）有多种分类。按工作温度分，可分为 800℃ 以上工作的高温的和 600℃ 以下工作的低温的，以及在 600~750℃ 间工作的中温（IT）的。根据所使用的电解质材料种类的不同，可分为磷酸盐型燃料电池（PAFC）——第一代 FC；熔融碳酸盐型燃料电池（MCFC）——第二代 FC；固体氧化物型燃料电池（SOFC）——第三代 FC；以及聚合物离子膜燃料电池（PEMFC）。

7.4.1 固体氧化物燃料电池的结构与工作原理

单体固体氧化物燃料电池主要组成包括：电解质（electrolyte）、阳极（anode）又被称为燃料电极（fuel electrode）、阴极（cathode）又被称为空气（或氧）电极（air electrode）和连接体（interconnect）组成。工作时，氧气（或空气）被导入电池的阴极，在这里氧得到电子成为氧离子，氧离子通过电解质（只能通过氧离子，因此电解质是氧离子导体），进入阳极，在阳极与燃料反应释放电子（阳极应是电子和离子导体），电子经外接电路和负载到达阴极，完成一单元过程。

固体氧化物燃料电池的层状结构，为热喷涂技术的应用提供了可能。热喷涂材料－工艺技术的应用，也为固体氧化物燃料电池的制作提供了方便。同时，对热喷涂技术也提出了挑战。例如：固体氧化物燃料电池的电解质层要求致密，可通孔隙度为 0%；电极层要有较高的可通孔隙度（达 40%）。通常等离子喷涂涂层的孔隙度在 5%~15% 的范围。因此，以热喷涂方法制作固体氧化物燃料电池在工艺材料技术上还有其特殊性。DLR Stuttgart 提出了在多孔的金属基底板上的平板薄膜 SOFC 概念。为减小电解质层的 ohmic 损失，电解质层的厚度减小到 20 ~ 30μm。图 7 - 6 给出了按 DLR spray concept 概念设计的平板 SOFC 示意图。

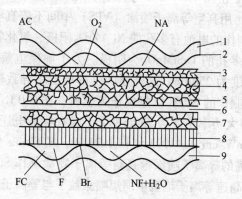

图 7 - 6　按 DLR spray concept 概念设计的平板 SOFC 示意图

1，9—双极板；2—保护涂层；3—接触层；4—阴极电流集电极；
5—阴极活化层；6—电解质；7—阳极；8—多孔金属基底（体）

AC—氧（空气）仓；O_2—氧气进入；

NA—未反应的空气或氧气排出；FC—燃气仓；F—燃气进入

Br—钎焊；NF + H_2O—未反应燃气和水排出

图 7 - 7 给出 Mitsubishi 重工 Former Bamboo 型 SOFC 示意图。

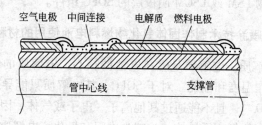

图 7 - 7　Mitsubishi 重工 Former Bamboo 型 SOFC 示意图

7.4.2　用热喷涂材料工艺技术制作固体氧化物燃料电池的历史

用热喷涂材料工艺技术制作 SOFC 的电极和电解质是在 40 年前 H. Tannenberger 等提出的[76]。到 1990 和 1994 年，H. Gruner and H. Tannenberger 用真空等离子喷涂（VPS）中间不停真空制作完整的 SOFC 电池。制作的电池有多孔的 Ni – ZrO₂ 阳极、氧化钇稳定氧化锆作为电解质、多孔的 LaSrMnO₃ 为阴极。为了确保电解质层不透气，电解质层的厚度为 250μm，这样厚的电解质层将导致较大的内极化漏电损失。所制作的 SOFC 以氢气作为燃料，在 910℃ 下，活性面积为 4.5cm²，最大功率密度为 230mW/cm²（在标准电压 0.7V 时的功率密度为 160mW/cm²）。1993 年和 1994 年，R. Henne 等先后发表了用有 Laval 喷嘴的等离子喷涂枪真空等离子喷涂制作 SOFC 元件的工作，研究了在高速等离子焰流中缩短喷涂粒子与等离子焰流的反应时间，结果得到较致密的电解质涂层，但还不是完全致密的。1998 年，R. Henne 等又发表了用射频感应等离子（RF – Plasma）喷涂制作 SOFC 元件的研究报告。Sulzer Metco 公司的 LPPS／LPPS Thin Film system 使用 Sulzer Metco O3CP, or F4 – VB 等离子枪，低压仓的典型工作仓压为 5 ~ 10MPa，但当仓压降到 1MPa 以下时枪的功率可达 180kW，这时喷涂距离可达 1000mm，沉积面积可达 0.5m²。Sulzer Metco 公司用这套设备制作了有致密厚度 50 ~ 60μmYSZ 电解质层、80%（质量分数）Ni/25C，20%（质量分数）YSZ 阳极和 perovskite 结构复氧化物 LSM 或 LSGM 阴极层的 SOFC 组件。

7.4.3　用热喷涂技术制作固体氧化物燃料电池使用的材料与工艺

（1）电解质。电解质是燃料电池的核心，电解质的性能直接决定电池的工作温度和性能。对于 SOFC，其电解质只能导通一种载荷子：氧离子 O²⁻，且不能通过其他离子、电子或气体。因此，电解质层必须是致密的氧离子导体。为减少内阻和极化，电解质层较薄，其厚度通常为几微米到几十微米。在电解质的两面分别是阳极和阴极。电解质层对于燃料气体应是化学惰性的，在高温下保持其化学稳定性。电解质层必须是致密的，若致密度不够，当燃料是氢气时，氢将从阳极侧渗透通过电解质层，在阴极与氧反应生成水，导致电池效率下降和阴极寿命缩短。

1) 高温工作固体氧化物燃料电池电解质材料。目前，应用于高温 SOFC（工作在 850℃ 以上）的电解质材料主要是全稳定 ZrO_2 陶瓷。在 ZrO_2 中掺入某些二价或三价金属氧化物（如 CaO，Y_2O_3），低价金属离子占据了 Zr^{4+} 位置，结果使 ZrO_2 从室温到高温（1000℃）都有稳定的相结构（萤石结构），而且由于电中性要求，在材料中产生了大量的 O^{2-} 空位，为氧离子的输运提供了条件，大大提高了 ZrO_2 的离子电导率，同时扩展了离子导电的氧分压范围。目前，常用 Y_2O_3 稳定 ZrO_2（简称 YSZ）为电解质材料，其离子电导率在氧分压变化十几个数量级时，都不发生明显变化。为得到致密的涂层，制作 SOFC 电解质层时推荐使用 LPPS 或 VLPPS 喷涂，与选用的喷涂材料（粉末粒径）相配合有利于得到致密的薄的电解质层。使用 LPPS 或 VLPPS 喷涂，等离子焰流的截面积和长度大大增加，有利于实现大面积、高效率喷涂，且焰流的密度有所下降、最高温度降低，有利于减少喷涂材料在喷涂过程中的分解。LPPS 或 VLPPS 喷涂时基体可被预热到较高的温度，有利于提高涂层的致密度，改善涂层系统的残余应力，提高涂层与基体的结合强度。诸多研究工作指出：用 LPPS 或 VLPPS 喷涂制作的 Y_2O_3 稳定 ZrO_2 电解质 SOFC 的功率密度在 0.25 ~ 0.35W/cm^2。用 Sulzer Metco 公司的 O3CP - torch 等离子喷枪薄膜工艺，在仓压低于 1MPa 的情况下，功率 180kW，等离子束的长度达 1000mm，喷涂沉积面积达 0.5m^2。A. Refke 等研究给出仓压为 0.15MPa 时，功率为 125 ~ 150kW，送粉率为 90g/min 时喷枪快速行走，每层沉积 1μm，沉积到 60μm 厚时可得致密涂层。

用射频感应等离子喷涂，可用粉末、悬浮液以及溶液作为源料进行喷涂沉积，制作 SOFC 的电解质层、阳极层和阴极层。

在用粉末原料时，为达到高度致密，还是要用很细的粉末，这时要用适于输送细粉的送粉器，如 MPF 型送粉器，粒径 3 ~ 5μm 的细粉也能很好的送粉。

R. Rampon 等研究指出用液料（悬浮液）等离子喷涂有利于得到致密的薄的电解质涂层。

　　这里应当指出：用热喷涂方法制作燃料电池的电解质层不仅有空隙即致密度问题，还有涂层的层状结构的氧离子导电的层损和内极化问题（见 Renouard – Vallet 等的研究）。为此，用真空等离子喷涂或仓压在 2kPa 以下的低压仓等离子喷涂，结合基体高的预热温度，对减少层状结构特征是有利的。

　　为得到致密的涂层，在喷涂材料中加入适当的过渡金属氧化物，可降低喷涂后的烧结温度，有利于提高涂层致密度。

　　Li 等对 APS 喷涂的 Y_2O_3 稳定 ZrO_2 电解质涂层经锆和钇的硝酸盐溶液重复浸泡再 500℃ 热处理，硝酸盐完全分解，可得致密的电解质层。

　　等离子喷涂的 Y_2O_3 稳定 ZrO_2 电解质涂层经火花等离子烧结（Spark – plasma sintering，SPS）处理可提高其致密度和离子电导。如等离子喷涂态涂层的致密度和 1053°C 下的离子电导率分别为 0.852S/cm 和 0.065S/cm，经 1400℃ SPS 处理后分别提高到 0.987S/cm 和 0.122S/cm。

　　笔者研究给出：对等离子喷涂涂层进行激光熔凝处理，有利于得到致密的涂层且改善涂层与基体的结合；激光熔凝的 ZrO_2 – MgO 还有相对较低的离子电导自由能，较高的离子电导率等结论。[92,93]

　　2) 中温工作固体氧化物燃料电池电解质材料。以 Y_2O_3 稳定 ZrO_2 作为电解质的 SOFC 要求高的工作温度（850 ~ 1000℃），给整体电池的材料选择、工作的可靠性以及材料工艺成本带来一定的困难。在 20 世纪 90 年代，各国学者在研发能在中温工作的电解质材料方面开展了一系列研究工作。其中，具有以 Sr 和 Mg 掺杂的钙钛矿（Perovskite）结构 ABO_3 型复氧化物 $La_{1-x}Sr_xGaMgO_3$（LSGM）被认为是最具应用前景的中温 SOFC 电解质材料。与 YSZ 相比，LSGM 有以下优越性：一是 LSGM 在 800℃ 时有高的氧离子导电性：0.1S/cm（大约是 YSZ 的 4 倍）；二是 LSGM 的熔点（~ 1600℃）比 YSZ 的（~ 2380℃）低得多，热喷涂时有利于得到致密的涂层。X. Q. Ma 等研究用等离子喷涂（用 9MB 喷涂枪）LSM 作为阴极层，LSGM 为电解质层，Ni – YSZ 为阳极层，得到高度致密的 LSGM 电解质层，在喷涂态涂层有非晶态结构，经 700℃ 以上热处理后可结晶化。给出喷涂后经

800℃热处理 LSGM 涂层 750℃的比电导率为 0.0701S/cm，与烧结的 LSGM 的比电导率相近。Perovskite 结构的材料在热喷涂时会发生分解，在低压情况下等离子焰流膨胀（如 LPPS 喷涂，仓压 2~5kPa，等离子焰流长度增长，焓探针测量其长度可达 1m 以上，直径增大，可达 200mm 以上），能量密度下降，焰流的最高温度降低，这时得到的是层流等离子，有利于防止 Perovskite 结构材料的分解，且有利于得到致密的涂层。

Lu Jia 等用液源（Ce 和 Sm 的硝酸盐为主的溶液）－50kW Tekna 射频（频率 3MHz）感应等离子喷涂系统制作（$Ce_{0.85}Sm_{0.15}$）$O_{1.925}$ 电解质层。在适宜的规范下得到几乎完全致密的电解质层。以（$Ce_{0.85}Sm_{0.15}$）$O_{1.925}$ 作为电解质层有较低的内阻和较低的工作温度。

（2）阳极材料。SOFC 阳极材料，要求电子电导率高，在还原气氛中稳定并保持良好透气性。常用的材料是 Ni 粒子弥散在 YSZ 中的金属陶瓷。SOFC 阴极材料在高温氧气氛环境工作，起传递电子和扩散氧作用，应是多孔的电子导电性薄膜。孔隙度应达 30%~50%（体积分数），孔与固体粒子有均匀的尺寸与分布，且固体粒子的尺寸比孔的尺寸大，有利于孔的连续；在固相中 YSZ 粒子的粒径比 Ni 粒子的粒径大，有利于 Ni 相的连续。常规等离子喷涂制作 SOFC 的各元件，制作 Ni－YSZ 阳极最成功。用粒径 50~150μm 的 NiO－YSZ 粉末，可制得高孔隙度的涂层。喷涂得到的 NiO－YSZ 涂层经还原处理，进一步增加了涂层的孔隙度，得到多孔的 Ni－YSZ 涂层。也可以 Ni 粉和 YSZ 粉的混合粉喷涂制作 Ni－YSZ 涂层。但因 Ni 与 YSZ 密度相差较大，得到的涂层 Ni 的分布不均匀。

常用的粉末有 50%（质量分数）NiO/50%（质量分数）YSZ，70%（质量分数）NiO/30%（质量分数）YSZ 以及 NiO 还原后制得的 50%（体积分数）Ni/50%（体积分数）YSZ 粉末，且有纳米结构粉末供货。为防因 NiO 和 YSZ 两密度差带来的送粉问题，多用预混团聚粉。在等离子喷涂时也有用双送粉器，将 Ni（NiO）粉和 YSZ 粉送入等离子焰流中，喷涂制作 Ni－YSZ 涂层，与预制复合粉喷涂的涂层相比，前者有较高的抗热循环性能。制作的单元电池，在

800℃以 H_2 为燃料时的功率是 500m W/cm^2。还有用 Ni 包石墨粉 – YSZ 粉等离子喷涂制作 SOFC 阳极涂层的。因石墨的燃烧可得均匀多孔的涂层。

固态的 NiO 和 YSZ 因其密度相差较大，粉末的均匀混合较困难；且两者的熔点相差较大，喷涂时熔化也不均匀，往往影响涂层的性能质量。从 20 世纪 90 年代开始开发液源等离子喷涂，用含有 Zr、Y、Ni 的盐类的溶液作为液源，等离子喷涂（SPPS）取得较好的效果。Y. Wang 和 T. W. Coyle 的研究结果给出用他们配制的溶液 SPPS 喷涂制得的涂层有 0.5μm 的球形 TSZ 粒子 – 均匀连续的 Ni 基体的结构，孔隙度 30% ~ 50%（面积分数）。

中温 SOFC 则是以 Ni 与中温 SOFC 的电解质材料复合制作阳极涂层。

（3）热喷涂 SOFC 阴极材料。以 SrO 和 CaO 掺杂、有钙钛矿结构的半导体化合物 $LaMnO_3$ 适于作为 SOFC 的阴极材料。这种材料有较高的导电性，与 SOFC 的电解质 YSZ 材料有较好的相容性和接触稳定性。钙钛矿结构材料热喷涂时易分解，Monterrubio – Badillo. C. 等研究给出，用相对较小的电流，以氩气作为离子气，较低的离子气流量。得到的涂层有较高的钙钛矿结构相。

作为热喷涂 SOFC 阴极的掺杂锰酸镧有：$La_{0.8}Sr_{0.2}MnO_3$、$(La_{0.8}Sr_{0.2})_{0.98}MnO_3$、$La_{0.85}Sr_{0.15}MnO_3$、$(La_{0.85}Sr_{0.15})_{0.98}MnO_3$、$(La_xSr_{1-x})_yMnO_3$（按客户要求）等。适于等离子喷涂的多是平均粒径 40μm 的球形团聚粉。

等离子喷涂 $La_{0.8}Sr_{0.2}MnO_3$ SOFC 阴极材料既可用预反应生成的 $La_{0.8}Sr_{0.2}MnO_3$ 粉末，也可用符合成分配比的 La_2O_3，$SrCO_3$ 和 $MnCO_3$ 混合粉末利用反应等离子喷涂得到多孔的以 $La_{0.8}Sr_{0.2}MnO_3$ 为主相的涂层。在喷涂过程中有 CO_2 释放。

中温 SOFC 的阴极材料 $La_xSr_{1-x}Co_yFe_{1-y}O_{3-d}$（LSCF）是一种有较高电子导电特性的离子 – 电子混合导电材料，在 600℃时的电导率为 275 S/cm（A. Petric, P. Huang, F. Tietz, Evaluation of La – Sr – Co – Fe – O Perovskites for Solid Oxide Fuel Cells and Gas Separation Membranes, Solid State Ionics, 2000, 135 (1~4), 719~725）。可

作为中温 SOFC 的阴极材料。

对于中温 SOFC，随工作温度的降低，阴极面间极化电阻升高，导致较高的电池电压损失。常规的中温 SOFC，阴极电压损失可占总的电压损失的 65% （Jiang. S. P. , Li. J. Solid Oxide Fuell Gells, Materials Properties and Performance, Chapter 3, CRC Press, 2009）。为克服这一问题，可考虑用有较高离子导电特性的离子导体材料加入到原阴极材料中，以及用纳米结构，梯度复合材料作为阴极。有研究给出在 LSCF 中加入 $Ce_{0.9}Gd_{0.1}O_{2-d}$ 可大大降低极化电阻。有实验给出在 LSCF 中加入 50% （质量分数）的 $Ce_{0.8}Gd_{0.2}O_{1.9}$ （GDC），极化电阻可降到原来的 1/10。有实验给出在 LSCF 中加入 60% （质量分数）的 $Ce_{0.8}Gd_{0.2}O_{1.9}$ （GDC），极化电阻为 $0.17\Omega \cdot cm^2$，相当于原来的 1/7。

加拿大 Sherbrooke 大学等离子与电化学研究中心 （CREPE） 的学者[109]，用含有 GDC 和 LSCF 组成元素的硝酸盐溶液 – 感应等离子 （Tekna Plasma Systems PL50 torch） 喷射合成制得粒径小于 100nm 的较均匀的 GDC/ LSCF 纳米粉，再用这种纳米粉的悬浮液涂，以一雾化喷嘴，送入感应等离子喷涂系统，在 20kPa 的低压仓中喷涂制作 GDC/ LSCF 阴极材料涂层。得到的涂层有均匀的较高的孔隙度 （50%）。基底为多孔的 Hastelloy X 合金，其上有悬浮液感应等离子喷涂的 4 种悬浮液制作的涂层：8% （质量分数） $NiO - Fe_2O_3$，3% （质量分数） GDC，8% （质量分数） LSGM8282 （$La_{0.8}Sr_{0.2}Ga_{0.8}Mg_{0.2}O$） 和 8% （质量分数） LSGFM （$La_{0.8}Sr_{0.2}Ga_{0.7}Fe_{0.2}Mg_{0.1}O_3$）。

J. Harris 等用大气等离子喷涂制作 $La_x Sr_{1-x} Co_y Fe_{1-y} O_{3-d}$ （LSCF） （$La_{0.6}Sr_{0.4}Co_{0.2}Fe_{0.8}O_{3-d}$） 涂层，用于中温 SOFC 的阴极。

（4）SOFC 连接体材料。连接体材料在单电池间起连接作用，并将阳极侧的燃料气体与阴极侧氧化气体 （氧气或空气） 隔离开来。在 SOFC 中，要求连接体材料在高温下、氧化和还原气氛中组成稳定、晶相稳定、化学性能稳定、线膨胀性能与电解质组元材料相匹配，同时具有良好的气密性和高温下良好的导电性能。对于管状电池用钙钛矿 （perovskite） 结构的铬酸镧 （$LaCrO_3$） 常用作 SOFC 连接体材料（掺杂 $La_{0.9}Sr_{0.1}CrO_3$ （LSC））。可用大气等离子喷涂，也可用改进喷嘴的 HVOF 喷涂。但要注意热喷涂时 perovskite 结构的分解，导致电阻升高，为此要用喷涂后的热处理。与 HVOF 喷涂相比，大气等离子喷涂的涂层电阻较低。此外高温低膨胀合金材料作为平板型 SOFC 连接体材料也是研究的热点。对于中温（800℃）SOFC，铬基合金、含铬的钢以及氧化物弥散强化的合金 $Cr5Fe1Y_2O_3$，ZMG232，Cro – Fer22APU （线胀系数在 $12.5 \times 10^{-6} K^{-1}$ 上下）有较好的匹配特性，以及专门开发的钢都是目前研究开发的候选材料。

随着离子导体材料研究的深入，新型中温离子导体材料的研发，热喷涂科学技术的进步，将会进一步推进可使用天然气作为燃料的固体氧化物燃料电池逐步进入实用，成为安全可靠、无污染的小区供电电源和移动电源。

参考文献

[1] Petrovicova E, Schadler L S. Thermal Spraying of Polymers [J]. Int. Mater. Rev., 2002, 47 (4): 169 ~ 190.

[2] McAndrew T P, Cere F. Polyamide – 11 Powder Coating by Flame spraying [C] //Marple B, Hyland M, Lau Y C, et al. Proc. ITSC' 2006 [CD], Proceeding of the 2006 international Thermal Spray Conference. 2006.

[3] Zhang G, Liao H, Cherigul M, et al. Effect of crystalline structure on the hardness and interfacial adhesion of flame sprayed PEEK coatings [C]. Marple B, Hyland M, Lau Y C, et al. Proc. ITSC' 2006 [CD], Proceeding of the 2006 international Thermal Spray Conference. 2006.

[4] Gupta V, Niezgoda S, Knight R, et. al. HVOF sprayed multi – scale polymer/ceramic composite coatings [C] //Marple B, Hyland M, Lau Y C, et al. Proc. ITSC' 2006 (CD), Proceeding of the 2006 international Thermal Spray Conference. 2006.

[5] Li J F, Liao H L, Coddet C. WEAR, 2002, 252 (9 ~ 10): 824 ~ 831.

[6] Yuan X, Wang H, Hou G, et al. Submicron – Fe/Nylon – 12 Composite absorber coatings produced by low temperature high velocity air fuel spray technique [C]. Marple B, Hyland M, Lau Y C, et al. Proc. ITSC' 2007, Thermal Spray 2007: Global Coating Solutions. Materials Park, Ohio, USA: ASM International. 2007, 810 ~ 814.

[7] Ivosevic M, Cairncross R A, Knight R. Melting and Degradation of Nylon – 11 particles during

HVOF combustion spraying [C]. Marple B, Hyland M, Lau Y C, et al. Proc. ITSC' 2007, Thermal Spray 2007: Global Coating Solutions. Materials Park, Ohio, USA: ASM International. 2007, 820~825.

[8] Jackson L, Ivosevic M, Knight R, et al. Sliding wear properties of HVOF thermally sprayed nylon-11 and nylon-11/ceramic composites on steel [C]. Marple D, Hyland M, Lau Y C, et al. Proc. ITSC' 2007: Thermal Spray 2007: Global Coating Solutions. Materials Park, Ohio, USA: ASM International. 2007, 814~819.

[9] Winkler R, Bültmann F, Hartmann S. Thermal spraying of polymers: spraying processes, materials and new trends [C]. Moreau C, Marple B. Thermal Spray 2003: Advancing the Science & Applying the Technology. Materials Park, Ohio, USA: ASM International. 2003, 1635~1638.

[10] Borisov Y, Sviridova I, Korzhik V. Analysis of Deposition Process for Composite Polymer Thermally Sprayed Coatings [C]. Moreau C, Marple B., Thermal Spray 2003: Advancing the Science & Applying the Technology. Materials Park, Ohio, USA: ASM International. 2003.

[11] Vuoristo P, Leivo E, Turunen E, et al. Evaluation of Ther-mally Sprayed and Other Polymeric Coatings for Use in Natural Gas Pipeline Components [C]. Moreau C, Marple B. Thermal Spray 2003: Advancing the Science & Applying the Technology. Materials Park, Ohio, USA: ASM Internationa. 2003, 1693~1702.

[12] Alhulaifi A S, Buck G A, Arbegast W J. numerical and experimental investigation of cold spray gas dynamic effects for polymer coating [J]. Journal of Thermal Spray Technology, 2012, 21 (5): 852~862.

[13] Miller R A. Current status of thermal barrier [J]. Surface and Coating Techn., 1987, 30 (1): 1~11.

[14] 孙家枢. 应用于发动机的陶瓷涂层及其寿命预测 [J], 材料保护, 1989, (10).

[15] Belzunce F J, Higuera V, Poveda S, et al. High temperature oxidation of HFPD thermal-sprayed MCrAlY coatings in simulated gas turbine environments [J]. Journal of Thermal Spray Technology, 2002, 11 (4): 461~467.

[16] Wang H, Montasser W. Degradation of bond coat strength under thermal cycling--technical note degradation of bond coat strength under thermal cycling-technical note [J]. Journal of Thermal Spray Technology, 1993, 2 (1): 31~34.

[17] Eskner M, Sandstrom R. Mechanical properties and temperature dependence of an air plasma-sprayed NiCoCrAlY bondcoat [J]. Surface & Coatings Technology, 2006, (200): 2695~2703.

[18] Sidhu B, Prakash S. Evaluation of the behavior of shrouded plasma spray coatings in the platen superheater of coal-fired boilers [J]. Metallurgical and Materials Transactions A, 2006, 37A (6): 1927~1936.

[19] Seo D, Ogawa K, Shoji T, et al. High – temperature oxidation behavior and surface roughness evolution of VPS NiCrAlY coating [J] . Journal of Thermal Spray Technology, 2008, 17 (1): 136 ~143.

[20] Stecura S. Optimization of the (NiCrAlY/ ZrO_2 – Y_2O_3) thermal barrier system [J] . Adv. Cer. Mat. , 1986, 1 (1): 68 ~76.

[21] Soltani R, Coyle T W, Mostaghimi J. Microstructure and creep behavior of plasma – sprayed yttria stabilized zirconia thermal barrier coatings [J] . Journal of Thermal Spray Technology, 2008, 17 (2): 244 ~253.

[22] Meier S M, Gupta D K, Sheffler K D. Ceramic thermal barrier coatings for commercial gas turbine engines [J] . J. Metal, 1991, 43 (3): 50 ~53.

[23] Rigney D V, Viguie R, Wortman D J, et al. PVD thermal barrier coating applications and process development for aircraft engines [J] . J. Therm. Spray Technol. , 1997, 6 (2): 167.

[24] Ogawa K, Ito K, Shoji T. [C] . Marple B, Hyland M, Lau Y C, et al. Proc. ITSC' 2006, Proceeding of the 2006 international Thermal Spray Conference. 2006 .

[25] Hideaki Yamano, Kazumi Tani, Yoshio Harada, et al. Oxidation control with chromate pretreatment of MCrAlY unmelted particle and bond coat in thermal barrier systems [J] . Journal of Thermal Spray Technology, 2008, 17 (2): 275 ~283.

[26] Feuerstein A, Knapp J, Taylor T, et al. Technical and economical aspects of current thermal barrier coating systems for gas turbine engines by thermal spray and EBPVD: a review [J] . Journal of Thermal Spray Technology, 2008, 17 (2): 199 ~213.

[27] Jarligo M, Mack D E, Vassen R, et al. Application of plasma – sprayed complex perovskites as thermal barrier coatings [J] . Journal of Thermal Spray Technology, 2009, 18 (2): 186 ~193.

[28] Ma W, Jarligo M O, Mack D E, et al. New generation perovskite thermal barrier coating materials [J] . Journal of Thermal Spray Technology, 2008, 17 (5 ~6): 831 ~837.

[29] Vassen R, Stuke A, Stöver D. recent developments in the field of thermal barrier coatings [J] . Journal of Thermal Spray Technology, 2009, 18 (2): 181 ~186.

[30] Nicholls J R, Lawson K J, Johnstone A, et al. Low thermal conductivity EB – PVD thermal barrier coatings [J] . Mater. Sci. Forum, 2001, 369 –372: 595 ~606.

[31] Trice R W, Su Y J, Mawdsley J R, et al. Effect of heat treatment on phase stability, microstructure, and thermal conductivity of plasma – sprayed YSZ [J] . J. Mater. Sci. , 2002, 37 (11): 2359 ~2365.

[32] He Bo, Li Fei, Zhou Hong, et al. Thermal failure of thermal barrier coating with thermal sprayed bond coating on titanium alloy [J] . J. Coat. Technol. Res. , 2008, 5 (1): 99 ~106.

[33] Ajdelsztajn L, Tang F, Kim G E, et al. synthesis and oxidation behaviour of nanocrystalline

MCrAlY bond coatings [J]. Journal of Thermal Spray Technology, 2005, 14 (1): 23 ~30.

[34] Zhang Qiang, Li Changjiu, Li Yong, et al. thermal failure of nanostructured thermal barrier coatings with cold – sprayed nanostructured NiCrAlY bond coat [J]. Journal of Thermal Spray Technology, 2008, 17 (5 ~6): 838 ~845.

[35] Shin D, Gitzhofer F, Moreau C. Development of metal based thermal barrier coatings (MBT-BCs) for low heat rejection diesel engines [C]. Proc. ITSC' 2005, International Thermal Spray Conference. 2005.

[36] Jarligo M O, Mack D E, Vassen R, et al. Application of plasma – sprayed complex perovskites as thermal barrier coatings [J]. Journal of Thermal Spray Technology, 2009, 18 (2): 187 ~ 193.

[37] Huang Heji, Eguchi K, Toyonobu Yoshida J. [J]. Thermal Spray Technology, 2006, 15 (1): 72 ~83.

[38] Ilavsky J, Stalick J K. Phase composition and its changes during annealing of plasma – sprayed YSZ [J]. Surf. Coat. Technol., 2000, 127 (2 –3): 120 ~129.

[39] Markocsan N, Nyle'n P, Wigren J, et al. Effect of thermal aging on microstructure and functional properties of zirconia – base thermal barrier coatings [J]. Journal of Thermal Spray Technology, 2009, 18 (2): 201 ~208.

[40] Gell M, Jordan E H, Teicholz M, et al. Thermal barrier coatings made by the solution precursor plasma spray process [J]. Journal of Thermal Spray Technology, 2008, 17 (1): 124 ~135.

[41] Padture N P, Schlichting K W, Bhatia T, et al. towards durable thermal barrier coatings with novel microstructures deposited by solution precursor plasma spray [J]. Acta Mater., 2001, 49: 2251 ~2257.

[42] Xie L, Chen D, Jordan E H, et al. Formation of vertical cracks in solution – precursor plasma – sprayed thermal barrier coatings [J]. Surf. Coat. Technol., 2006, 201: 1058 ~1064.

[43] Xie L, Ma X, Jordan E H, et al. highly durable thermal barrier coatings made by the solution precursor plasma spray process [J]. Surf. Coat. Technol., 2004, 177 ~178: 97 ~102.

[44] Yamano H, Tani K, Harada Y, et al. Oxidation control with chromate pretreatment of MCrAlY unmelted particle and bond coat in thermal barrier systems [J]. Journal of Thermal Spray Technology, 2008, 17 (2): 275 ~283.

[45] Feuerstein A, Knapp J, Taylor T, et al. Technical and economical aspects of current thermal barrier coating systems for gas turbine engines by thermal spray and EBPVD: a review [J], Journal of Thermal Spray Technology, 2008, 17 (2): 199 ~213.

[46] Shin D, Gitzhofer F, Moreau C. Properties of induction plasma sprayed iron based nanostructured alloy coatings for metal based thermal barrier coatings [J]. Journal of Thermal Spray Technology, 2007, 16 (1): 118 ~127.

[47] Vaßen R, Stöver D. Influence of microstructure on the thermal cycling performance of thermal

barrier coatings [C] . Marple B R, Hyland M M, Lau Y C, et al. Proc. ITSC' 2007, Thermal Spray 2007: Global Coating Solutions. Materials Park, Ohio, USA: ASM International. 2007: 418 ~422.

[48] Xie L, Dorfman M R, Cipitria A, et al. Properties and performance of high purity thermal barrier coatings [C] . Marple B R, Hyland M M, Lau Y C, et al. Proc. ITSC' 2007, Thermal Spray 2007: Global Coating Solutions. Materials Park, Ohio, USA: ASM International. 2007. 423 ~427.

[49] Chen W R, Irissou E, Wu X, et al. The oxidation behavior of tbc with cold spray CoNiCrAlY bond coat [J] . Journal of Thermal Spray Technology, 2011, 20 (10): 132 ~138.

[50] Soltani R, Garcia E, Coyle T W, et al. J. Mostaghimi, R. S. Lima et. al. , [C] . Proc. ITSC' 2006, Proceeding of the 2006 international Thermal Spray Conference, B. Marple, M. Hyland, Y. C. Lau, R. S. Lima and J. Voyer, Eds. , (Seattle, WA), May 15 ~ 18, 2006, (CD) s5_ 13 ~11160.

[51] Stiger M J, Yanar N M, Jackson R W, et al. Development of intermixed zones of alumina/zirconia in thermal barrier coating systems [J] . Metallurgical and Materials Transactions A, 2007, 38A (4): 848 ~857.

[52] Heimann R B. Thermal spraying of biomaterials [J] . Surf. Coat. Technol. , 2006, 201 (5): 2012 ~2019.

[53] Breme J, Zhou Y, Groh L. Development of a titanium alloy suitable for an optimized coating with hydroxylapatite [J] . Biomaterials, 1995, 16: 239 ~244.

[54] Khor K, Yip C, Cheang P. Ti－6Al－4V/hydroxylapatite composite coatings prepared by thermal spraying techniques [J] . Journal of Thermal Spray Technology, 1996, 6 (1): 109 ~115.

[55] Khor K, Cheang P, Wang Y. Plasma spraying of combustion flame spheroidized hygroxylapatite (HA) powders [J] . Journal of Thermal Spray Technology, 1998, 7 (1): 116 ~121.

[56] Borisov Y, Vojnarovich S, Bobric V, et al. Moreau C, Marple B. E－Proc. ITSC' 2003, Thermal Spray 2003: Advancing the Science & Applying the Technology. Materials Park, Ohio, USA: ASM International, 2003, 553 ~558.

[57] Gross K A, Walsh W, Swarts E. Analysis of retrieved hydroxyapatite－coated hip prostheses [J] . Journal of Thermal Spray Technology, 2004, 13 (2): 190 ~199.

[58] Xue W C, Hosick H L, Bandyopadhyay A, et al. Preparation and cell － materials interactions of plasma sprayed strontium － containing hydroxyapatite coating [J] . Surface & Coatings Technology, 2007, 201: 4685 ~4693.

[59] Xuebin Zheng, Yikai Chen, Youtao Xie, Heng Ji, Liping Huang, and Chuanxian Ding, Antibacterial Property and Biocompatibility of Plasma Sprayed Hydroxyapatite/Silver Composite Coatings, [J], Journal of Thermal Spray Technology, Published online 17 July 2009. (http: //www. springer. com)

[60] Xie Y, Liu X, Zheng X, et al. Bioactivity of plasma sprayed dicalcium silicate/titanium composite coatings on Ti – 6Al – 4V alloy [J]. Surf. Coat. Technol., 2005, 199: 105 ~ 111.

[61] Xie Y T, Zheng X B, Liu X Y, et al. Durability of titanium/dicalcium silicate composite coatings in simulated body fluid [J]. Journal of Thermal Spray Technology, 2007, 16 (4): 588 ~ 592.

[62] Li B, Li X, Zhao X, et al. Influence of $H_2 3O_4$ treatment on biological properties of plasma sprayed titania coatings [C]. Marple B R, Hyland M M, Lau Y – C, et al. Thermal Spray 2007: Global Coating Solutions. Materials Park, Ohio, USA: ASM International. 2007: 385 ~ 388.

[63] Citterio H, Jakani S, Benmarouane A, et al. Nano – hydroxyapatite coatings [J]. Key Eng. Mater., 2008, 361 ~ 363 I: 745 ~ 748.

[64] Yang Y, Chang E. Influence of residual stress on bonding strength and fracture of plasma – sprayed hydroxylapatite coatings on Ti – 6Al – 4V substrate [J]. Biomaterials, 2001, 22: 1827 ~ 1836.

[65] Lima R S, Marple B R. Thermal spray coatings engineered from nanostructured ceramic agglomerated powders for structural, thermal barrier and biomedical applications [J]. J. Therm. Spray Technol., 2007, 16 (1): 40 ~ 63.

[66] Lima R S, Dimitrievska S, Bureau M N, et al. HVOF – sprayed nano TiO_2 – HA coatings exhibiting enhanced biocompatibility [J]. Journal of Thermal Spray Technology, 2010, 19 (1 ~ 2): 336 ~ 343.

[67] Tomaszek R, Pawlowski L, Gengembre L, et al. Microstructure of suspension plasma sprayed multilayer coatings of hydroxyapatite and titanium oxide [J]. Surf. Coat. Technol., 2007, 201: 7432 ~ 7440.

[68] Sui J L, Bo W, Nai Z, et al. Behavior of plasma – sprayed hydroxyapatite coatings [J]. Surf. Rev. Lett., 2007, 14 (6): 1073 ~ 1078.

[69] Chevalier J. What future for zirconia as a biomaterial [J]. Biomaterials, 2006, 27 (4): 535 ~ 543.

[70] Uchida M, Kim H M, Kokubo T, et al. Apatite – forming ability of a zirconia/alumina nano – composite induced by chemical treatment [J]. J. Biomed. Mater. Res., 2002, 60 (2): 227 ~ 282.

[71] Wanga G C, Liua X Y, Ding C X. Plasma – sprayed calcium oxide stabilized zirconia coatings for biomedical application [C]. Marple B R, Hyland M M, Lau Y – C, et al. Thermal Spray 2007: Global Coating Solutions. Materials Park, Ohio, USA: ASM International. 2007: 377 ~ 380.

[72] Beauvais S, Decaux O. Plasma sprayed biocompatible coatings on PEEK implants [C]. Marple B R, Hyland M M, Lau Y – C, et al. Thermal Spray 2007: Global Coating Solutions. Materials Park, Ohio, USA: ASM International. 2007: 371 ~ 376.

[73] Ha S W, Mayer J, Koch B, et al. Plasma – sprayed hydroxylapatite coating on carbon fibre reinforced thermoplastic composite materials [J]. J. Mat. Sci.: Mat. in Med., 1994, 5: 481 ~

484 .

[74] Podlesak H, Pawlowski L. Journal of Thermal Spray Technology, 2010, 19 (3): 657 ~664.

[75] Sollazzo V, Materials D. Academy of Dental Materials. 2008, 24 (3): 357 ~361.

[76] Henne R, Schiller G, Borck V, et al. SOFC components production——an interesting challenge for DC - and RF - Plasma Spraying [C] . Proc. 15th Internat. Thermal Spray Conf. 1998, 933 ~938.

[77] Schiller G, Henne R, Lang M, et al. Processing for Fabrication of Solid Oxide Fuel Cells [C] . ITSC 2004, Internat. Thermal Spray Conf. 2004.

[78] Refke A, Barbezat G, Hawley D, et al. Low pressure plasma spraying (LPPS) as a tool for the deposition of functional SOFC components [C] . ITSC 2004, Internat. Thermal Spray Conf. 2004.

[79] Schiller G, Henne R, Lang M, et al. ller, Development of solid oxide fuel cells (SOFC) for stationary and mobile applications by applying plasma deposition processes [J] . Mater. Sci. Forum, 2003, 426 ~432 (3): 2539 ~2544.

[80] Tsukuda H, Notomi A, Hisatome N. Application of plasma spraying to tubular - type solid oxide fuel cells production [J] . J. Thermal Spray Technol. , 2000, 9 (3): 364 ~368.

[81] Zhang C, Liao H L, Li W Y, et al. Characterisation of SOFC electrolyte deposition by atmospheric plasma spraying and low pressure plasma spraying [J] . J. Thermal Spray Technol. , 2006, 15 (4): 598 ~603.

[82] Syed A A, Ilhan Z, Arnold J, et al. Improved plasma sprayed YSZ coatings for SOFC electrolytes [J] . J. Thermal Spray Technol. , 2006, 15 (4): 617 ~622.

[83] Rampon R, Bertrand G, Toma F L, et al. Liquid plasma sprayed coatings of yttria stabilized zirconia for SOFC electrolytes [J] . J. Thermal Spray Technol. , 2006, 15 (4): 682 ~688.

[84] Siegert R, Döring J E, Vaßen R, et al. Denser ceramic coatings obtained by the optimization of the suspension plasma spraying technique [C] . Proc. ITSC 2004, Conf. Proc. Int. Thermal Spray Conf. & Exhibition ITSC' 2004.

[85] Renouard - Vallet G, Bianchi L, Sauvet Monts A L, et al. Elaboration of SOFCs electrolytes by air plasma spraying (APS) and vacuum plasma spraying (VPS) ——comparison of electrolytes properties [C] . Proc. ITSC 2004, Internat. Thermal Spray Conf. 2004.

[86] Ma X Q, Zhang H, Dai J, et al. Intermediate temperature solid oxide fuel cell based on fully integrated plasma - sprayed components [J] . J. Thermal Spray Technol. , 2005, 14 (1): 61 ~66.

[87] Refke A, Barbezat G, Hawley D, et al. Low pressure plasma spraying (LPPS) as a tool for the deposition of functional SOFC components [C] . Proc. of the ITSC 2004, 2004 Internat. Thermal Spray Conf. 2004.

[88] Renouard - Vallet G, Gitzhofer F, Boulos M, et al. Optimization of axial injection conditions in a supersonic induction plasma torch: application to SOFCs//Moreau C, Marple B. Proc. ITSC 2003, Thermal Spray 2003: Advancing the Science & Applying the

Technology. Mat. Park, Ohio, USA: ASM International. 2003, 195 ~ 202.

[89] Jia L, Dossou – Yovo C, Gahlehrt C, et al. Induction plasma spraying of samarium doped ceria as electrolyte for solid oxide fuel cells [C]. Proc. ITSC 2004, 2004 Intern. Thermal Spray Conf. 2004.

[90] Li C J, Ning X J, Li C X. Effect of densification processes on the properties of plasma – sprayed YSZ electrolyte coatings for solid oxide fuel cells [J]. Surf. Coat. Technol., 2005, 190: 60 ~ 64.

[91] Sun J S. Effects of laser surface melting on structure character and erosion resistance of plasma sprayed ceramic coatings//Knapp J A, Brgesen P, Zuhr R A. Materials Research Society Symposium Proceedings volume 157, Beam – Solid Interactions: Physical Phenomena. MRS. 1990, 485 ~ 490.

[92] 孙家枢, 等. 激光熔凝过共析 ZrO_2 – MgO 快离子导体 [J]. 科学通报, 1995, 40 (10): 954 ~ 955.

[93] Sun J S, et al. Laser melted hypereutectoid ZrO_2 – MgO fast ionic conductor [J]. Chinese Science Bulletin, 1996, 41 (2): 169 ~ 171.

[94] Khor K A, Chen X J, Chan S H. Post – spray treatment of plasma sprayed yttria stabilized zirconia (YSZ) electrolyte with spark plasma sintering (SPS) technique [C]. Proc. ITSC 2004, Conf. Proc. Int. Thermal Spray Conf. & Exhibition ITSC' 2004.

[95] Ishihara T, Matsuda H, Takita Y. Doped $LaGaO_3$ perovskite type oxide as a new oxide ionic conductor. J. Am. Chem., 1994, 116: 3801 ~ 3803.

[96] 孙家枢. 一种制作 ABO3 型钙钛矿结构复氧化物离子导体的激光熔凝合成方法 [P]. 中国发明专利 [ZL 2006 1 0015568. 6.].

[97] Lu J, Dossou – Yovo C, Gahlert C, et al. Induction plasma spraying of samaria doped ceria as electrolyte for solid oxide fuel cells [C]. ITSC 2004, Internat. Thermal Spray Conf. 2004.

[98] Renouard – Vallet G, Bianchi L, Sauvet Monts A L. et al. Elaboration of SOFCs' electrolytes by air plasma spraying (APS) and vacuum plasma spraying (VPS) – comparison of electrolytes' properties [C]. ITSC 2004, Internat. Thermal Spray Conf. 2004.

[99] Tang Z, Burgess A, Kesler O, et al. Manufacturing solid oxide fuel cells with an axial – injection plasma spray system//Marple B R, Hyland M M, Lau Y C, et al. ITSC' 2007, Thermal Spray 2007: Global Coating Solutions. Materials Park, Ohio, USA: ASM International. 2007. 309 ~ 312.

[100] Hathiramani D, Vaßen R, Stöver D, et al. Comparison of atmospheric plasma sprayed anode layers for SOFCs using different feedstock [J]. J. Thermal Spray Technol., 2006, 15 (4): 593 ~ 597.

[101] Weckmann H, Syed A, Ilhan Z, et al. Development of porous anode layers for the solid oxide fuel cell by plasma spraying [J]. J. Thermal Spray Technol., 2006, 15 (4): 604 ~ 609.

[102] Wang Y, Coyle T W. Solution Precursor Plasma Spray of Nickel – Yittia Stabilized Zirconia Anodes for Solid Oxide Fuel Cell Application [J]. Journal of Thermal Spray Technology,

2007, Volume 16 (5~6): 898~904. (D/功能涂层 2010/sofc. pdf).

[103] Monterrubio – Badillo C, Ageorges H, Chartier T, et al. Chemical composition optimisation of perovskite coatings by suspension plasma spraying for SOFC cathodes [C] . ITSC' 2004.

[104] Kang H K. Development of a cathode layer ($La_{0.8}Sr_{0.2}MnO_3$) in a solid oxide . fuel cell using a reactive plasma spray [J] . Metals and Materials International, 2004, 10 (5): 479~483.

[105] Shen Y, Alexandra V, Almeida B, et al. Preparation of nanocomposite GDC/LSCF Cathode material for IT – SOFC by induction plasma spraying [J] . Journal of Thermal Spray Technology, 2011, 20 (1~2): 145~143.

[106] Harris J, Kesler O. Atmospheric plasma spraying low – temperature cathode materials for solid oxide fuel cells. Journal of Thermal Spray Technology, 2011, 20 (1~2): 328~335.

[107] Hartvigsen J. Large area cell for hybrid solid oxide fuel cell hydrogen co – generation process [C] . Ceramatec, Inc. 2005.

[108] Zhai H J, Guan W B, Li Z, et al. Research on performance of LSM coating on interconnect materials for SOFCs [J] . Journal of the Korean Ceramic Society, 2008, 45 (12): 777~781.

[109] Fujishima A, Honda K. Electrochemical photolysis of water at a semiconductor electrode, [J] . Nature, 1972, 238 (5358): 37~38.

[110] Fujishima A, Rao T N, Tryk D A. Titanium dioxide photocatalysis [J] . J. Photoch. Photobio. C: Photoch. Rev. , 2000, 11 (1): 1~211.

8 固态粒子喷涂——冷喷涂

8.1 概述^[1~16]

冷喷涂（Cold spraying）是一种以温度远低于喷涂材料的熔点（室温—用氮气最高到900℃，用氦气最高到700℃）的、高压（用氮气时，气压可达5MPa）气体通过特定的喷嘴，得到高速（300~1200m/s）气流，加速喷射粉末粒子（粉末粒径：0.001~0.05mm），将固体粉末粒子喷射到基体表面沉积形成涂层的工艺。因此，这是一种固态粒子喷涂。冷喷涂装置主要组成和原理示意图见图8-1。

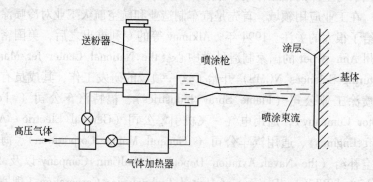

图8-1　冷喷涂装置主要组成和原理示意图

冷喷涂工艺技术虽是喷涂领域里较新的一员，但冷喷涂的概念早在一个世纪以前即已由 Thurston 提出（S. H. Thurston, Method of Impacting One Metal Upon Another, US706701, year of priority（issued）: 1900（1902），S. H. Thurston, Process of Coating One Metal with Another Metal, US706702, year of priority（issued）: 1901（1902））。Thurston 的方法是用有一定压力的气体喷吹金属粒子，致使粒子嵌入金属板的表面形成涂层。当时，受限于压缩空气的速度，喷射粒子的速度低于350m/s，难以得到好的涂层。此后，Thurston 采用对基体加热的方法以促进涂层的形成。50 年后，C. F. Rocheville 使

用了 Laval 喷嘴，超声速气流喷射细的粉末粒子在工件表面发生黏着，形成薄的涂层，但在粒子间没有实现很好的结合（C. F. Rocheville, Device for Treating the Surface of a Workpeice, US3100724, year of priority（issued）：1958（1963））。

20 世纪 80 年代中期，苏联的理论与应用力学研究所（Institute of Theoretical and Applied Mechanics（ITAM）of the Russian Academy of Science（RAS））的 P. Alkchimov, A. N. Papyrin, V. P. Dosarev 等在风洞试验中发现高速粒子的沉积现象的基础上发明了可实现粉末粒子喷射沉积的枪具。后来，在美国注册了专利。他们在冷喷涂的理论与实践领域开展了大量的研究工作，包括：喷射流的二维气体动力学模型、气体与粒子的热和动量的传递、粒子的冲击和变形理论、喷射粒子与基体的相互作用，涂层及其显微组织的形成等[1~9]。

在工业应用领域，首先是汽车制造业和航空航天工业对冷喷涂技术给予很大的关注。1994 年，Alkimov 等的专利推出之后，美国密歇根州 Ann Arbor 的国家制造科学中心（the National Center for Manufacturing Sciences NCMS）开始了这一领域的研发工作，其成员有火焰喷涂工业公司（Flame Spray Industries）、福特汽车公司（Ford Motor Company），通用电气－飞机引擎公司（General Electric – Aircraft Engines）、通用汽车公司（General Motors Corporation）、海军航空补给（the Naval Aviation Depot）、TubalCain Company 以及 the Pratt and Whitney Division of United Technologies Corporation（俄罗斯的 A. N. Papyrin 也参与了 NCMS 的研究工作）。2000 年，美国 Sandia 国家实验室（Sandia National Lab.）在多家公司组成的财团基金资助下，执行冷喷涂合作研发协议（Cooperative Research and Development Agreement（CRADA）on the cold spray technology（Cold Spray CRADA, Project Task Statement No. 1589. 01, Sandia National Lab. , Albuquerque, 2000 ~ 2003））。基金成员包括 Alcoa, ASB Industries, Ford Motor, K – Tech, Pratt & Whitney 以及 Siemens Westinghouse。美国滨州大学（the Pennsylvania State University, A. N. Papyrin 参与了研究工作）在冷喷涂 Ni – Al 青铜、铝合金等耐磨涂层方面[15,16]，ASB Industries, Inc. 在冷喷涂钛合金、不锈钢粉末对冷喷涂技术的

发展又起了很大的促进作用。

目前，用冷喷涂技术已能喷涂多种材料粉末制作涂层，包括：金属：Al、Cu、Ni、Ti、Ag、Zn、Ta、Nb 等；难熔金属：Zr、W、Ta 等；合金·钢、Ni 基合金、MCrAlYs 等；复合材料：Cu - W、Al - SiC、Al - Al$_2$O$_3$、WC - Co 等。

在文献中，对冷喷涂（cold spray，CS）曾给予不同的名称：冷气动力喷涂（cold gas dynamic spray，CGDS）、动力喷涂（kinetic spray，KS）、超声速粒子沉积（supersonic particle deposition，SPD）、动力金属化（dynamic metallization，DYMET 或 kinetic metallization，KM）等。

与热喷涂相比，CGDS 工艺在喷涂过程中不论是喷涂材料还是基体均未受到高的加热（仅有喷涂粒子的动能在冲击基体表面时转化的热能，即使使用热气，最高也只有 900℃，远低于燃气火焰和等离子焰流的温度），而有一系列优越性：（1）喷涂粉末不熔化，显微组织变化小，可得到与粉末原始成分大致相同的显微组织；（2）氧化少、热分解少，涂层几乎无氧化物和夹杂，可得到几乎与粉末原始成分相同的涂层；（3）热应力小，涂层有压缩残余应力而不是通常热喷涂涂层的拉伸残余应力；（4）没有凝固收缩导致的孔隙，可得接近于理论密度的涂层；（5）有利于喷涂纳米结构材料和易氧化材料；（6）冷喷涂喷射束是很窄的高密度的粒子束，涂层厚度有高的生长速率且能较好地控制涂层的形状（因此，还使用于无模成型制造）。

8.2 喷射固体粒子对基体表面的冲击、冷喷涂的临界速度与涂层形成机理[17~37]

8.2.1 喷射固体粒子冲击基体表面时的几种情况

喷射固体粒子对基体、表面冲击时的几种情况，见图 8-2。

（1）回弹。当冲击的固体粒子速度不高（在 100m/s 以下）时，且正向冲击基体表面时，发生粒子的回弹，回弹能量 E_R 与粒子速度 v_p，粒子材料的静屈服应力 P_d 有下式关系（K. L. Johnson，Contact Mechanics. Cambridge University Press，1985：510）：

$$E_R = e_c m_p \nu_p^2 / 2 = P_d (E)^{*-1} V_p f (W), \qquad W = \rho_p \nu_p^2 P_d^{-1}$$

$$(8-1)$$

式中，e_c 是粒子冲击时的速度回弹系数；m_p 是粒子的质量；V_p 是粒子的体积；ρ_p 是粒子材料的密度；E^* 是诱导弹性模量。

$$(E^*)^{-1} = (1 - \nu_p^2) E_p^{-1} + (1 - \nu_w^2) E_w^{-1} \qquad (8-2)$$

式中，ν_p、E_p^{-1} 和 ν_w、E_w 分别为喷射粒子和基体材料的泊松比和弹性模量。

$P_d = 1.1\sigma_s$，σ_s 是回弹时的边界应力（可取其为静屈服点的应力，对于铝为 40MPa）。

（2）造成基体表面的冲蚀磨损。当固体粒子有较高的屈服强度，以倾角冲击基体表面时，导致基体表面的冲蚀磨损（孙家枢. 金属的磨损. 北京：冶金工业出版社，1992.）。在粒子冲击速度足够高时，正向冲击也会导致基体表面材料的迁移。当喷射的固体粒子有很高的屈服强度，基体的硬度较低时，导致冲击粒子深入基体表面。即当固体粒子冲击速度较低和很高时都会导致基体的表面冲蚀磨损（Erosion）。

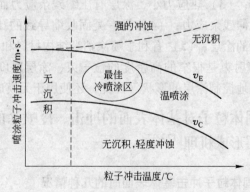

图 8-2   固体粒子冲击基体时的几种情况的速度－温度区域图

（3）在基体表面沉积形成涂层。当冲击的固体粒子速度较高（高于 350～400m/s）时，固体粒子的屈服强度不是很高时，发生粒子的塑性变形，冲击动能转化为塑性变形功，导致绝热剪切，局域温度升高甚至熔化，在严重变形活化的基体表面发生冲击粒子与基体的冷焊黏着与附着，沉积形成涂层。在超声速气流中被加速的喷涂粒子（速度达到 700m/s 以上）高速冲击基体表面发生剪切变形与冷焊（cold-welding）是实现冷喷涂的基础。对某些材料，例如 T₁-6Al-4V，甚至发生熔化现象（J. Vlcek，H. Huber，H. Voggenreiter，E. Lugscheider，Deutsche Gesellschaff fur Materialkunde（DGM）（Munich，Germany），Sept 2002）。

冷喷涂时喷射粒子在基体的沉积是喷射粒子外围剪切变形区与基体的黏结与心部正向应变区（central normal strain region）的回弹两者的作用结果。在动力喷涂过程中，粒子冲击的回弹能，又被称之为回复应变能（recoverable strain energy），可按以下经验式计算 [J. Wu 等]：

$$E_{reb} = 0.5 e_{reb} m_p v_p^2 \qquad (8-3)$$

$$e_{reb} = 11.47 \ (\sigma_{imp-Y}) \ (E^*)^{-1} \ (\rho_p D_p^3 \rho_p^2)^{-1/4} \ (\hat{\sigma_Y})^{1/4}$$

$$(8-4)$$

式中　　e_{reb}——回弹系数；

D_p，ρ_p，v_p——冲击粒子的直径、密度和速度；

E^*——冲击粒子和基体的协同弹性模量；

σ_{imp-Y}——冲击过程中的有效屈服应力。

$$m_p = 0.125 \times \pi \times D_p^3 \rho_p$$

从上式看到，弹性模量低的材料似乎有较高的回弹能。Yuming Xiong 等以氦气作为工艺气体（温度400℃、气压2.5MPa）在 6061-T6 铝合金基体和铜基体上用 KINETIKS 3000 气动力喷涂系统（Germany）冷喷涂镍粉末（名义粒径 35μm），实验结果给出在铝合金基体上的黏结比（bond ratio，BR）仅为 22.5%，远低于在铜基体上的 53.6%。只有喷涂粒子与基体间的黏结能高于回弹能的粒子才能在基体上沉积形成涂层。

8.2.2　冷喷涂时喷射粒子在喷射过程中和冲击基体表面时的物理化学反应变化过程

（1）喷涂粉末粒子在被高速气流加速过程中的行为。关于喷涂粉末粒子在高速气流中的加速，在本书的第 2 章已讨论，这里不再累述。有研究指出喷射粒子在喷嘴内和外还将发生物理化学反应变化过程。

在 W. – Y. Li 等用 CGT 冷喷涂设备以空气（气压 2.8MPa、温度520℃）作为工艺气体冷喷涂 Ti（粒径 5 ~ 45μm）和 Ti6Al4V（粒径 5~90μm）合金粉时，观察到喷嘴外有闪亮的喷射束流。分析，是由于被气流携带的喷射粒子在喷枪喷嘴内相互摩擦，使粉末粒子表面的氧化膜剥落，露出新鲜的表面，同时被加热，而后在喷嘴外再被氧化，显现出闪亮的喷射束流。

（2）冲击压力。按冲击动力学，在高速冲击时将产生压力激波和塑性变形激波，导致冲击粒子的巨大的变形。按状态方程的方法，给出对于铁基和铜基合金，在速度达到 1000m/s 以上时，峰值冲击压力可达 40 ~ 50GPa。

J. Vlcek 等研究给出在速度 700m/s 的 316L 不锈钢粉末粒子冲击316L 不锈钢基体时，在初始接触的短时 $t_S = 4.9 \times 10^{-6}$ ms，最大压强达到大于 13GPa。经 1.0×10^{-5} ms，峰值压力即下降到 3GPa 以下。这可解释为粒子和基体间接触面积 A_c 的加大。即有关系：接触压应力$\sigma_y = F_c/A_c$，F_c 是冲击力。在大多数情况，在冲击的 5×10^{-6} ms 时间时，在接触面积上达到最大峰值压力，经 (1×10^{-5}) ~ (2×10^{-5}) ms 时间，接触压应力达到一相对稳定值。在喷涂铁粉时，由于压力（13GPa 的非持续冲击波压力）的作用会导致发生 α – Fe 向 γ – Fe 的转变。

在冲击时，冲击粒子的质量冲击速度（mass velocity）v 与冲击波速度（shock – wave velocity）V 间有线性关系：

$$V = C_o + S_v, \quad C_o = (K/\rho_0)^{1/2}$$

S 取决于材料特性：$S = 0.5 [1 + 3 (\alpha K/\rho_0 C_v)]$

式中 α——材料的线膨胀系数；

　　　K——压缩模量；

　　　ρ_0——材料的密度；

　　　C_v——材料的热容。

按 Mises 和 Tresca 材料发生流变的流变限为 $Y_0 = \sigma_x - \sigma_y$，有

Hugoniot elastic limit（HEL）：

$$\sigma_{HEL} = \left[(K/2G) + 2/3 \right] \times Y_0 \qquad (8-5)$$

达到 Hugoniot 弹性限 σ_{HEL}，材料将超过弹性，发生从弹性冲击波转变为塑性冲击波，发生动力学屈服（Dynamic Yielding），导致很大的塑性变形。Zukas 给出材料流变极限与硬度间的简单的关系：$Y_0 = 3.92HB$（MPa），HB 是材料的 Brinell 硬度。对于铝和铜，动力学屈服 <0.5GPa；雾化法制作的快速冷却得到的有马氏体（Martensitic）组织的 Ti－6Al－4V 的动力学屈服约为 3GPa。

粒子冲击速度超过 300~400m/s，粒子发生较大的应变，冲击压力脉冲作用时间 t_c 与粒子速度 v_p，粒子直径 d_p，应变 ε_p 间有下式关系：

$$t_c = 2\varepsilon_p d_p / v_p \qquad (8-6)$$

设粒子速度为 500m/s，粒子直径 50μm（5×10^{-5} m），应变率达到 1 的情况下，冲击压力脉冲作用时间 t_c 为 2×10^{-7} s 的量级，冲击粒子的应变速率达到 0.5×10^9 s^{-1}[37]。看到过程发生在 10^{-7} s 的极短时间范围内，发生绝热剪切。对于铝粒子冲击，应变 ε_p 有实验数据关系：

$$\varepsilon_p = \exp (- 1.4H_p/\rho_p v_p^2) \qquad (8-7)$$

式中，H_p 为粒子的动力学硬度，对于铝 $H_p = 500$MPa。绝热剪切塑性变形 + 温升软化导致喷射粒子与基体间的固相结合，发生喷射粒子的冲击形成涂层。

（3）冲击热。冲击变形过程发生在 10^{-4}ms 时间之内，可认为是绝热过程。粒子对基体的冲击压力导致冲击波，随材料不同，冲击波压力导致温升不同。已有的工作给出，铝、铁、铜三种金属比较，铝的冲击温度（shock temperature）最高：冲击波压力（shock - wave pressure）28GPa，500℃；铜最低：150℃；残余温度（residual temperature）铝大致为 150℃，而铜为 50℃。

从图 8－2 给出的固体粒子以不同速度和温度冲击基体表面时的几种情况，也可看到随喷射粒子温度的升高，发生喷射粒子在基体表面沉积的临界速度 V_{crit} 降低。

由于在喷涂粒子沉积基体表面纳秒级的短时内发生绝热状态下的剪切变形，导致的温升 ΔT 可以下式表达：

$$\Delta T = \frac{\beta}{\rho c_p} \int_0^{\varepsilon_p} \sigma \mathrm{d}\varepsilon_p \quad (\text{式中}\ \beta\ \text{改为}\ \psi) \tag{8-8}$$

式中 ψ——考虑发生绝热剪切变形导致的材料的局部加热温升
系数；

ρ——喷涂粉末粒子的比质量；

c_p——比热容；

σ——屈服应力；

ε_p——塑性应变。

粒径 d_p、质量 m_p、速度 v_p 的粒子的动能 E_p 为：

$$E_p = 0.5 m_p v_p^2 \tag{8-9}$$

考虑能量平衡，有下式：

$$\Delta T = \psi v_p^2 \ (2 f_v c_p)^{-1} \tag{8-10}$$

式中，f_v 为被加热的体积分数。

若有熔化现象，要考虑材料的熔点 T_m 和熔化潜热 H_L，考虑能量
平衡，则有：

$$0.5 \psi m_p v_p^2 = f_v m_p \left[c_p \ (T_m - T_R) \ + H_L \right] \tag{8-11}$$

在上式中有两个实验系数 ψ 和 f_v，对应于不同的材料和喷涂状
态，可通过实验确定。W. – Y. Li 等在法国 Université de Technologie
de Belfort – Montbéliard 的研究实验观察到在冷喷涂 Al 及其合金、Ti
及 Ti6Al4V 时在涂层中的喷涂粒子间界存在有熔化层。

（4）黏着活化能 E_{ac}。

考虑喷涂粒子在基体表面的沉积应与发生黏着的活化能有关。喷
涂粒子与基体单位表面积上发生黏着的原子数 N_a，与喷涂粒子或基
体单位表面积上发生物理接触的原子数 N_{ao}，以及喷涂粒子与基体间
的活化能 E_{ac}，接触温度 T_c 有下式关系：

$$\mathrm{d}N_a/\mathrm{d}t = \nu \ (N_{ao} - N_a) \ \exp \ (-E_{ac}/k_b T_c) \tag{8-12}$$

式中 k_b——Boltzman 常数；

ν——晶格中原子振荡的频率；

T_c——接触温度，为常数。

上式对时间积分，有接触时间 t_c 后发生黏着的原子分数 q 的表
达式：

$$q = (N_a/N_{ao}) = 1 - \exp[-\nu t_c \exp(-E_{ac}/k_b T_c)] \qquad (8-13)$$

表8-1给出几种金属的黏着能（10^{-19} J）[17]。

表8-1　几种金属的黏着能

金　属	Zn	Al	Ti	Cu	Fe	Ni	Cr
黏着活化能/J	0.42×10^{-19}	0.50×10^{-19}	0.81×10^{-19}	1.07×10^{-19}	1.55×10^{-19}	1.57×10^{-19}	2.16×10^{-19}

8.2.3　冷喷涂时的临界速度及其与材料特性的关系[23~30]

对于冷气动力喷涂 Cold Gas Dynamic Spraying（CGDS），为实现喷涂粒子的绝热剪切变形、沉积形成涂层时所需的最低冲击速度称之为临界速度。

为实现喷涂粒子与基体的结合，通过分析给出临界速度与材料特性，特别是材料的流变应力、热容和熔点间的关系：

$$V_{cr}(\text{m/s}) = [A\sigma/\rho + Bc_p(T_m - T)]^{1/2} \qquad (8-14)$$

式中　σ——与温度相关的流变应力；

　　　ρ——喷涂材料的密度；

　　　c_p——比热容；

　　　T_m——熔点；

　　　T——喷涂粒子冲击时的温度；

　A，B——实验常数。

这一方程是基于喷涂材料与基体材料相同。基于实验给出 $A = 4$，$B = 0.25$。

基于实验和理论分析给出临界速度 V_{cr}（m/s）与喷涂粒子的密度 ρ（g/cm³）、熔点 T_m（℃）、喷涂粒子材料的极限强度 σ_u（MPa）以及粒子的冲击温度 T_i（℃）间有下式经验关系：

$$V_{cr}(\text{m/s}) = 667 - 14\rho + 0.08T_m + 0.1\sigma_u - 0.4T_i \qquad (8-15)$$

为使粒子熔化的临界冲击速度 V_m（m/s）可以下式表达：

$$V_m(\text{m/s}) = [2c_p(T_m - T) + 2L]^{1/2} \qquad (8-16)$$

L 为熔化潜热。Tobias Schmidt 等的论文给出为形成涂层的临界速度 V_{cr} 与使冲击粉末粒子熔化的临界速度 V_m 的相关曲线（见图8-3），看到 V_{cr} 和 V_m 两者间有近似线性关系。

这里顺便给出材料在温度 T 时的流变应力 σ 与温度间的关系式：

$$\sigma = \sigma_{\text{ultimat}}\left[1 - (T - T_R)/(T_m - T_R)\right] \qquad (8-17)$$

σ_{ultimat} 是在温度 T_R（通常为 20℃）时测定的材料的极限强度。在考虑固态粒子喷涂与材料的力学性能的关系时，对于粉末应考虑粉体的硬度及其随温度的变化更为合理。

基于实验和上述关系，表 8-2 给出几种金属粉末（粒径为 0.02mm）冷喷涂时为实现与基体表面的黏接（冷喷涂形成涂层）所需的临界速度：Cu 560~580m/s，Fe、Ni 620~640m/s，Al 680~700m/s。不锈钢冷喷涂的临界速度为 600~650m/s。

表 8-2 几种金属粉末（粒径为 0.02mm）冷喷涂时为实现与基体表面的黏接（冷喷涂形成涂层）所需的临界速度范围

材 料	熔点/℃	临界速度/m·s^{-1}
Al	660	620~660
Ti	1670	700~890
Sn	232	160~180
Zn	420	360~380
不锈钢 316L	1430	700~750
Cu	1084	460~500
Ni	1455	610~680
Fe		620~640
Ta	2996	490~650

注：也有给出 Cu 560~580m/s，Ni 620~640m/s，Al 680~700m/s，不锈钢冷喷涂的临界速度为 600~650m/s。注意到给出的是实际喷射粒子沉积形成涂层的速度范围，实验和理论研究给出过高的冲击速度将降低沉积速率[24]。

在讨论材料特性的影响时，首先考虑材料的强度与冲击载荷间的关系。参照半经验关系：

$$K_1\sigma_u\left[1 - (T_i - T_R)(T_m - T_R)^{-1}\right] = 0.125\rho V_{\text{crit}}^2 \qquad (8-18)$$

上式的左边为考虑了热软化（Johnson-Cook equation）的材料的强度，表达的是材料的强度与温度的关系。右边是考虑球形粒子冲击的动力学载荷。式中 K_1 是经验系数。由上式导出临界速度：

$$V_{\text{crit}} = \left\{8K_1\sigma_u\left[1 - (T_i - T_R)(T_m - T_R)^{-1}\right]\rho^{-1}\right\}^{1/2} \qquad (8-19)$$

与上述类似考虑热消耗与动能间的关系：

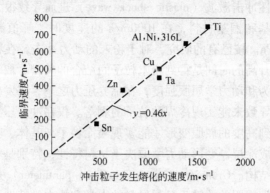

图 8-3 实现喷涂粒子黏结形成涂层的临界速度（critical velocity）
与冲击粒子发生熔化的速度间的关系[24]

$$K_2 c_p (T - T_R) = 0.5 V_{crit}^2 \qquad (8-20)$$

$$V_{crit} = [2K_2 c_p (T - T_R)]^{1/2} \qquad (8-21)$$

考虑冲击动能以不同的比例（系数 K_1，K_2）消耗于变形和升温，可得临界速度与材料的密度、强度和热容间的关系。T. Schmidt 等给出冷喷涂临界速度与材料的密度、强度和热容间的关系：

$$v_{crit} = K[c_p (T_m - T_p) + 16\sigma (T_m - T_p) \rho^{-1} (T_m - T_R)^{-1}]^{1/2} \qquad (8-22)$$

注意，在上述方程中粉末粒径的影响包含在系数 K 中。对于不同粒径的粉末系数 K 的数值不同。对于粉末粒径在 $10 \sim 105 \mu m$ 的范围，T. Schmidt（2009）等给出：

$$K = 0.64 (d_p/d_p^{ref})^{-0.19} \qquad (8-23)$$

$$v_{crit} = v_{crit}^{ref} [0.42 (d_p/d_p^{ref})^{0.5} (1 - T_p/T_m)^{1/2} + 1.19$$
$$(1 - 0.73 T_p/T_m)^{1/2}] [0.65 (d_p/d_p^{ref})^{0.5}]^{-1} \qquad (8-24)$$

对于 $d_p^{ref} = 10 \mu m$，$v_{crit}^{ref} = 650 m/s$。

8.2.4 冷喷涂机理：涂层的形成和沉积效率

按照冲击动力学的激波理论，在粒子冲击过程中将有一压力激波，造成塑性冲击激波（plastic shock wave）进而导致很大的塑性变形。对于铁基和铜基材料，在 1000m/s 的速度时，峰值激波压力可达 40 ~ 50GPa。按已有的研究，对于粉末的动力冲击，在粉末粒子冲击基体压力升高的时间是得到粉末粒子间结合的关键。取决于材料的塑性变形行为和动力学屈服强度，在临界压力之下，将发生弹力载荷释放，这将导致未能实现冷焊的粒子的剥落。仅在冲击压力超过临界压力时，达到高度的屈服变形才能实现喷涂粒子与基体、喷涂粒子间的结合，形成涂层。变形动力学取决于材料特性，特别是材料的晶体结构与组织结构。Grüneisen 参数（Grüneisen parameter）是计算激波压力和动力学屈服的关键，且与材料的力学和热力学特性相关。由于过程的瞬时性（时间短于 10^{-7}s），认为发生的是绝热变形（adiabatic deformation），90% 的变形功导致温升。对于铝有最高的激波温升：在 28GPa 时达到 500℃；铜的温升较低，不超过 150℃；铁在 13GPa 时发生从 α - Fe 向 γ - Fe 的转变。同一材料其组织结构不同，屈服强度不同，其与粒子冲击作用下的激波压力变形相关的 Hugoniot 弹性限（Hugoniot elastic limit，HEL）不同，例如：Ti6% Al4% V 钛合金，在有 . α + β 组织时的压缩屈服强度为 1100 ~ 1200MPa，相应的 HEL 为 2.7GPa；在有马氏体组织时屈服强度为 12500 ~ 1300MPa，相应的 HEL 近 3.0GPa。一些观察分析，看到冷喷涂涂层与基体的结合部存在有熔化 - 熔合迹象。

　　关于喷涂粒子与基体以及粒子间的黏结（bonding）：Tobias Schmidt 等以直径 20mm 的铜球冲击钢的试验给出，在冲击速度达到 350m/s 时，即已发生冲击球的塑性流变、温升、再结晶，甚至出现一次结晶组织并与钢基体（剪切塑性变形、局域再结晶）形成很窄的但足以抵抗收缩的焊合。发生焊合的最高冲击速度为 600 ~ 750m/s。冲击速度再高则发生冲蚀（有高温冲蚀的特征）。在以压力 2.5MPa、500℃ 的氮气作为工艺气体冷喷涂 316L 不锈钢粉末（平均粒径 22μm），粒子速度达 600m/s，看到粉末粒子内晶粒发生严重的塑性变形，粉末粒子间较好黏合，但仍有较清晰的间界；用氦气（3MPa，400℃）作为工艺气冷喷涂时，粉末粒子速度达 800m/s，粉末粒子内晶粒发生严重的塑性变形，粉末粒子间黏合很好，间界已难以区分，

且有很薄的熔化 – 热影响区。

Wielage 等用高分辨率电子显微镜观察分析在 A7022 铝合金（Al – 4% Mg – 2% Zn 合金）基体上用 CGT Kinetic 3000 系统喷涂 Zn 合金粉末，在涂层与基体的结合过渡区观察到有尺度在亚微米和纳米的机械合金化反应相和由于冲击动能转化的热能生成的冶金反应相，这些反应相的生成对提高涂层与基体的结合强度有重要意义。

有一系列研究指出在冷喷涂 Al 及其合金、Ti 及 Ti6% Al4% V 时在涂层中的喷涂粒子间界存在有熔化层。在喷射冲击区有冶金结合，在喷涂粒子贴片与基体结合区有高的位错密度和再结晶区[31~33,35]。应当指出，喷涂粒子的熔化和喷涂粒子间界的熔化，有利于实现冶金结合，提高涂层的结合强度，但熔化金属的凝固收缩有可能导致孔隙和微裂纹。喷涂粉末粒子在喷射过程中，在喷嘴内和喷射流束中的摩擦加热，虽有利于喷涂粒子的冲击沉积，但也会导致喷射过程中的氧化，造成涂层中有氧化夹杂。

综上所述，涂层与基体的结合有以下机制：喷涂粉末与粗化的基体表面的机械勾连；高速冲击导致的机械合金化，绝热剪切变形，局部温升导致微区熔化与熔合，互扩散，反应生成新相等。

有关形成涂层的沉积效率 DE（%）的考察结果表明，在粒子冲击速度与冷喷涂临界速度比（$v_p/v_{critical}$）达到 1.2 时，沉积效率 DE（%）接近达到最高值；进一步提高冲击速度，沉积效率升高很少，以至不再升高，甚至可能出现喷射粒子对基体的冲蚀。

气动力喷涂的沉积效率 X_D 随温度 T_0 的变化符合于 Arrhenius 方程规律：

$$X_D = X_{Do} \exp\left(-Q_D/RT_0\right) \qquad (8-25)$$

式中　X_{Do}——沉积系数，是 Q_D 气动力喷涂沉积激活常数。

对于不同材料粉末粒子的气动力喷涂沉积激活常数可查阅参考文献 [10]。

由上式看到，气动力喷涂沉积效率随气体温度的升高而提高，且当气体温度高于某一温度（600℃）后，沉积效率大幅度提高。常以沉积效率等于 0.6 作为一衡量标准。对于相同的临界速度，不同的气体为达到这一沉积效率所需的气体的温度不同。以气动力喷涂 Ti 粉

（5～10μm）为例，气体压强为 0.5MPa，用氮气在 300℃时达到 0.6 的沉积效率，而用空气时要 650℃，相应的临界速度为 500m/s。

还可以单道次喷涂沉积涂层的厚度 t_D 来考察沉积效率。同样，其随温度 T_0 的变化符合 Arrhenius 方程规律：

$$t_D = t_{Do} \exp(-Q_{Dt}/RT_0) \tag{8-26}$$

式中　t_{Do}——沉积涂层厚度系数，是 Q_{Dt} 气动力喷涂沉积厚度激活常数，其与冷喷涂时喷涂粒子在基体表面沉积形成涂层的活化能有相同的物理意义。

对于用 Laval 喷管气动力喷涂时，在气流中喷涂粒子的速度 V_P 与气流特征参数间有下式关系：

$$V_P = (M-1)(\gamma_c RT_0)^{1/2} \{1 + [(\gamma_c - 1)/2]M^2\}^{-1/2} \tag{8-27}$$

式中　M——表征气流速度的 Mach 数；

γ_c——气体的比热比，对于单原子气体为 1.66，对于双原子气体为 1.4；

T_0——气体在 Laval 喷嘴的收缩段的初始温度。

由上式可得到 RT_0 与 V_P、M、γ_c 关系的表达式：

$$RT_0 = V_P^2 \{1 + [(\gamma_c - 1)/2]M^2\} (M-1)^{-2} \gamma_c^{-1} \tag{8-28}$$

喷涂粒子冲击基体碰撞接触时间（collision contact time）t_c 可近似地以下式计算：

$$t_c = d/V_P \tag{8-29}$$

$$V_P = d/t_c \tag{8-30}$$

喷涂粒子冲击基体表面时发生严重的剪切塑性变形。剪切应变速率 γ' 与剪切应变 γ 间有以下关系：

$$\gamma' = \gamma/t_c \tag{8-31}$$

则有：$V_P = d\gamma'/\gamma$。将 RT_0 与 V_P 的关系及 V_P 与剪切应变的关系代入，则有：

$$t_D = t_{Do} \exp\{-Q_{Dt}\{1 + [(\gamma_c - 1)/2]M^2\}^{-1}(M-1)^2 \gamma_c (d\gamma'/\gamma)^{-2}\} \tag{8-32}$$

这样就得到了单道喷涂沉积涂层厚度与喷涂材料 - 粉末特性（Q_{Dt} 和 d）、喷射气流特征（γ_c、M）以及喷涂粒子冲击基体表面时的应变特征（γ'/γ）间的关系（应变速率大得到的涂层厚）。

8.2.5 冷喷涂弛豫（诱导）时间：基体表面被喷涂粒子的冲击 活化[18~20]

一系列实验发现在速度不是很高时要喷涂一段时间后，开始发生喷涂粒子在基体表面沉积黏着形成涂层，这段时间被称为弛豫（诱导）时间（delay（induction）time），记作 t_i。随喷涂粒子的速度的提高弛豫时间缩短，且与粒子冲击基体的速度 v_p、形成涂层的临界速度 v_{cr} 以及第二临界速度 v_{cr}^* 间有下式关系：

$$t_i = a\left[1/(v_p - v_{cr})^b - 1/(v_{cr}^* - v_{cr})^b\right] \tag{8-33}$$

第二临界速度 v_{cr}^* 是当第一颗粒子冲击基体时就在基体上沉积时的喷涂粒子速度。

对于粒径为 0.0302mm 的铝粒子在经抛光的铜基体表面沉积时[18]，$v_{cr}=550\text{m/s}$，$v_{cr}^*=850\text{m/s}$，$a=365\text{s}$，$b=0.5$。在喷涂的初始阶段，低于 v_{cr}^* 速度的喷涂粒子对基体的冲击不能形成黏着，但对基体表面起活化作用。当达到一定冲击次数后，基体表面已被充分活化，喷涂冲击的粉末粒子即可在基体表面沉积黏着形成涂层。

冷喷涂时形成涂层的活化能 E_{ac} 的半经验表达[30]式为：

$$E_{ac} = k(N_0 E_w + N E_p)/(N_0 + N) \tag{8-34}$$

式中　E_w，E_p——基体和喷涂粒子的活化能；

　　　k，N_0——基于材料特性的实验常数。

对于弛豫时间为 0，即 $N=0$，由上式，有：

$$E_{ac} = kE_w \tag{8-35}$$

A. N. Papyrin 等给出对于铝，$k=1.25$。

8.3 工艺参数的影响

8.3.1 工艺气体的影响

（1）气体的种类。使用不同比热比的气体（单原子气体的比热比为 1.66，双原子气体的比热比为 1.4），为得到对喷涂粉末粒子最佳的加速效果，喷嘴的尺寸不同。R. C. Dykhuizen 等的研究给出对于 He 气，在喷嘴长度为 10cm 时，喷嘴的出口处截面积与喷嘴喉径处的截面积之比为 1.7 时有最高的喷涂粒子速度。使用同一喷嘴，不同的气体，喷嘴出口处喷涂粒子的速度相差很大，用 He 气时喷涂粒子的速度可达 1050m/s，用空气时仅 560m/s。使用空气喷嘴时，用 He 气时在喷嘴出口处喷涂粒子的速度相应为 1080m/s；用空气时喷涂粒子的速度为 680m/s。这表明冷喷涂时使用单原子气体，喷涂粒子的速度比用双原子气体时高。

（2）喷涂气体的温度和压力的影响。

提高喷涂气体的温度和压力有利于提高喷涂粒子的速度和温度，从而提高冷喷涂涂层的致密度和结合强度，提高涂层沉积效率。实现冷喷涂的临界速度与喷射粒子的温度的关系式（T. Schmidt, F. Gärtner, H. Assadi, H. Kreye, Development of a Generalized Parameter Window for Cold Spray Deposition, *Acta Mater.*, 2006, (54) 729~742）

$$v_{crit} = K[\,c_p(T_m - T_p) + 16\sigma(T_m - T_p)\rho^{-1}(T_m - T_R)^{-1}\,]^{1/2}$$

$$(8-36)$$

式中，$K = 0.64 \ (d_p/d_p^{ref})^{-0.08}$。

从式中可以看到，随喷射粒子温度 T_p 的提高，为得到冷喷涂涂层所需的临界速度 v_{crit} 降低。即提高工艺气体的温度，喷射粒子温度 T_p 的升高，将降低临界速度，有利于喷射粒子的沉积，得到涂层。应当指出，对于从冷喷涂枪的前仓轴向送粉，提高喷涂工艺气体的温度可加强对喷射粒子的加热、提高粉末粒子的温度；对于送粉孔设置在喷嘴的扩张段的喷涂枪，由于工艺气体进入喷嘴的扩张段，气体膨胀，温度迅速下降，工艺气体对喷射粉末粒子的加热作用很小。

Wilson Wong 等用 KINETIKS_ 4000（Cold Gas Technology, Ampfing, Germany）冷喷涂 Ti 粉的实验结果给出：用双原子气体-氮气喷涂，气压 3MPa，气体温度为 300℃时粒子速度为 608m/s，基体温度 45℃，粒子温度 128℃；气体温度 600℃时粒子速度为 688m/s，基体温度 110℃，粒子温度 333℃。提高喷涂气体的温度可同时提高喷涂粒子的速度温度以及基体的温度，有利于得到致密的高结合强度高的冷喷涂涂层。但应注意基体和喷涂粉末材料对温度的敏感性。

用单原子气体，如 He 气，在喷涂气体较低的气压下，喷涂粒子就被加速到较高的速度。Wilson Wong 等用与氮气喷涂时相同的系统的实验结果给出：在氮气气压仅为 0.75MPa、温度 70℃时，喷涂粒子的速度即达到 690m/s，但粒子的温度很低，基体的温度 31℃。

K. C. Kang 等的实验给出：用氦气（300℃）喷涂 Al 粉，气压从 1.2MPa 提高到 2.4MPa，喷射粉末粒子的速度从 639m/s 提高到 804m/s，喷涂粉末的黏结率从 17% 提高到 70%。

Saden H. Zahiri 等用 CGT^{TM} KINETIKS$^{®}$ 4000 冷喷涂系统（用缩放型喷嘴（de Laval）：喉径 2.6mm，出口直径 8.5mm，扩放段长度 71.3mm），喷涂纯钛粉（平均粒径 27μm），用 Particle image velocimetry（PIV）测定冷喷涂粒子速度，给出工艺气体及其参数对喷涂粒子速度的影响（见表 8-3）。看到使用氦气作为工艺气体在同样温度压力下喷涂粒子的速度明显高于使用氮气时的；使用氮气作为工艺气体喷涂时随氮气温度、压力的升高，粒子的速度升高。

表 8-3 工艺气体种类、温度、压力对喷涂粒子的最高速度的影响

工艺气体	温度/℃	压力/MPa	喷涂粒子的最高速度/m·s^{-1}	达到最高速度的区域到喷嘴出口处的距离/mm
He	550	1.4	900	60 ~ 80
N$_2$	550	1.4	640	20 ~ 30
N$_2$	550	2.5	730	40 ~ 60
N$_2$	750	2.5	790	40 ~ 60

注：根据 Saden H. Zahiri 等的实验数据整理

8.3.2 工件移动速度的影响

在同样气体压力和速度情况下，工件移动速度低，工件表面被喷涂粒子冲击导致的温升高得到的涂层致密。如 Wilson Wong 等的实验研究结果给出：用氮气压力 4MPa、气体温度 800℃，MOC24 喷嘴，喷涂粒子速度 805m/s，喷涂粒子温度 466℃，试样移动速度分别为 150m/s 和 5m/s 的情况下，试样基体表面的温度分别为 185℃ 和 496℃，涂层的孔隙度相应为 0.9% 和 0.1%（Wilson Wong，Eric Irissou，Anatoly N. Ryabinin，Jean-Gabriel Legoux，and Stephen Yue，Influence of Helium and Nitrogen Gases on the Properties of Cold Gas Dynamic Sprayed Pure Titanium Coatings，Journal of Thermal Spray Technology，2011，20（1-2）213~226）。

8.3.3 粉末粒径对冷喷涂临界速度的影响[25~27]

喷涂同一种材料，随喷涂粉末粒径的减小，得到冷喷涂涂层所需的临界速度升高。Tobias Schmidt 等试验冷喷涂喷涂 316L 不锈钢粉末，粉末粒径为 $-22\mu m$ ($d_m = 15\mu m$)、冲击温度为 20℃时的临界速度为 650m/s，冲击温度为 300℃时的临界速度为 590m/s；粉末粒径为 ($-45+15$) μm ($d_m = 30\mu m$) 时，相应于两冲击温度时的临界速度分别为：590m/s 和 530m/s；粉末粒径为 ($-177+53$) μm ($d_m = 115\mu m$) 时，相应于两冲击温度时的临界速度分别为：490m/s 和 440m/s。得出结论，随喷涂粉末粒径的增大，临界速度降低。细粒径的粉末冷喷涂临界速度较高与小粒径粉末—较高的表面积与体积比，表面有较多的吸附和氧化有关。深入的研究指出还与冲击时的局部绝热剪切失稳有关。T. Schmidt 等的研究给出：粒径 15μm 的铜粉末在速度为 600m/s 冲击基体时，约在 0.02μs 时冲击界面达到最高温度约 820K；粒径 25μm 的铜粉末在速度为 600m/s 冲击基体时，约在 0.03μs 时冲击界面达到最高温度约 1150K，粒径 50μm 的铜粉末在速度为 600m/s 冲击基体时，约在 0.07μs 时冲击界面达到最高温度约 1150K。三种粒径的粉末冲击时均已发生剪切失稳。粒径 25μm 和 50μm 的粉末在速度为 600m/s 冲击时界面温度均已接近铜的熔点（见图 8-5）。且细的粉末冲击时间界面升温快，降温也快，粗的粉末升温略慢，降温更为缓慢，将有利于发生扩散，改善喷涂粉末与基体的结合。

从式 (8-22) ~式 (8-24) 也可看到，喷涂粒子特性对其冷喷涂临界速度的影响有以下规律：

喷涂粒子的熔点高、热容高、强度高的喷涂材料粒子要有较高的冷喷涂临界速度；较粗的喷涂粉末，有较低的临界速度。

$$d_p^{ref} = 10\mu m, \quad v_{crit}^{ref} = 650m/s$$

速度 v_m 和 v_{crit}^{min} 分别为实现黏结的最大速度和最低速度。

图 8-4 给出冷喷涂时的临界速度与粉末粒径的关系以及冷喷涂最佳粒径范围示意图。对于大多数金属材料冷喷涂粉末的最佳粒径范围在 ($-45+15$) μm，过粗的粉末喷涂时将导致孔隙度增高、沉积

效率下降。

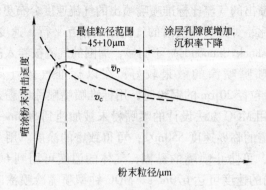

图 8-4　冷喷涂时的临界速度与粉末粒径的关系
以及冷喷涂最佳粒径范围示意图

8.4　冷喷涂设备

8.4.1　冷喷涂设备的组成

冷喷涂系统通常由高压气源（high pressure gas supply），气体加热器（gas heater），送粉器（powder feeder），喷涂枪（spray torch, Spray gun）组成。喷涂枪内有前仓（内有气流准直导流器，轴向送粉的送粉孔（管）），超声速喷嘴（径向送粉的送粉孔多在超声速喷嘴的接近喉部的扩放段）等组成。

8.4.2　冷喷涂枪的喷嘴

目前，较典型的冷喷涂用喷嘴有：

（1）喇叭型的（trumpet shaped）Laval 喷嘴。其典型尺寸为：其喉部最小直径为 2.7mm，扩张段长度 77mm，膨胀比是 8.8。为保证 100m³/h 的氮气流量，最小直径为 2.7mm。

（2）以特征方法（method of characteristics）设计的钟型的（bell - shape）喷嘴。其扩张段长度 130mm，膨胀比是 5.8。标准 Laval 喷嘴喷出的气流，有膨胀区和压缩区，气流速度分布不均匀（见本书第 2 章）。随冷喷涂科学与技术的进展，基于流体动力学，喷嘴的概念有了进一步的发展，用 method of characteristics（MOC）方法设计的喷嘴喷出的气流比标准喷嘴喷出的气流速度分布更均匀。与喇叭型喷嘴相比，钟型喷嘴喷射的气流流线相互平行，速度分布均匀，"激波钻"（shock diamonds）不明显，周围的气流被卷入的少。

用钟型喷嘴喷涂的效果较好：在以标准气体（氮气 3MPa，320℃）喷涂粒径 20μm 的铜粉时，用标准喷嘴喷涂时粉末被加速到 500m/s，而用 MOC 方法设计的喷嘴粉末被加速到 580m/s[22,24]，超过喷涂铜所需的临界速度 550m/s，可得致密的涂层。用 WC - Co 作为喷嘴材料，可防止喷嘴的黏糊，气体的温度可用到 600℃，粒径 20μm 的铜粉的速度可达 670m/s。MOC 钟型喷嘴冷喷涂时的典型喷涂距离是 40 ~ 60mm。

表 8 - 4 给出以涂层的沉积效率、结合强度以及反映涂层致密度的电导率为表征的冷喷涂喷嘴和参数研究进展。表中电导率百分数为涂层与致密实体相比电导率的百分数。

表 8 - 4　喷嘴及喷涂参数研究进展（以涂层的沉积效率和性能来表征）

年份	喷 嘴	工艺气体	送粉位置及粉末粒度/mm	沉积效率（DE）/%	涂层结合强度 TCT 强度/MPa	电导率 /%
2001	喇叭型钢质	N₂3MPa，300℃	喉部上游 25 Cu - 25 + 5	约 60	约 50	55
2003	MOC 钟型钢质	N₂3MPa，300℃	喉部上游 25 Cu - 25 + 5	约 60	约 60	60
2004	MOC 钟型 WC - Co	N₂3MPa，600℃	喉部上游 25 Cu - 48 + 11	约 95	约 110	75
2006	MOC 钟型 WC - Co	N₂3MPa，600℃	喉部上游 135 Cu - 48 + 16	约 95	约 160	80
2006	MOC 钟型 WC - Co	N₂3MPa，800℃	喉部上游 135 Cu - 48 + 16	约 95	约 250	90
2006	MOC 钟型 WC - Co 新枪	N₂3MPa，900℃	喉部上游 135 Cu - 75 + 25	约 95%	约 300	95%

在以标准气体（氮气 3MPa，320℃）喷涂粒径 20μm 的铜粉时，用标准喷嘴喷涂时粉末被加速到 500m/s，而用 MOC 方法设计的喷嘴粉末被加速到 580m/s[46,48]，超过喷涂铜所需的临界速度 550m/s，可得致密的涂层。用 WC - Co 作为喷嘴材料，可防喷嘴的黏糊，气体的温度可用到 600℃，粒径 20μm 的铜粉的速度可达 670m/s。MOC 钟型喷嘴冷喷涂时的典型喷涂距离是 40~60mm。

（3）喷嘴的 Barrel 管长度 L_b 对喷射粒子的速度有明显的影响。K. Sakaki 等给出用 Mach 数为 2.7 的锥形 Laval 缩放形喷嘴，收缩段长度 9mm，用氮气：气压 2.0MPa、温度 750K，在喷嘴出口处气体的速度达到 900m/s，温度降低到 290K（即室温），喷涂粒子的速度则随到喷嘴喉部的距离（在 0 到 300mm 的范围内）的增加而缓慢的提高。

S. Alexandre 等实验用 CGT 系统，缩放型喷嘴，喉径 2.3mm，扩放段长度 13.5mm，出口直径 6mm 的冷喷涂枪，随喷嘴的 Barrel 长度增长，喷射粒子的速度提高。到一定长度后，再增加 Barrel 长度，喷射粒子速度下降：在喷涂粒径 28μm 的不锈钢 时，Barrel 长度在 60mm 时喷射粒子的速度为 610m/s，Barrel 长度在 140mm 时，喷射粒子速度达到最高，700m/s，Barrel 长度再增长，喷射粒子速度有所下降（K. Sakaki, Y. Shimizu, Effect of the Increase in the Entrance Convergent Section Length of the Gun Nozzle on the High - Velocity Oxygen Fuel and Cold Spray Process, Journal of Thermal Spray Technology, Volume 10 (3) September 2001, 487~496.）。

（4）喷嘴的出口处截面积与喷嘴喉径处的截面积之比的影响。在本书的第 2 章已讨论 Laval 喷嘴的喉径与出口处的截面积之比与气流 Mach 数间的关系，这里不再赘述。

R. C. Dykhuizen 等的研究给出对于 He 气，在喷嘴长度为 10cm 时，喷嘴的出口处截面积与喷嘴喉径处的截面积之比为 1.7 时有最高的喷涂粒子速度。

8.4.3 高压冷喷涂和低压冷喷涂

通常冷喷涂工艺气体的压力在几兆帕以上者为高压冷喷涂

（HPCS）。工艺气体的压力在1MPa以下的情况，被称为低压冷喷涂（low‑pressure cold sprayed，LPCS）。前面所讨论的冷喷涂相关问题主要是针对高压冷喷涂。低压冷喷涂设备较为简单，拓宽了冷喷涂技术的应用，更适用于现场修复使用。有研究指出低压冷喷涂时的临界速度还较低。例如铝的冷喷涂。在高压冷喷涂时的形成涂层喷涂粒子的临界速度为620～675m/s，低压冷喷涂时粒子的临界速度仅为300m/s[40]。这是由于两者形成涂层过程中，喷射粒子的行为‑作用不同。低压冷喷涂粒子在基体表面沉积时，存在有时间弛豫（time delay），时间弛豫（time delay）导致基体表面状态的变化：粗糙度提高（有利于喷涂粒子与基体的机械连接）、形成新的表面（有较高的活性，有利于粒子与基体的结合）。在LPCS时弛豫过程重复喷涂有利于形成高活性的、新鲜的表面，促进涂层的形成。LPCS时的沉积效率较低（K. Ogawa数据仅7%）。高压冷喷涂时，粒子冲击速度较高，有利于形成高活性的、新鲜的表面，有较高的沉积效率。LPCS时工艺气体的温度在室温到650℃、气压0.5～0.9MPa。可使用压缩空气，粒子速度在350～700m/s。Irissou等的实验给出Al_2O_3粒子（平均粒径25.5μm）的速度可达580m/s（在喷涂金属‑陶瓷复合涂层时有利于粒子的结合），Ning等的研究给出以氦气作为工艺气体喷涂Cu（平均粒径30μm）的速度可达450m/s。LPCS用于喷涂金属（Cu，Al，Ni，Zn）‑陶瓷复合涂层，有更好的效果。陶瓷粒子的作用主要是有利于形成高活性的、新鲜的表面以及清洁喷嘴的作用。

液料冷喷涂。有关液料冷喷涂的报道还很少。E. Farvardin等用CGT公司的v24型冷喷涂高压喷嘴。这种喷嘴的出口直径为6.58mm，喷嘴出口直径与喉部直径之比为5.9，在喷嘴的收缩段之前有一喷嘴"仓"，其直径为14mm。喷涂液料注入管的直径为1mm，位于喉部上游110mm处，液料‑水的注入量是1g/s，温度300K。工艺气体是氮气，背压40×10^5g/873K（温度）。液料冷喷涂应注意合理的液体量与悬浮液中悬浮粒子量的比例，以保证喷涂过程中液体的蒸发，进而得到固态涂层。

8.4.4 冷喷涂设备系统

冷喷涂设备系统（见图8-5）包括：

（1）高压工艺气体汇流组合。由多个高压气瓶经汇流排汇流组成供气，并有压力表和流量计检测气体压力和流量。

（2）气体加热器。工艺气体经管路进入蛇形管在加热器中被加热到需要温度。

（3）送粉器。保证均匀定量送粉。有流态化型、转轮分配型、刮板型、振荡型等。

（4）喷涂枪。

图8-5 冷喷涂设备系统组成

8.4.5 脉冲冷气动力喷涂

脉冲冷气动力喷涂（pulsed gas dynamic spraying，PGDS）是加拿大渥太华大学冷喷涂实验室于2006年开发的（University of Ottawa Cold Spray Laboratory）主持该项研究的是实验室主任 B. Jodoin 教授。

这种冷喷涂装置有一激波发生器，在激波发生器和喷涂枪之间有控制阀门，通过阀门控制使激波向前运动，高速中温气流携带粉末，喷射在工件表面沉积形成涂层。阀门一打开，高压气膨胀，产生激波，进入喷枪形成高速中温的气流。表8-5给出对应氮气和氦气不同高压气的温度和压力情况下进入喷枪段的推进气的温度和速度。

看到对于氦气有比氮气高得多的速度和温度。

表 8 – 5   对应在高压段氮气和氦气的温度 T_4 和压力 P_4 情况下进入喷枪段的推进气氮气/氦气的温度 T_2 和速度 V_2（根据 B. Jodoin 等的数据）

$T_4/℃$	P_4/MPa	$T_2/℃$	$V_2/m \cdot s^{-1}$
20	1	135 ~ 180	268 ~ 685
100	1	146 ~ 197	307 ~ 737
400	1	229 ~ 239	359 ~ 869
20	5	254 ~ 336	484 ~ 1132
100	5	284 ~ 378	524 ~ 1233
400	5	370 ~ 500	629 ~ 1495

B. Jodoin 等用脉冲冷气动力喷涂制作了 Cu, Zn, Al, Al – 12% Si, WC – 15%（质量分数）Co 涂层，除 Al 涂层有较高（5% ~ 12%）的孔隙度之外，其余的涂层均有较高的致密度。在 WC – 15%（质量分数）Co 涂层中有微裂纹，涂层的硬度随气压的升高而提高。

8.5   冷喷涂应用

冷气动力喷涂过程中喷射粒子保持固态，喷涂粒子不受高温氧化，甚至能保持原始组织状态，与热喷涂相比在工业应用上有一系列优越性：

（1）喷涂粉末不熔化，显微组织变化小，可得到与粉末原始大致相同的显微组织；

（2）氧化少、热分解少，涂层几乎无氧化物和夹杂，可得到几乎与粉末原始成分相同的涂层；

（3）热应力小，涂层有压缩残余应力而不是通常热喷涂涂层的拉伸残余应力；

（4）没有凝固收缩导致的孔隙，可得接近于理论密度的涂层；

（5）有利于喷涂纳米结构材料和易氧化材料；

（6）冷喷涂喷射束是很窄的高密度的粒子束，涂层厚度有高的生长速率且能较好地控制涂层的形状（因此还使用于无模成型制造）。

基于冷喷涂涂层形成过程机理，凡可发生塑性变形的金属、合金以及在组成中有可塑性变形的组元的复合材料原则上均可以冷喷涂工艺制作涂层。目前，用冷喷涂技术已能喷涂多种材料粉末制作涂层，包括：金属：Al、Cu、Ni、Ti、Ag、Zn、Ta、Nb 等；难熔金属：Zr、W、Ta 等；合金：钢、Ni 基合金、MCrAlYs 等；复合材料：Cu – W、Al – SiC、Al – Al_2O_3、WC – Co 等。下面仅就冷喷涂复合材料涂层、纳米结构涂层、生物医用材料涂层、电子技术应用做一简要讨论。

8.5.1　用冷喷涂制作金属基复合材料（MMC）涂层

　　纯的不可塑性变形的陶瓷材料粒子在冷喷涂情况下不能形成涂层，只能导致基体表面的冲蚀。冷喷涂金属与陶瓷粒子可以形成金属陶瓷（cermet）涂层[36~40]。E. Irissou 等的研究指出，冷喷涂金属与陶瓷粉末时，陶瓷粒子的冲击增加基体表面微凸体的数量，有利于改善涂层的结合强度，如：喷涂 Al_2O_3 – Al 复合金属陶瓷涂层时，Al_2O_3 粒子主要起到改善结合强度的作用；A. Sova 等的研究则指出陶瓷粒子形状影响金属陶瓷涂层的沉积效率；涂层中陶瓷粒子的含量限约为 25%（质量分数）。A. Sova 等近期的研究结果给出同样的喷涂条件下（使用 Cold Gas Technology 的 MOC 喷嘴，喉径 2.7mm，喷嘴出口处直径 6.5mm）粒径大的陶瓷粒子（如 SiC 粉末平均粒径 0.025mm 与平均粒径 0.135mm 的相比）的速度较低，在涂层中的含量较少，但涂层的硬度较高。在喷涂 Cu 和 Al 的金属 – 陶瓷复合涂层时，较细（0.010~0.030mm）的陶瓷（碳化硅和氧化铝）粉末，陶瓷粒子的速度达到 300m/s 时，即能进入涂层；较粗的粉末需较高的速度才能进入涂层。

　　冷喷涂制作的金属基复合材料涂层的结构与用等离子喷涂等热喷涂方法制作的不同。热喷涂工艺制作的 MMC 涂层中陶瓷增强粒子已熔化或半熔化形成片层状结构，且因陶瓷粒子与金属的热胀系数不同凝固收缩形成很多缩孔。冷喷涂 MMC 涂层结构更为致密，增强陶瓷粒子对金属基体有较好的增强作用[42]。冷喷涂时坚硬的陶瓷粒子对基体的冲击还有表面毛化作用，改善涂层与基体间的结合。

　　渥太华大学冷喷涂实验室实验研究了用冷喷涂在铝合金基体上喷涂 SiC 粒子增强铝合金涂层（Al – SiC 复合材料涂层），涂层与基体的结合强度达到 44MPa。

8.5.2　金属－金属复合材料涂层

　　金属－金属复合材料涂层在工业上有重要的应用：例如一些耐磨、减摩轴承合金涂层可用冷喷涂制作。冷喷涂法制作的涂层不会出现两种金属的融合合金化，对提高耐磨减摩特性更有利。图 8 - 6 给出 Ni - Cu 金属－金属复合涂层的形貌[42]。

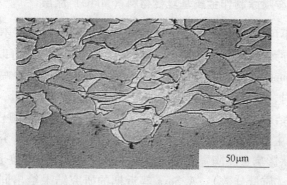

50μm

图 8 - 6　冷喷涂 Ni - Cu 金属－金属复合涂层的横截面形貌

8.5.3　制作纳米晶结构涂层[53~60]

　　冷喷涂因其工艺过程特点，不但能保持粉末粒子的纳米结构，还能使其进一步细化。

　　加州大学 Davis 分校的 L. Ajdelszta 等研究用冷喷涂制作有纳米晶结构的 Al - Cu - Mg - Fe - Ni - Sc 合金涂层。结果表明尽管涂层有 5% ~ 10% 的孔隙度，但涂层的硬度仍高于常规涂层。说明纳米晶结构对提高涂层力学性能的作用[53]。

　　加拿大国家研究中心（National Research Council of Canada）工业材料研究所的 Dominique Poirier 等用 - 325 目，99.5% 纯的球形铝粉和 4nm 的 Al_2O_3（5%（体积分数））研磨混粉，粉末喷涂前经 450℃，15min 热处理。用 Kinetic Metallization technology 冷喷涂系统，用氦气（压力 0.78MPa，温度 500℃）制作涂层。复合材料涂层

的硬度较原始铝涂层有所提高（用 nanohardness 测得 1.3GPa）弹性模量达 82GPa。粒子间有较好的结合。

成功制作了一系列金属－陶瓷复合纳米结构涂层，包括：TiB2－Cu，TiN－Al 和 Al$_2$O$_3$－Cu 涂层等。

美国 Praxair Surface Technologies 公司的 Tetyana Shmyreva 等实验给出，冷喷涂 Al－12%Si 共晶微晶结构（晶粒在 1μm 上下）粉末的涂层仍有微晶结构；喷涂非晶态－纳米结构的铁基合金粉的涂层仍有非晶态－纳米结构。说明冷喷涂可较好地保持粉末原始组织结构。

动力金属化（KM）技术制作的 Nano－Al trans^{TM} 铝复合涂层用于耐盐雾腐蚀用于飞机、船舶取得很好效果。

8.5.4 在金属基体上喷涂陶瓷涂层

J. O. Kliemann 等用 CGT Kinetiks 4000 System 冷喷涂系统，用氮气作为工艺气体，压力 4MPa，在温度 800℃，喷涂 TiO$_2$（粒径范围 5～50μm）粉末，喷射粒子速度可达 833m/s。尽管沉积率很低，但在较硬的基体和较软的基体表面都形成了涂层。图 8－7a 给出在不锈钢基体上冷喷涂 TiO$_2$ 沉积的形貌，图 8－7b 给出在较软的 AlMg$_3$ 铝合金基体上冷喷涂 TiO$_2$ 沉积的形貌，看到在较软的基体上有明显的嵌入特征。

8.5.5 内孔喷涂

用冷喷涂可以制作内孔涂层。S. Alexandre 等在铝合金基体材料的内孔（直径 300mm）表面制作不锈钢涂层。用 CGT 系统，缩放型喷嘴，喉径 2.3mm，扩放段长度 13.5mm，出口直径 6mm 的冷喷涂枪，用氮气作为工艺气体，温度 200℃，压力 1.2MPa 时喷射不锈钢粉末（（－45＋22）μm）速度为 550m/s，气体压力在 2.4MPa 时喷射粉末速度为 700m/s。用 200℃气压 1.8MPa 的氮气，在直径 300mm 的内孔表面冷喷涂制作了厚度达 2mm 的涂层。

8.5.6 在电子工业领域的应用

在电子器件表面喷涂屏蔽涂层用冷喷涂铜层的方法将功率三极管

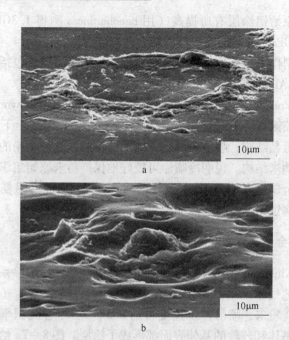

图 8 - 7　在不锈钢基体上（a）和在 AlMg$_3$ 基
体上（b）冷喷涂 TiO$_2$ 的形貌[61]

与铝质散热器链接，改善散热效果。

　　冷喷涂铝与玻璃和陶瓷基体间有较好的结合，可以铝涂层作为黏结层，在其上制作多层系统，如：在氧化铝基片上冷喷涂铝层作为黏结底层，在其上喷涂铜层再在其上喷涂铜钎料层（见图 8 - 8）[42]。

　　气动力喷涂金属化还用于喷涂天线，高频接地的抗腐蚀涂层。

　　日本 Shinshu University 的 Sakaki. K. 等实验用冷喷涂硅涂层作为锂二次电池的阳极，最初循环效率可达 90%，在初 10 次循环电荷容量有所增加，进一步则下降。用硅涂层替代常规的石墨电极是有利的。

8.5.7　生物医学材料涂层

　　新加坡 NTU 的 Noppakun Sanpo 等研究用空气作为工艺气体（压力

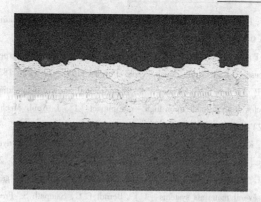

图 8-8　氧化铝基片上冷喷涂铝层作为黏结底层，
在其上喷涂铜层，再在其上喷涂铜钎料层截面形貌

1.1~1.2MPa，预热温度 150~160℃）冷喷涂制作金属离子银取代掺杂羟基磷灰-银/聚醚醚酮（HA-Ag/PEEK（poly-ether-ether-ketone））复合涂层，结果表明有较好的抗菌特性（antibacterial properties）（Noppakun Sanpo, Meng Lu Tan, Philip Cheang, K. A. Khor, Antibacterial Property of Cold-Sprayed HA-Ag/PEEK Coating, Journal of Thermal Spray Technology, 2009, 18（1）: 10~15.）

参考文献

[1] Alkimov A P, Kosarev V F, N. I. Nesterovich, et al. Method of applying coatings [P]. Russian Patent No. 1618778, 1990-9-8 (Priority of the Invention: 1986-6-6).

[2] Alkhimov A P, Kosarev V F, Nesterovich N I, et al. Device for applying coatings [P]. Russian Patent No. 1618777, 1990-9-8 (Priority of the Invention: 1986-6-18).

[3] Alkhimov A P, Kosarev V F, Nesterovich N I, et al. Method of applying of metal powder coatings [P]. Russian Patent No. 1773072, 1992-1-1 (Priority of the Invention: 1987-10-5).

[4] Alkhimov A P, Kosarev V F, Papyrin A N. A method of cold gas-dynamic deposition [J]. Sov. Phys. Dokl., 1990, 35 (12): 1047~1049.

[5] Alkimov A P, Papyrin A N, Kosarev V F, et al. Gas dynamic spraying method for applying a coating [P]. U. S. Patent No. 5302414, 1994-4-12 (Re-examination Certificate, 1997-2-25).

[6] Alkimov A P, Papyrin A N, Kosarev V F, et al. Method and device for coating [P]. European Patent No. 0484533, 1995 - 1 - 25.

[7] Alkhimov A P, Kosarev V F, Papyrin A N. gas - dynamic spraying. experimental study of spraying process [J]. J. Appl. Mech. Tech. Physics, 1998, 39 (2): 183 ~ 188.

[8] Alkhimov A P, Klinkov S V, Kosarev V F. Experimental study of deformation and attachment of microparticles to an obstacle upon high - rate impact [J]. J. Appl. Mech. Tech. Physics, 2000, 41 (2): 245 ~ 250.

[9] Kosarev V F, Klinkov S V, Alkhimov A P, et al. On some aspects of gas dynamics of the cold spray process [J]. Journal of Thermal Spray Technology, 2003, 12 (2): 265 ~ 281.

[10] McCune R C, Papyrin A N, Hall J N, et al. An exploration of the cold gas - dynamic spray method for several materials systems [C]. Berndt C C, Sampath S. Proc. ITSC' 1995, Advances in Thermal Spray Science and Technology. Materials Park, OH, USA: ASM International. 1995: 1 ~ 5.

[11] McCune R C, Donoon W T, Cartwright E L, et al. Characterization of copper and steel coatings made by the cold gas - dynamic spray method [C]. Berndt C C. Proc. ITSC' 1996, Thermal Spray: Practical Solutions for Engineering Problems. Materials Park, OH, USA: ASM International. 1996, 397 ~ 403.

[12] Dykhuizen R C, Smith M F. Gas dynamic principles of cold spray [J]. J. Thermal Spray Technology, 1998, 7 (2): 205 ~ 212.

[13] Gilmore D L, Dykhuizen R C, Neiser R A, et al. Particle velocity and deposition efficiency in the cold spray process [J]. J. Therm. Spray Technol. , 1998, 8 (4): 559 ~ 564.

[14] Dykhuizen R C, Smith M F, Neiser R A, et al. Impact of high velocity of cold spray particles [J]. J. Therm. Spray Technol. , 1998, 8 (4): 559 ~ 564.

[15] Segall A E, Papyrin A N, Conway J C, et al. A Cold - gas spray coating process for enhancing titanium [J]. JOM, 1998, 50 (9): 52 ~ 54.

[16] Papyrin A N, Stiver D H, Bhagat R B, et al. Wear resistant coatings by cold gas dynamic spray [C]. Proc. ITSC' 2000, International Thermal Spray Conference, Montreal, Canada. Materials Park, OH: ASM International. 2000.

[17] Papyrin A N, Klinkov S V, Kosarev V F. Modeling of particle - substrate adhesive interaction under the cold spray process [C]. Moreau C, Marple B. Proc. ITSC' 2003, Thermal Spray 2003: Advancing the Science & Applying the Technology. Materials Park, Ohio, USA: ASM International. 2003.

[18] Dykhuizen R C, Smith M F. Gas dynamic principles of cold spray [J]. J. Therm. Spray Technol. , 1998, 7 (2): 205 ~ 212.

[19] Van Steenkiste T H, Smith J R, Teets R E, et al. Kinetic spray coatings [J]. Surf. Coat. Technol. , 1999, 111: 62 ~ 71.

[20] Sudharshan P, Srinivasa D, Joshi S V, et al. Effect of process parameters and heat treatments

on properties of cold sprayed copper coatings [J]. J. Therm. Spray Technol. , 2007, 16 (3): 425~434.

[21] Fukumoto M, Wada H, Tanabe K, et al. Deposition behavior of sprayed metallic particle on substrate surface in cold spray process [C] . Marple B R, Hyland M M, Lau Y－C, et al. ITSC' 2007, Thermal Spray 2007: Global Coating Solutions. Materials Park, Ohio, USA: ASM International. 2007, 96~101.

[22] Gärtner F, Stoltenhoff T, Schmidt T, et al. The cold spray process and its potential for industrial applications [C] . Lugscheider E. Proc. ITSC' 2005, CD, International Thermal Spray Conference (2005) 2－4 May, Basel, Switzerland, Proc. "Thermal Spray Connects: Explore its Surfacing Potential! . GmbH, 40223 Duesseldorf, Germany: DVS－Verlag. 2005, 158~163.

[23] Grujicic M, Tong C, DeRosset W S, et al. Flow analysis and nozzle－shape optimization for the cold－gas dynamic－spray process [J]. Journal of Engineering Manufacture, 2003, 217 (11): 1603.

[24] Schmidt T, Assadi H, Gärtner F, et al. From particle acceleration to impact and bonding in cold spraying [J]. J. Therm. Spray Technol. , 2009, 18 (5－6): 794~808.

[25] Vlcek J, Gimeno L, Huber H, et al. A systematic approach to material eligibility for the cold－spray process [J]. Journal of Thermal Spray Technology, 2005, 14 (1): 125~133.

[26] Wong W, Irissou E, Ryabinin A N, et al. Influence of helium and nitrogen gases on the properties of cold gas dynamic sprayed pure titanium coatings [J]. Journal of Thermal Spray Technology, 2011, 20 (1－2): 213~226.

[27] Zahiri S H. Alkhimov A P, Klinkov S V, et al. The features of coldspray nozzle design [J]. J. Thermal Spray Technol. , 2001, 10 (2): 375~381.

[28] Schmidt T, Gaertner F, Assadi H, et al. Development of a generalized parameter window for cold spray deposition [J]. Acta Mater. , 2006, 54: 729~742.

[29] Wielage B, Podlesak H, Grund T, et al. High resolution microstructural investigations of interfaces between light weight alloy substrates and cold gas sprayed coatings [C] . Lugscheider E. Proc. ITSC' 2005, CD, International Thermal Spray Conference (2005) 2－4 May, Basel, Switzerland, Proc. "Thermal Spray Connects: Explore its Surfacing Potential! . GmbH, 40223 Duesseldorf, Germany: DVS－Verlag. 2005, 154~158.

[30] Papyrin A N, Klinkov S V, Kosarev V F. Effect of the substrate surface activation on the process of cold spray coating formation [C] . Lugscheider E. Proc. ITSC' 2005, CD, International Thermal Spray Conference (2005) 2－4 May, Basel, Switzerland, Proc. Thermal Spray Connects: Explore its Surfacing Potential! . Pub. GmbH, 40223 Duesseldorf, Germany: DVS－Verlag. 2005, 145~150.

[31] Zahiri S, Fraser D, Jahedi M. Recrystallization of cold spray－fabricated CP titanium structures [J]. J. Therm. Spray Technol. , 2009, 18 (1): 16~22.

［32］Kim K H, Watanabe M, Kawakita J, et al. Grain refinement in a single titanium powder particle impacted at high velocity ［J］. Scripta Mater. , 2008, 59 （7）: 768 ~ 771.

［33］Kim K H, Watanabe M, Kawakita J, et al. Effects of temperature of in - fight particles on bonding and microstructure in warm - sprayed titanium deposits ［J］. J. Therm. Spray Technol. , 2009, 18 （3）: 392 ~ 400.

［34］Ichikawa Y, Sakaguchi K, Ogawa K, et al. Deposition mechanisms of cold gas dynamic sprayed MCrAlY coatings ［C］. Marple B R, Hyland M M, Lau Y - C, et al. Proc. ITSC' 2007, Thermal Spray 2007: Global Coating Solutions. Materials Park, Ohio, USA: ASM International. 2007, 54 ~ 59.

［35］Li W Y, Zhang C, Guo X P, et al. Impact fusion of particle interfaces in cold spraying and its effect on coating microstructure ［C］. Marple B R, Hyland M M, Lau Y - C, et al. Proc. ITSC' 2007, Thermal Spray 2007: Global Coating Solutions. Materials Park, Ohio, USA: ASM International. 2007, 60 ~ 65.

［36］Kang K C, Yoon S H, Ji Y G, et al. Oxidation effects on the critical velocity of pure al feedstock deposition in the kinetic spraying process ［C］. Marple B R, Hyland M M, Lau Y - C, et al. Proc. ITSC' 2007, Thermal Spray 2007: Global Coating Solutions. Materials Park, Ohio, USA: ASM International. 2007, 66 ~ 71.

［37］Assadi H, Gärtner F, Stoltenhoff T, et al. Bonding mechanism in cold gas spraying ［J］. Acta Mater. , 2003, 51: 4379 ~ 4394.

［38］Assadi H, Gärtner F, Stoltenhoff T, et al. Bonding mechanism in cold gas spraying ［J］. Acta Mater. , 2003, 51: 4379 ~ 4394.

［39］Schmidt T, Gärtner F, Assadi H, et al. Development of a generalized parameter window for cold spray deposition ［J］. Acta Mater. , 2006, 54: 729 ~ 742.

［40］Ichikawa Y, Ito K, Ogawa K, et al. Deposition mechanisms of low pressure type cold sprayed aluminum coatings ［J］. Surface Modification Technologies XXI, 2007, 497 ~ 506.

［41］Blose R E. Spray forming titanium alloys using the cold spray process ［C］. Lugscheider E. Proc. ITSC' 2005, CD, International Thermal Spray Conference （2005） 2 - 4 May, Basel, Switzerland, Proc. "Thermal Spray Connects: Explore its Surfacing Potential. GmbH, 40223 Duesseldorf, Germany: DVS - Verlag. 2005, 199 ~ 207.

［42］Zahiri S H, Yang W, Jahedi M. Characterization of cold spray titanium supersonic jet ［J］. Journal of Thermal Spray Technology, 2009, 18 （1）: 110 ~ 117.

［43］Xiong T, Bao Z, Li T, et al. Study on cold - sprayed copper coating' s properties and optimizing parameters for the spraying process ［C］. Lugscheider E. Proc. ITSC' 2005, CD, International Thermal Spray Conference （2005） 2 - 4 May, Basel, Switzerland, Proc. Thermal Spray Connects: Explore its Surfacing Potential! . GmbH, 40223 Duesseldorf, Germany: DVS - Verlag. 2005, 178 ~ 184.

［44］Heinrich P, Kreye H, Stoltenhoff T. Laval nozzle for thermal spraying and kinetic spraying

[P]. U. S. Patent No. US 2005/0001075 A1, European Patent No. EP 1 506 816 A1, 2005.

[45] Gärtner F, Stoltenhoff T, Schmidt T, et al. The cold spray process and its potential for industrial applications [C]. Lugscheider E. Proc. ITSC' 2005, CD, International Thermal Spray Conference (2005) 2 –4 May, Basel, Switzerland, Proc, "Thermal Spray Connects: Explore its Surfacing Potential!". GmbH, 40223 Duesseldorf, Germany: DVS – Verlag. 2005, 158 ~163.

[46] Grujicic M, Tong C, DeRosset W S, et al. Flow analysis and nozzle – shape optimization for the cold – gas dynamic – spray process [J]. Journal of Engineering Manufacture, 2003, 217 (11): 1603.

[47] Schmidt T, Assadi H, Gärtner F, et al. From particle acceleration to impact and bonding in cold spraying [J]. J. Therm. Spray Technol. , 2009, 18 (5 ~6): 794 ~808.

[48] Alexandre S, Laguionie T, Baccaud B. Realization of an internal cold spray coating of stainless steel in an aluminum cylinder [C]. Marple B R, Hyland M M, Lau Y – C, et al. Proc. ITSC' 2007, Thermal Spray 2007: Global Coating Solutions. Materials Park, Ohio, USA: ASM International. 2007, 1 ~6.

[49] Irissou E, Legoux J G, Arsenault B, et al. Investigation of Al – Al$_2$O$_3$ cold spray coating formation and properties [J]. J. Therm. Spray Tech. , 2007, 16 (5 ~6): 661 ~668.

[50] Ning X J, Jang J H, Kim H J. The effects of powder properties on in – flight particle velocity and deposition process during low pressure cold spray process [J]. Appl. Surf. Sci. , 2007, 253 (18): 7449 ~7455.

[51] Marx S, Paul A, Köhler A, et al. Cold spraying – innovative layers for new applications [C]. Lugscheider E. Proc. ITSC' 2005 , CD, International Thermal Spray Conference (2005) 2 –4 May, Basel, Switzerland, Proc. "Thermal Spray Connects: Explore its Surfacing Potential! . GmbH, 40223 Duesseldorf, Germany: DVS – Verlag. 2005. 209 ~215.

[52] Ajdelsztajn A, Zúñiga A, Jodoin B, et al. Cold – spray processing of a nanocrystalline Al – Cu – Mg – Fe – Ni alloy with Sc [J]. Journal of Thermal Spray Technology, 2006, 15 (2): 184 ~190.

[53] Farvardin E, Stier O, Lüthen V, et al. Effect of using liquid feedstock in a high pressure cold spray nozzle [J]. Journal of Thermal Spray Technology, 2011, 20 (1 –2): 307 ~316.

[54] Poirier D, Legoux J G, Robin A L, et al. Consolidation of Al$_2$O$_3$/Al nano composite powder by cold spray [J]. Journal of Thermal Spray Technology, 2011, 20 (1 –2): 275 ~284.

[55] Ajdelsztajn L, Jodoin B, Kim G E, et al. Cold spray deposition of nanocrystalline aluminum alloys [J]. Metall. Mater. Trans. A, 2005, 36: 657 ~666.

[56] Jodoin B, Ajdelsztajn L, Sansoucy E, et al. Effect of particle size, morphology, and hardness on cold gas dynamic sprayed aluminum alloy coatings [J]. Surf. Coat. Technol. , 2006, 201: 3422 ~3429.

[57] Hall A C, Brewer L N, Roemer T J. Preparation of aluminum coatings containing homogeneous nanocrystalline microstructures using the cold spray process [J]. J. Therm. Spray Technol. , 2008, 17 (3): 352～359.

[58] Kim J S, Kwon Y S, Lomovsky O I, et al. Cold spraying of in situ produced TiB_2 – Cu nanocomposite powders [J]. Compos. Sci. Technol. , 2007, 67: 2292～2296.

[59] Li W Y, Zhang G, Elkedim O, et al. Effect of ball milling of feedstock powder on microstructure and properties of TiN particle – reinforced Al alloy – based composites fabricated by cold spray [J]. J. Therm. Spray Technol. , 2008, 17 (3): 316～322.

[60] Kliemann J O, Gutzmann H, Gärtner F, et al. Formation of cold – sprayed ceramic titanium dioxide layers on metal surfaces [J]. J. Therm. Spray Technol. , 2011, 20 (1－2): 292～298.

[61] Jodoin B, Richer P, Bérubé G, et al. Pulsed – cold gas dynamic spraying process: development and capabilities [C]. Marple B R, Hyland M M, Lau Y – C, et al. Proc. ITSC' 2007, Thermal Spray 2007: Global Coating Solutions. Materials Park, Ohio, USA: ASM International. 2007. 19～24.

[62] Sakaki K, Shinkai S, Shimizu Y. Investigation of spray conditions and performances of. cold – sprayed pure silicon anodes for lithium secondary batteries [C]. Marple B R, Hyland M M, Lau Y – C, et al. Proc. ITSC' 2007, Thermal Spray 2007: Global Coating Solutions. Materials Park, Ohio, USA: ASM International. 2007, 13～18.

[63] Jodoin B, Richer P, Bérubé G, Ajdelsztajn L, et al. Pulsed – cold gas dynamic spraying process: development and capabilities [C]. Marple B R, Hyland M M, Lau Y – C, et al. Proc. ITSC' 2007, Thermal Spray 2007: Global Coating Solutions. Materials Park, Ohio, USA: ASM International. 2007. 19～24.

[64] Yandouzi M, Sansoucy E, Ajdelsztajn L, et al. WC – based cermet coatings produced by cold gas dynamic and pulsed gas dynamic spraying processes [J]. Surface and Coatings Technology, 2007, 202 (25): 382～390.

[65] Sakaki K, Shinkai S, Shimizu Y. Investigation of spray conditions and performances of. cold – sprayed pure silicon anodes for lithium secondary batteries [C]. Marple B R, Hyland M M, Lau Y – C, et al. Proc. ITSC' 2007, Thermal Spray 2007: Global Coating Solutions. Materials Park, Ohio, USA: ASM International. 2007, 13～18.

[66] Sansoucy E, Ajdelsztajn L, Jodoin B. Properties of SiC – reinforced aluminum alloy coatings produced by the cold spray deposition process [C]. Marple B R, Hyland M M, Lau Y – C, et al. Proc. ITSC' 2007, Thermal Spray 2007: Global Coating Solutions. Materials Park, Ohio, USA: ASM International. 2007. 37～42.

术语索引

V

W

X

Y

Z

后 记

从 1909 年瑞士 Zurish 附近 Hongg 的青年发明家 Max Ulrich Schoop 实验了输送两根金属丝产生电弧，实现金属喷涂 1911 年 1 月 26 日 Max Ulrich Schoop 注册了有关改进金属涂层方法的专利（United Kingdom Patent 5762），至今已经一个多世纪了。

百年多来，各国从业者积累了丰富的经验，创造了诸多工艺方法和相关材料工艺技术。科技工作者们努力在热喷涂科学技术基础方面进行了大量的工作，取得了很多的成绩，推动了热喷涂材料工艺技术的发展。热喷涂材料工艺技术已成为现代制造业、冶金、造船、石油、化工、能源、矿业、航空航天、生物医疗等领域不可或缺的材料工艺技术。由于热喷涂工艺过程的复杂性，至今仍有很多过程的本质没能解开，热喷涂科学与技术仍未完美与成熟（虽然完美成熟的学科并不存在）。从业者将在已有技术的基础上继续前行，新方法、新工艺、新材料仍将不断出现，热喷涂科学技术基础研究仍在继续。我愿做其中之一，这就是我编著本书的初衷。

在本书即将出版之际，我衷心地感谢上海宝钢集团、宝检公司、宝钢机械厂对本书的出版给予的支持和资助；感谢天津理工大学科技处、材料科学与工程学院，中国（天津）老教授协会在本书编写过程中给予的帮助与支持；感谢美国明尼苏达大学 Joachim V. R. Heberlein 教授寄来的有关论文资料；感谢中国科学院力学研究所潘文霞教授发来的、她在国际刊物 Plasma Chem. Plasma Process. 上发表的多篇论文；感谢美国加州大学洛杉矶分校（University of California, Los Angeles）Mingheng Li 博士发来的、他发表的多篇论文；感谢圣卡洛斯联邦大学（Universidade Federal de São Carlos）的 Vádila G. Guerra 教授发来的、他发表在 Materials Science Forum（Volumes 530 ~ 531）上的论文；感谢本书所引用的、所有论文资料的著作者，正是他们的工作使本书成为可能；感谢冶金工业出版社张卫副社长和姜晓辉副编审为本书的出版所付出的辛劳。

　　特别要感谢的是我已故的夫人。因为，本书的许多初稿是我在夫人病重期间完成的。在本书付梓之际也寄予对她深深的怀念。

　　限于作者能力与水平，本书不足之处，恳请读者指正。

孙家枢

2013 年 6 月 30 日 于天津

$$q = (N_a/N_{ao}) = 1 - \exp[-\nu t_c \exp(-E_{ac}/k_b T_c)] \quad (8-13)$$

表 8-1 给出几种金属的黏着能（10^{-19} J）[17]。

表 8-1　几种金属的黏着能

金属	Zn	Al	Ti	Cu	Fe	Ni	Cr
黏着活化能/J	0.42×10^{-19}	0.50×10^{-19}	0.81×10^{-19}	1.07×10^{-19}	1.55×10^{-19}	1.57×10^{-19}	2.16×10^{-19}

8.2.3　冷喷涂时的临界速度及其与材料特性的关系[23~30]

对于冷气动力喷涂 Cold Gas Dynamic Spraying（CGDS），为实现喷涂粒子的绝热剪切变形、沉积形成涂层时所需的最低冲击速度称之为临界速度。

为实现喷涂粒子与基体的结合，通过分析给出临界速度与材料特性，特别是材料的流变应力、热容和熔点间的关系：

$$V_{cr}(m/s) = [A\sigma/\rho + Bc_p(T_m - T)]^{1/2} \quad (8-14)$$

式中　σ——与温度相关的流变应力；

　　　ρ——喷涂材料的密度；

　　　c_p——比热容；

　　　T_m——熔点；

　　　T——喷涂粒子冲击时的温度；

　　A，B——实验常数。

这一方程是基于喷涂材料与基体材料相同。基于实验给出 $A = 4$，$B = 0.25$。

基于实验和理论分析给出临界速度 V_{cr}（m/s）与喷涂粒子的密度 ρ（g/cm^3）、熔点 T_m（℃）、喷涂粒子材料的极限强度 σ_u（MPa）以及粒子的冲击温度 T_i（℃）间有下式经验关系：

$$V_{cr}(m/s) = 667 - 14\rho + 0.08T_m + 0.1\sigma_u - 0.4T_i \quad (8-15)$$

为使粒子熔化的临界冲击速度 V_m（m/s）可以下式表达：

$$V_m(m/s) = [2c_p(T_m - T) + 2L]^{1/2} \quad (8-16)$$

L 为熔化潜热。Tobias Schmidt 等的论文给出为形成涂层的临界速度 V_{cr} 与使冲击粉末粒子熔化的临界速度 V_m 的相关曲线（见图 8-3），看到 V_{cr} 和 V_m 两者间有近似线性关系。

　　这里顺便给出材料在温度 T 时的流变应力 σ 与温度间的关系式：

$$\sigma = \sigma_{\text{ultimat}}\left[1 - (T - T_R)/(T_m - T_R)\right] \qquad (8-17)$$

σ_{ultimat} 是在温度 T_R（通常为20℃）时测定的材料的极限强度。在考虑固态粒子喷涂与材料的力学性能的关系时，对于粉末应考虑粉体的硬度及其随温度的变化更为合理。

　　基于实验和上述关系，表 8-2 给出几种金属粉末（粒径为 0.02mm）冷喷涂时为实现与基体表面的黏接（冷喷涂形成涂层）所需的临界速度：Cu 560～580m/s，Fe、Ni 620～640m/s，Al 680～700m/s。不锈钢冷喷涂的临界速度为 600～650m/s。

表 8-2　几种金属粉末（粒径为 0.02mm）冷喷涂时为实现与基体表面的黏接（冷喷涂形成涂层）所需的临界速度范围

材　料	熔点/℃	临界速度/m·s^{-1}
Al	660	620～660
Ti	1670	700～890
Sn	232	160～180
Zn	420	360～380
不锈钢316L	1430	700～750
Cu	1084	460～500
Ni	1455	610～680
Fe		620～640
Ta	2996	490～650

　　注：也有给出 Cu 560～580m/s，Ni 620～640m/s，Al 680～700m/s，不锈钢冷喷涂的临界速度为 600～650m/s。注意到给出的是实现喷射粒子沉积形成涂层的速度范围，实验和理论研究给出过高的冲击速度将降低沉积速率[24]。

　　在讨论材料特性的影响时，首先考虑材料的强度与冲击载荷间的关系。参照半经验关系：

$$K_1\sigma_u\left[1 - (T_i - T_R)(T_m - T_R)^{-1}\right] = 0.125\rho V_{\text{crit}}^2 \qquad (8-18)$$

上式的左边为考虑了热软化（Johnson-Cook equation）的材料的强度，表达的是材料的强度与温度的关系。右边是考虑球形粒子冲击的动力学载荷。式中 K_1 是经验系数。由上式导出临界速度：

$$V_{\text{crit}} = \left\{8K_1\sigma_u\left[1 - (T_i - T_R)(T_m - T_R)^{-1}\right]\rho^{-1}\right\}^{1/2} \qquad (8-19)$$

与上述类似考虑热消耗与动能间的关系：

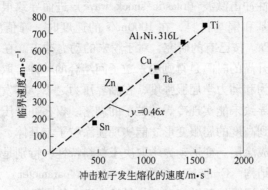

图 8 - 3 实现喷涂粒子黏结形成涂层的临界速度 (critical velocity)
与冲击粒子发生熔化的速度间的关系[24]

$$K_2 c_p (T - T_R) = 0.5 V_{crit}^2 \qquad (8-20)$$
$$V_{crit} = [2K_2 c_p (T - T_R)]^{1/2} \qquad (8-21)$$

考虑冲击动能以不同的比例（系数 K_1，K_2）消耗于变形和升温，可得临界速度与材料的密度、强度和热容间的关系。T. Schmidt 等给出冷喷涂临界速度与材料的密度、强度和热容间的关系：

$$v_{crit} = K[c_p(T_m - T_p) + 16\sigma(T_m - T_p)\rho^{-1}(T_m - T_R)^{-1}]^{1/2} \qquad (8-22)$$

注意，在上述方程中粉末粒径的影响包含在系数 K 中。对于不同粒径的粉末系数 K 的数值不同。对于粉末粒径在 $10 \sim 105 \mu m$ 的范围，T. Schmidt（2009）等给出：

$$K = 0.64 (d_p/d_p^{ref})^{-0.19} \qquad (8-23)$$
$$v_{crit} = v_{crit}^{ref} [0.42 (d_p/d_p^{ref})^{0.5} (1 - T_p/T_m)^{1/2} + 1.19$$
$$(1 - 0.73 T_p/T_m^{1/2})] [0.65 (d_p/d_p^{ref})^{0.5}]^{-1} \qquad (8-24)$$

对于 $d_p^{ref} = 10 \mu m$，$v_{crit}^{ref} = 650 m/s$。

8.2.4 冷喷涂机理：涂层的形成和沉积效率

按照冲击动力学的激波理论，在粒子冲击过程中将有一压力激波，造成塑性冲击激波（plastic shock wave）进而导致很大的塑性变形。对于铁基和铜基材料，在 1000m/s 的速度时，峰值激波压力可达 40~50GPa。按已有的研究，对于粉末的动力冲击，在粉末粒子冲击基体压力升高的时间是得到粉末粒子间结合的关键。取决于材料的塑性变形行为和动力学屈服强度，在临界压力之下，将发生弹力载荷释放，这将导致未能实现冷焊的粒子的剥落。仅在冲击压力超过临界压力时，达到高度的屈服变形才能实现喷涂粒子与基体、喷涂粒子间的结合，形成涂层。变形动力学取决于材料特性，特别是材料的晶体结构与组织结构。Grüneisen 参数（Grüneisen parameter）是计算激波压力和动力学屈服的关键，且与材料的力学和热力学特性相关。由于过程的瞬时性（时间短于 10^{-7}s），认为发生的是绝热变形（adiabatic deformation），90% 的变形功导致温升。对于铝有最高的激波温升：在 28GPa 时达到 500℃；铜的温升较低，不超过 150℃；铁在 13GPa 时发生从 $\alpha-Fe$ 向 $\gamma-Fe$ 的转变。同一材料其组织结构不同，屈服强度不同，其与粒子冲击作用下的激波压力变形相关的 Hugoniot 弹性限（Hugoniot elastic limit, HEL）不同，例如：Ti6%Al4%V 钛合金，在有 $\alpha+\beta$ 组织时的压缩屈服强度为 1100~1200MPa，相应的 HEL 为 2.7GPa；在有马氏体组织时屈服强度为 12500~1300MPa，相应的 HEL 近 3.0GPa。一些观察分析，看到冷喷涂涂层与基体的结合部存在有熔化-熔合迹象。

　　关于喷涂粒子与基体以及粒子间的黏结（bonding）：Tobias Schmidt 等以直径 20mm 的铜球冲击钢的试验给出，在冲击速度达到 350m/s 时，即已发生冲击球的塑性流变、温升、再结晶，甚至出现一次结晶组织并与钢基体（剪切塑性变形、局域再结晶）形成很窄的但足以抵抗收缩的焊合。发生焊合的最高冲击速度为 600~750m/s。冲击速度再高则发生冲蚀（有高温冲蚀的特征）。在以压力 2.5MPa、500℃ 的氮气作为工艺气体冷喷涂 316L 不锈钢粉末（平均粒径 22μm），粒子速度达 600m/s，看到粉末粒子内晶粒发生严重的塑性变形，粉末粒子间较好黏合，但仍有较清晰的间界；用氦气（3MPa，400℃）作为工艺气冷喷涂时，粉末粒子速度达 800m/s，粉末粒子内晶粒发生严重的塑性变形，粉末粒子间黏合很好，间界已难以区分，且有很薄的熔化-热影响区。

Wielage 等用高分辨率电子显微镜观察分析在 A7022 铝合金（Al-4%Mg-2%Zn 合金）基体上用 CGT Kinetic 3000 系统喷涂 Zn 合金粉末，在涂层与基体的结合过渡区观察到有尺度在亚微米和纳米的机械合金化反应相和由于冲击动能转化的热能生成的冶金反应相，这些反应相的生成对提高涂层与基体的结合强度有重要意义。

有一系列研究指出在冷喷涂 Al 及其合金、Ti 及 Ti6%Al4%V 时在涂层中的喷涂粒子间界存在有熔化层。在喷射冲击区有冶金结合，在喷涂粒子贴片与基体结合区有高的位错密度和再结晶区[31~33,35]。应当指出，喷涂粒子的熔化和喷涂粒子间界的熔化，有利于实现冶金结合，提高涂层的结合强度，但熔化金属的凝固收缩有可能导致孔隙和微裂纹。喷涂粉末粒子在喷射过程中，在喷嘴内和喷射流束中的摩擦加热，虽有利于喷涂粒子的冲击沉积，但也会导致喷射过程中的氧化，造成涂层中有氧化夹杂。

综上所述，涂层与基体的结合有以下机制：喷涂粉末与粗化的基体表面的机械勾连；高速冲击导致的机械合金化，绝热剪切变形，局部温升导致微区熔化与熔合，互扩散，反应生成新相等。

有关形成涂层的沉积效率 DE（%）的考察结果表明，在粒子冲击速度与冷喷涂临界速度比（$v_p/v_{critical}$）达到 1.2 时，沉积效率 DE（%）接近达到最高值；进一步提高冲击速度，沉积效率升高很少，以至不再升高，甚至可能出现喷射粒子对基体的冲蚀。

气动力喷涂的沉积效率 X_D 随温度 T_0 的变化符合于 Arrhenius 方程规律：

$$X_D = X_{Do} \exp \left(-Q_D/RT_0 \right) \tag{8-25}$$

式中　X_{Do}——沉积系数，是 Q_D 气动力喷涂沉积激活常数。

对于不同材料粉末粒子的气动力喷涂沉积激活常数可查阅参考文献 [10]。

由上式看到，气动力喷涂沉积效率随气体温度的升高而提高，且当气体温度高于某一温度（600℃）后，沉积效率大幅度提高。常以沉积效率等于 0.6 作为一衡量标准。对于相同的临界速度，不同的气体为达到这一沉积效率所需的气体的温度不同。以气动力喷涂 Ti 粉

（5～10μm）为例，气体压强为 0.5MPa，用氮气在 300℃时达到 0.6 的沉积效率，而用空气时要 650℃，相应的临界速度为 500m/s。

还可以单道次喷涂沉积涂层的厚度 t_D 来考察沉积效率。同样，其随温度 T_0 的变化符合 Arrhenius 方程规律：

$$t_D = t_{Do} \exp(-Q_{Dt}/RT_0) \tag{8-26}$$

式中　t_{Do}——沉积涂层厚度系数，是 Q_{Dt} 气动力喷涂沉积厚度激活常数，其与冷喷涂时喷涂粒子在基体表面沉积形成涂层的活化能有相同的物理意义。

对于用 Laval 喷管气动力喷涂时，在气流中喷涂粒子的速度 V_P 与气流特征参数间有下式关系：

$$V_P = (M-1)(\gamma_c RT_0)^{1/2} \{ 1 + [(\gamma_c -1)/2]M^2 \}^{-1/2} \tag{8-27}$$

式中　M——表征气流速度的 Mach 数；

　　γ_c——气体的比热比，对于单原子气体为 1.66，对于双原子气体为 1.4；

　　T_0——气体在 Laval 喷嘴的收缩段的初始温度。

由上式可得到 RT_0 与 V_P、M、γ_c 关系的表达式：

$$RT_0 = V_P^2 \{ 1 + [(\gamma_c -1)/2]M^2 \}(M-1)^{-2} \gamma_c^{-1} \tag{8-28}$$

喷涂粒子冲击基体碰撞接触时间（collision contact time）t_c 可近似地以下式计算：

$$t_c = d/V_P \tag{8-29}$$

$$V_P = d/t_c \tag{8-30}$$

喷涂粒子冲击基体表面时发生严重的剪切塑性变形。剪切应变速率 γ' 与剪切应变 γ 间有以下关系：

$$\gamma' = \gamma/t_c \tag{8-31}$$

则有：$V_P = d\gamma'/\gamma$。将 RT_0 与 V_P 的关系及 V_P 与剪切应变的关系代入，则有：

$$t_D = t_{Do} \exp\{ -Q_{Dt} \{ 1 + [(\gamma_c -1)/2]M^2 \}^{-1}(M-1)^2 \gamma_c (d\gamma'/\gamma)^{-2} \} \tag{8-32}$$

这样就得到了单道喷涂沉积涂层厚度与喷涂材料-粉末特性（Q_{Dt} 和 d）、喷射气流特征（γ_c、M）以及喷涂粒子冲击基体表面时的应变特征（γ'/γ）间的关系（应变速率大得到的涂层厚）。

8.2.5 冷喷涂弛豫（诱导）时间：基体表面被喷涂粒子的冲击活化[18~20]

一系列实验发现在速度不是很高时要喷涂一段时间后，开始发生喷涂粒子在基体表面沉积黏着形成涂层，这段时间被称为弛豫（诱导）时间（delay（induction）time），记作 t_i。随喷涂粒子的速度的提高弛豫时间缩短，且与粒子冲击基体的速度 v_p、形成涂层的临界速度 v_{cr} 以及第二临界速度 v_{cr}^* 间有下式关系：

$$t_i = a \left[1/(v_p - v_{cr})^b - 1/(v_{cr}^* - v_{cr})^b \right] \quad (8-33)$$

第二临界速度 v_{cr}^* 是当第一颗粒子冲击基体时就在基体上沉积时的喷涂粒子速度。

对于粒径为 0.0302mm 的铝粒子在经抛光的铜基体表面沉积时[18]，$v_{cr} = 550$m/s，$v_{cr}^* = 850$m/s，$a = 365$s，$b = 0.5$。在喷涂的初始阶段，低于 v_{cr}^* 速度的喷涂粒子对基体的冲击不能形成黏着，但对基体表面起活化作用。当达到一定冲击次数后，基体表面已被充分活化，喷涂冲击的粉末粒子即可在基体表面沉积黏着形成涂层。

冷喷涂时形成涂层的活化能 E_{ac} 的半经验表达[30]式为：

$$E_{ac} = k(N_0 E_w + N E_p)/(N_0 + N) \quad (8-34)$$

式中 E_w，E_p——基体和喷涂粒子的活化能；

k，N_0——基于材料特性的实验常数。

对于弛豫时间为 0，即 $N = 0$，由上式，有：

$$E_{ac} = k E_w \quad (8-35)$$

A. N. Papyrin 等给出对于铝，$k = 1.25$。

8.3 工艺参数的影响

8.3.1 工艺气体的影响

（1）气体的种类。使用不同比热比的气体（单原子气体的比热比为 1.66，双原子气体的比热比为 1.4），为得到对喷涂粉末粒子最佳的加速效果，喷嘴的尺寸不同。R. C. Dykhuizen 等的研究给出对于 He 气，在喷嘴长度为 10cm 时，喷嘴的出口处截面积与喷嘴喉径处的截面积之比为 1.7 时有最高的喷涂粒子速度。使用同一喷嘴，不同的气体，喷嘴出口处喷涂粒子的速度相差很大，用 He 气时喷涂粒子的速度可达 1050m/s，用空气时仅 560m/s。使用空气喷嘴时，用 He 气时在喷嘴出口处喷涂粒子的速度相应为 1080m/s；用空气时喷涂粒子的速度为 680m/s。这表明冷喷涂时使用单原子气体，喷涂粒子的速度比用双原子气体时高。

(2) 喷涂气体的温度和压力的影响。

提高喷涂气体的温度和压力有利于提高喷涂粒子的速度和温度，从而提高冷喷涂涂层的致密度和结合强度，提高涂层沉积效率。实现冷喷涂的临界速度与喷射粒子的温度的关系式 (T. Schmidt, F. Gärtner, H. Assadi, H. Kreye, Development of a Generalized Parameter Window for Cold Spray Deposition, *Acta Mater.*, 2006, (54) 729~742)

$$v_{crit} = K[c_p (T_m - T_p) + 16\sigma (T_m - T_p)\rho^{-1} (T_m - T_R)^{-1}]^{1/2}$$

$$(8-36)$$

式中，$K = 0.64~(d_p/d_p^{ref})^{-0.08}$。

从式中可以看到，随喷射粒子温度 T_p 的提高，为得到冷喷涂涂层所需的临界速度 v_{crit} 降低。即提高工艺气体的温度，喷射粒子温度 T_p 的升高，将降低临界速度，有利于喷射粒子的沉积，得到涂层。应当指出，对于从冷喷涂枪的前仓轴向送粉，提高喷涂工艺气体的温度可加强对喷射粒子的加热、提高粉末粒子的温度；对于送粉孔设置在喷嘴的扩张段的喷涂枪，由于工艺气体进入喷嘴的扩张段，气体膨胀，温度迅速下降，工艺气体对喷射粉末粒子的加热作用很小。

Wilson Wong 等用 KINETIKS_ 4000 (Cold Gas Technology, Ampfing, Germany) 冷喷涂 Ti 粉的实验结果给出：用双原子气体-氮气喷涂，气压 3MPa，气体温度为 300℃时粒子速度为 608m/s，基体温度 45℃，粒子温度 128℃；气体温度 600℃时粒子速度为 688m/s，基体温度 110℃，粒子温度 333℃。提高喷涂气体的温度可同时提高喷涂粒子的速度温度以及基体的温度，有利于得到致密的高结合强度高的冷喷涂涂层。但应注意基体和喷涂粉末材料对温度的敏感性。

用单原子气体，如 He 气，在喷涂气体较低的气压下，喷涂粒子就被加速到较高的速度。Wilson Wong 等用与氮气喷涂时相同的系统的实验结果给出：在氦气气压仅为 0.75MPa、温度 70℃ 时，喷涂粒子的速度即达到 690m/s，但粒子的温度很低，基体的温度 31℃。

K. C. Kang 等的实验给出：用氦气（300℃）喷涂 Al 粉，气压从 1.2MPa 提高到 2.4MPa，喷射粉末粒子的速度从 639m/s 提高到 804m/s，喷涂粉末的黏结率从 17% 提高到 70%。

Saden H. Zahiri 等用 CGT^{TM} KINETIKS$^®$ 4000 冷喷涂系统（用缩放型喷嘴（de Laval）：喉径 2.6mm，出口直径 8.5mm，扩放段长度 71.3mm），喷涂纯钛粉（平均粒径 27μm），用 Particle image velocimetry（PIV）测定冷喷涂粒子速度，给出工艺气体及其参数对喷涂粒子速度的影响（见表 8-3）。看到使用氦气作为工艺气体在同样温度压力下喷涂粒子的速度明显高于使用氮气时的；使用氮气作为工艺气体喷涂时随氮气温度、压力的升高，粒子的速度升高。

表 8-3　工艺气体种类、温度、压力对喷涂粒子的最高速度的影响

工艺气体	温度/℃	压力/MPa	喷涂粒子的最高速度/m·s^{-1}	达到最高速度的区域到喷嘴出口处的距离/mm
He	550	1.4	900	60~80
N$_2$	550	1.4	640	20~30
N$_2$	550	2.5	730	40~60
N$_2$	750	2.5	790	40~60

注：根据 Saden H. Zahiri 等的实验数据整理

8.3.2　工件移动速度的影响

在同样气体压力和速度情况下，工件移动速度低，工件表面被喷涂粒子冲击导致的温升高得到的涂层致密。如 Wilson Wong 等的实验研究结果给出：用氮气压力 4MPa、气体温度 800℃，MOC24 喷嘴，喷涂粒子速度 805m/s，喷涂粒子温度 466℃，试样移动速度分别为 150m/s 和 5m/s 的情况下，试样基体表面的温度分别为 185℃ 和 496℃，涂层的孔隙度相应为 0.9% 和 0.1%（Wilson Wong，Eric Irissou，Anatoly N. Ryabinin，Jean - Gabriel Legoux，and Stephen Yue，Influence of Helium and Nitrogen Gases on the Properties of Cold Gas Dynamic Sprayed Pure Titanium Coatings，Journal of Thermal Spray Technology，2011，20（1-2）213~226）。

8.3.3　粉末粒径对冷喷涂临界速度的影响[25~27]

喷涂同一种材料，随喷涂粉末粒径的减小，得到冷喷涂涂层所需的临界速度升高。Tobias Schmidt 等试验冷喷涂喷涂 316L 不锈钢粉末，粉末粒径为 $-22\mu m$（$d_m = 15\mu m$）、冲击温度为 20℃时的临界速度为 650m/s，冲击温度为 300℃时的临界速度为 590m/s；粉末粒径为（$-45 +15$）μm（$d_m = 30\mu m$）时，相应于两冲击温度时的临界速度分别为：590m/s 和 530m/s；粉末粒径为（$-177 +53$）μm（$d_m = 115\mu m$）时，相应于两冲击温度时的临界速度分别为：490m/s 和 440m/s。得出结论，随喷涂粉末粒径的增大，临界速度降低。细粒径的粉末冷喷涂临界速度较高与小粒径粉末—较高的表面积与体积比，表面有较多的吸附和氧化有关。深入的研究指出还与冲击时的局部绝热剪切失稳有关。T. Schmidt 等的研究给出：粒径 15μm 的铜粉末在速度为 600m/s 冲击基体时，约在 0.02μs 时冲击界面达到最高温度约 820K；粒径 25μm 的铜粉末在速度为 600m/s 冲击基体时，约在 0.03μs 时冲击界面达到最高温度约 1150K，粒径 50μm 的铜粉末在速度为 600m/s 冲击基体时，约在 0.07μs 时冲击界面达到最高温度约 1150K。三种粒径的粉末冲击时均已发生剪切失稳。粒径 25μm 和 50μm 的粉末在速度为 600m/s 冲击时界面温度均已接近铜的熔点（见图 8−5）。且细的粉末冲击时间界面升温快，降温也快，粗的粉末升温略慢，降温更为缓慢，将有利于发生扩散，改善喷涂粉末与基体的结合。

从式（8−22）~式（8−24）也可看到，喷涂粒子特性对其冷喷涂临界速度的影响有以下规律：

喷涂粒子的熔点高、热容高、强度高的喷涂材料粒子要有较高的冷喷涂临界速度；较粗的喷涂粉末，有较低的临界速度。

$$d_p^{ref} = 10\mu m, \quad v_{crit}^{ref} = 650m/s$$

速度 v_m 和 v_{crit}^{min} 分别为实现黏结的最大速度和最低速度。

图 8−4 给出冷喷涂时的临界速度与粉末粒径的关系以及冷喷涂最佳粒径范围示意图。对于大多数金属材料冷喷涂粉末的最佳粒径范围在（$-45 +15$）μm，过粗的粉末喷涂时将导致孔隙度增高、沉积

效率下降。

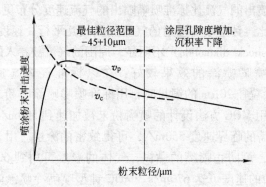

图 8-4 冷喷涂时的临界速度与粉末粒径的关系
以及冷喷涂最佳粒径范围示意图

8.4 冷喷涂设备

8.4.1 冷喷涂设备的组成

冷喷涂系统通常由高压气源（high pressure gas supply），气体加热器（gas heater），送粉器（powder feeder），喷涂枪（spray torch，Spray gun）组成。喷涂枪内有前仓（内有气流准直导流器，轴向送粉的送粉孔（管）），超声速喷嘴（径向送粉的送粉孔多在超声速喷嘴的接近喉部的扩放段）等组成。

8.4.2 冷喷涂枪的喷嘴

目前，较典型的冷喷涂用喷嘴有：

（1）喇叭型的（trumpet shaped）Laval 喷嘴。其典型尺寸为：其喉部最小直径为 2.7mm，扩张段长度 77mm，膨胀比是 8.8。为保证 100m³/h 的氮气流量，最小直径为 2.7mm。

（2）以特征方法（method of characteristics）设计的钟型的（bell-shape）喷嘴。其扩张段长度 130mm，膨胀比是 5.8。标准 Laval 喷嘴喷出的气流，有膨胀区和压缩区，气流速度分布不均匀（见本书第 2 章）。随冷喷涂科学与技术的进展，基于流体动力学，喷嘴的概念有了进一步的发展，用 method of characteristics（MOC）方法设计的喷嘴喷出的气流比标准喷嘴喷出的气流速度分布更均匀。与喇叭型喷嘴相比，钟型喷嘴喷射的气流流线相互平行，速度分布均匀，"激波钻"（shock diamonds）不明显，周围的气流被卷入的少。

用钟型喷嘴喷涂的效果较好：在以标准气体（氮气 3MPa，320℃）喷涂粒径 20μm 的铜粉时，用标准喷嘴喷涂时粉末被加速到 500m/s，而用 MOC 方法设计的喷嘴粉末被加速到 580m/s[22,24]，超过喷涂铜所需的临界速度 550m/s，可得致密的涂层。用 WC-Co 作为喷嘴材料，可防止喷嘴的黏糊，气体的温度可用到 600℃，粒径 20μm 的铜粉的速度可达 670m/s。MOC 钟型喷嘴冷喷涂时的典型喷涂距离是 40~60mm。

表 8-4 给出以涂层的沉积效率、结合强度以及反映涂层致密度的电导率为表征的冷喷涂喷嘴和参数研究进展。表中电导率百分数为涂层与致密实体相比电导率的百分数。

表 8-4　喷嘴及喷涂参数研究进展（以涂层的沉积效率和性能来表征）

年份	喷　嘴	工艺气体	送粉位置及粉末粒度/mm	沉积效率（DE）/%	涂层结合强度 TCT 强度/MPa	电导率/%
2001	喇叭型钢质	N₂3MPa，300℃	喉部上游25 Cu-25+5	约60	约50	55
2003	MOC 钟型钢质	N₂3MPa，300℃	喉部上游25 Cu-25+5	约60	约60	60
2004	MOC 钟型 WC-Co	N₂3MPa，600℃	喉部上游25 Cu-48+11	约95	约110	75
2006	MOC 钟型 WC-Co	N₂3MPa，600℃	喉部上游135 Cu-48+16	约95	约160	80
2006	MOC 钟型 WC-Co	N₂3MPa，800℃	喉部上游135 Cu-48+16	约95	约250	90
2006	MOC 钟型 WC-Co 新枪	N₂3MPa，900℃	喉部上游135 Cu-75+25	约95%	约300	95%

在以标准气体（氮气 3MPa，320℃）喷涂粒径 20μm 的铜粉时，用标准喷嘴喷涂时粉末被加速到 500m/s，而用 MOC 方法设计的喷嘴粉末被加速到 580m/s[46,48]，超过喷涂铜所需的临界速度 550m/s，可得致密的涂层。用 WC – Co 作为喷嘴材料，可防喷嘴的黏糊，气体的温度可用到 600℃，粒径 20μm 的铜粉的速度可达 670m/s。MOC 钟型喷嘴冷喷涂时的典型喷涂距离是 40 ~ 60mm。

（3）喷嘴的 Barrel 管长度 L_b 对喷射粒子的速度有明显的影响。K. Sakaki 等给出用 Mach 数为 2.7 的锥形 Laval 缩放形喷嘴，收缩段长度 9mm，用氮气：气压 2.0MPa、温度 750K，在喷嘴出口处气体的速度达到 900m/s，温度降低到 290K（即室温），喷涂粒子的速度则随到喷嘴喉部的距离（在 0 到 300mm 的范围内）的增加而缓慢的提高。

S. Alexandre 等实验用 CGT 系统，缩放型喷嘴，喉径 2.3mm，扩放段长度 13.5mm，出口直径 6mm 的冷喷涂枪，随喷嘴的 Barrel 长度增长，喷射粒子的速度提高。到一定长度后，再增加 Barrel 长度，喷射粒子速度下降：在喷涂粒径 28μm 的不锈钢 时，Barrel 长度在 60mm 时喷射粒子的速度为 610m/s，Barrel 长度在 140mm 时，喷射粒子速度达到最高，700m/s，Barrel 长度再增长，喷射粒子速度有所下降（K. Sakaki, Y. Shimizu, Effect of the Increase in the Entrance Convergent Section Length of the Gun Nozzle on the High – Velocity Oxygen Fuel and Cold Spray Process, Journal of Thermal Spray Technology, Volume 10 (3) September 2001, 487 ~ 496.）。

（4）喷嘴的出口处截面积与喷嘴喉径处的截面积之比的影响。在本书的第 2 章已讨论 Laval 喷嘴的喉径与出口处的截面积之比与气流 Mach 数间的关系，这里不再赘述。

R. C. Dykhuizen 等的研究给出对于 He 气，在喷嘴长度为 10cm 时，喷嘴的出口处截面积与喷嘴喉径处的截面积之比为 1.7 时有最高的喷涂粒子速度。

8.4.3 高压冷喷涂和低压冷喷涂

通常冷喷涂工艺气体的压力在几兆帕以上者为高压冷喷涂

（HPCS）。工艺气体的压力在 1MPa 以下的情况，被称为低压冷喷涂（low‑pressure cold sprayed，LPCS）。前面所讨论的冷喷涂相关问题主要是针对高压冷喷涂。低压冷喷涂设备较为简单，拓宽了冷喷涂技术的应用，更适用于现场修复使用。有研究指出低压冷喷涂时的临界速度还较低。例如铝的冷喷涂。在高压冷喷涂时的形成涂层喷涂粒子的临界速度为 620 ~ 675m/s，低压冷喷涂时粒子的临界速度仅为 300m/s[40]。这是由于两者形成涂层过程中，喷射粒子的行为 – 作用不同。低压冷喷涂粒子在基体表面沉积时，存在有时间弛豫（time delay），时间弛豫（time delay）导致基体表面状态的变化：粗糙度提高（有利于喷涂粒子与基体的机械连接）、形成新的表面（有较高的活性，有利于粒子与基体的结合）。在 LPCS 时弛豫过程重复喷涂有利于形成高活性的、新鲜的表面，促进涂层的形成。LPCS 时的沉积效率较低（K. Ogawa 数据仅 7%）。高压冷喷涂时，粒子冲击速度较高，有利于形成高活性的、新鲜的表面，有较高的沉积效率。LPCS 时工艺气体的温度在室温到 650℃、气压 0.5 ~ 0.9MPa。可使用压缩空气，粒子速度在 350 ~ 700m/s。Irissou 等的实验给出 Al_2O_3 粒子（平均粒径 25.5μm）的速度可达 580m/s（在喷涂金属 – 陶瓷复合涂层时有利于粒子的结合），Ning 等的研究给出以氮气作为工艺气体喷涂 Cu（平均粒径 30μm）的速度可达 450m/s。LPCS 用于喷涂金属（Cu，Al，Ni，Zn）– 陶瓷复合涂层，有更好的效果。陶瓷粒子的作用主要是有利于形成高活性的、新鲜的表面以及清洁喷嘴的作用。

液料冷喷涂。有关液料冷喷涂的报道还很少。E. Farvardin 等用 CGT 公司的 v24 型冷喷涂高压喷嘴。这种喷嘴的出口直径为 6.58mm，喷嘴出口直径与喉部直径之比为 5.9，在喷嘴的收缩段之前有一喷嘴"仓"，其直径为 14mm。喷涂液料注入管的直径为 1mm，位于喉部上游 110mm 处，液料 – 水的注入量是 1g/s，温度 300K。工艺气体是氮气，背压 40×10^5 g/873K（温度）。液料冷喷涂应注意合理的液体量与悬浮液中悬浮粒子量的比例，以保证喷涂过程中液体的蒸发，进而得到固态涂层。

8.4.4 冷喷涂设备系统

冷喷涂设备系统（见图8-5）包括：

（1）高压工艺气体汇流组合。由多个高压气瓶经汇流排汇流组成供气，并有压力表和流量计检测气体压力和流量。

（2）气体加热器。工艺气体经管路进入蛇形管在加热器中被加热到需要温度。

（3）送粉器。保证均匀定量送粉。有流态化型、转轮分配型、刮板型、振荡型等。

（4）喷涂枪。

图8-5 冷喷涂设备系统组成

8.4.5 脉冲冷气动力喷涂

脉冲冷气动力喷涂（pulsed gas dynamic spraying，PGDS）是加拿大渥太华大学冷喷涂实验室于2006年开发的（University of Ottawa Cold Spray Laboratory）主持该项研究的是实验室主任 B. Jodoin 教授。

这种冷喷涂装置有一激波发生器，在激波发生器和喷涂枪之间有控制阀门，通过阀门控制使激波向前运动，高速中温气流携带粉末，喷射在工件表面沉积形成涂层。阀门一打开，高压气膨胀，产生激波，进入喷枪形成高速中温的气流。表8-5给出对应氮气和氦气不同高压气的温度和压力情况下进入喷枪段的推进气的温度和速度。

看到对于氦气有比氮气高得多的速度和温度。

表 8 - 5　对应在高压段氮气和氦气的温度 T_4 和压力 P_4 情况下进入喷枪段的推进气氮气/氦气的温度 T_2 和速度 V_2（根据 B. Jodoin 等的数据）

$T_4/℃$	P_4/MPa	$T_2/℃$	$V_2/m \cdot s^{-1}$
20	1	135 ~ 180	268 ~ 685
100	1	146 ~ 197	307 ~ 737
400	1	229 ~ 239	359 ~ 869
20	5	254 ~ 336	484 ~ 1132
100	5	284 ~ 378	524 ~ 1233
400	5	370 ~ 500	629 ~ 1495

B. Jodoin 等用脉冲冷气动力喷涂制作了 Cu，Zn，Al，Al - 12% Si，WC - 15%（质量分数）Co 涂层，除 Al 涂层有较高（5% ~ 12%）的孔隙度之外，其余的涂层均有较高的致密度。在 WC - 15%（质量分数）Co 涂层中有微裂纹，涂层的硬度随气压的升高而提高。

8.5　冷喷涂应用

冷气动力喷涂过程中喷射粒子保持固态，喷涂粒子不受高温氧化，甚至能保持原始组织状态，与热喷涂相比在工业应用上有一系列优越性：

（1）喷涂粉末不熔化，显微组织变化小，可得到与粉末原始大致相同的显微组织；

（2）氧化少、热分解少，涂层几乎无氧化物和夹杂，可得到几乎与粉末原始成分相同的涂层；

（3）热应力小，涂层有压缩残余应力而不是通常热喷涂涂层的拉伸残余应力；

（4）没有凝固收缩导致的孔隙，可得接近于理论密度的涂层；

（5）有利于喷涂纳米结构材料和易氧化材料；

（6）冷喷涂喷射束是很窄的高密度的粒子束，涂层厚度有高的生长速率且能较好地控制涂层的形状（因此还使用于无模成型制造）。

基于冷喷涂涂层形成过程机理，凡可发生塑性变形的金属、合金以及在组成中有可塑性变形的组元的复合材料原则上均可以冷喷涂工艺制作涂层。目前，用冷喷涂技术已能喷涂多种材料粉末制作涂层，包括：金属：Al、Cu、Ni、Ti、Ag、Zn、Ta、Nb 等；难熔金属：Zr、W、Ta 等；合金：钢、Ni 基合金、MCrAlYs 等；复合材料；Cu - W、Al - SiC、Al - Al$_2$O$_3$、WC - Co 等。下面仅就冷喷涂复合材料涂层、纳米结构涂层、生物医用材料涂层、电子技术应用做一简要讨论。

8.5.1 用冷喷涂制作金属基复合材料（MMC）涂层

纯的不可塑性变形的陶瓷材料粒子在冷喷涂情况下不能形成涂层，只能导致基体表面的冲蚀。冷喷涂金属与陶瓷粒子可以形成金属陶瓷（cermet）涂层[36~40]。E. Irissou 等的研究指出，冷喷涂金属与陶瓷粉末时，陶瓷粒子的冲击增加基体表面微凸体的数量，有利于改善涂层的结合强度，如：喷涂 Al$_2$O$_3$ - Al 复合金属陶瓷涂层时，Al$_2$O$_3$粒子主要起到改善结合强度的作用；A. Sova 等的研究则指出陶瓷粒子形状影响金属陶瓷涂层的沉积效率；涂层中陶瓷粒子的含量限约为 25%（质量分数）。A. Sova 等近期的研究结果给出同样的喷涂条件下（使用 Cold Gas Technology 的 MOC 喷嘴，喉径 2.7mm，喷嘴出口处直径 6.5mm）粒径大的陶瓷粒子（如 SiC 粉末平均粒径 0.025mm 与平均粒径 0.135mm 的相比）的速度较低，在涂层中的含量较少，但涂层的硬度较高。在喷涂 Cu 和 Al 的金属 - 陶瓷复合涂层时，较细（0.010~0.030mm）的陶瓷（碳化硅和氧化铝）粉末，陶瓷粒子的速度达到 300m/s 时，即能进入涂层；较粗的粉末需较高的速度才能进入涂层。

冷喷涂制作的金属基复合材料涂层的结构与用等离子喷涂等热喷涂方法制作的不同。热喷涂工艺制作的 MMC 涂层中陶瓷增强粒子已熔化或半熔化形成片层状结构，且因陶瓷粒子与金属的热胀系数不同凝固收缩形成很多缩孔。冷喷涂 MMC 涂层结构更为致密，增强陶瓷粒子对金属基体有较好的增强作用[42]。冷喷涂时坚硬的陶瓷粒子对基体的冲击还有表面毛化作用，改善涂层与基体间的结合。

渥太华大学冷喷涂实验室实验研究了用冷喷涂在铝合金基体上喷涂 SiC 粒子增强铝合金涂层（Al - SiC 复合材料涂层），涂层与基体的结合强度达到 44MPa。

8.5.2 金属-金属复合材料涂层

金属-金属复合材料涂层在工业上有重要的应用: 例如一些耐磨、减摩轴承合金涂层可用冷喷涂制作。冷喷涂法制作的涂层不会出现两种金属的融合合金化, 对提高耐磨减摩特性更有利。图 8-6 给出 Ni-Cu 金属-金属复合涂层的形貌[42]。

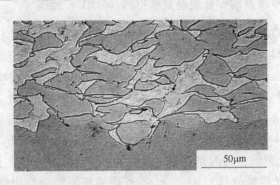

图 8-6 冷喷涂 Ni-Cu 金属-金属复合涂层的横截面形貌

8.5.3 制作纳米晶结构涂层[53~60]

冷喷涂因其工艺过程特点, 不但能保持粉末粒子的纳米结构, 还能使其进一步细化。

加州大学 Davis 分校的 L. Ajdelszta 等研究用冷喷涂制作有纳米晶结构的 Al-Cu-Mg-Fe-Ni-Sc 合金涂层。结果表明尽管涂层有 5%~10% 的孔隙度, 但涂层的硬度仍高于常规涂层。说明纳米晶结构对提高涂层力学性能的作用[53]。

加拿大国家研究中心 (National Research Council of Canada) 工业材料研究所的 Dominique Poirier 等用-325 目, 99.5% 纯的球形铝粉和 4nm 的 Al_2O_3 (5% (体积分数)) 研磨混粉, 粉末喷涂前经 450℃, 15min 热处理。用 Kinetic Metallization technology 冷喷涂系统, 用氦气 (压力 0.78MPa, 温度 500℃) 制作涂层。复合材料涂层

的硬度较原始铝涂层有所提高（用 nanohardness 测得 1.3GPa）弹性模量达 82GPa。粒子间有较好的结合。

成功制作了一系列金属－陶瓷复合纳米结构涂层，包括：TiB2－Cu，TiN－Al 和 Al$_2$O$_3$－Cu 涂层等。

美国 Praxair Surface Technologies 公司的 Tetyana Shmyreva 等实验给出，冷喷涂 Al－12% Si 共晶微晶结构（晶粒在 1μm 上下）粉末的涂层仍有微晶结构；喷涂非晶态－纳米结构的铁基合金粉的涂层仍有非晶态－纳米结构。说明冷喷涂可较好地保持粉末原始组织结构。

动力金属化（KM）技术制作的 Nano－Al trans^{TM}铝复合涂层用于耐盐雾腐蚀用于飞机、船舶取得很好效果。

8.5.4　在金属基体上喷涂陶瓷涂层

J. O. Kliemann 等用 CGT Kinetiks 4000 System 冷喷涂系统，用氮气作为工艺气体，压力 4MPa，在温度 800℃，喷涂 TiO$_2$（粒径范围 5 ~ 50μm）粉末，喷射粒子速度可达 833m/s。尽管沉积率很低，但在较硬的基体和较软的基体表面都形成了涂层。图 8－7a 给出在不锈钢基体上冷喷涂 TiO$_2$沉积的形貌，图 8－7b 给出在较软的 AlMg$_3$铝合金基体上冷喷涂 TiO$_2$沉积的形貌，看到在较软的基体上有明显的嵌入特征。

8.5.5　内孔喷涂

用冷喷涂可以制作内孔涂层。S. Alexandre 等在铝合金基体材料的内孔（直径 300mm）表面制作不锈钢涂层。用 CGT 系统，缩放型喷嘴，喉径 2.3mm，扩放段长度 13.5mm，出口直径 6mm 的冷喷涂枪，用氦气作为工艺气体，温度 200℃，压力 1.2MPa 时喷射不锈钢粉末（（－45 +22）μm）速度为 550m/s，气体压力在 2.4MPa 时喷射粉末速度为 700m/s。用 200℃气压 1.8MPa 的氦气，在直径 300mm 的内孔表面冷喷涂制作了厚度达 2mm 的涂层。

8.5.6　在电子工业领域的应用

在电子器件表面喷涂屏蔽涂层用冷喷涂铜层的方法将功率三极管

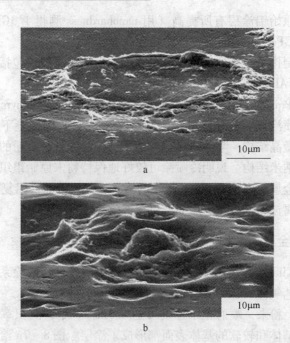

图 8 - 7   在不锈钢基体上 (a) 和在 AlMg₃ 基
体上 (b) 冷喷涂 TiO₂ 的形貌[61]

与铝质散热器链接，改善散热效果。

冷喷涂铝与玻璃和陶瓷基体间有较好的结合，可以铝涂层作为黏结层，在其上制作多层系统，如：在氧化铝基片上冷喷涂铝层作为黏结底层，在其上喷涂铜层再在其上喷涂铜钎料层 (见图 8 - 8)[42]。

气动力喷涂金属化还用于喷涂天线，高频接地的抗腐蚀涂层。

日本 Shinshu University 的 Sakaki. K. 等实验用冷喷涂硅涂层作为锂二次电池的阳极，最初循环效率可达 90%，在初 10 次循环电荷容量有所增加，进一步则下降。用硅涂层替代常规的石墨电极是有利的。

8.5.7   生物医学材料涂层

新加坡 NTU 的 Noppakun Sanpo 等研究用空气作为工艺气体 (压力

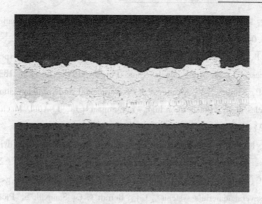

图 8 – 8 氧化铝基片上冷喷涂铝层作为黏结底层，
在其上喷涂铜层，再在其上喷涂铜钎料层截面形貌

1. 1 ~ 1. 2MPa，预热温度 150 ~ 160℃）冷喷涂制作金属离子银取代掺杂
羟基磷灰 – 银/聚醚醚酮（HA – Ag/PEEK（poly – ether – ether – ke-
tone））复合涂层，结果表明有较好的抗菌特性（antibacterial proper-
ties）（Noppakun Sanpo, Meng Lu Tan, Philip Cheang, K. A. Khor,
Antibacterial Property of Cold – Sprayed HA – Ag/PEEK Coating, Jour-
nal of Thermal Spray Technology, 2009, 18（1）: 10 ~ 15.）

参考文献

[1] Alkimov A P, Kosarev V F, N. I. Nesterovich, et al. Method of applying coatings [P]. Rus-
sian Patent No. 1618778, 1990 – 9 – 8 (Priority of the Invention: 1986 – 6 – 6).

[2] Alkhimov A P, Kosarev V F, Nesterovich N I, et al. Device for applying coatings [P]. Rus-
sian Patent No. 1618777, 1990 – 9 – 8 (Priority of the Invention: 1986 – 6 – 18).

[3] Alkhimov A P, Kosarev V F, Nesterovich N I, et al. Method of applying of metal powder coat-
ings [P]. Russian Patent No. 1773072, 1992 – 1 – 1 (Priority of the Invention: 1987 – 10 –
5).

[4] Alkhimov A P, Kosarev V F, Papyrin A N. A method of cold gas – dynamic deposition [J].
Sov. Phys. Dokl. , 1990, 35（12）: 1047 ~ 1049.

[5] Alkimov A P, Papyrin A N, Kosarev V F, et al. Gas dynamic spraying method for applying a coat-
ing [P]. U. S. Patent No. 5302414, 1994 – 4 – 12 (Re – examination Certificate, 1997 – 2 –
25).

[6] Alkimov A P, Papyrin A N, Kosarev V F, et al. Method and device for coating [P]. Europe-an Patent No. 0484533, 1995 – 1 – 25.

[7] Alkhimov A P, Kosarev V F, Papyrin A N. gas – dynamic spraying. experimental study of spraying process [J]. J. Appl. Mech. Tech. Physics, 1998, 39 (2): 183 ~188.

[8] Alkhimov A P, Klinkov S V, Kosarev V F. Experimental study of deformation and attachment of microparticles to an obstacle upon high – rate impact [J]. J. Appl. Mech. Tech. Physics, 2000, 41 (2): 245 ~250.

[9] Kosarev V F, Klinkov S V, Alkhimov A P, et al. On some aspects of gas dynamics of the cold spray process [J]. Journal of Thermal Spray Technology, 2003, 12 (2): 265 ~281.

[10] McCune R C, Papyrin A N, Hall J N, et al. An exploration of the cold gas – dynamic spray method for several materials systems [C] . Berndt C C, Sampath S. Proc. ITSC' 1995, Advances in Thermal Spray Science and Technology. Materials Park, OH, USA: ASM Inter-national. 1995: 1 ~5.

[11] McCune R C, Donoon W T, Cartwright E L, et al. Characterization of copper and steel coat-ings made by the cold gas – dynamic spray method [C] . Berndt C C. Proc. ITSC' 1996, Thermal Spray: Practical Solutions for Engineering Problems. Materials Park, OH, USA: ASM International. 1996, 397 ~403.

[12] Dykhuizen R C, Smith M F. Gas dynamic principles of cold spray [J]. J. Thermal Spray Technology, 1998, 7 (2): 205 ~212.

[13] Gilmore D L, Dykhuizen R C, Neiser R A, et al. Particle velocity and deposition efficiency in the cold spray process [J]. J. Therm. Spray Technol. , 1998, 8 (4): 559 ~564.

[14] Dykhuizen R C, Smith M F, Neiser R A, et al. Impact of high velocity of cold spray particles [J]. J. Therm. Spray Technol. , 1998, 8 (4): 559 ~564.

[15] Segall A E, Papyrin A N, Conway J C, et al. A Cold – gas spray coating process for enhan-cing titanium [J]. JOM, 1998, 50 (9): 52 ~54.

[16] Papyrin A N, Stiver D H, Bhagat R B, et al. Wear resistant coatings by cold gas dynamic spray [C] . Proc. ITSC' 2000, International Thermal Spray Conference, Montreal, Cana-da. Materials Park, OH: ASM International. 2000.

[17] Papyrin A N, Klinkov S V, Kosarev V F. Modeling of particle – substrate adhesive interaction under the cold spray process [C] . Moreau C, Marple B. Proc. ITSC' 2003, Thermal Spray 2003: Advancing the Science & Applying the Technology. Materials Park, Ohio, USA: ASM International. 2003.

[18] Dykhuizen R C, Smith M F. Gas dynamic principles of cold spray [J]. J. Therm. Spray Technol. , 1998, 7 (2): 205 ~212.

[19] Van Steenkiste T H, Smith J R, Teets R E, et al. Kinetic spray coatings [J]. Surf. Coat. Technol. , 1999, 111: 62 ~71.

[20] Sudharshan P, Srinivasa D, Joshi S V, et al. Effect of process parameters and heat treatments

on properties of cold sprayed copper coatings [J]. J. Therm. Spray Technol. , 2007, 16 (3): 425~434.

[21] Fukumoto M, Wada H, Tanabe K, et al. Deposition behavior of sprayed metallic particle on substrate surface in cold spray process [C]. Marple B R, Hyland M M, Lau Y-C, et al. ITSC' 2007, Thermal Spray 2007: Global Coating Solutions. Materials Park, Ohio, USA: ASM International. 2007, 96~101.

[22] Gärtner F, Stoltenhoff T, Schmidt T, et al. The cold spray process and its potential for industrial applications [C]. Lugscheider E. Proc. ITSC' 2005, CD, International Thermal Spray Conference (2005) 2 - 4 May, Basel, Switzerland, Proc. "Thermal Spray Connects: Explore its Surfacing Potential! . GmbH, 40223 Duesseldorf, Germany: DVS - Verlag. 2005, 158~163.

[23] Grujicic M, Tong C, DeRosset W S, et al. Flow analysis and nozzle - shape optimization for the cold - gas dynamic - spray process [J]. Journal of Engineering Manufacture, 2003, 217 (11): 1603.

[24] Schmidt T, Assadi H, Gärtner F, et al. From particle acceleration to impact and bonding in cold spraying [J]. J. Therm. Spray Technol. , 2009, 18 (5-6): 794~808.

[25] Vlcek J, Gimeno L, Huber H, et al. A systematic approach to material eligibility for the cold - spray process [J]. Journal of Thermal Spray Technology, 2005, 14 (1): 125~133.

[26] Wong W, Irissou E, Ryabinin A N, et al. Influence of helium and nitrogen gases on the properties of cold gas dynamic sprayed pure titanium coatings [J]. Journal of Thermal Spray Technology, 2011, 20 (1-2): 213~226.

[27] Zahiri S H. Alkhimov A P, Klinkov S V, et al. The features of coldspray nozzle design [J]. J. Thermal Spray Technol. , 2001, 10 (2): 375~381.

[28] Schmidt T, Gaertner F, Assadi H, et al. Development of a generalized parameter window for cold spray deposition [J]. Acta Mater. , 2006, 54: 729~742.

[29] Wielage B, Podlesak H, Grund T, et al. High resolution microstructural investigations of interfaces between light weight alloy substrates and cold gas sprayed coatings [C]. Lugscheider E. Proc. ITSC' 2005, CD, International Thermal Spray Conference (2005) 2 - 4 May, Basel, Switzerland, Proc. "Thermal Spray Connects: Explore its Surfacing Potential! . GmbH, 40223 Duesseldorf, Germany: DVS - Verlag. 2005, 154~158.

[30] Papyrin A N, Klinkov S V, Kosarev V F. Effect of the substrate surface activation on the process of cold spray coating formation [C]. Lugscheider E. Proc. ITSC' 2005, CD, International Thermal Spray Conference (2005) 2-4 May, Basel, Switzerland, Proc. Thermal Spray Connects: Explore its Surfacing Potential! . Pub. GmbH, 40223 Duesseldorf, Germany: DVS - Verlag. 2005, 145~150.

[31] Zahiri S, Fraser D, Jahedi M. Recrystallization of cold spray - fabricated CP titanium structures [J]. J. Therm. Spray Technol. , 2009, 18 (1): 16~22.

[32] Kim K H, Watanabe M, Kawakita J, et al. Grain refinement in a single titanium powder particle impacted at high velocity [J]. Scripta Mater. , 2008, 59 (7): 768~771.

[33] Kim K H, Watanabe M, Kawakita J, et al. Effects of temperature of in – fight particles on bonding and microstructure in warm – sprayed titanium deposits [J]. J. Therm. Spray Technol. , 2009, 18 (3): 392~400.

[34] Ichikawa Y, Sakaguchi K, Ogawa K, et al. Deposition mechanisms of cold gas dynamic sprayed MCrAlY coatings [C]. Marple B R, Hyland M M, Lau Y – C, et al. Proc. ITSC' 2007, Thermal Spray 2007: Global Coating Solutions. Materials Park, Ohio, USA: ASM International. 2007, 54~59.

[35] Li W Y, Zhang C, Guo X P, et al. Impact fusion of particle interfaces in cold spraying and its effect on coating microstructure [C]. Marple B R, Hyland M M, Lau Y – C, et al. Proc. ITSC' 2007, Thermal Spray 2007: Global Coating Solutions. Materials Park, Ohio, USA: ASM International. 2007, 60~65.

[36] Kang K C, Yoon S H, Ji Y G, et al. Oxidation effects on the critical velocity of pure al feedstock deposition in the kinetic spraying process [C]. Marple B R, Hyland M M, Lau Y – C, et al. Proc. ITSC' 2007, Thermal Spray 2007: Global Coating Solutions. Materials Park, Ohio, USA: ASM International. 2007, 66~71.

[37] Assadi H, Gärtner F, Stoltenhoff T, et al. Bonding mechanism in cold gas spraying [J]. Acta Mater. , 2003, 51: 4379~4394.

[38] Assadi H, Gärtner F, Stoltenhoff T, et al. Bonding mechanism in cold gas spraying [J]. Acta Mater. , 2003, 51: 4379~4394.

[39] Schmidt T, Gärtner F, Assadi H, et al. Development of a generalized parameter window for cold spray deposition [J]. Acta Mater. , 2006, 54: 729~742.

[40] Ichikawa Y, Ito K, Ogawa K, et al. Deposition mechanisms of low pressure type cold sprayed aluminum coatings [J]. Surface Modification Technologies XXI, 2007, 497~506.

[41] Blose R E. Spray forming titanium alloys using the cold spray process [C]. Lugscheider E. Proc. ITSC' 2005, CD, International Thermal Spray Conference (2005) 2 – 4 May, Basel, Switzerland, Proc. "Thermal Spray Connects: Explore its Surfacing Potential. GmbH, 40223 Duesseldorf, Germany: DVS – Verlag. 2005, 199~207.

[42] Zahiri S H, Yang W, Jahedi M. Characterization of cold spray titanium supersonic jet [J]. Journal of Thermal Spray Technology, 2009, 18 (1): 110~117.

[43] Xiong T, Bao Z, Li T, et al. Study on cold – sprayed copper coating's properties and optimizing parameters for the spraying process [C]. Lugscheider E. Proc. ITSC' 2005, CD, International Thermal Spray Conference (2005) 2 – 4 May, Basel, Switzerland, Proc. Thermal Spray Connects: Explore its Surfacing Potential! . GmbH, 40223 Duesseldorf, Germany: DVS – Verlag. 2005, 178~184.

[44] Heinrich P, Kreye H, Stoltenhoff T. Laval nozzle for thermal spraying and kinetic spraying

[P]. U. S. Patent No. US 2005/0001075 A1, European Patent No. EP 1 506 816 A1, 2005.

[45] Gärtner F, Stoltenhoff T, Schmidt T, et al. The cold spray process and its potential for industrial applications [C]. Lugscheider E. Proc. ITSC' 2005, CD, International Thermal Spray Conference (2005) 2 - 4 May, Basel, Switzerland, Proc. "Thermal Spray Connects; Explore Its Surfacing Potential!". GmbH, 40223 Duesseldorf, Germany: DVS - Verlag. 2005, 158 ~ 163.

[46] Grujicic M, Tong C, DeRosset W S, et al. Flow analysis and nozzle - shape optimization for the cold - gas dynamic - spray process [J]. Journal of Engineering Manufacture, 2003, 217 (11): 1603.

[47] Schmidt T, Assadi H, Gärtner F, et al. From particle acceleration to impact and bonding in cold spraying [J]. J. Therm. Spray Technol., 2009, 18 (5 ~ 6): 794 ~ 808.

[48] Alexandre S, Laguionie T, Baccaud B. Realization of an internal cold spray coating of stainless steel in an aluminum cylinder [C]. Marple B R, Hyland M M, Lau Y - C, et al. Proc. ITSC' 2007, Thermal Spray 2007: Global Coating Solutions. Materials Park, Ohio, USA: ASM International. 2007, 1 ~ 6.

[49] Irissou E, Legoux J G, Arsenault B, et al. Investigation of Al - Al$_2$O$_3$ cold spray coating formation and properties [J]. J. Therm. Spray Tech., 2007, 16 (5 ~ 6): 661 ~ 668.

[50] Ning X J, Jang J H, Kim H J. The effects of powder properties on in - flight particle velocity and deposition process during low pressure cold spray process [J]. Appl. Surf. Sci., 2007, 253 (18): 7449 ~ 7455.

[51] Marx S, Paul A, Köhler A, et al. Cold spraying - innovative layers for new applications [C]. Lugscheider E. Proc. ITSC' 2005, CD, International Thermal Spray Conference (2005) 2 - 4 May, Basel, Switzerland, Proc. "Thermal Spray Connects: Explore its Surfacing Potential!. GmbH, 40223 Duesseldorf, Germany: DVS - Verlag. 2005. 209 ~ 215.

[52] Ajdelsztajn A, Zúñiga A, Jodoin B, et al. Cold - spray processing of a nanocrystalline Al - Cu - Mg - Fe - Ni alloy with Sc [J]. Journal of Thermal Spray Technology, 2006, 15 (2): 184 ~ 190.

[53] Farvardin E, Stier O, Lüthen V, et al. Effect of using liquid feedstock in a high pressure cold spray nozzle [J]. Journal of Thermal Spray Technology, 2011, 20 (1 - 2): 307 ~ 316.

[54] Poirier D, Legoux J G, Robin A L, et al. Consolidation of Al$_2$O$_3$/Al nano composite powder by cold spray [J]. Journal of Thermal Spray Technology, 2011, 20 (1 - 2): 275 ~ 284.

[55] Ajdelsztajn L, Jodoin B, Kim G E, et al. Cold spray deposition of nanocrystalline aluminum alloys [J]. Metall. Mater. Trans. A, 2005, 36: 657 ~ 666.

[56] Jodoin B, Ajdelsztajn L, Sansoucy E, et al. Effect of particle size, morphology, and hardness on cold gas dynamic sprayed aluminum alloy coatings [J]. Surf. Coat. Technol., 2006, 201: 3422 ~ 3429.

[57] Hall A C, Brewer L N, Roemer T J. Preparation of aluminum coatings containing homogene-ous nanocrystalline microstructures using the cold spray process [J]. J. Therm. Spray Tech-nol. , 2008, 17 (3): 352~359.

[58] Kim J S, Kwon Y S, Lomovsky O I, et al. Cold spraying of in situ produced TiB$_2$ - Cu nano-composite powders [J]. Compos. Sci. Technol. , 2007, 67: 2292~2296.

[59] Li W Y, Zhang G, Elkedim O, et al. Effect of ball milling of feedstock powder on microstruc-ture and properties of TiN particle - reinforced Al alloy - based composites fabricated by cold spray [J]. J. Therm. Spray Technol. , 2008, 17 (3): 316~322.

[60] Kliemann J O, Gutzmann H, Gärtner F, et al. Formation of cold - sprayed ceramic titanium dioxide layers on metal surfaces [J]. J. Therm. Spray Technol. , 2011, 20 (1-2): 292~298.

[61] Jodoin B, Richer P, Bérubé G, et al. Pulsed - cold gas dynamic spraying process: develop-ment and capabilities [C]. Marple B R, Hyland M M, Lau Y - C, et al. Proc. ITSC' 2007, Thermal Spray 2007: Global Coating Solutions. Materials Park, Ohio, USA: ASM In-ternational. 2007. 19~24.

[62] Sakaki K, Shinkai S, Shimizu Y. Investigation of spray conditions and performances of. cold - sprayed pure silicon anodes for lithium secondary batteries [C]. Marple B R, Hyland M M, Lau Y - C, et al. Proc. ITSC' 2007, Thermal Spray 2007: Global Coating Solutions. Materials Park, Ohio, USA: ASM International. 2007, 13~18.

[63] Jodoin B, Richer P, Bérubé G, Ajdelsztajn L, et al. Pulsed - cold gas dynamic spraying process: development and capabilities [C]. Marple B R, Hyland M M, Lau Y - C, et al. Proc. ITSC' 2007, Thermal Spray 2007: Global Coating Solutions. Materials Park, Ohio, USA: ASM International. 2007. 19~24.

[64] Yandouzi M, Sansoucy E, Ajdelsztajn L, et al. WC - based cermet coatings produced by cold gas dynamic and pulsed gas dynamic spraying processes [J]. Surface and Coatings Technolo-gy, 2007, 202 (25): 382~390.

[65] Sakaki K, Shinkai S, Shimizu Y. Investigation of spray conditions and performances of. cold - sprayed pure silicon anodes for lithium secondary batteries [C]. Marple B R, Hyland M M, Lau Y - C, et al. Proc. ITSC' 2007, Thermal Spray 2007: Global Coating Solutions. Materials Park, Ohio, USA: ASM International. 2007, 13~18.

[66] Sansoucy E, Ajdelsztajn L, Jodoin B. Properties of SiC - reinforced aluminum alloy coatings produced by the cold spray deposition process [C]. Marple B R, Hyland M M, Lau Y - C, et al. Proc. ITSC' 2007, Thermal Spray 2007: Global Coating Solutions. Materials Park, Ohio, USA: ASM International. 2007. 37~42.

术 语 索 引

H

V

v_f 流体速度（velocity of the fiuid） 36

W

微波等离子（microwave plasma） 218

微束等离子喷涂（micro – plasma spraying） 344

温喷涂（两阶段 HVOF）（warm spray（Two – Stage HVOF）） 96

雾化法制粉（atomized powder） 243

Weber 数（weber number）：$We = \rho v_{rel} d / \sigma$ 21

X

线材火焰喷涂（wire flame spraying） 2

悬浮液等离子喷涂（suspension plasma spray, SPS） 338

Y

阳极鞘（anode sheath） 149

氧化锆（zirconium oxide） 306

氧化铬（chromium oxide） 301

氧化铝（aluminum oxide） 298

氧化物陶瓷（oxide ceramics） 295

液料等离子喷涂（suspension plasma spray, SPS） 7

液稳等离子（liquid – stabilization plasma） 203

乙炔（acetylene（C_2H_2）） 96

乙烯（ethane（C_2H_4）） 83

逸出功函数（workfunction Φ_{ew}） 146

有致密纵向微裂纹的 TBC 涂层（dense vertically crack（DVC）TBC） 336

Y_2O_3 稳定的氧化锆（yttria – stabilized zirconium oxide） 308

Z

真空等离子喷涂（vacuum plasma spraying, VPS） 6

直流电弧等离子喷涂（DC arc plasma spray） 141

滞止态（stagnation） 30

后　记

从 1909 年瑞士 Zurish 附近 Hongg 的青年发明家 Max Ulrich Schoop 实验了输送两根金属丝产生电弧，实现金属喷涂 1911 年 1 月 26 日 Max Ulrich Schoop 注册了有关改进金属涂层方法的专利（United Kingdom Patent 5762），至今已经一个多世纪了。

百年多来，各国从业者积累了丰富的经验，创造了诸多工艺方法和相关材料工艺技术。科技工作者们努力在热喷涂科学技术基础方面进行了大量的工作，取得了很多的成绩，推动了热喷涂材料工艺技术的发展。热喷涂材料工艺技术已成为现代制造业、冶金、造船、石油、化工、能源、矿业、航空航天、生物医疗等领域不可或缺的材料工艺技术。由于热喷涂工艺过程的复杂性，至今仍有很多过程的本质没能解开，热喷涂科学与技术仍未完美与成熟（虽然完美成熟的学科并不存在）。从业者将在已有技术的基础上继续前行，新方法、新工艺、新材料仍将不断出现，热喷涂科学技术基础研究仍在继续。我愿做其中之一，这就是我编著本书的初衷。

在本书即将出版之际，我衷心地感谢上海宝钢集团、宝检公司、宝钢机械厂对本书的出版给予的支持和资助；感谢天津理工大学科技处、材料科学与工程学院，中国（天津）老教授协会在本书编写过程中给予的帮助与支持；感谢美国明尼苏达大学 Joachim V. R. Heberlein 教授寄来的有关论文资料；感谢中国科学院力学研究所潘文霞教授发来的、她在国际刊物 Plasma Chem. Plasma Process. 上发表的多篇论文；感谢美国加州人学洛杉矶分校（University of California, Los Angeles）Mingheng Li 博士发来的、他发表的多篇论文；感谢圣卡洛斯联邦大学（Universidade Federal de São Carlos）的 Vádila G. Guerra 教授发来的、他发表在 Materials Science Forum（Volumes 530 ~531）上的论文；感谢本书所引用的、所有论文资料的著作者，正是他们的工作使本书成为可能；感谢冶金工业出版社张卫副社长和姜晓辉副编审为本书的出版所付出的辛劳。

特别要感谢的是我已故的夫人。因为，本书的许多初稿是我在夫人病重期间完成的。在本书付梓之际也寄予对她深深的怀念。

限于作者能力与水平，本书不足之处，恳请读者指正。

孙家枢

2013 年 6 月 30 日 于天津